Fundamente
der Mathematik

Baden-Württemberg
Gymnasium · Klasse 5

Herausgegeben von
Dr. Andreas Pallack

Cornelsen

Begleitmaterialien zum Lehrwerk

für Schülerinnen und Schüler

Arbeitsheft Klasse 5
978-3-06-006866-1

für Lehrerinnen und Lehrer

Serviceband Klasse 5
978-3-06-040340-0

Lösungsheft Klasse 5
978-3-06-040379-0

Autoren: Hans Ahrens, Prof. Dr. Ralf Benölken, Daniela Ebe, Dr. Lothar Flade, Dr. Matthias Gercken, Walter Klages, Brigitta Krumm, Dr. Hubert Langlotz, Thorsten Niemann, Dr. Andreas Pallack, Melanie Quante, Dr. Ulrich Rasbach, Nadeshda Rempel, Wolfgang Ringkowski, Angelika Siekmann, Andreas von Scholz, Christian Theuner, Anja Widmaier, Florian Winterstein

Berater: Dr. Matthias Gercken, Silke Göttge-Piller, Christof Höger, Andreas von Scholz, Anja Widmaier

Herausgeber: Dr. Andreas Pallack

Redaktion: Nils Dörffer, Gudrun Schaeper

Illustration: Niels Schröder

Technische Zeichnungen: Christian Böhning

Umschlaggestaltung und Zwischentitel: hawemannundmosch GbR

Layoutkonzept: klein & halm GbR

Bildrecherche: Stephanie Charlotte Benner

Technische Umsetzung: zweiband.media, Berlin

www.cornelsen.de

1. Auflage, 2. Druck 2016

Alle Drucke dieser Auflage sind inhaltlich unverändert
und können im Unterricht nebeneinander verwendet werden.

Druck: Mohn Media Mohndruck, Gütersloh

ISBN 978-3-06-040334-9

Inhaltsverzeichnis

Bauplan zu „Fundamente der Mathematik“

Aktivieren

Dein Fundament:
An die Auftaktseite des Kapitels schließt sich eine Doppelseite mit Wiederholungsaufgaben zur Vorbereitung auf das neue Kapitel an.
Die Lösungen dazu findest du im Anhang.

156 **Dein Fundament** 5. Volumen und Oberflächeninhalt

Lösungen ↗ S. 233

Würfelbauten

1. Alle abgebildeten Würfelbauten sind aus gleich großen Würfeln zusammengesetzt. Wie viele kleine Würfel wurden jeweils benötigt?

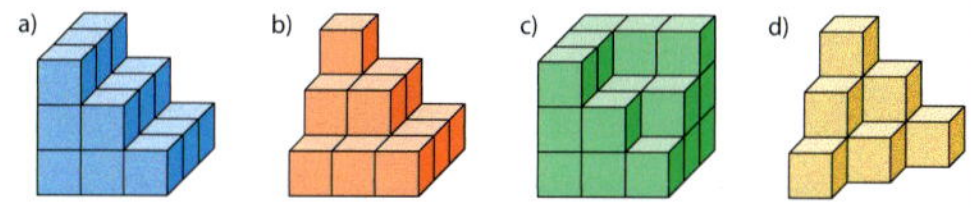

Hinweis zu 1 und 2: Die Rückseiten der Würfelbauten sind jeweils vollständig mit kleinen Würfeln gefüllt.

Aufbauen

Einstiegsaufgaben:
Jedes Unterkapitel beginnt mit einer Aufgabe, die dich in das neue Thema hineinführt.

36 1. Natürliche Zahlen und Größen

1.10 Maßstab

■ Bestimme die ungefähre Länge und Breite der Insel Spiekeroog mithilfe deines Geodreiecks und der Angaben auf der Karte. Welche Angaben hast du dabei genutzt? Was bedeuten die Zahlen auf der Karte? ■

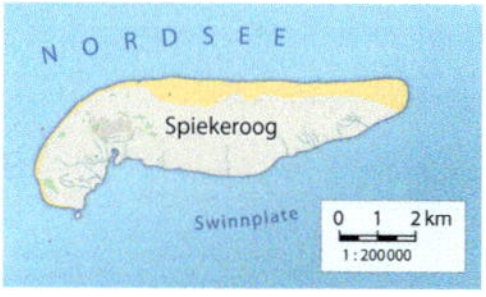

Wissenskästen:
Hier findest du wichtigen Merkstoff.

Beispiel:
Neues wird an Beispielaufgaben mit Musterlösungen erklärt.

Basisaufgaben:
Du kannst die Aufgaben nutzen, um dein neu erworbenes Wissen und Können sofort auszuprobieren.

Hinweis: Beim Quadrat als spezielles Rechteck geht es noch einfacher. Vergleiche dazu Aufgabe 3.

Wissen: Umfang eines Rechtecks
Für den **Umfang u eines Rechtecks** mit den Seitenlängen a und b gilt:
Umfang = 2-mal Länge + 2-mal Breite
$u = 2 \cdot a + 2 \cdot b$ oder $u = (a + b) \cdot 2$

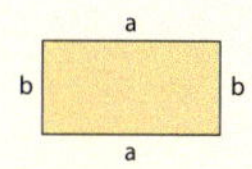

Umfang berechnen

Beispiel 1:
Berechne den Umfang eines Rechtecks mit den Seitenlängen a = 5 cm und b = 3 cm.

Lösung:
Den Umfang eines Rechteck kannst du mit der Formel „2-mal Länge + 2-mal Breite“ berechnen.

$u = 2 \cdot 5\,cm + 2 \cdot 3\,cm$
$= 10\,cm + 6\,cm$
$= 16\,cm$

Basisaufgaben

1. Berechne den Umfang eines Rechtecks mit den Seitenlängen a und b.
   a) a = 5 cm, b = 7 cm
   b) a = 13 m, b = 29 m
   c) a = 3 km, b = 6 km
   d) a = 1 mm, b = 6 mm
   e) a = 2,5 cm, b = 2 cm
   f) a = 1,25 m, b = 4 m

Weiterführende Aufgaben:
Die Aufgaben werden anspruchsvoller. Drei der Aufgaben sind besonders gekennzeichnet: Durchblick, Stolperstelle und Ausblick.

Durchblick:
An dieser Aufgabe kannst du prüfen, ob du wirklich schon alles verstanden hast.

Löst Aufgaben mit 👥 in Partner- oder in Gruppenarbeit.

Weiterführende Aufgaben

👥 5. a) Zeichne Figuren, die eine oder mehrere Symmetrieachsen haben. Lass die Symmetrieachsen von deinem Nachbarn eintragen. Kontrolliert anschließend gemeinsam.
b) Zeichne verschiedene Vierecke (Quadrat, Rechteck, Parallelogramm, Raute, Trapez, Drachenviereck). Untersuche die Anzahl der Symmetrieachsen der Vierecke.

6. Durchblick:
a) Übertrage die Figuren in dein Heft. Spiegle sie wie in Beispiel 2 an der roten Geraden. Kann man jeweils auf den Einsatz des Geodreiecks verzichten? Begründe.

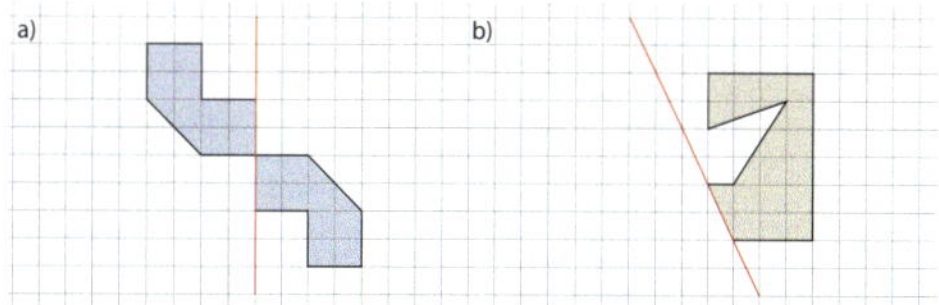

b) Wie viele Symmetrieachsen haben die Figuren aus a) nach der Spiegelung? Du kannst dich an Beispiel 1 orientieren.

4. Stolperstelle: Prüfe, welche Fehler in der Rechnung gemacht wurden.
1. Rechteck: A = 6 cm · 5 cm = 30 cm²
2. Rechteck: A = 15 cm · 4 cm = 60 cm²
Insgesamt: A = 30 cm² + 60 cm² = 90 cm²

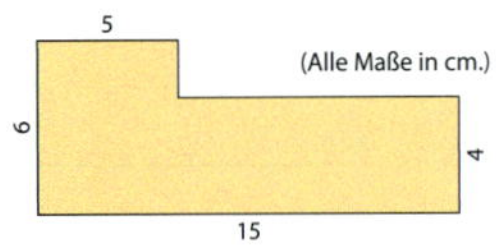

5. Ausblick:
a) Carolins Familie wohnt in einer Drei-Zimmer-Wohnung. Berechne den Flächeninhalt der einzelnen Zimmer und der gesamten Wohnung.
b) Berechne die Flächeninhalte einzelner Zimmer in deinem Zuhause. Wie groß ist der Flächeninhalt eurer gesamten Wohnfläche?

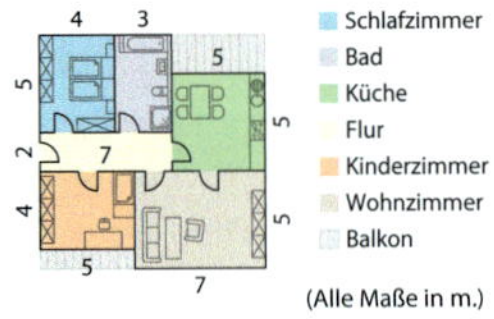

Stolperstelle:
Bei diesen Aufgaben sollst du typische Fehler erkennen.

Ausblick:
Die letzte Aufgabe in der Lerneinheit ist die schwierigste. Viel Spaß beim Knobeln.

6.11 Vermischte Aufgaben

1. Übertrage ins Heft und ergänze die fehlenden Zahlen und Rechenanweisungen.

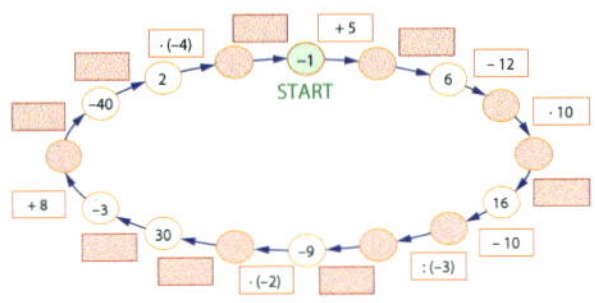

2. Welche Zahl liegt genau in der Mitte zwischen
a) −5 und 5,
b) −7 und −3,
c) −7 und 11,
d) −24 und 16?
Erkläre das Ergebnis sowohl mithilfe einer Rechnung als auch an der Zahlengeraden.

Vermischte Aufgaben:
Für diese Aufgaben benötigst du das Wissen aus allen Lerneinheiten des Kapitels.
Eine besondere Aufgabe ist die „Blütenaufgabe". Hier kannst du selbst entscheiden, in welcher Reihenfolge du die Teilaufgaben lösen willst.

Sichern

124 **Prüfe dein neues Fundament** 3. Rechnen mit natürlichen Zahlen

Lösungen ↗ S. 231

1. Berechne im Kopf.

a) 94 + 9	b) 138 + 41	c) 113 − 49	d) 408 − 26
e) 8 · 18	f) 29 · 15	g) 183 : 3	h) 91 : 7

2. Wie heißt die fehlende Zahl?

a) ■ + 26 = 77	b) 68 + ■ = 123	c) ■ − 17 = 67	d) 480 − ■ = 120
e) ■ · 10 = 120	f) 4 · ■ = 84	g) ■ : 9 = 12	h) 51 : ■ = 3

Prüfe dein neues Fundament:
Hier kannst du dein Wissen selbstständig überprüfen, auch in Vorbereitung auf Tests und Klassenarbeiten. Die Lösungen der Aufgaben findest du im Anhang.

126 **Zusammenfassung** 3. Rechnen mit natürlichen Zahlen

Addition natürlicher Zahlen

a + b = c
1. Summand plus 2. Summand
Summe

  1367
+ 681
  11
  2048

Überschlag:
1400 + 700 = 2100

Zusammenfassung:
Die letzte Seite eines Kapitels enthält kurz und knapp das Wichtigste aus dem Kapitel. Sie dient dem schnellen Nachschlagen des gelernten Stoffes.

Zusätzliches

52 **Streifzug** 2. Grundbegriffe der Geometrie

Parallelverschiebung

■ Pyrgí ist ein Dorf auf der griechischen Insel Chios. Die Häuser dort werden traditionell mit sogenannten „Bandornamenten" (Griechisch: xistá) verziert. Dadurch erhält Pyrgí einen ganz eigenen Charakter, der es von den Nachbardörfern unterscheidet.
Beschreibe, wie du folgendes Bandornament herstellen würdest ■

Streifzüge:
An manchen Stellen des Schülerbuchs befinden sich Sonderseiten, die Ergänzungen zum regulären Lernstoff beinhalten.

1. Natürliche Zahlen und Größen

Beim Wandern ist es nützlich, wenn man Entfernungen schätzen und mit dem Maßstab einer Wanderkarte umgehen kann.

Nach diesem Kapitel kannst du …
- mit natürlichen Zahlen und Größen umgehen,
- Zahlen in unterschiedlichen Darstellungen schreiben,
- einen Maßstab anwenden,
- Daten sammeln und auswerten.

Lösungen
↗ S. 226

Daten aus Tabellen und Diagrammen entnehmen

1. Die Übersicht zeigt die Ergebnisse der letzten Klassenarbeit der Klasse 5b.

sehr gut	gut	befriedigend	ausreichend	mangelhaft	ungenügend
3	5	9	3	1	0

a) Wie viele Kinder erhielten in der Klassenarbeit die Note „befriedigend"?
b) Wie viele Kinder nahmen an der Klassenarbeit teil?
c) Wie viele Kinder erhielten in der Klassenarbeit die Note „sehr gut" oder die Note „gut"?

2. Zum Klassenfest der Klasse 5a wurde ein Quiz mit acht Fragen durchgeführt. 23 Kinder nahmen daran teil. Kein Kind hatte alle Fragen richtig beantwortet. In der Tabelle sind einige Ergebnisse dargestellt.

Anzahl der richtigen Antworten	8	7	6	5	4	3	2	1	0
Anzahl der Kinder		1	5	4	3	4	2	2	

a) Übertrage die Tabelle in dein Heft und vervollständige sie.
b) Wie viele Kinder hatten drei richtige Antworten?
c) Wie viele Kinder hatten weniger als vier richtige Antworten?
d) Wie viele Kinder hatten mehr als drei richtige und weniger als sieben richtige Antworten?
e) Wie viele Kinder hatten nur zwei falsche Antworten?

3. Das Säulendiagramm zeigt das Alter der Kinder der Klasse 5a.
a) Übertrage folgende Tabelle in dein Heft und vervollständige sie.

Alter der Kinder der Klasse 5a in Jahren	10	11	12
Anzahl der Kinder			

b) Wie viele Kinder der Klasse 5a sind 11 Jahre alt?
c) Wie viele Kinder der Klasse 5a sind älter als 10 Jahre?
d) Wie viele Kinder gehen in die Klasse 5a?

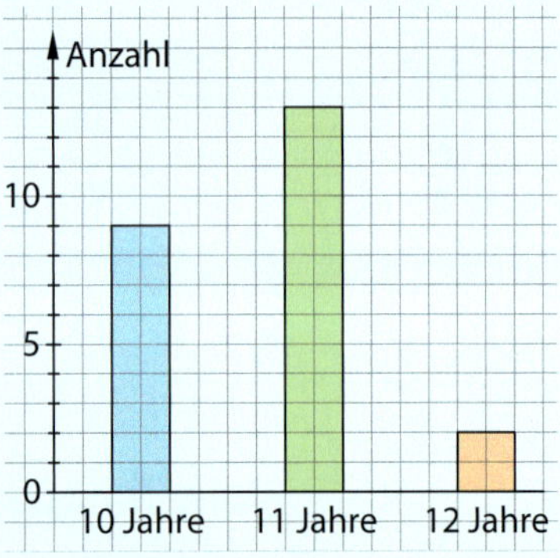

Natürliche Zahlen in einer Stellenwerttafel darstellen

4. Katja hat in der Stellenwerttafel eine Zahl dargestellt.
a) Lies die Zahl.
b) Katja schreibt an der Tausenderstelle nun anstelle der 8 eine 7 und an der Zehnerstelle anstelle der 8 eine 0. Wie heißt diese Zahl?

T	H	Z	E
8	8	8	8

5. Trage in eine Stellenwerttafel ein.
a) 719
b) 4010
c) 2 T 4 H 1 E
d) fünfhundertsiebzehn
e) 9987
f) 1 T 5 E
g) 5780
h) zweitausendfünfhundert

6. Ines hat in einer Stellenwerttafel mit 11 Plättchen eine Zahl dargestellt.

T	H	Z	E
●●●●	●●●●●		●●

a) Wie heißt die Zahl?
b) Martin nimmt ein Plättchen weg. Gib alle möglichen Zahlen an, die entstehen können.
c) Tanja legt ein Plättchen dazu. Gib alle möglichen Zahlen an, die entstehen können.

7. Welchen Wert bezeichnet die Ziffer 3 in der Zahldarstellung?
a) 213 b) 231 c) 321 d) 9023

Natürliche Zahlen vergleichen und ordnen

8. Übertrage in dein Heft und ersetze ■ richtig durch eines der Zeichen <, > oder =.
a) 12 ■ 17 b) 23 ■ 13 c) 89 ■ 98 d) 31 ■ 13

9. Ordne der Größe nach. Beginne mit der kleinsten Zahl.
a) 11, 4, 1, 9 b) 23, 9, 17, 19 c) 50, 10, 40, 90 d) 31, 5, 27, 0, 18

10. Ordne der Größe nach. Beginne mit der größten Zahl.
a) 5, 7, 19, 11
b) 50, 100, 150, 25
c) 79, sechzig, 59, 66
d) dreihundert, 550, 99, 301

11. Übertrage in dein Heft und vervollständige. ■ ist durch eine Ziffer zu ersetzen.
a) ■ < 1 b) 18 < 1■ c) 7■ > 78 d) 62 > 6■

Natürliche Zahlen auf einem Zahlenstrahl ablesen

12. Gib an, welche Zahlen jeweils durch die blauen Buchstaben gekennzeichnet sind.

a) 

b) 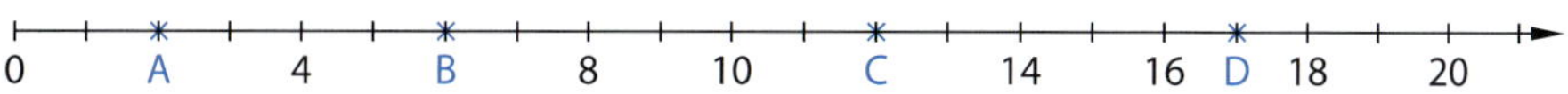

c) 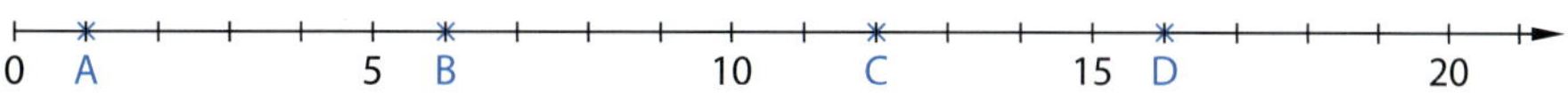

13. Gib drei Zahlen an, die auf einem Zahlenstrahl
a) rechts von der Zahl 12 liegen,
b) links von der Zahl 5 liegen,
c) zwischen der Zahl 19 und der Zahl 23 liegen.

14. Bestimme, wie viele natürliche Zahlen
a) zwischen 6 und 9 liegen,
b) zwischen 8 und 16 liegen,
c) zwischen 2 und 19 liegen.

1.1 Daten erheben und auswerten

■ Die Klasse 5b führt eine Umfrage durch. Alina fragt ihre Mitschüler nach ihrem Lieblingsfach.
Sie notiert die Antworten auf einem Zettel.
Wie kann sie die Umfrage auswerten und die Ergebnisse übersichtlich darstellen? ■

Deutsch	|||
Sport	~~||||~~ |||
Kunst	~~||||~~ |
Geschichte	||
Mathe	||||

Mit einem **Fragebogen** kann man Daten erheben. In vielen Fragebögen muss man sein Alter oder sein Geschlecht angeben. Beim Alter trägt man eine **Zahl** ein, beim Geschlecht setzt man häufig nur ein **Kreuz** bei „w“ oder „m“.
Es gibt auch Fragen, bei denen mehrere Kreuze in der Antwort möglich sind. Bei anderen Fragen ist eine Antwort in **Textform** nötig.

Abzählbare Daten lassen sich gut mit einer **Strichliste** oder einer **Häufigkeitstabelle** zusammenfassen. So kann man die Ergebnisse einer Umfrage übersichtlich darstellen und gut vergleichen.

Man kann die Ergebnisse einer Umfrage auch in einem **Säulendiagramm** darstellen. An der Höhe der Säulen lässt sich sofort erkennen, welche Antwort am häufigsten gegeben wurde und welche am seltensten.

Beispiel 1: In einer 5. Klasse wird eine Umfrage durchgeführt. Gregor fragt seine Mitschüler nach der Anzahl ihrer Geschwister und notiert die Antworten:
0, 2, 1, 1, 1, 2, 0, 3, 2, 1, 1, 2, 4, 0, 0, 1, 1, 1, 2, 0, 3, 0, 0, 1, 0, 2, 1, 1
Erstelle a) eine Strichliste, b) eine Häufigkeitstabelle sowie c) ein Säulendiagramm.

Lösung:

a) Strichliste

Anzahl der Geschwister:

keine	~~||||~~ |||
ein	~~||||~~ ~~||||~~ |
zwei	~~||||~~ |
drei	||
vier	|

b) Häufigkeitstabelle

Anzahl der Geschwister	Häufigkeit
keine	8
ein	11
zwei	6
drei	2
vier	1

c) Im Säulendiagramm wird jede Angabe der Häufigkeitstabelle durch die Höhe einer Säule dargestellt.

Beschrifte die Skala nach oben. Eine Einheit ist 1 Kästchen.

Zeichne dann für jede Geschwisteranzahl eine Säule in der richtigen Höhe: Für „keine“ ist die Höhe der Säule 8.

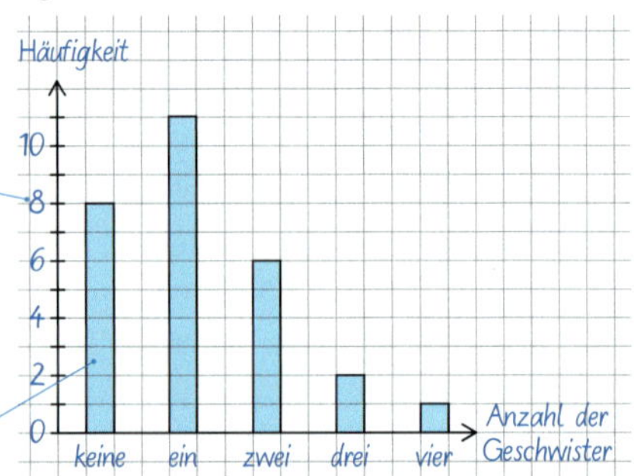

Basisaufgaben

1. Nina hat in ihrer Klasse nach Lieblingstieren gefragt. Die Antworten hat sie in einem Säulendiagramm dargestellt.
a) Lies in dem Säulendiagramm ab, wie häufig jedes Tier in der Klasse genannt wurde.
b) Stelle die Antworten in einer Häufigkeitstabelle dar.

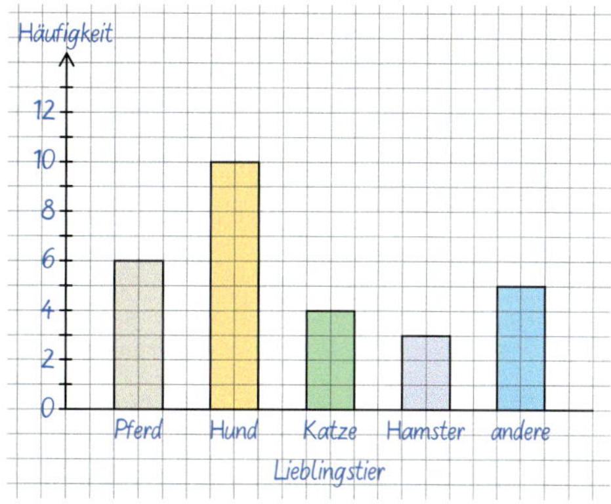

Hinweis:
Angaben, die nur selten vorkommen, kann man unter „andere" zusammenfassen. So bleibt ein Diagramm übersichtlich.

2. Janno hat seine Mitschüler nach ihrem Alter befragt. Die Ergebnisse hat er in einer Häufigkeitstabelle eingetragen. Zeichne dazu ein Säulendiagramm.

Alter	9	10	11	12
Häufigkeit	3	14	9	4

3. So kommen die Kinder der Klasse 5b morgens zur Schule:

zu Fuß	mit dem Fahrrad	mit dem Bus	mit dem Auto
卌 ||	卌	卌 卌 |	卌 |

a) Erstelle zu der Strichliste eine Häufigkeitstabelle.
b) Zeichne ein Säulendiagramm.

4. Lars hat seine Mitschüler nach ihrer Lieblingsfarbe befragt. Folgende Antworten hat er erhalten:
Rot, Blau, Rot, Lila, Gelb, Grün, Gelb, Gelb, Blau, Rot, Lila, Grün, Gelb, Rot, Gelb, Blau, Rot, Gelb, Lila, Gelb, Rot, Gelb, Lila, Blau, Blau, Grün, Gelb.
Fertige a) eine Strichliste, b) eine Häufigkeitstabelle und c) ein Säulendiagramm an.

Hinweis zu 4:
Hier findest du die Häufigkeiten der Farben.

Weiterführende Aufgaben

5. Das Diagramm zeigt die Herkunftsländer der Schüler einer Schule.

DE … Deutschland
GR … Griechenland
IT … Italien
RO … Rumänien
TR … Türkei

Lies die Anzahl der Schüler aus den unterschiedlichen Herkunftsländern ab und erstelle eine Häufigkeitstabelle.

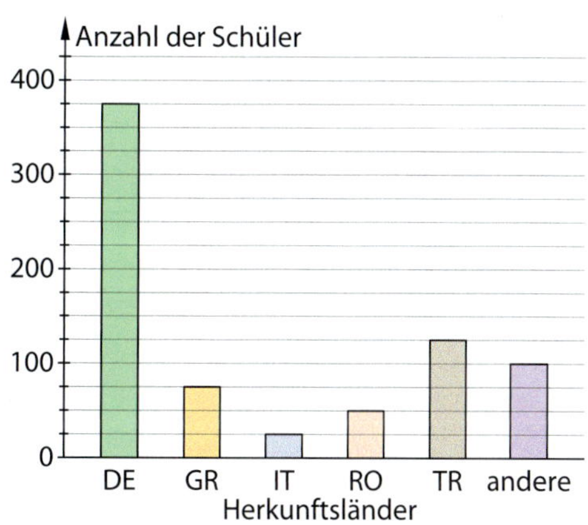

6. Wirf einen Würfel 50 Mal. Zähle, wie oft jede Zahl vorkommt.
Erstelle eine Strichliste, eine Häufigkeitstabelle und ein Säulendiagramm.

7. **Durchblick:** Claudia hat von ihrem Onkel ein Tierlexikon geschenkt bekommen und Informationen über ihre Lieblingstiere gesammelt.

Tier	Gewicht	Lebenserwartung
Pferd	1200 kg	30 Jahre
Katze	4 kg	15 Jahre
Giraffe	2000 kg	25 Jahre
Känguru	70 kg	20 Jahre
Tiger	280 kg	25 Jahre

a) In der Tabelle findest du Angaben darüber, wie alt die einzelnen Tierarten werden können. Stelle die Lebenserwartung der Tiere in einem Säulendiagramm dar.
b) Kann man das Gewicht der Tiere ebenfalls übersichtlich in einem Säulendiagramm darstellen? Begründe deine Antwort.
c) Wann sollte man die Daten in einer Tabelle, wann in einem Diagramm darstellen?

8. Bei der Wahl zum Klassensprecher werden die Stimmen gezählt. Wer mehr als die Hälfte aller Stimmen erhält, ist gewählt.
In der Klasse 5c ergab sich die nebenstehende Stimmenverteilung.
a) Wie viele Stimmen erhielt jeder Bewerber?
b) Wie viele Schüler haben ihre Stimme abgegeben?
c) Wurde Sabine zur Klassensprecherin gewählt?

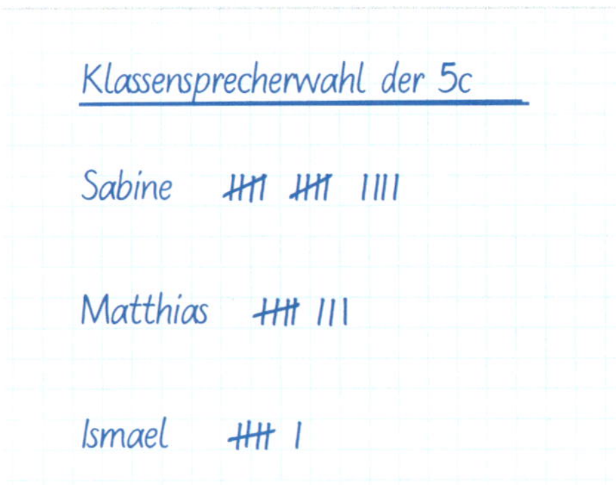

Hinweis zu 9:
Bei der Niederschlagsmessung entspricht 1 mm der Wasserhöhe, die sich in einem Behälter ergibt, wenn es regnet und kein Wasser abfließt.

9. **Stolperstelle:** In Teilen Australiens gibt es nur zwei Jahreszeiten: Die Trockenzeit von Mai bis Oktober und die Regenzeit von November bis April. Als Hausaufgabe sollten die Schüler die Regenmenge während der Regenzeit in der Stadt Brisbane an der Ostküste Australiens in einem Säulendiagramm darstellen. So sah Pedros Diagramm aus:

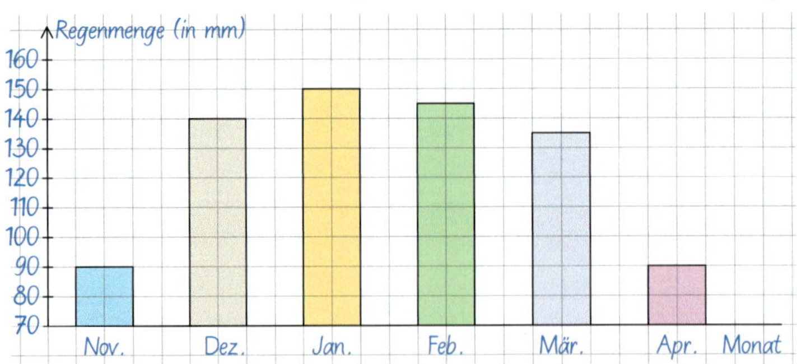

Monat	Regenmenge (in mm)
Nov.	90
Dez.	140
Jan.	150
Feb.	145
Mär.	135
Apr.	90

a) Vergleiche das Diagramm und die Tabelle. Hat Pedro richtig gezeichnet?
b) Als Pedro die Hausaufgabe seiner Klasse vorstellt, behauptet er: „Man sieht: Im Januar regnet es ungefähr vier Mal so viel wie im November oder im April."
Ist Pedros Behauptung richtig? Nimm Stellung und begründe deine Antwort.

10. Balkendiagramm: Ein Diagramm, in dem die Säulen waagerecht dargestellt werden, heißt Balkendiagramm. In folgendem Balkendiagramm ist die Anzahl der Schüler der fünften Klassen des Mariengymnasiums dargestellt.

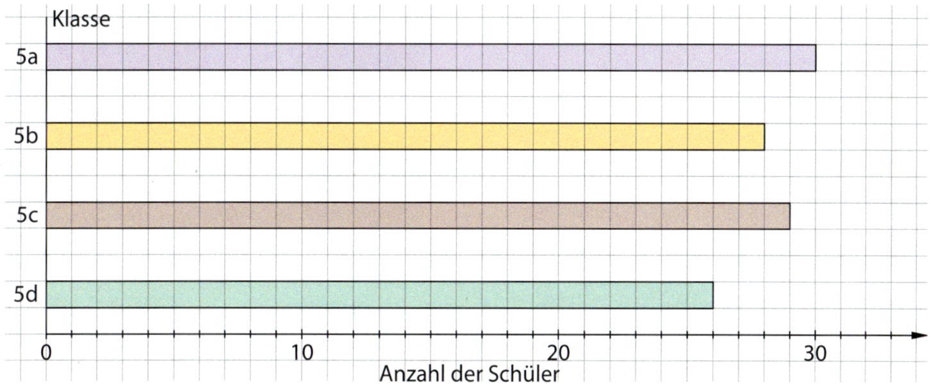

a) Wie vielen Schülern entspricht ein ausgefülltes Kästchen?
b) Wie viele Schüler sind in jeder Klasse?
c) Zeichne für eure Klasse und die Parallelklassen ein passendes Balkendiagramm.

11. Führe in deiner Klasse eine eigene Umfrage durch. Erstelle dazu jeweils eine Strichliste, eine Tabelle und ein Diagramm. Hier sind einige Anregungen für deine Frage.
- Wie alt bist du?
- Was ist dein Lieblingsfach?
- Wie groß bist du? – Kleiner als 120 cm, 120 bis 129 cm, 130 bis 139 cm, 140 bis 149 cm oder 150 cm oder größer?
- Wie lange dauert dein Schulweg? – Weniger als 10 Minuten, 10 bis 19 Minuten, 20 bis 29 Minuten, 30 Minuten oder länger?
- Wie schwer bist du? – Leichter als 30 kg, 30 bis 39 kg, 40 bis 49 kg, 50 kg oder schwerer?

12. Ausblick: Die TNS-Emnid Medien- und Sozialforschung ist eines der größten Meinungsforschungsinstitute in Deutschland. In einer aktuellen Umfrage wurden 1000 Jugendliche im Alter von 10 bis 18 Jahren nach ihrem täglichen Medienkonsum befragt. Das Diagramm zeigt die Ergebnisse.

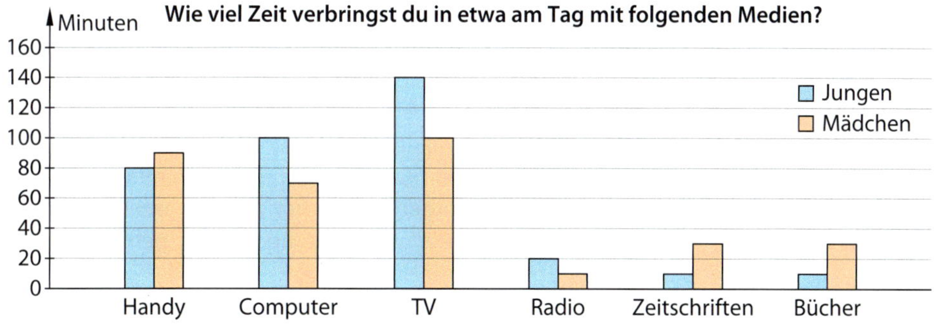

a) Erstelle eine Tabelle für Jungen und Mädchen, in die du die ungefähren Minutenangaben aus dem Diagramm einträgst.
b) Stimmt die Behauptung, dass Jungen viel mehr Zeit mit neuen Medien (Handy und Computer) verbringen als Mädchen? Begründe deine Antwort.
c) Wie viel Zeit verbringst du mit den oben genannten Medien am Tag? Schätze die Zeitangaben in Minuten und zeichne ein eigenes Säulendiagramm.

Befragungen planen, durchführen und auswerten

■ Moritz und Anastasia befragen ihre Mitschüler auf dem Schulhof zum Thema „Wie zufrieden seid ihr mit eurer Schülervertretung?".
Sammelt Fragen, die sie ihren Mitschülern stellen können. Wie könnte ein Bericht zu den Umfrageergebnissen in der Schülerzeitung aussehen? ■

Eine gute Befragung teilt sich in fünf Schritte auf:

1. Planen: Vor einer Befragung werden alle Fragen ausformuliert, die man stellen möchte. Dann erstellt man einen Fragebogen, eventuell auch mit vorgegebenen Antwortmöglichkeiten. Ebenfalls ist vorab zu klären, welche Personen man befragen möchte und an welchem Ort.

2. Durchführen: Während der Befragung muss man sich genau an die Planung halten, also am richtigen Ort, den richtigen Leuten die richtigen Fragen stellen. Entsprechende Befragungsbögen werden vollständig ausgefüllt und gesammelt.

3. Auswerten: Alle Antworten in den Befragungsbögen fasst man in Häufigkeitstabellen zusammen. Auch hier ist Genauigkeit und Vollständigkeit gefragt.

4. Darstellen: Befragungsergebnisse kann man in Diagrammen, zum Beispiel in Säulendiagrammen, anschaulich darstellen. Man erkennt dann schnell, welche Antworten häufig und welche selten genannt wurden.

5. Folgern: Aus den Ergebnissen kann man Schlussfolgerungen ziehen. Was ist das wichtigste Ergebnis der Befragung? Reichen die Informationen? Kann man die Befragung verbessern oder muss eine weitere durchgeführt werden?

Aufgaben

Hinweis:
Da eine Umfrage viel Zeit beansprucht, kannst du die einzelnen Teilaufgaben zu unterschiedlichen Zeiten bearbeiten.

1. Führe eine Umfrage zum Thema „Interessen deiner Mitschüler" durch.
   a) Überlege dir, welche Themen du selbst interessant findest. Zu bestimmten Fragen, kannst du auch Antwortmöglichkeiten vorgeben, zum Beispiel bei Freizeitsport pro Woche die Antworten „weniger als 1 Stunde", „1 bis 3 Stunden" und „mehr als 3 Stunden". Wähle drei verschiedene Themen für deine Umfrage.
   b) Entwirf einen Umfragebogen und befrage damit deine Mitschüler.
   c) Fasse die Antworten mithilfe von Strichlisten und Häufigkeitstabellen zusammen.
   d) Zeichne für die Daten passende Diagramme und stelle deine Ergebnisse auf einem DIN-A4-Blatt zusammen.
   e) Überlege dir, welche Fragen du bei einer weiteren Umfrage stellen würdest, um noch genauere Informationen zu erhalten.

1.2 Natürliche Zahlen – große Zahlen

■ Lies den folgenden Zeitungsartikel vor und achte besonders darauf, die Zahlen richtig wiederzugeben. ■

Die Weltbevölkerung steigt rapide

Vor 75 000 Jahren gab es auf der Welt etwa 10 000 Menschen. Vor 10 000 Jahren soll es bereits bis zu 10 000 000 Menschen und vor 2000 Jahren etwa 300 000 000 Menschen gegeben haben. Trotz Krankheiten wie der Pest im Mittelalter stieg die Weltbevölkerung bis zum Jahr 1500 n. Chr. auf etwa 500 000 000. Für das Jahr 2050 rechnet man mit einer Weltbevölkerung von etwa 9 000 000 000 Menschen.

Zählen müssen Menschen schon seit tausenden von Jahren. Wenn etwas gezählt wird, dann werden dafür die Zahlen 0, 1, 2, 3, … genutzt. Diese Zahlen nennt man die **natürlichen Zahlen**.

Wissen: Natürliche Zahlen
Zum Zählen nimmt man die **natürlichen Zahlen** 0, 1, 2, 3, … (kurz ℕ).

Stellenwerttafel

Natürliche Zahlen werden mit den **Ziffern** 0, 1, 2, 3, 4, 5, 6, 7, 8 und 9 geschrieben. Die Bedeutung einer Ziffer hängt davon ab, an welcher Stelle der Zahl sie steht. Der Wert einer Stelle ist dabei immer das Zehnfache der vorhergehenden Stelle. Deshalb wird unser Zahlensystem auch **Zehnersystem** genannt. Im Zehnersystem bedeutet die Zahl 290 944 beispielsweise: 2 Hunderttausender, 9 Zehntausender, 0 Tausender, 9 Hunderter, 4 Zehner und 4 Einer.

Wissen: Stellenwerttafel

·10 ·10 ·10 ·10 ·10 ·10 ·10 ·10 ·10 ·10 ·10 ·10 ·10 ·10

100 Billionen	10 Billionen	Billionen	100 Milliarden	10 Milliarden	Milliarden	100 Millionen	10 Millionen	Millionen	100 Tausender	10 Tausender	Tausender	Hunderter	Zehner	Einer	Lies …
											1	2	0	0	1 Tausend 200
									1	0	0	3	0	0	100 Tausend 300
								7	2	3	0	0	0	0	7 Millionen 230 Tausend
					3	0	0	0	0	2	0	0	0	3	3 Milliarden 20 Tausend und 3
		4	0	3	2	0	0	0	0	0	0	0	0	0	4 Billionen 32 Milliarden

Tipp:
Zum Lesen großer Zahlen kannst du sie von rechts nach links in Dreierpäckchen einteilen wie 18 738 493 847 oder die Stellenwerttafel verwenden.

Hinweis:
E = Einer
Z = Zehner
H = Hunderter
T = Tausender
ZT = Zehntausender
HT = Hunderttausender
Mio. = Millionen
Mrd. = Milliarden
Bill. = Billionen

Beispiel 1: Trage die Zahlen in eine Stellenwerttafel ein und lies sie laut vor.
23 432 411, 235 731, 567 345 und 236 911

Lösung:
Trage bei jeder Zahl zuerst die Einer (E), dann die Zehner (Z), die Hunderter (H)… ein.

	Mio.	HT	ZT	T	H	Z	E
2	3	4	3	2	4	1	1
		2	3	5	7	3	1
		5	6	7	3	4	5
		2	3	6	9	1	1

Lies dann laut in „Dreierpäckchen“:
23 Millionen 432 Tausend 411
235 Tausend 731
567 Tausend 345
236 Tausend 911

Basisaufgaben

1. Trage die Zahlen in eine Stellenwerttafel ein und lies sie laut vor.
a) 2345 b) 23 902 c) 93 986 d) 200 700
e) 1 923 000 f) 73 001 002 g) 387 248 292 h) 18 723 897 402

2. Schreibe die Zahl in „Dreierpäckchen“ und lies sie laut vor.
a) 82054 b) 504500431 c) 94078540025 d) 295405899003

Hinweis zu 3:
Die Summe der Anzahl der Ziffern ist 53.

3. Überlege, wie viele Stellen die Zahl hat. Schreibe die Zahl dann mit Ziffern.
a) 85 Tausend b) 57 Millionen c) 11 Milliarden
d) 3 Millionen 714 Tausend e) 152 Milliarden 10 Millionen f) 1 Milliarde 3 Tausend

Erinnere dich:
Jede natürliche Zahl hat einen **Nachfolger**, die um 1 größere Zahl. Die um 1 kleinere Zahl ist der **Vorgänger**.

4. Gib Vorgänger und Nachfolger der Zahl an.
a) 33 b) 342 c) 2334 d) 10 000 e) 99 999 f) 521 099

Zahlen nach ihrer Größe ordnen

Beispiel 2: Ordne die Zahlen nach ihrer Größe: 23 432 411, 235 731, 567 345 und 236 911.

Lösung:
23 432 411 ist die größte Zahl, da diese Zahl die meisten Stellen hat (siehe Beispiel 1).

Bei Zahlen mit gleich vielen Stellen vergleichst du stellenweise von links nach rechts.

Vergleich der Hunderttausender ergibt:
567 345 > 235 731 und 567 345 > 236 911,
denn 500 000 > 200 000.

Vergleich der Tausender ergibt:
236 911 > 235 731, denn
6 000 > 5 000.

Ergebnis: 23 432 411 > 567 345 > 236 911 > 235 731

Basisaufgaben

Erinnere dich:
Das Kleinerzeichen „<“ und das Größerzeichen „>“ zeigen immer auf die kleinere Zahl wie bei 5 < 7 und 7 > 5.

5. Statt „5 ist größer als 3“ kannst du auch „5 > 3“ schreiben. Statt „3 ist kleiner als 5“ kannst du auch „3 < 5“ schreiben. Setze für ■ die Zeichen < oder > ein.
a) 14 ■ 27 b) 57 ■ 23 c) 98 ■ 89 d) 512 ■ 453

6. Setze zwischen die Zahlen das richtige Zeichen < oder > ein.
a) 8 251 ■ 8 152 b) 13 581 ■ 13 858 c) 25 987 ■ 25 897
d 248 972 ■ 2 243 487 e) 330 200 ■ 34 900 f) 10 000 000 ■ 9 999 999

7. Vergleiche die Zahlen. Begründe deine Wahl.

a) 234 und 512
b) 2345 und 1234
c) 4893 und 1893
d) 12 344 234 und 12 398 123
e) 47 282 489 012 und 87 234 692
f) 3 284 762 341 233 und 100 000 000 000 000

8. Mit Größer- oder Kleinerzeichen lassen sich auch mehrere Zahlen vergleichen.
Beispiel: 1 < 2 < 3 < 4 oder 4 > 3 > 2 > 1
Ordne die Zahlen der Größe nach. Überlege dir, mit welcher Zahl du anfängst.

a) 13, 5, 9, 36, 24
b) 625, 135, 745, 243, 540
c) 6060, 6006, 6600, 6606, 6000
d) 35 732, 36 732, 35 351, 35 731, 35 761

Weiterführende Aufgaben

9. Durchblick:

a) Welchen Wert hat die Ziffer 5, wenn sie an der 3. oder 7. oder 9. Stelle einer Zahl steht.
b) Ordne die Zahlen 7428, 4857, 7425 und 5428 der Größe nach.

10. Stolperstelle: Paul hat die folgenden Aufgaben bearbeitet. Prüfe ob seine Lösungen richtig sind. Korrigiere alle Fehler.

a) Schreibe dreihundertfünfundsechzig als Zahl. *Lösung: 356*
b) Ordne 2060, 2065, 2006 und 2050 der Größe nach. *Lösung: 2065 > 2060 > 2006 < 2050*

11. Unser Sonnensystem besteht neben der Sonne aus acht Planeten. Auf den Kärtchen findest du die mittlere Entfernung der Planeten zur Sonne in Millionen Kilometern. Ordne jedem Planeten die richtige Entfernung zu.

60, 4496, 778, 228, 108, 2896, 150, 1427

12. Hanna sagt: „Ich bin 2004 geboren. Wenn ich den Vorgänger und den Nachfolger einer natürlichen Zahl zusammenzähle, so erhalte ich mein Geburtsjahr. Wäre ich ein Jahr später geboren, so könnte ich keine natürliche Zahl finden, deren Vorgänger und Nachfolger zusammengezählt 2005 ergeben."

a) Warum ist das so?
b) Wie heißt die natürliche Zahl, deren Vorgänger und Nachfolger die Summe 2004 ergeben?

13. Ausblick: Welche Zahl erfüllt alle Bedingungen?

① Sie hat 9 Ziffern.
② Die Summe der einzelnen Ziffern ist 45.
③ Die Zahl ist kleiner als 200 000 000.
④ Der Nachfolger einer Ziffer steht immer rechts neben dieser Ziffer.

1.3 Runden

■ Im April 2010 wurde in Oslo ein 30,22 m hoher Turm gebaut, der zwei Monate lang den Weltrekord „höchster Legoturm" hielt. „Er soll aus 499 978, also rund 400 000 Steinen bestehen", erklärt Tanja bei ihren Vortrag begeistert.
Lisa meldet sich, sie ist anderer Meinung: „Das sind rund 500 000 Steine."
Wem stimmst du eher zu? Begründe deine Entscheidung. ■

Interessiert nur ein ungefährer Wert, so wird eine Zahl gerundet. Häufig sind es große Zahlen, die auf- oder abgerundet werden, da sie dadurch übersichtlicher werden. Man kann auf Zehner, Hunderter, Tausender, … runden. Dabei ersetzt man die Ziffern, die hinter der Zehnerstelle, Hunderterstelle, … stehen, durch Nullen. Für die Rundungsstelle gelten diese Regeln:

Wissen: Vereinbarung zum Runden natürlicher Zahlen
Wähle zunächst die Rundungsstelle.
Abrunden: Folgt nach der Rundungsstelle eine **0, 1, 2, 3 oder 4,** wird abgerundet.
Aufrunden: Folgt nach der Rundungsstelle eine **5, 6, 7, 8 oder 9,** so wird aufgerundet.

Beispiel 1: Runde die Zahl
a) 35 auf Zehner, b) 1835 auf Hunderter, c) 79 835 auf Tausender.

Lösung:
a) Die Rundungsstelle ist die 3. Die Ziffer rechts neben der 3 ist die 5, also werden die 3 Zehner auf 40 aufgerundet. 35 ≈ 40

b) Die Rundungsstelle ist die 8. Die Ziffer rechts neben der 8 ist die 3, also wird auf die 8 Hunderter abgerundet, also 1800. 1835 ≈ 1800

c) Die Rundungsstelle ist die 9. Die Ziffer rechts neben der 9 ist die 8, also werden die 9 Tausender aufgerundet. 79 835 ≈ 80 000

$$\begin{array}{r} 79\,000 \\ +\ 1\,000 \\ \hline 80\,000 \end{array}$$

Basisaufgaben

1. Runde die Zahlen auf die vorgegebene Rundungsstelle.

a) Zehner	b) Hunderter	c) Tausender	d) Zehntausender
86	460	8 359	84 931
131	7549	67 498	625 129
648	7956	89 528	996 732

2. Runde 75 845 auf Zehner, Hunderter, Tausender und Zehntausender.

3. Zoés Schulweg wird in einem Routenplaner mit 789 Metern angegeben.
Gib die Entfernung gerundet an.

4. Runde die Zahlen, bei denen es sinnvoll ist. Begründe deine Entscheidung.
   a) Lenas Telefonnummer lautet 865214.
   b) Das Konzert hatte 13 589 Besucher.
   c) Nils wohnt in der Goethestraße 198.
   d) Cuxhaven hat 48 325 Einwohner.
   e) Gib weitere Beispiele an, bei denen es sinnvoll oder nicht sinnvoll ist, zu runden.

Weiterführende Aufgaben

5. **Durchblick:**
   a) Runde 35 634 und 859 328 auf Zehner, Hunderter, Tausender und Zehntausender.
   b) Eine Zahl wurde auf volle Zehner gerundet und lautet nun 240. Gib drei mögliche Ausgangszahlen an.

6. **Stolperstelle:** Paul hat die folgenden Aufgaben bearbeitet. Prüfe, ob seine Lösungen richtig sind. Korrigiere alle Fehler.
   a) Runde die Zahl 1995 auf Zehner und die Zahl 129 950 auf Hunderter.
   Lösung: $1995 \approx 1000$ $\quad$ $129\,950 \approx 129\,000$
   b) Runde die Zahl 3549 auf volle Hunderter.
   Lösung: 1. Schritt: $3549 \approx 3550$ $\quad$ 2. Schritt: $3550 \approx 3600$. Also ist $3549 \approx 3600$.

Hinweis zu 6:
Beim Runden verwendet man das Zeichen ≈.

7. Herr Müller möchte sein Bad renovieren. Dazu braucht er 1440 neue Fliesen und 62 ℓ Wandfarbe. Er rundet und kauft 1400 Fliesen sowie 60 ℓ Farbe.
Begründe, warum diese Rundung nicht sinnvoll ist. Überlege dir, wie du in diesem Fall geeignet runden kannst.

8. **Rundungsfehler:** Die Zahl 532 wird auf 500 abgerundet. Der Rundungsfehler ist 32.
Die Zahl 884 wird auf 900 aufgerundet. Der Rundungsfehler ist 16.
Runde die Zahlen auf Hunderter und auf Zehner. Gib bei jeder Rundung den Rundungsfehler an.
   a) 52 b) 349 c) 4918 d) 294 e) 756 f) 972

Hinweis zu 8:
Hier findest du die Rundungsfehler.

9. Julian hat einige Zahlen gerundet und den Rundungsfehler angegeben. Auf welche Stelle wurde gerundet? Was kann man über die Zahl sagen, die gerundet wurde.

	a)	b)	c)	d)
gerundete Zahl	50	110	1200	3400
Rundungsfehler	4	2	17	41

10. a) Die Schülerzahl einer Schule ist gerundet auf Zehner 680 Schüler. Wie viele Schüler sind es demnach mindestens? Wie viele Schüler sind es höchstens?
    b) Wenn man die Schülerzahl auf Hunderter rundet, so sind es 700 Schüler. Wie viele Schüler sind es jetzt mindestens? Wie viele Schüler sind es jetzt höchstens?

11. Mila und ihre Mutter gehen einkaufen. Mila hat 50 € dabei. Sie kauft sich neue Jeans für rund 40 € und ein T-Shirt für rund 20 €. Wie ist das möglich?

12. **Ausblick:** Die beiden Zahlen sind gerundet. Zwischen welchen Zahlen liegt die Summe der zugehörigen genauen Zahlen?
    a) 320 und 140 (gerundet auf Z)
    b) 1500 und 2700 (gerundet auf H)
    c) 46 000 und 58 000 (gerundet auf T)
    d) 5300 (auf H) und 12 000 (auf T)

1.4 Zahlenstrahl

■ Welcher Wert ist in den Bildern markiert und was gibt der Wert an? Beschreibe Gemeinsamkeiten in den Messanzeigen. Fallen euch ähnliche Anzeigen ein? ■

Wissen: Zahlenstrahl

Die natürlichen Zahlen kann man am **Zahlenstrahl** als Punkte darstellen. Der Zahlenstrahl beginnt mit der Zahl Null. Er hat kein Ende, da die Folge der natürlichen Zahlen nicht abbricht.

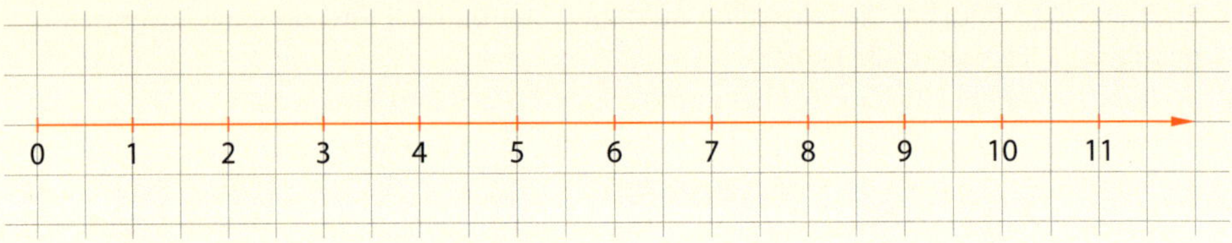

Der Abstand zwischen zwei benachbarten Punkten ist immer gleich groß.

Je weiter rechts die Zahl auf dem Zahlenstrahl ist, desto größer ist sie.

Wie groß der Abstand zwischen benachbarten Punkten gewählt wird, hängt davon ab, welche Zahlen dargestellt werden sollen.

Beispiel 1: Zeichne einen Zahlenstrahl und markiere die Zahlen.

a) 1, 3, 6, 9

b) 5, 20, 25, 40

c) 20, 50, 140, 170

Lösung:

a) Die größte Zahl, die du abtragen musst, ist die 9. Mit der Einteilung 2 Kästchen = 1 Einheit kannst du den Zahlenstrahl gut in dein Heft zeichnen.

b) Bei größeren Zahlen musst du die Einteilung gröber wählen.
Wähle hier 2 Kästchen = 5 Einheiten.

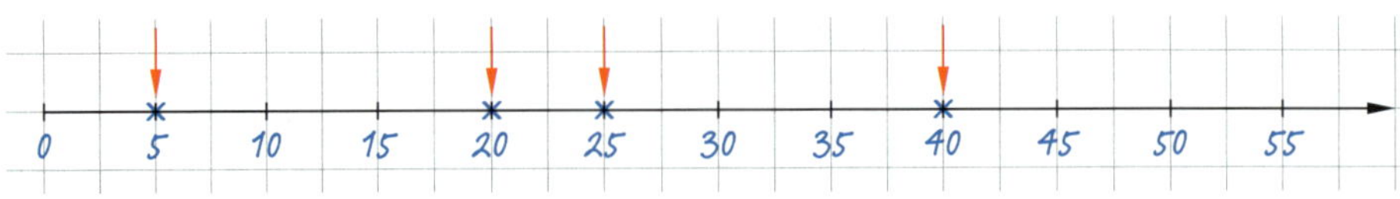

c) Bei Zahlen über 100 musst du für 2 Kästchen mindestens 10 oder 20 Einheiten wählen.

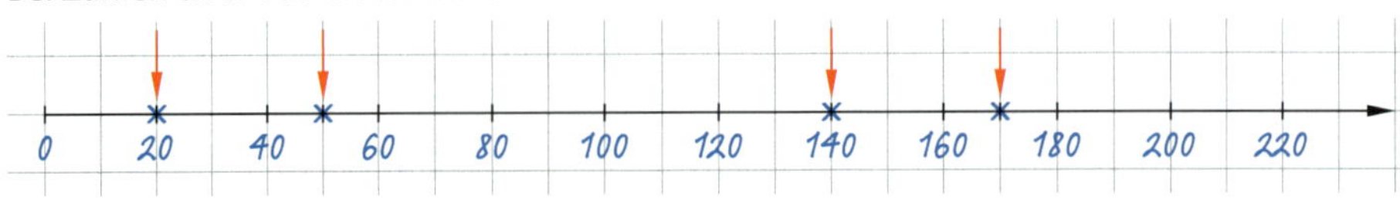

Basisaufgaben

1. Auf dem Zahlenstrahl sind einige Zahlen markiert. Wie lauten diese Zahlen?

a)

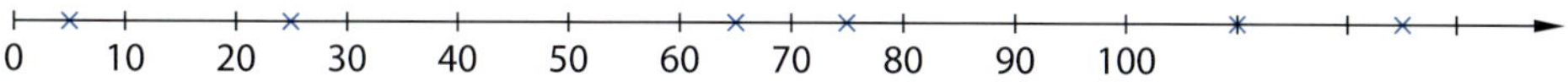

b)

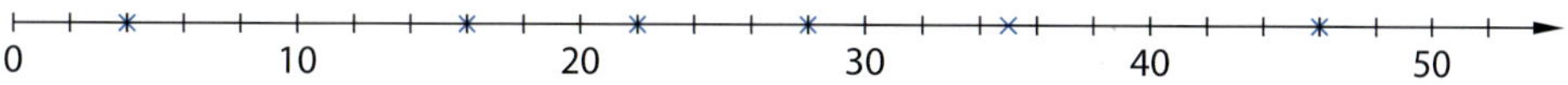

2. Ersetze die Buchstaben an den Zahlenstrahlen durch die entsprechenden Zahlen.

a)

b)

Hinweis zu 2b:
Die Summe der Zahlen ist 540.

3. Zeichne jeweils einen Zahlenstrahl mit der Einteilung 1 Kästchen = 1 Einheit. Markiere die Zahlen.

a) 1, 5, 8, 11, 15 b) 3, 7, 12, 14, 18 c) 0, 2, 4, 8, 16

4. Zeichne jeweils einen Zahlenstrahl und markiere die Zahlen. Wähle für 2 Kästchen so viele Einheiten, dass der Zahlenstrahl gut in dein Heft passt.

a) 2, 5, 8, 12 b) 10, 15, 30, 50, 65 c) 30, 60, 80, 150

Weiterführende Aufgaben

5. Hier sind Ausschnitte eines Zahlenstrahls abgebildet. Ersetze die Buchstaben durch die entsprechenden Zahlen.

a)

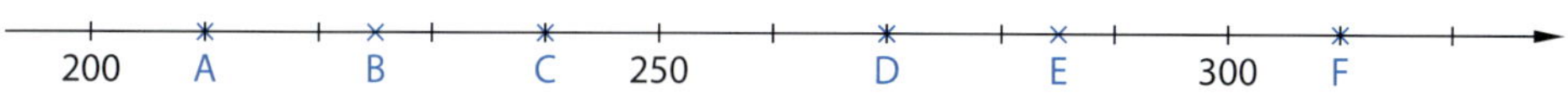

b)

Hinweis zu 5:
Manchmal ist es günstiger oder ausreichend nur einen Ausschnitt aus dem Zahlenstrahl zu zeichnen.

6. Durchblick:

a) Welche Zahlen sind auf dem Zahlenstrahl markiert?
Orientiere dich an Beispiel 1.

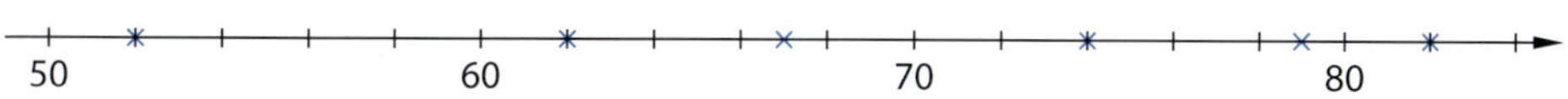

b) Felix möchte die Zahlen 10, 20, 30, … 120 am Zahlenstrahl darstellen. Wie lang sollte er den Zahlenstrahl zeichnen, damit er gut in das Heft passt? Zeichne einen solchen Zahlenstrahl in dein Heft.

c) Zeichne einen geeigneten Zahlenstrahl, auf dem die folgenden Zahlen genau eingetragen werden können: 100, 50, 150, 25, 125 und 75.

7. a) Zeichne den Ausschnitt eines Zahlenstrahls von 200 bis 500 mit 2 Kästchen = 20 Einheiten. Markiere die Zahlen: 220, 360, 380, 400, 440
b) Zeichne den Ausschnitt eines Zahlenstrahls mit einer geeigneten Einteilung. Markiere dann die Zahlen: 7500, 8000, 9000, 9500, 10 500

8. **Stolperstelle**

a) Paul soll einen Zahlenstrahl zeichnen. Er hat eine Einteilung von 2 Kästchen = 2 Einheiten gewählt und einige Zahlen markiert. Korrigiere seinen Fehler.

b) Monika hat den Ausschnitt eines Zahlenstrahls gezeichnet, auf dem Zahlen zwischen 500 und 520 genau markiert werden sollen. Welchen Fehler hat sie begangen? Was kann man hier besser machen? Zeichne einen geeigneten Ausschnitt des Zahlenstrahls.

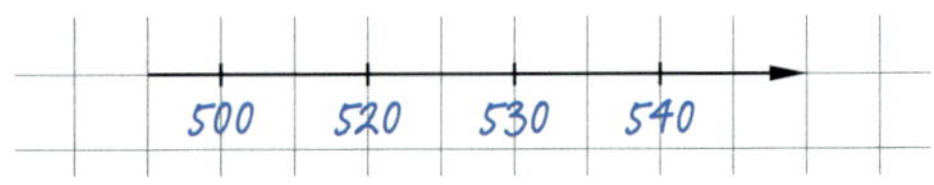

9. Gesucht sind zwei Zahlen, die sich um 8 unterscheiden. Auf einem Zahlenstrahl liegen sie beide gleich weit von der Zahl 12 entfernt. Bestimme die beiden Zahlen. Zeichne dazu einen geeigneten Zahlenstrahl.

10. a) Gesucht sind alle natürlichen Zahlen, die auf dem Zahlenstrahl links von 60 und rechts von 55 liegen. Zeichne dazu einen geeigneten Ausschnitt des Zahlenstrahls.
b) Gesucht sind alle natürlichen Zahlen, die größer sind als 250, aber kleiner sind als 260. Zeichne dazu einen geeigneten Ausschnitt des Zahlenstrahls.

11. Welche Zahl liegt genau in der Mitte zwischen den eingetragenen Zahlen?

a)

b)
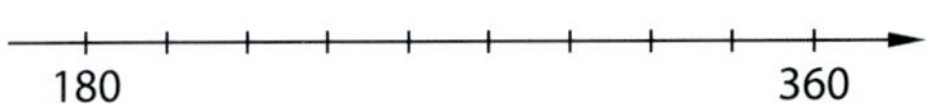

12. **Ausblick:** Bei jedem Bundesligaspiel werden die Zuschauer gezählt. Die Tabelle zeigt die durchschnittliche Anzahl von Besuchern einiger Vereine in der Spielzeit 2013/2014.

Verein	Zuschauer
Bayern München	71 000
Borussia Dortmund	80 323
Schalke 04	61 569
Hertha BSC Berlin	51 892
Hamburger SV	51 819
VfB Stuttgart	50 471
Hoffenheim	26 906
SC Freiburg	23 388

a) Runde die Zuschauerzahlen auf volle Tausender.
b) Zeichne mit den gerundeten Werten ein geeignetes Säulen- oder Balkendiagramm.

1.5 Römische Zahlzeichen

■ Auf der Uhr sind Zahlen in römischer Schreibweise angegeben. Schreibe für 1 bis 12 die römischen Zahlen in dein Heft ab.
Welche Zeichen wurden verwendet, um diese Zahlen darzustellen, und was bedeuten sie? ■

Bis ins 16. Jahrhundert nutzte man in Europa die römischen Zahlen. Die römischen Zahlzeichen sind Buchstaben.

römisches Zahlzeichen	I	V	X	L	C	D	M
Wert	1	5	10	50	100	500	1000

Das Zeichen I steht für den Wert 1, das Zeichen X für den Wert 10. XII bedeutet X + I + I, also 12.

Hinweis:
Die Römer nutzten ein Additionssystem. Heute schreibt man Zahlen im Stellenwertsystem.

Wissen: Römische Zahlen lesen
1. Die Werte der einzelnen Zahlzeichen werden addiert.
2. Steht ein kleineres Zahlzeichen vor einem größeren Zahlzeichen, dann wird subtrahiert.

Beispiel 1: Schreibe im Zehnersystem. a) VIII b) XXVI c) IX d) XCIV

Lösung:
Bei a) und b) wird addiert.

a) VIII = V + I + I + I = 5 + 1 + 1 + 1 = 8

Bei c) und d) musst du auch subtrahieren. Subtrahiere nur, wenn ein kleineres Zeichen vor einem größeren steht. Die restlichen Zeichen addierst du.

b) XXVI = X + X + V + I = 10 + 10 + 5 + 1 = 26

c) IX = X − I = 10 − 1 = 9

d) XCIV = C − X + V − I = 100 − 10 + 5 − 1 = 94

Wissen: Römische Zahlen schreiben
1. Die Zeichen I, X, C und M stehen höchstens dreimal hintereinander.
2. V, L und D dürfen nur einmal verwendet werden.
3. V, L und D dürfen nicht vor einem höheren Zeichen stehen.
4. Von einem Zahlzeichen darf man nur das nächstkleinere der Zeichen I, X oder C subtrahieren.

Beispiel 2: Schreibe mit römischen Zahlzeichen. a) 38 b) 91

Lösung:
a) Schreibe die 38 mit den Zeichen X = 10, V = 5 und I = 1.

38 = 10 + 10 + 10 + 5 + 1 + 1 + 1
= XXXVIII

b) Für die 90 subtrahierst du die X = 10 von der C = 100.

91 = 90 + 1
= XCI

Basisaufgaben

1. Schreibe im Zehnersystem.

a) V b) VI c) XI d) IV e) CX f) MC g) DLV
h) XVIII i) IX j) XIV k) XLIV l) CDLXX m) DXLIX n) MMCXCVII

2. Schreibe mit römischen Zahlzeichen.

a) 2	b) 7	c) 10	d) 12	e) 36	f) 151	g) 1520
h) 9	i) 14	j) 140	k) 405	l) 549	m) 2945	n) 3999

Hinweis:
Thomas Mann, deutschsprachiger Schriftsteller, schrieb u. a. die Romane „Buddenbrooks“ und „Der Zauberberg“.

3. a) Schreibe das Geburts- und Todesjahr von Thomas Mann in unserem Stellenwertsystem.
   b) Wann wurde Katia Mann geboren und wann starb sie?

Weiterführende Aufgaben

4. Bei den Römern waren Würfelspiele sehr beliebt. In einem Spiel würfelte man mit sechs Würfeln und bildete die Summe aller Augen.
   a) Stelle die Ergebnisse der einzelnen Spieler als römische Zahlen dar.
   b) Wer hat in dem abgebildeten Spiel gewonnen?

5. **Durchblick:**
   a) Schreibe die Zahlen im Zehnersystem.
   ① VI ② XVIII ③ XIX ④ CLXIV ⑤ MCMIII ⑥ MDCCCLIX
   b) Julian hat ein römische Zahl geschrieben: XXXXVIIII
   Wie schreibt man die Zahl korrekt in römischer Schreibweise?
   c) Schreibe 14 und 99 mit römischen Zahlzeichen. Erkläre die Regeln, die du verwendet hast.

6. a) Welches Datum passt zu welchem Ereignis?

   MI | DCCC | MCMXLV | MCMLXI

   Ende des Zweiten Weltkriegs | Wikinger betreten amerikanisches Festland. | Erster Mensch im Weltall | Karl der Große wird gekrönt.

   b) Erstellt eigene Karten mit römischen Jahresangaben und Ereignissen.

7. **Stolperstelle:** Jannik und Katharina versuchen die Jahreszahl MDCLXIX zu übersetzen. Sie erhalten dabei unterschiedliche Ergebnisse. Wo liegt der Fehler? Begründe.

Jannik: MDCLXIX
= M + D + C + L + X + I + X
= 1000 + 500 + 100 + 50 + 100 + 10 + 1 + 10
= 1671

Katharina: MDCLXIX
= MD + C + L + X + IX
= 1500 + 100 + 50 + 10 + 9
= 1669

8. **Ausblick:** Cäsar eroberte Gallien mit etwa 60 000 Legionären. Kann man diese Zahl mit römischen Zahlzeichen aufschreiben?
   a) Ermittle die größte Zahl, die man mit den Zahlzeichen I, V, X, L, C, D, M schreiben kann.
   b) Erfinde ein Zeichen für 5000. Wie groß ist nun die größte Zahl?
   c) Welche Zeichen musst du noch erfinden, um die Größe von Cäsars Heer anzugeben?

1.6 Zahlen im Zweiersystem

■ Für diese Balkenwaage sind je ein Gewicht zu 1 g, 2 g, 4 g und 8 g vorhanden. Auf der einen Seite wird der zu wiegende Gegenstand aufgelegt, auf der anderen Seite einzelne dieser Gewichte, um die Waage ins Gleichgewicht zu bringen.
Welche Massen können mithilfe dieser Gewichte gewogen werden? Notiere, welche Gewichte dazu jeweils verwendet werden. Gehe systematisch vor.
Welches zusätzliche Gewicht benötigt man als Nächstes, um weitere Massen abzuwiegen? ■

Hinweis:
Gewicht ist hier die Kurzbezeichnung für Wägestück oder Gewichtsstück.

So ähnlich wie diese Waage funktioniert das Zweiersystem. Es ist wie unser Zehnersystem ein Stellenwertsystem, das heißt, die Bedeutung einer Ziffer hängt davon ab, an welcher Stelle sie in einer Zahl steht. Im Zweiersystem werden nur die Ziffern 0 und 1 verwendet.

Hinweis:
Zum Zweiersystem sagt man auch **Dualsystem** oder **Binärsystem**.
Zum Zehnersystem sagt man auch **Dezimalsystem**.

Wissen: Stellenwerttafel des Zweiersystems

·2 ·2 ·2 ·2 ·2 ·2 ·2

…	…	32er	16er	Achter	Vierer	Zweier	Einer	Umwandlung ins Zehnersystem
					1	0	1	$1 \cdot 4 + 0 \cdot 2 + 1 \cdot 1 = 5$
			1	1	0	1	0	$1 \cdot 16 + 1 \cdot 8 + 0 \cdot 4 + 1 \cdot 2 + 0 \cdot 1 = 26$

Um anzuzeigen, dass eine Zahl im Zweiersystem geschrieben ist, schreibt man $(101)_2$ und liest „eins null eins im Zweiersystem".

Beispiel 1: Schreibe die Zahl $(1011)_2$ in unserem Zehnersystem.

Lösung:
Du kannst die Bedeutung der vier Ziffern von $(1011)_2$ aus der Stellenwerttafel ablesen.

	32er	16er	Achter	Vierer	Zweier	Einer
$(1011)_2 =$			1	0	1	1

$$(1011)_2 = 1 \cdot 8 + 0 \cdot 4 + 1 \cdot 2 + 1 \cdot 1$$
$$= 8 + 2 + 1$$
$$= 11$$

Beispiel 2: Schreibe die Zahl 58 im Zweiersystem.

Lösung:
Überlege, welche der Zahlen 1, 2, 4, 8, 16, 32, … du addieren musst, damit das Ergebnis 58 ist.

	32er	16er	Achter	Vierer	Zweier	Einer
58 =	1	1	1	0	1	0

$$58 = (111010)_2$$

Basisaufgaben

1. Schreibe die Zahl in unserem Zehnersystem.
   a) $(100)_2$ b) $(111)_2$ c) $(1001)_2$ d) $(10000)_2$
   e) $(10110)_2$ f) $(11111)_2$ g) $(101010)_2$ h) $(10110111)_2$

2. Schreibe die Zahl im Zweiersystem.
   a) 8 b) 6 c) 21 d) 64 e) 33 f) 68 g) 100 h) 177

Weiterführende Aufgaben

3. Welche der beiden Zahlen ist größer? Setze für das richtige Zeichen < oder > ein.
   a) $(111)_2$ ■ $(1000)_2$ b) $(110000)_2$ ■ $(101101)_2$
   c) $(100101)_2$ ■ $(100101)_{10}$ d) $(10101010)_2$ ■ $(101)_{10}$

4. Schreibe jeweils den Vorgänger und den Nachfolger im Zweiersystem auf.
   a) $(110)_2$ b) $(1000)_2$ c) $(1111)_2$ d) $(10111)_2$

5. Ordne die Zahlen $(1110)_2$, $(10001)_2$, $(1010)_2$, $(11000)_2$ und $(10101)_2$ der Größe nach. Rechne danach ins Zehnersystem um und überprüfe damit dein Ergebnis.

6. a) Welches ist die größte 4-, 5- und 6-stellige Zahl, die man im Zweiersystem aufschreiben kann? Notiere die Zahlen und wandle sie anschließend ins Zehnersystem um.
   b) Wie viele Stellen hat die Zahl 999 im Zweiersystem?
   c) Bilde eine möglichst große und eine möglichst kleine Zahl aus 4 Einsen und 3 Nullen.

7. **Durchblick:**
   a) Rechne ins Zweiersystem um. Was fällt dabei auf?
   ① 3 ② 7 ③ 15 ④ 127 ⑤ 5 ⑥ 9 ⑦ 17 ⑧ 65
   b) Woran erkennt man im Zweiersystem, dass eine Zahl gerade ist? Wann ist sie ungerade?
   c) Wie ändert sich der Wert einer Zahl im Zweiersystem, wenn man hinten eine 0 anhängt?
   d) Enya behauptet: „Wenn man vorn eine Eins anhängt, wird die Zahl mehr als doppelt so groß." Stimmt das? Erkläre.

8. **Stolperstelle:** Entscheide, ob Anastasia und Jonas recht haben. Begründe.
   Anastasia: „Im Zweiersystem ist diejenige Zahl die größere, die mehr Einsen hat."
   Jonas: „Eine Zahl hat im Zweiersystem stets mehr Stellen als im Zehnersystem."

9. Zum Abwiegen mit einer Balkenwaage stehen Gewichte zu 1 g, 2 g, 4 g, 8 g, 16 g, 32 g, 64 g und 128 g zur Verfügung.
   a) Welche Gewichte benötigt man, um einen 70 g schweren Gegenstand zu wiegen?
   b) Wie schwer ist der leichteste Gegenstand, bei dem man 5 Gewichte benötigt?

10. **Ausblick:** Das 16er-System (Hexadezimalsystem) hat 16 Ziffern. Hier sind große Zahlen kürzer als im Zehnersystem. Dafür benötigt man außer 0 bis 9 noch sechs weitere Ziffern. Man nimmt A für 10, B für 11 usw. F steht für 15. An der zweiten Stelle, vor den Einsern, stehen hier nun die Sechzehner, davor die Zweihundertsechsundfünfziger usw.
    a) Schreibe die Zahlen 10, 20, 30, 100, 200, 255, 256 und 400 im Hexadezimalsystem.
    b) Schreibe die Zahlen $(100)_2$, $(10000)_2$, $(101010)_2$, $(100100100)_2$ im Hexadezimalsystem.

1.7 Größen schätzen

■ Ordne den folgenden Gegenständen und Bildern eines der angegebenen Gewichte, Längen oder Zeitdauern zu. Begründe. ■

Wissen: Ausgewählte Größen und ihre Einheiten

Gebräuchliche Maßeinheiten für Gewicht, Länge und Zeit sind:

Gewicht: **1 mg** (Milligramm), **1 g** (Gramm), **1 kg** (Kilogramm), **1 t** (Tonne)

Länge: **1 mm** (Millimeter), **1 cm** (Zentimeter), **1 dm** (Dezimeter), **1 m** (Meter), **1 km** (Kilometer)

Zeit: **1 s** (Sekunde), **1 min** (Minute), **1 h** (Stunde), **1 d** (Tag)

Hinweis:
Das Wort „Gewicht" hat sich umgangssprachlich durchgesetzt, obwohl eigentlich die Masse gemeint ist.

Eine genaue Vorstellung zu einem Gewicht, zu einer Länge oder zu einer Zeitspanne erhält man durch **Messen** mit geeigneten Instrumenten, zum Beispiel mit einer Waage, einem Lineal oder einer Stoppuhr. Häufig genügt es, den Wert einer Größe durch **Schätzen** zu beschreiben, um eine ungefähre Vorstellung zu erhalten. Meist wird das Schätzen genauer, wenn man die gesuchte Größe mit etwas Bekanntem **vergleichen** kann.

Packung Mehl: 1 kg

Schokolade: 100 g

Butter: 250 g

DIN-A4-Blatt: ungefähr 20 cm x 30 cm

Tisch: 80 cm hoch

100 km Autobahn: 1 h bei 100 km/h

1 km zu Fuß: 10 – 15 min

1 km mit dem Fahrrad: 4 – 6 min

Beispiel 1: Schätze und begründe deine Schätzung:
a) Wie viel wiegt eine volle Kiste mit 12 1-ℓ-Wasserflaschen?
b) Wie hoch ist eine Getränkedose?
c) Wie schnell ist ein Spitzensportler auf 400 m?

Lösung:
a) 1 Liter Wasser wiegt etwa 1 kg. 12 Liter wiegen also 12 kg. Dazu kommt noch das Gewicht der Kiste und das Gewicht der Flaschen, also zwischen 13 und 15 kg für Plastikflaschen, bei Glas noch mehr.

b) Eine Getränkedose ist ungefähr genauso hoch wie eine Handlänge. Eine Hand ist etwa 10 cm bis 20 cm lang.

c) Ein Weltklassesprinter läuft eine Strecke von 100 m unter 10 s. Für einen 400-m-Lauf braucht er mindestens viermal so lang, vermutlich sogar etwas mehr, also etwa 45 s.

Basisaufgaben

1. Schätze und begründe deine Antwort:
   a) Ein Auto wiegt ungefähr 1 t. Wie viel wiegt ein LKW?
   b) Ein Zimmer ist etwa 2,50 m hoch. Wie hoch ist dann ein Haus mit 5 Etagen?
   c) Um die Zahl 23 laut und verständlich auszusprechen, braucht man ungefähr 1 s. Wie lange brauchst du dann, um von 20 bis 40 zu zählen?

2. Schätze die Länge der Gegenstände.

a) 

b) 

c) 

d) 

3. Ordne den Gegenständen ein passendes Gewicht zu.
Überlege zunächst, in welcher Gewichtseinheit man das Gewicht zweckmäßig angibt.

2 mg | 10 g | 2 kg | 500 g | 95 kg | 400 kg | 2 t

a) 

b) 

c) 

d) 

4. a) Nenne Produkte aus dem Supermarkt, die ungefähr 100 g, 250 g, 500 g oder 1 kg schwer sind.
b) Gib jeweils Gegenstände an, die 1 cm, 10 cm, 1 m oder 10 m lang sind.
c) Gib jeweils Ereignisse an, die ungefähr 1 s, 1 min, 1 h oder 2 h lang dauern.

5. Als Vergleichsgrößen beim Schätzen bieten sich die Maße deines Körpers an. Schätze und miss, wenn möglich. Sicherlich hast du noch weitere Ideen: Die Breite deines Daumens, die Länge deines Zeigefingers, die Breite deiner Hand, die Länge deines Fußes, die Länge eines normalen Schrittes, deine Körpergröße von Kopf bis Fuß, dein Gewicht, das Gewicht eines Haares …

Weiterführende Aufgaben

6. **Durchblick:** Schätze zunächst die Längen, Gewichte beziehungsweise Zeitdauern. Begründe deine Schätzung. Woran hast du dich orientiert? Nutze auch die Lösungen der Beispiele. Prüfe dann durch Messen, Zählen oder Rechnen.
a) Die Breite der Tafel in deiner Klasse.
b) Die Länge, die Höhe und die Breite deines Klassenzimmers.
c) Das Gewicht aller Schulbücher, die du an diesem Tag in die Schule mitgebracht hast.
d) Die Anzahl der Stunden, die du in einer Woche in der Schule verbringst.

7. a) Schätze die Länge, Breite und Dicke deines Mathematikbuchs. Überprüfe deine Schätzung durch Messen mit einem Lineal.
b) Schätze das Gewicht deines Mathematikbuchs. Überprüfe deine Schätzung durch Messen.
c) Wie lange würdest du benötigen, um dein Mathematikbuch Seite für Seite laut vorzulesen? Begründe.

8. **Stolperstelle:** Julia hat das Gewicht, die Größe oder die Zeitdauer geschätzt. Überprüfe und benenne mögliche Fehler.
   a) Ein Blauwal wiegt bis zu 30 m.
   b) Die Strecke von Hamburg nach München ist 10 000 m lang.
   c) In einem Kochtopf wird Wasser erhitzt. Es dauert 2 min, bis 1 ℓ Wasser kocht. Daher dauert es 20 min, bis 10 ℓ Wasser kochen.
   d) Ein Sprinter braucht für 100 m 12 s. Für 10 km benötigt er also 1200 s.

9. Teste dein Zeitgefühl:
Schließe die Augen und öffne sie nach genau einer Minute wieder. Überprüfe dich selbst mit einer Uhr. Teste auch dein Gefühl für längere und kürzere Zeitabschnitte (für 2 min oder 10 s).

10. Teste dein Gefühl für Längen:
   a) Zeichne auf weißem Papier ohne Lineal Strecken von 2 cm, 10 cm, 20 cm und 26 cm. Überprüfe danach durch Messen mit dem Lineal.
   b) Arbeitet in Gruppen: Nehmt eine Schnur und spannt damit eine Länge von 1 m, 2 m und 6 m. Überprüft durch Messen mit einem Maßband.

Hinweis zu 10a:
Du kannst einen Stift als Lineal verwenden.

11. Arbeitet in Gruppen. Schätzt die folgenden Anzahlen, Zeitdauern, … und begründet eure Lösung.
   a) die Anzahl der Schüler in eurer Schule
   b) die Zeit, die ihr für Mathematik-Hausaufgaben seit Beginn des Schuljahres benötigt habt
   c) die Höhe eurer Schule
   d) das Gewicht aller Schülertische in eurem Klassenzimmer
   e) die Anzahl der Schüler, die man benötigen würde, um eine 1000 m lange Menschenkette zu bilden

Tipp zu 11:
Besonders gut könnt ihr eure Ergebnisse vergleichen, wenn ihr sie auf Plakaten vorstellt (Seite 224 Methodenkarte 5F).

12. Schätze jeweils die Weltrekorde aus der Tierwelt und recherchiere dann in einem Lexikon oder im Internet.

13. **Ausblick:** Prüfe, ob die Aussage wahr oder falsch ist. Begründe deine Antwort.
   a) Die Entfernung von München nach Stuttgart ist länger als die Strecke, die du in fünf Stunden zu Fuß zurücklegen kannst.
   b) Einer deiner Arme ist schwerer als eine Flasche Sprudel.
   c) Langsam von 1 bis 20 zu zählen dauert länger, als eine trockene Scheibe Toastbrot zu essen.
   d) 1 kg Eisen ist schwerer als 1 kg Federn.

1.8 Größen umrechnen

■ Sven hat alle Münzen, die er noch hat, aus seinem Portemonnaie geholt.
Eine Flasche Apfelschorle kostet am Schulkiosk 1 €. Hat er noch genug Geld, um sie zu bezahlen? ■

Wissen: Einheiten umrechnen

Zum Vergleichen von Größen oder zum Rechnen mit Größen muss man sie in die gleiche Maßeinheit umrechnen.

Beim Umrechnen von einer Einheit in eine andere verwendet man **Umrechnungszahlen**.

Länge: km —1000→ m —10→ dm —10→ cm —10→ mm

Kilometer	**1 km = 1000 m**
Meter	**1 m = 10 dm**
Dezimeter	**1 dm = 10 cm**
Zentimeter	**1 cm = 10 mm**
Millimeter	**1 mm**

Geld: € —100→ Cent

Euro	**1 € = 100 Cent**
Cent	**1 Cent**

Gewicht: t —1000→ kg —1000→ g —1000→ mg

Tonne	**1 t = 1000 kg**
Kilogramm	**1 kg = 1000 g**
Gramm	**1 g = 1000 mg**
Milligramm	**1 mg**

Zeit: d —24→ h —60→ min —60→ s

Tag	**1 d = 24 h**
Stunde	**1 h = 60 min**
Minute	**1 min = 60 s**
Sekunde	**1 s**

Beispiel 1: Rechne in die nächstkleinere oder in die nächstgrößere Einheit um.
a) Rechne 3 m in dm um. b) Rechne 5 h in min um. c) Rechne 4000 mg in g um.

Lösung:

a) 1 m hat 10 dm.
3 m sind also 3 mal 10 dm, somit 30 dm.

$3\,m = 3 \cdot 10\,dm$
$= 30\,dm$

b) 1 h hat 60 min.
5 h sind also 5 mal 60 min, somit 300 min.

$5\,h = 5 \cdot 60\,min$
$= 300\,min$

c) 1 g hat 1000 mg.
4 mal 1000 mg sind also 4 g.

$4000\,mg = 4 \cdot 1000\,mg$
$= 4\,g$

Basisaufgaben

1. Rechne die Größenangabe in die nächstkleinere Einheit um.

Längen:	a) 6 cm	b) 20 m	c) 4 km	d) 132 dm
Gewichte:	e) 18 kg	f) 30 g	g) 5 t	h) 212 g
Zeit:	i) 3 min	j) 7 h	k) 3 Tage	l) 13 min

2. Rechne die Größenangabe in die nächstgrößere Einheit um.

Längen:	a) 5000 m	b) 40 dm	c) 60 mm	d) 436 000 m
Gewichte:	e) 6000 g	f) 9000 kg	g) 24 000 mg	h) 1 983 000 g
Zeit:	i) 120 s	j) 180 min	k) 48 h	l) 120 h

3. Rechne die Geldbeträge in die angegebene Einheit um:
a) in Cent: 5 €, 2,79 €, 30,05 €
b) in €: 200 Cent, 465 Cent, 5699 Cent

4. Ergänze die Lücke.
a) 6 m = ■ dm
b) 3 dm = 30 ■
c) 23 km = ■ m
d) 16 cm = 160 ■
e) 90 cm = ■ dm
f) 8000 m = 8 ■
g) 300 cm = ■ m
h) 1200 mm = ■ cm

5. Rechne die Gewichtsangaben in die angegebene Einheit um.
a) in kg: 5 t, 12 t, 3000 g, 120 000 g
b) in g: 6 kg, 30 kg, 4000 mg, 70 000 mg

6. Rechne in die angegebene Einheit um.
a) in min: eine halbe Stunde, eine Viertelstunde, eine Dreiviertelstunde, eineinhalb Stunden
b) in s: eine halbe Minute, zwei Minuten, zehn Minuten, eine Stunde
c) in h: ein halber Tag, eineinhalb Tage, zwei Tage, sieben Tage

Hinweis zu 6:
Hier findest du die Maßzahlen der Lösungen.

7. Größen vergleichen:
a) Was ist länger: 3 km oder 2953 m, 94 dm oder 10 m, 57 000 mm oder 570 m?
b) Was ist schwerer: 8 kg oder 7389 g, 40 000 mg oder 400 g, 743 kg oder 7 420 000 000 mg?
c) Was dauert länger: 122 s oder 2 min, 1440 min oder 2 d, 4 h oder 18 000 s?

8. Vergleiche die Quartettkarten. Ordne die Tiere
a) nach der Länge,
b) nach dem Gewicht,
c) nach der Lebenserwartung.

Weiterführende Aufgaben

9. Rechne in zwei (oder mehr) Schritten in die in Klammern angegebene Einheit um.
Beispiel: 3 dm = 3 · 10 cm = 30 cm = 30 · 10 mm = 300 mm
a) 19 m (in cm)
b) 32 km (in dm)
c) 15 m (in mm)
d) 3 km (in mm)
e) 2 t (in g)
f) 50 kg (in mg)
g) 17 t (in mg)
h) 2 h (in s)

10. a) Rechne in sinnvolle Einheiten um:
Die Klasse 5a nimmt an den Bundesjugendspielen teil. Sie muss 200 000 cm bis zum Stadion laufen und braucht dafür 1200 s. Alexander springt 3000 mm weit. Sabine wirft den 160 000 mg schweren Ball 210 dm weit. Mona braucht für den 100 000-cm-Lauf 240 s. Die Kugel beim Kugelstoßen ist 4000 g schwer, Zoé wirft sie 9000 mm weit. Die Klasse ist insgesamt 150 min im Stadion.
b) Schreibe selbst eine Geschichte mit ungewöhnlichen Einheiten.

11. Eine Python-Schlange kann sechs Meter lang werden, eine Waldameise 5 bis 10 mm. Wie viele Ameisen ergeben in Kette die Länge einer Python?

12. Durchblick:
a) Rechne wie in Beispiel 1 in die in Klammern stehende Größeneinheit um.

① 8 km (m)	② 30 g (mg)	③ 4 h (min)	④ 210 dm (m)
⑤ 3000 kg (t)	⑥ 600 s (min)	⑦ 3 km (dm)	⑧ 240 000 g (kg)
⑨ 240 h (d)	⑩ 8 m (mm)	⑪ 3 000 000 g (t)	⑫ 1260 min (h)

b) Berechne, wie viele Sekunden eine Stunde hat.
c) In den Größeneinheiten km und kg gibt es jeweils ein „k" am Anfang. Wofür steht das „k"?

13. Stolperstelle: Sabrina hat in ihren Rechnungen Fehler gemacht. Beschreibe die Fehler und berichtige sie.
a) *24 km = 2400 m* b) *3000 kg = 3 g* c) *7 min = 70 s* d) *5 m = 50 000 mm*

Hinweis zu 14:
Wann? – Zeitpunkt
Wie lange? – Zeitspanne

14. Zeitpunkt und Zeitspanne: Zeitspannen geben die Dauer zwischen zwei Zeitpunkten an.
Beispiel: Die erste Stunde beginnt um 8:00 Uhr und endet um 8:45 Uhr (Zeitpunkte).
Eine Schulstunde dauert 45 min (Zeitspanne).
Entscheide, ob Zeitpunkt oder Zeitspanne gemeint sind.
a) Ich komme dann um vier zu dir.
b) Für die Hausaufgaben habe ich den ganzen Nachmittag gebraucht.
c) Die Erde dreht sich pro Tag einmal um ihre Achse.
d) Der Mathematiker Gauß lebte von 1777 bis 1855.

15. Gib die Zeitspanne zwischen den Zeitpunkten an.
a) 16:15 Uhr bis 16:53 Uhr b) 10 Uhr bis 18 Uhr c) *1707 †1783

16. Amelie und Ole hatten von 7:50 Uhr bis 12:55 Uhr Schule. Wie lange waren sie in der Schule?
Amelie rechnet: *7:50 Uhr* $\xrightarrow{+10\,min}$ *8:00 Uhr* $\xrightarrow{+4\,h}$ *12:00 Uhr* $\xrightarrow{+55\,min}$ *12:55 Uhr*
Ole rechnet: *7:50 Uhr* $\xrightarrow{+5\,h}$ *12:50 Uhr* $\xrightarrow{+5\,min}$ *12:55 Uhr*
a) Wie würdest du rechnen? Berechne das Ergebnis.
b) Der Kinofilm läuft von 15:45 Uhr bis 17:28 Uhr. Wie lange dauert der Film?
c) Herr Landau fährt jeden Morgen mit der S-Bahn um 6:50 Uhr zur Arbeit. Heute ist er um 17:12 Uhr wieder zu Hause. Wie lang war er unterwegs?
d) Das Fußballtraining um 17:30 Uhr dauert 1 h 45 min. Wann endet das Training?
e) Marks Wecker klingelt um 6:32 Uhr. Er hat 9 h und 56 min geschlafen. Wann ist er ins Bett gegangen?

17. Mit Größen rechnen: Rechne in dieselbe Einheit um und rechne dann aus.
Beispiel: 21 m + 17 cm = 2100 cm + 17 cm = 2117 cm

a) 200 m + 3 m	b) 30 cm + 2 mm	c) 2 km + 300 m
d) 230 g + 20 kg	e) 3 g – 700 mg	f) 4 t – 800 kg
g) 3 h + 50 min	h) 1 min – 37 s	i) 8 d + 11 h
j) 320 dm + 3 km	k) 33 t – 667 000 g	l) 1 h – 368 s

Hinweis zu 17:
In allen Ergebnissen kommen die gleichen Ziffern vor.

18. Erkläre, warum es bei den folgenden Aufgaben sinnvoller ist, die kleinere Einheit in die größere umzurechnen und dann zu addieren. Rechne.

a) 60 m + 20 dm	b) 90 g + 4000 mg	c) 3 km + 5000 m
d) 2 min + 120 s	e) 89 000 kg – 80 t	f) 72 h – 1 d

19. Anja hat zum Geburtstag 13 Freunde eingeladen. Ihre Mutter hat Spaghetti mit Tomatensoße gekocht. „Schau mal, Anja, die Soße reicht sicherlich, nur bei den Spaghetti bin ich mir nicht sicher. Wir haben eine große Schüssel mit 2 kg Nudeln. Meinst du, es reicht für deine Freunde und dich?"
Anja hat gelesen, dass man für eine Portion etwa 100 g Nudeln nehmen sollte.
Was würdest du an Anjas Stelle der Mutter antworten?

20. Felix ist in Tübingen und muss mit der Bahn nach Böblingen fahren. Dazu ist ein Umstieg in Herrenberg notwendig.
a) Wie lange fährt der Zug von Tübingen nach Herrenberg bei den zwei angezeigten Verbindungen?
b) Wie lange benötigt Felix von Herrenberg nach Böblingen bei den angezeigten Verbindungen?
c) Felix muss spätestens um 11:30 Uhr in Böblingen am Bahnhof sein. Welche Verbindungen kann er nehmen? Wie lange dauert die gesamte Reise?

Tübingen Hbf.	ab	10:47
Herrenberg	an	11:11
Tübingen Hbf.	ab	11:17
Herrenberg	an	11:41
Herrenberg	ab	11:12
Böblingen	an	11:22
Herrenberg	ab	11:17
Böblingen	an	11:30
Herrenberg	ab	11:47
Böblingen	an	12:00

21. Runde die Größen.
Beispiel: 3448 m gerundet auf km: 3448 m ≈ 3000 m = 3 km
a) Runde auf km: 5689 m, 9400 m, 34 650 m
b) Runde auf cm: 71 mm, 146 mm, 95 mm
c) Runde auf m: 873 cm, 32 dm, 9950 mm
d) Runde auf kg: 9129 g, 1345 g, 21 750 g
e) Runde auf t: 1100 kg, 4505 kg, 9500 kg

22. Ausblick: Eine Woche hat 7 Tage. Ein Jahr, das kein Schaltjahr ist, hat 365 Tage.
a) Welcher Wochentag ist am 3. Oktober, wenn der 1. September ein Sonntag war?
b) In diesem Jahr ist Irinas Geburtstag an einem Samstag. An welchem Wochentag ist er nächstes Jahr, wenn kein Schaltjahr ist? Überlege auch für deinen eigenen Geburtstag.
c) Wie viele Tage sind es vom 16. Oktober bis zum Jahresende? Wie viele sind es von dem heutigen Datum aus?
d) Die Sommerferien gehen vom 28. Juli bis zum 10. September. Wie viele Tage sind das?
e) Denke dir ähnliche Aufgaben aus.

1.9 Größen in Kommaschreibweise

■ Im Biologieunterricht bekommt die Klasse 5a Besuch von der einjährigen Schäferhündin Holly. Die Klasse beobachtet Hollys Verhalten und misst: Holly hat eine Schulterhöhe von 0,58 m und ein Gewicht von 30,5 kg.
Vergleiche Hollys Werte mit den Durchschnittswerten für Schäferhunde. Ist es möglich, dass Holly schon ausgewachsen ist? ■

Ausgewachsener Schäferhund

Schulterhöhe

Rüde:	60 – 66 cm
Hündin:	55 – 61 cm

Gewicht

Rüde:	30 – 40 kg
Hündin:	25 – 35 kg

Größen kann man auch mithilfe einer **Einheitentafel** umrechnen. Dies ist besonders bei Größen sinnvoll, die in Kommaschreibweise angegeben sind.

Beispiel 1: Schreibe mithilfe einer Einheitentafel ohne Komma.
a) 6,7 km und 3,8 cm
b) 1,175 kg und 0,85 t

Hinweis:
E = Einer
Z = Zehner
H = Hunderter

Lösung:

a)

	km	m			dm	cm	mm
		H	Z	E	E	E	E
6,7 km:	6	7	0	0			
3,8 cm:						3	8

Schreibe die 6 unter km und die 7 daneben. Es sind 6 km und 700 m.

Schreibe die 3 unter cm und die 8 daneben. Es sind 3 cm und 8 mm.

Nun kannst du ablesen: 6,7 km = 6 km 700 m = 6700 m
3,8 cm = 3 cm 8 mm = 38 mm

b)

	t	kg			g			mg		
	E	H	Z	E	H	Z	E	H	Z	E
1,175 kg:				1	1	7	5			
0,85 t:	0	8	5	0						

Nun kannst du ablesen: 1,175 kg = 1 kg 175 g = 1175 g
0,85 t = 0 t 850 kg = 850 kg

Basisaufgaben

1. Trage die Größen in eine Einheitentafel ein und schreibe dann ohne Komma.
a) 8,95 m
b) 8,9 m
c) 0,2 cm
d) 4,2 km
e) 9,225 t
f) 6,75 kg
g) 2,9 g
h) 0,9 kg
i) 10,5 kg
j) 20,25 km
k) 20,25 g
l) 20,25 m

2. Schreibe ohne Komma.

a) 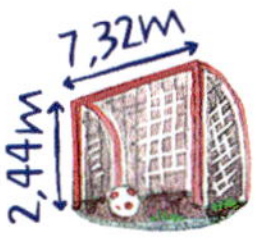

b) 

c) 

d) 

e) 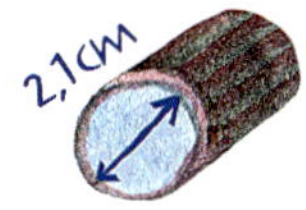

3. Schreibe ohne Komma. Verwende – falls nötig – eine Einheitentafel.

a) 6,002 km
6,02 km
6,2 km

b) 27,98 m
279,8 m
279,8 cm

c) 0,775 kg
0,75 kg
0,7 kg

d) 7,5 g
7,55 g
7,555 g

Weiterführende Aufgaben

4. Durchblick:

a) Schreibe ohne Komma. Verwende dazu wie in Beispiel 1 eine geeignete Einheitentafel.
① 4,2 kg ② 34,67 kg ③ 16,891 t ④ 5,76 km
⑤ 43,92 km ⑥ 5,76 m ⑦ 10,81 g ⑧ 0,960 kg
⑨ 0,302 t ⑩ 102,94 km ⑪ 70,301 km ⑫ 20,300 m

b) Bei Zeitangaben verzichtet man in der Regel auf die Verwendung des Kommas. Erkläre, warum Zeitangaben wie 1,7 h oder 12,37 min vermieden werden.

Tipp zu 4:
0,300 km = 0,3 km
= 300 m

5. Stolperstelle:

a) Jan hat eine Einheitentafel für Längen angelegt und rechnet damit um. Erkläre, was er falsch gemacht hat, und verbessere.

km	m	dm	cm	mm	Umrechnung
3	7				3,7 km = 37 m

b) Miriam rechnet ohne Einheitentabelle. Verbessere ihre Fehler.
① 0,6 m = 6 cm ② 4,5 kg = 45 g ③ 5,005 t = 55 kg

6. Ordne der Größe nach.

a) 1200 mm, 12 cm, 1,2 dm, 0,12 m
b) 360 mm, 3,6 cm, 0,0036 m
c) 2700g, 2 kg, 70 g, 2,007 kg
d) 60 000 mg, 6 g, 0,06 kg

7. Nina und ihre Mutter backen Brot. Im Rezept steht, dass der Teig aus 0,75 kg Weizenvollkornmehl, 250 g Roggenvollkornmehl, 0,5 kg Buttermilch und 20 g Salz bestehen soll. Die Küchenmaschine kann Teige bis zu 1000 g kneten. Überprüfe, ob Nina den Teig mit der Maschine kneten kann.

8. Ausblick: Es geht auch umgekehrt: Beim Umwandeln von Größen in eine größere Einheit können Zahlen mit Komma entstehen.

a) Schreibe die folgenden Größen mit Komma. Du kannst eine Einheitentafel verwenden.
① 250 cm (in m) ② 3500 m (in km) ③ 37 mm (in cm) ④ 612 dm (in m)
⑤ 4865 g (in kg) ⑥ 6390 kg (in t) ⑦ 450 g (in kg) ⑧ 23 mg (in g)

b) Louis soll ohne Einheitentafel 1848 g in kg angeben. Er überlegt sich: „1 kg = 1000 g, also ist die Umrechnungszahl 1000. Ich muss daher das Komma von 1848 g um 3 Stellen (Einer, Zehner und Hunderter) nach links setzen: 1,848 kg."
Prüfe die Überlegung von Louis an den Beispielen aus a) und an eigenen Beispielen.

1.10 Maßstab

■ Bestimme die ungefähre Länge und Breite der Insel Spiekeroog mithilfe deines Geodreiecks und der Angaben auf der Karte. Welche Angaben hast du dabei genutzt? Was bedeuten die Zahlen auf der Karte? ■

Auf Karten und Plänen werden Städte, Straßen, Häuser oder Zimmer oft verkleinert dargestellt. Der **Maßstab** gibt dabei an, wievielmal die Dinge im Bild verkleinert wurden. Je mehr durch den Maßstab verkleinert wird, desto weniger Einzelheiten kann man im Bild erkennen.

Der Maßstab wird angegeben als **Maßstabsleiste** (

) oder als Verhältnis (1 : 200 000).

Wissen: Maßstab

Ein **Maßstab** gibt an, wievielmal die Dinge im Bild verkleinert oder vergrößert wurden.

Ein Maßstab **1 : 500** („1 zu 500“) stellt eine **500-fache Verkleinerung** dar.
1 : 500 bedeutet: 1 cm im Bild entsprechen 500 cm = 5 m in Wirklichkeit.

1 : 500

Länge in cm im Bild → 1 ; 500 ← **Länge in cm in Wirklichkeit**

Ein Maßstab **500 : 1** („500 zu 1“) stellt eine **500-fache Vergrößerung** dar.

Längen in der Wirklichkeit berechnen

Beispiel 1: Der Stadtplan von Reutlingen hat einen Maßstab von 1 : 10 000. Die Charlottenstraße entlang des Stadtgartens (Ecke Planie bis Ecke Schillerstraße) ist auf der Karte 3 cm lang.

Berechne, wie weit die Entfernung in Wirklichkeit ist.

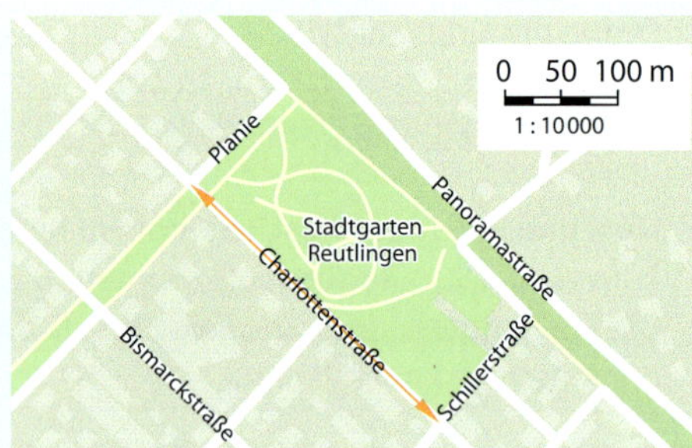

Lösung:

1 cm im Stadtplan entsprechen 10 000 cm in Wirklichkeit. Die Länge in Wirklichkeit ist also 10 000-mal so groß. Multipliziere daher mit 10 000.

Maßstab: 1 : 10 000

Länge im Bild: 3 cm
Länge in Wirklichkeit: 3 cm · 10 000
= 30 000 cm
= 300 · 100 cm = 300 m

In der Wirklichkeit ist die Entfernung 300 m.

Basisaufgaben

1. Schreibe zu den Angaben einen Text wie im Beispiel.
Beispiel: 1 : 25 000 bedeutet, dass 1 cm in der Karte 25 000 cm = 250 m in Wirklichkeit sind.
a) 1 : 2000 b) 1 : 50 000
c) 1 : 250 000 d) 1 : 4 000 000

2. Berechne die Länge in Wirklichkeit.

	Maßstab	Länge in der Karte	Länge in Wirklichkeit
a)	1 : 5	5 cm	
b)	1 : 100	4 cm	
c)	1 : 5000	2 cm	
d)	1 : 20 000	3 cm	

3. Eine Karte des Gifizsees bei Offenburg hat den Maßstab 1 : 2500. In Nord-Süd-Richtung ist der See auf der Karte 40 cm lang.
Berechne, wie lang diese Strecke in Wirklichkeit ist.

4. Astrid, Lea und Sarah messen zu Hause in einer Karte die Entfernung zur Schule. Dabei benutzen die drei Mädchen jedoch Karten mit unterschiedlichen Maßstäben. Untersuche, wer von den Mädchen am weitesten von der Schule entfernt wohnt.

	Astrid	Lea	Sarah
Maßstab der Karte	1 : 100 000	1 : 50 000	1 : 25 000
Entfernung auf der Karte	6 cm	9 cm	20 cm

Längen im Bild berechnen

Beispiel 2: Ein Handballfeld ist 40 m lang und 20 m breit. Das Spielfeld soll verkleinert in einer Zeitschrift abgedruckt werden.

Berechne die Längen, wenn das Handballfeld im Maßstab von 1 : 200 gezeichnet werden soll.

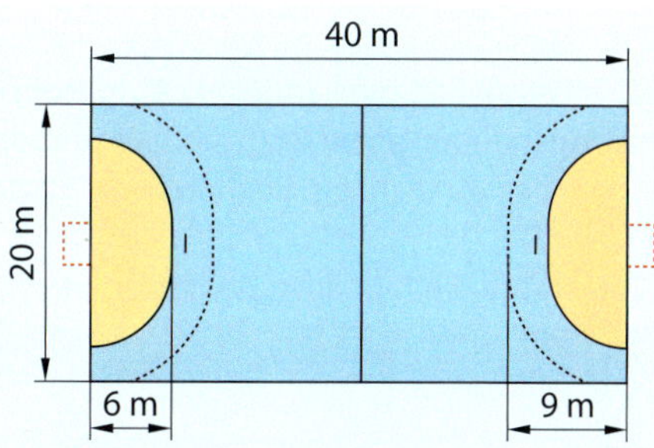

Lösung:
1 cm im Bild entsprechen 200 cm in der Wirklichkeit. Die Länge im Bild ist also 200-mal so klein.
Dividiere daher durch 200.
Wandle die wirklichen Längen (40 m und 20 m) vor dem Dividieren in cm um.

Maßstab: 1 : 200

Länge in Wirklichkeit: 40 m = 4000 cm
Länge im Bild: 4000 cm : 200 = 20 cm

Länge in Wirklichkeit: 20 m = 2000 cm
Länge im Bild: 2000 cm : 200 =10 cm

Im Heft ist das Feld 20 cm lang und 10 cm breit.

Basisaufgaben

5. Ein Basketballfeld ist 30 m lang und 15 m breit. Berechne die Längen, wenn das Basketballfeld im Maßstab von 1 : 500 gezeichnet werden soll.

6. Berechne die Länge im Bild.

	Maßstab	Länge im Bild	Länge in Wirklichkeit
a)	1 : 3		15 cm
b)	1 : 50		2 m
c)	1 : 1000		50 m
d)	1 : 20 000		8 km

Weiterführende Aufgaben

7. a) Schätze, welcher Maßstab zu welchem Bild passt. Sortiere die Bilder nach der Größe des Maßstabs.

1 : 1 000 000 000

1 : 100

1 : 1000

1 : 20 000 000

b) Miss im Bild die Länge des Automobils, die Höhe des Brandenburger Tors, die Nord-Süd-Ausdehnung von Deutschland und den Durchmesser der Erde und berechne die Werte in der Wirklichkeit. Recherchiere ob deine Ergebnisse stimmen.

8. Übertrage die Tabelle in dein Heft und vervollständige die fehlenden Einträge.

	Maßstab	Länge im Bild	Länge in Wirklichkeit
a)	1 : 50	10 cm	
b)	1 : 100	5 cm	
c)	1 : 20		4000 cm
d)	1 : 20 000		800 m

9. **Durchblick:**
a) Erkläre, warum es wichtig ist, dass auf einem Stadtplan der Maßstab angegeben wird.
b) Fabian benutzt einen Stadtplan mit dem Maßstab 1 : 25 000. Er möchte zum Bahnhof und misst auf dem Plan eine Entfernung von 6 cm. Berechne, wie lang diese Strecke in Wirklichkeit ist und erkläre deine Rechnung.
c) Auf einem Wegweiser steht „Oper 500 m". Berechne, wie lang diese Entfernung auf Fabians Stadtplan ist.

10. Stolperstelle: Tim und Fynn haben zwei Modellautos. Beide Autos sind 40 cm lang. Tims Auto ist im Maßstab 1 : 5 nachgebaut, Fynns Auto im Maßstab 1 : 6.

a) Tim möchte berechnen, wie groß sein Auto in Wirklichkeit ist.
Er rechnet: 40 cm : 5 = 8 cm
Was hat Tim falsch gemacht? Korrigiere seinen Fehler.

b) Fynn behauptet: „Die Autos sind in Wirklichkeit fast gleich groß, da der Maßstab fast gleich ist." Berechne die Originallängen von Fynns Auto. Erkläre dann, was an der Behauptung falsch ist.

11. Der Eiffelturm in Paris ist fast 300 m hoch. Im Souvenirladen gibt es Modelle im Maßstab 1 : 500, 1 : 1000 und 1 : 2000.

a) Berechne die Höhe dieser Modelle.

b) Lenny und Jonas diskutieren.
Lenny: „Verdoppelt man den Maßstab, so verdoppelt sich auch die Höhe des Modells."
Jonas: „Verdoppelt man den Maßstab, so halbiert sich die Höhe des Modells."
Wer von beiden hat recht? Begründe.

12. Das Bild zeigt eine Skizze von Toms Kinderzimmer. Er möchte einen maßstabsgetreuen Grundriss des Zimmers auf ein DIN-A4-Blatt zeichnen.

a) Untersuche, welchen der angegebenen Maßstäbe er dazu benutzen kann. Zeichne mit dem gewählten Maßstab den Grundriss.
① 1 : 5 ② 1 : 10 ③ 1 : 15

b) Zeichne in den Grundriss auch das Bett ein. Zeichne außerdem einen Schreibtisch (90 cm breit, 45 cm lang) und einen Kleiderschrank (120 cm lang, 60 cm breit) mit ein.

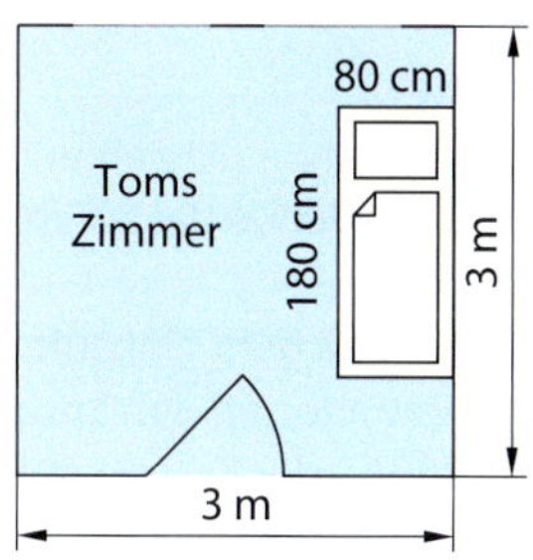

Hinweis zu 12:
Ein DIN-A4-Blatt ist 210 mm breit und 297 mm hoch.

13. Maßstab bestimmen: Bestimme zur Maßstabsleiste den Maßstab mithilfe deines Lineals.

a) 

b) 

c) 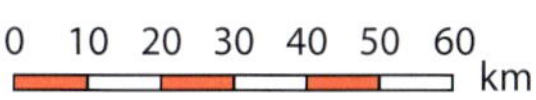

d) 

14. Ausblick: In den USA gibt es am Mount Rushmore vier Präsidentenköpfe, die in den Fels des Berges gehauen wurden.

a) Schätze anhand des Bildes ab, wie groß der Kopf ist. Erkläre, wie du deinen Schätzwert ermittelt hast.

b) Schätze, wie hoch eine Stein-Statue des „ganzen" George Washington im gleichen Maßstab wäre. Recherchiere, wie groß George Washington tatsächlich war.

c) Welcher Maßstab wurde für den Präsidentenkopf am Mount Rushmore verwendet?

1.11 Vermischte Aufgaben

Hinweis zu 1:
Führt die Umfrage in eurer Klasse durch. Stellt die Ergebnisse in einem Säulendiagramm dar.

1. Maria hat ihre Mitschüler nach deren Größe gefragt und die Ergebnisse in einem Säulendiagramm dargestellt.
a) Fertige eine Häufigkeitstabelle an.
b) Wie viele Schüler sind in Marias Klasse? Begründe deine Antwort.
c) Wie viele Schüler sind größer als 150 cm?
d) Wie viele Schüler sind höchstens 160 cm groß?
e) Kannst du aus dem Diagramm ablesen, wie groß das größte Mädchen und der größte Junge der Klasse ist? Begründe deine Antwort.

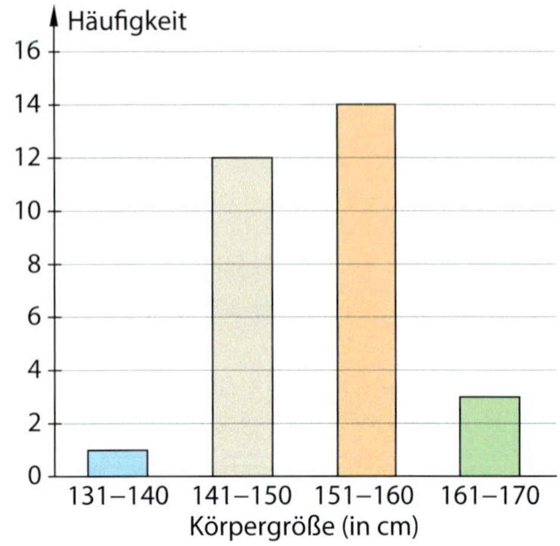

2. Die Tabelle enthält die Einwohnerzahlen von Städten in Baden-Württemberg (Stand 2013).

Stuttgart	Ulm	Heidelberg	Karlsruhe	Mannheim	Freiburg
604 297	199 218	152 113	299 103	296 690	220 286

a) Runde die Zahlen so, dass du sie gut in einem Säulendiagramm darstellen kannst.
b) Zeichne das Säulendiagramm.

3. Regina geht einkaufen. Im Kopf rundet sie auf volle Euro und addiert die gerundeten Beträge, um den Endpreis besser abschätzen zu können.
a) An der Kasse muss sie genau 3 € weniger zahlen, als sie zuvor abgeschätzt hat. Wie viele Artikel hat sie mindestens gekauft?
b) Regina überlegt, wie viele Artikel sie wohl mindestens hätte kaufen müssen, wenn sie an der Kasse 3 € mehr zahlen müsste als berechnet. Bestimme diese Anzahl.

4. Welche Zahl ist gesucht? Begründe deine Wahl.
a) die kleinste Zahl mit 4 Ziffern
b) die größte Zahl mit 7 Ziffern
c) die größte vierstellige Zahl aus den Ziffern 1 und 2, die diese gleich oft enthält
d) die kleinste zehnstellige Zahl aus den Ziffern 8 und 9, die diese gleich oft enthält
e) die größte zwölfstellige Zahl, in der jede Ziffer mindestens einmal vorkommt

5. In der Zeitung las man Mitte 2012: „Banküberfall in der Innenstadt. Täter erbeuteten Goldbarren im Wert von etwa 1 Million Euro."
a) Wie schwer war die Beute?
b) Informiere dich, wie viel 1 g Gold aktuell wert ist. Wie viel ist die Beute zur Zeit ungefähr wert? Runde sinnvoll, sodass du das Ergebnis berechnen kannst.
c) Wie viele Tüten Gummibärchen könnte man von 1 kg Gold kaufen? Begründe deine Schätzung.

Gold zählt zu den ersten Metallen, die von Menschen verarbeitet wurden. Wegen der Beständigkeit seines Glanzes, seiner Seltenheit und auffallenden Schwere ist es sehr begehrt. Es wurde in vielen Kulturen vor allem für rituelle Gegenstände verwendet. Heute werden etwa 85 % der Goldproduktion zu Schmuck verarbeitet. Ein Gramm Gold war 2012 etwa 40 Euro wert.

6. Das Foto zeigt zwei Riesenschuhe. Überlegt gemeinsam.
   a) Schätzt die Länge und die Schuhgröße der Riesenschuhe.
   b) Wie weit würde jemand mit so großen Füßen in der Minute gehen, wenn er genauso viele Schritte in der Minute machen würde wie du?

7. Auf einem Bauernhof leben fünf Pferde, ein Esel, zwei Hunde, zwanzig Kühe, zehn Schafe, zehn Schweine, acht Hasen, drei Enten, zwölf Hühner und eine Ziege.

- Stelle die Anzahl der auf dem Bauernhof lebenden Tiere – geordnet nach ihrer Häufigkeit – in einer Häufigkeitstabelle dar. Erstelle danach ein Säulendiagramm.
- Ein Schwein wiegt ungefähr 200 kg. Wie viel wiegen alle Schweine zusammen? Gib das Gewicht in Gramm, Kilogramm und Tonnen an.
- Im Lager sind noch vier 25-Kilogramm-Säcke Kraftfutter für die Pferde. Ein Pferd bekommt jeden Tag 3000 g Kraftfutter. Reicht der Vorrat eine Woche für alle Pferde?
- Die durchschnittliche Futtermenge für ein Pferd beträgt pro Tag 3 kg Kraftfutter, 6 kg Heu und 1 kg Stroh. 1 kg Kraftfutter kostet 50 Cent, 1 kg Heu 5 Cent und 1 kg Stroh 3 Cent. Berechne für jede Futterart die Kosten, die für ein Pferd in einem Monat (30 Tage) anfallen. Gib auch die monatlichen Futterkosten für ein Pferd insgesamt an. Runde auf ganze Euro.

8. Mark hat ein neues Modellflugzeug im Maßstab 1 : 45 geschenkt bekommen. Peters Modellflugzeug ist nur halb so lang und dafür im Maßstab 1 : 100 gebaut. Entscheide, welche Aussage richtig ist. Begründe.
   a) In der Wirklichkeit ist Marks Flugzeug länger.
   b) In der Wirklichkeit ist Peters Flugzeug länger.
   c) Wäre Peters Flugzeug im Maßstab 1 : 90 gebaut, dann wären die Flugzeuge in der Wirklichkeit gleich groß.

9. Landkarten und Stadtpläne gibt es in unterschiedlichen Maßstäben. Berechne die fehlenden Einträge und gib alle Ergebnisse in Zentimetern, Metern und Kilometern an.

		Landkarten	Touristenkarten	Wanderkarten	Stadtpläne
Maßstab		**1 : 100 000**	**1 : 50 000**	**1 : 20 000**	**1 : 10 000**
Entfernung auf den Karten/Plänen		2 cm		5 cm	
Entfernung in der Wirklichkeit	**in cm**				
	in m				600 m
	in km		3 km		

Lösungen ↗ S. 226

1. Klaus hat seine Mitschüler nach ihren Lieblingsfußballvereinen befragt. Folgende Antworten hat er erhalten:

VfB Stuttgart, Bayern München, Bayern München, SC Freiburg, VfB Stuttgart, Hamburger SV, Hamburger SV, VfL Wolfsburg, SC Freiburg, Borussia Dortmund, VfB Stuttgart, VfB Stuttgart, Bayern München, SC Freiburg, VfB Stuttgart, Hamburger SV, Bayern München, SC Freiburg, VfB Stuttgart, Schalke 04, Hamburger SV, SC Freiburg, VfB Stuttgart, VfB Stuttgart, Borussia Dortmund, Bayern München.

a) Erstelle zu den Daten eine Strichliste und eine Häufigkeitstabelle.
b) Fertige ein Säulendiagramm an.
c) In dem Säulendiagramm unten sind die Antworten der Schüler der Parallelklasse zu derselben Frage dargestellt. Wie viele Schüler der Parallelklasse sind jeweils Fans der Fußballvereine?

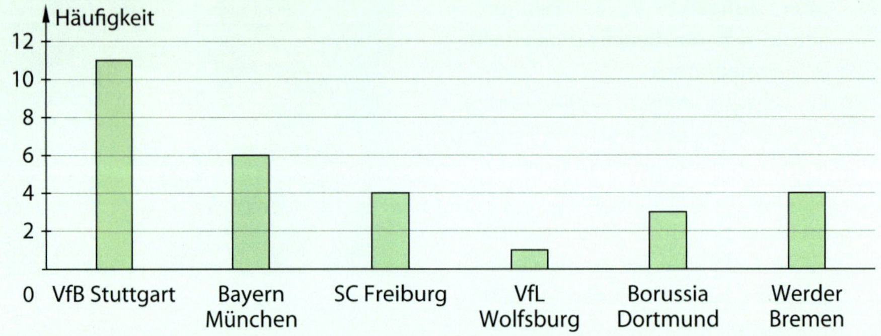

2. a) Schreibe die Zahl 123 450 als Zahlwort.
b) Schreibe als Zahl: elf Millionen fünfhunderttausendeins

3. Ordne die folgenden Zahlen nach ihrer Größe:
83 315, 91 022, 85 000, 787 345, 8349, 83 402

4. Runde
a) auf Zehner: 312, 2037, 1845,
b) auf Hunderter: 126, 6723, 73 928,
c) auf Tausender: 14 872, 58 234, 99 999.

5. Runde die Zahlen, bei denen es sinnvoll ist. Begründe deine Entscheidung.
a) Ein Bundesligaspiel zwischen dem 1. FC Köln und dem HSV besuchen 39 127 Zuschauer.
b) Max hat Schuhgröße 47.
c) Ein Blauwal wiegt 196 000 kg.
d) Die Telefonnummer einer Schule lautet 8 722 387 123.
e) Im Kölner Straßenkarneval feiern 1 900 000 Menschen rund um den Kölner Dom.

6. Stelle die Zahlen auf einem Zahlenstrahl dar.
a) 5, 13, 2, 8, 24, 17, 21
b) 200, 50, 475, 325, 600

7. Rechne in die angegebene Einheit um.

a) 70 cm in mm	b) 23 t in kg	c) 7 min in s	d) 470 cm in dm
e) 800 dm in mm	f) 420 min in h	g) 10 kg in mg	h) 550 000 mm in m

8. Schreibe in einer kleineren Einheit ohne Komma. Du kannst eine Einheitentafel verwenden.
a) 5,6 dm b) 14,5 t c) 2,875 m d) 10,90 € e) 0,04 kg f) 30,15 km

9. Ordne einem Holzkleiderbügel sinnvoll Größenangaben zu.

Länge:
295 cm – 170 mm – 17 cm – 0,43 m – 0,04 km – 0,000 43 km – 0,002 95 km

Gewicht:
3,104 kg – 17 g – 0,001 t – 950 g – 263 g – 1087 mg – 0,000 25 kg

10. a) Ein Film beginnt um 20:25 Uhr und dauert 105 min. Wann ist er zu Ende?
b) Ein Zug fährt um 9:52 Uhr ab und kommt um 14:06 Uhr an. Wie lange ist er unterwegs?

11. Eine Schulturnhalle ist 40 m lang und 25 m breit. Sie soll im Maßstab 1 : 50 gezeichnet werden. Gib Länge und Breite der Turnhalle in der Zeichnung an.

12. Auf einer Landkarte im Maßstab 1 : 900 000 beträgt die Entfernung (Luftlinie) zwischen Oldenburg und Salzgitter 20 cm. Wie weit sind die Städte in Wirklichkeit voneinander entfernt?

13. Ein Fahrrad mit 26-Zoll-Rädern legt bei jeder vollen Umdrehung der Räder etwa 2 m zurück.
a) Wie viele Umdrehungen macht jedes Rad des Fahrrades auf einer 6 km langen Strecke?
b) Wie viele Minuten benötigt ein Radfahrer für 6 km, wenn eine Umdrehung eines Rades 1 s dauert.
c) Schätze, welche Zeit du mit dem Fahrrad für 6 km benötigst.

Wiederholungsaufgaben

1. Übertrage in dein Heft und ergänze das passende Rechenzeichen:
a) 4 ■ 14 = 18 b) 5 ■ 4 = 20 c) 48 ■ 19 = 29

2. Berechne im Kopf.
a) $8 \cdot 13$ b) $10 \cdot 11$ c) $12 \cdot 5$

3. Die drei Karten werden schräg hintereinander gelegt, um damit dreistellige Zahlen zu bilden. Bilde die größte und die kleinste Zahl.

4. Bestimme mit dem Lineal die Länge der Linie.

Zusammenfassung

Daten erfassen und darstellen

Mit einem **Fragebogen** lassen sich **Daten erheben**. Abzählbare Daten lassen sich gut mit einer **Strichliste** zusammenfassen.

Werden statt der Striche Zahlenwerte angegeben, so spricht man von einer **Häufigkeitstabelle**.

In einem **Säulendiagramm** kann man Daten anschaulich darstellen, auf einen Blick erfassen und gut miteinander vergleichen.

Alter	Strichliste	Häufigkeit
neun Jahre	‖	2
zehn Jahre	卌 |	6

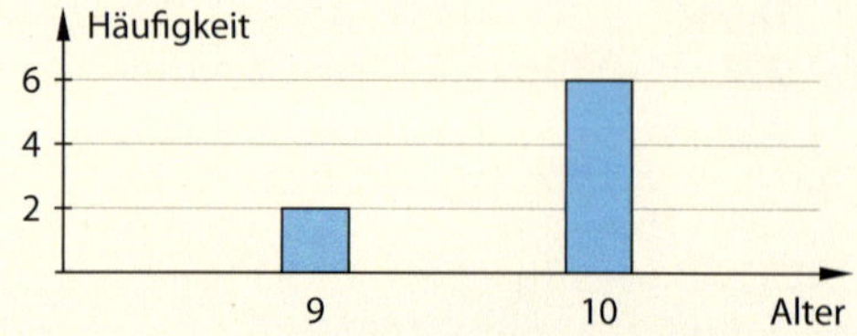

Natürliche Zahlen in der Stellenwerttafel

Die Zahlen 0, 1, 2, 3 … heißen **natürliche Zahlen** (kurz ℕ).

Um Zahlen darzustellen, verwenden wir das Zehnersystem. Die Bedeutung einer Ziffer in einer Zahl hängt davon ab, an welcher Stelle sie steht.

In einer **Stellenwerttafel** kann man große Zahlen übersichtlich darstellen.

Man bündelt 10 Einer zu einem Zehner, 10 Zehner zu einem Hunderter usw.

In der Zahl 4 379 236 987 hat die linke 3 den Wert 300 Millionen und die rechte 3 den Wert 30 000.

Milliarden			Millionen			Tausender			Einer		
H	Z	E	H	Z	E	H	Z	E	H	Z	E
		4	3	7	9	2	3	6	9	8	7

Natürliche Zahlen vergleichen

Von zwei natürlichen Zahlen ist diejenige die größere, die mehr Stellen hat.

1 2345 678 > 451 450

Bei gleich vielen Stellen ist die Zahl mit der höchsten größeren Stelle die größere.

25 623 456 > 25 445 999, denn
600 000 > 400 000

Natürliche Zahlen runden

Wenn rechts von der Rundungsstelle eine 0, 1, 2, 3 oder 4 steht, wird abgerundet. Ansonsten wird aufgerundet.

Zahl	zu runden auf	Rundung	Zahl gerundet
6553	Hunderter	aufrunden	6600
972	Zehner	abrunden	970

Zahlenstrahl

Der **Zahlenstrahl** beginnt mit der Zahl 0. Er hat keinen Endpunkt, da die Folge der natürlichen Zahlen nicht abbricht. Der Abstand zwischen zwei benachbarten Punkten (Zahlen) ist immer gleich groß.

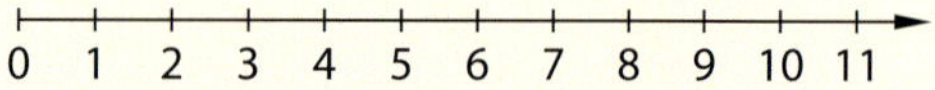

Beachte:
Von zwei Zahlen ist diejenige die kleinere, die auf einem Zahlenstrahl weiter links liegt.

Einheiten von Größen (Länge, Gewicht, Zeit)

Einheiten der Länge: Kilometer (km), Meter (m), Dezimeter (dm), Zentimeter (cm), Millimeter (mm)

1 km = 1000 m
1 m = 10 dm, 1 dm = 10 cm, 1 cm = 10 mm

Einheiten des Gewichts: Tonne (t), Kilogramm (kg), Gramm (g), Milligramm (mg)

1 t = 1000 kg, 1 kg = 1000 g, 1 g = 1000 mg

Einheiten der Zeit: Tage (d), Stunden (h), Minuten (min), Sekunden (s), aber auch Wochen, Monate, Jahre

1 d = 24 h, 1 h = 60 min, 1 min = 60 s,
1 Jahr = 12 Monate, 1 Woche = 7 Tage

Maßstab

Der **Maßstab** gibt bei Verkleinerungen und Vergrößerungen das **Verhältnis** einer **Länge im Bild** zur entsprechenden **Länge in Wirklichkeit** an.

1 : 100 000 (sprich: 1 zu 100 000)
Länge in cm im Bild — Länge in cm in der Wirklichkeit

2. Grundbegriffe der Geometrie

Das Gerüst dieses Drachens besteht aus zwei Stäben, die senkrecht zueinander stehen. In einem Drachenviereck findest du Ähnliches wieder.

Nach diesem Kapitel kannst du …

- besondere Vierecke mit geometrischen Begriffen beschreiben und zeichnen,
- Figuren spiegeln und im Koordinatensystem darstellen,
- besondere Körper beschreiben, basteln und im Schrägbild zeichnen.

Lösungen ↗ S. 227

Gerade Linien erkennen, messen und zeichnen

1. Wie lang ist eine gerade Linie von
   a) 0 bis A, b) 0 bis C, c) A bis D, d) B bis C?

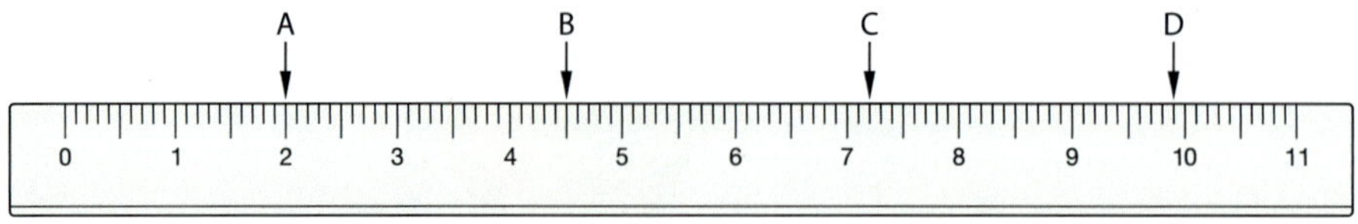

2. Gib die Länge der Strecke an.

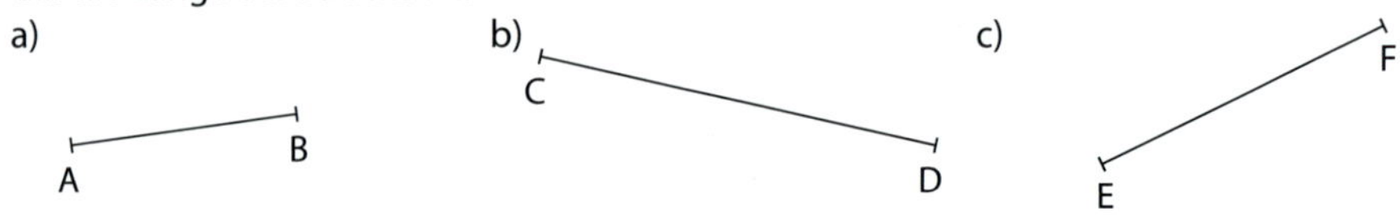

3. Zeichne eine gerade Linie mit den Endpunkten A und B und einer Länge von
   a) 3 cm, b) 25 mm, c) 5,7 cm.

4. Zeichne zwei gerade Linien mit einer Länge von 3 cm,
   a) die sich in einem Punkt schneiden, b) die keinen Punkt gemeinsam haben.

5. Welche der beiden geraden Linien ist augenscheinlich die längere? Miss nach.

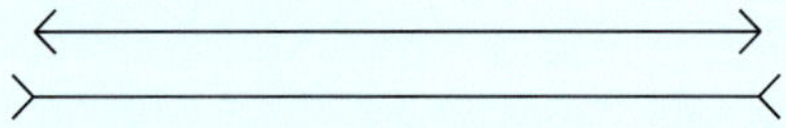

6. Übertrage die Punkte in dein Heft und zeichne alle möglichen geraden Verbindungslinien ein.

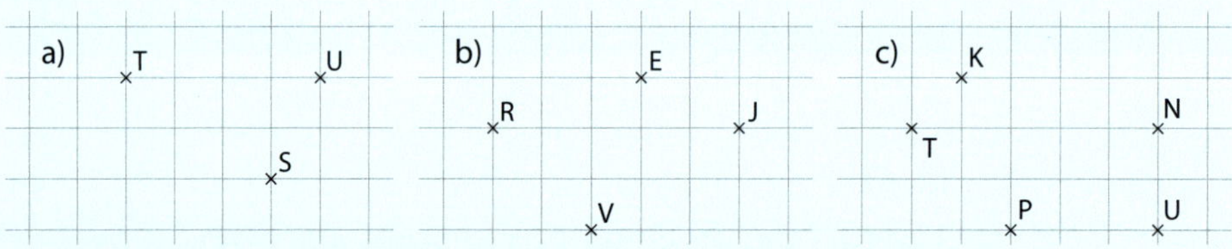

Figuren und Körper erkennen

7. Welche der Figuren sind Dreiecke (Vierecke, Quadrate, Rechtecke)?

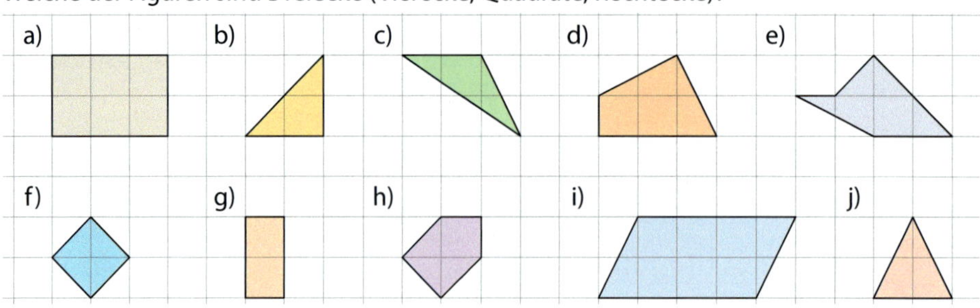

8. Skizziere ein Dreieck und ein Viereck in dein Heft.

9. Welche der Körper sind Quader (Kegel, Kugeln, Pyramiden, Würfel, Zylinder)?

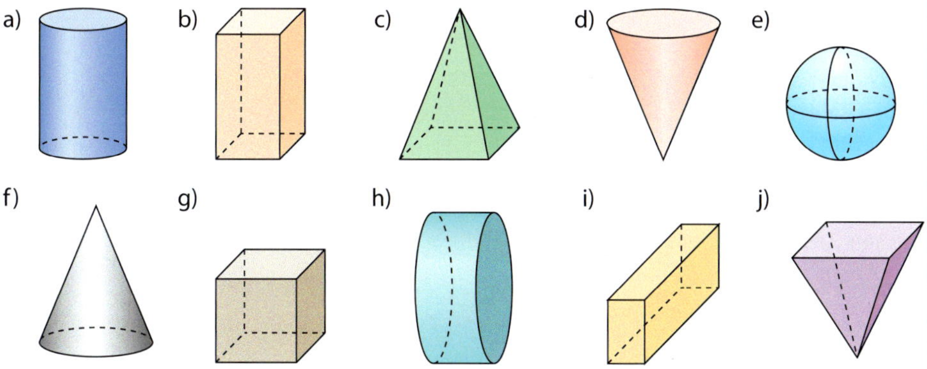

10. Wie viele Dreiecke und Vierecke enthält die Figur?

a)

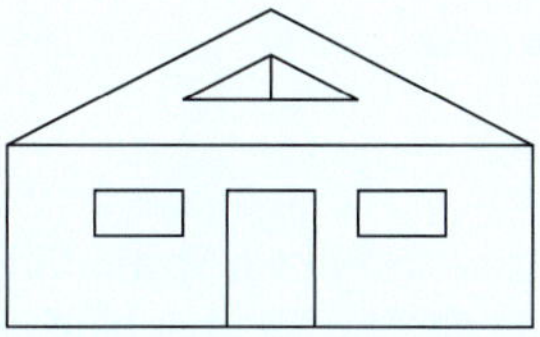

b)

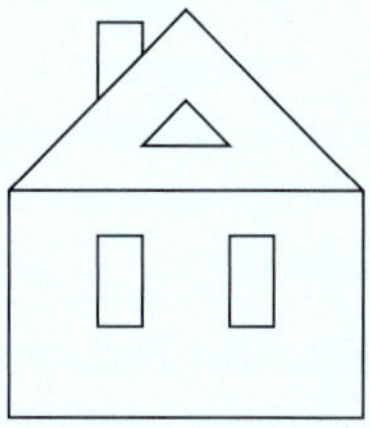

c)

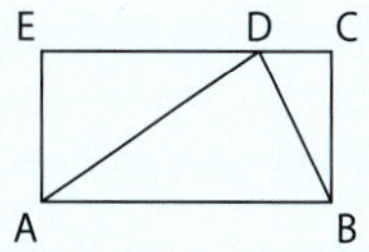

Zahlen auf einem Zahlenstrahl ablesen und markieren

11. Gib an, welche Zahlen jeweils durch die Buchstaben gekennzeichnet sind.

a)

b)

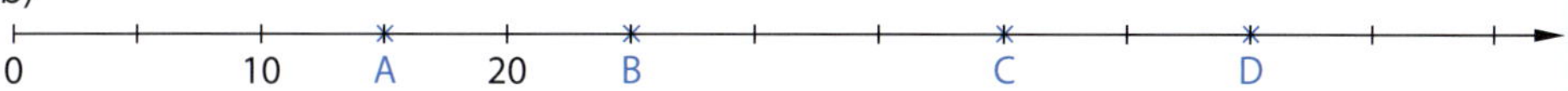

12. a) Zeichne einen Zahlenstrahl wie in 11 a). Der Abstand von 0 bis 1 beträgt 2 Kästchen. Markiere die Zahlen 3, 4, 8, 10, 12.

b) Zeichne einen Zahlenstrahl wie in 11 b). Der Abstand von 0 bis 5 beträgt 2 Kästchen. Markiere die Zahlen 10, 15, 25, 40, 50.

13. Markiere auf einem Zahlenstrahl die Zahlen.

a) 1, 3, 5, 7, 11,

b) 0, 10, 20, 40, 70

c) 100, 150, 300, 800

14. Gib an, welche Zahlen jeweils durch die Buchstaben gekennzeichnet sind.

a)

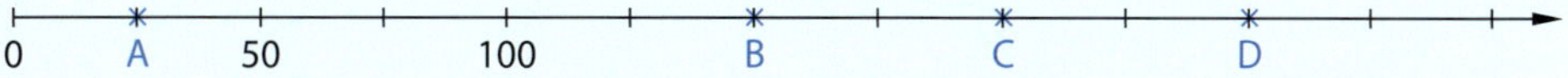

b)

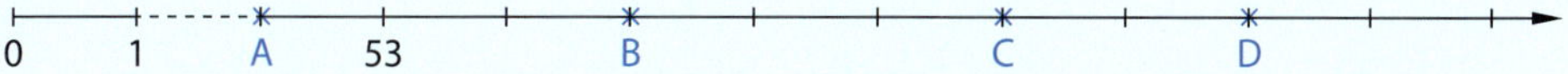

2.1 Senkrecht und parallel zueinander

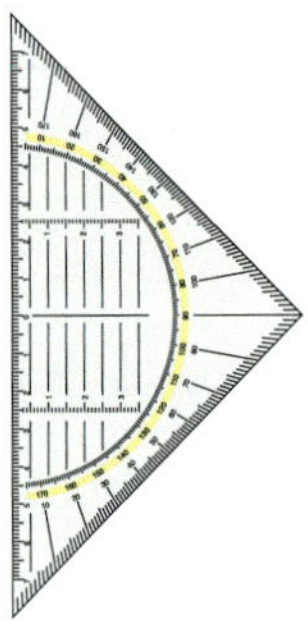

■ Ein Geodreieck ist in zwei Bereiche unterteilt. Außerhalb des gelben Halbkreises stehen Zahlen, die zum Messen von Winkeln dienen. Im Inneren des gelben Halbkreises sind in gleichen Abständen Hilfslinien angeordnet, die zum Zeichnen verwendet werden können. Zeichne mit deinem Geodreieck die nebenstehende Figur in dein Heft. ■

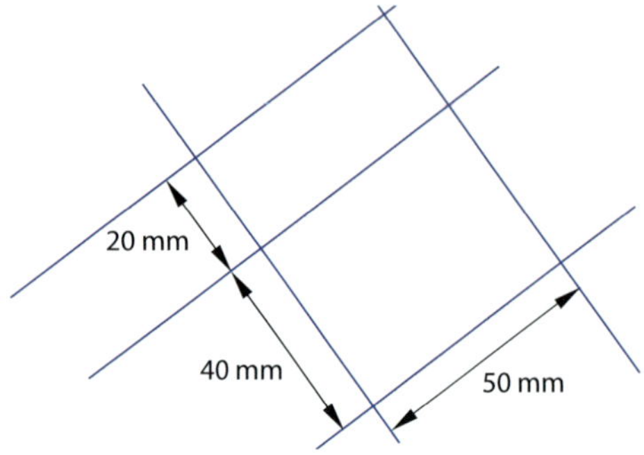

Gerade, Strecke, Strahl

Hinweis:

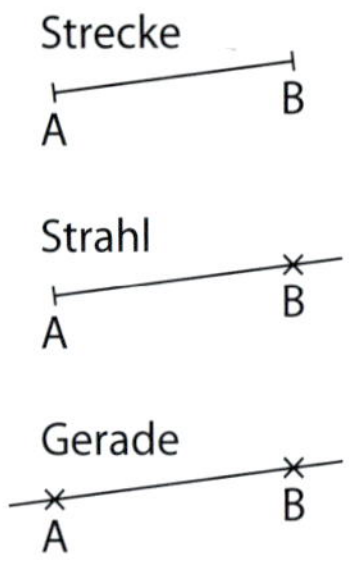

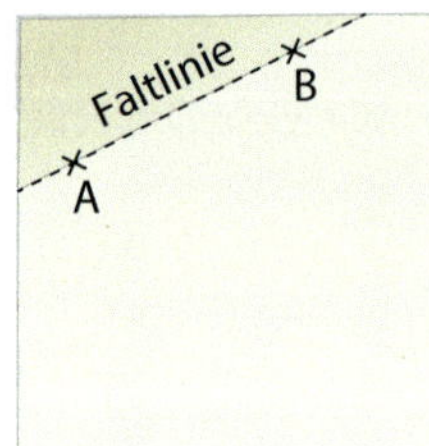

Ein Blatt Papier wird gefaltet und auf der Faltlinie werden zwei Punkte A und B markiert.

Die gerade Linie von A nach B heißt **Strecke $\overline{AB}$**. A und B sind **Anfangspunkt** und **Endpunkt** der Strecke. Eine Strecke ist die kürzeste Verbindung zwischen zwei Punkten. Mit dem Geodreieck kann man die **Länge der Strecke $\overline{AB}$** messen.

Verlängert man die Strecke über einen der Endpunkte hinaus, so entsteht ein **Strahl**. Ein Strahl hat einen Anfangspunkt, aber keinen Endpunkt. Verlängert man die Strecke über beide Endpunkte hinaus, so erhält man eine **Gerade**. Eine Gerade hat weder Anfangspunkt noch Endpunkt. Geraden werden mit Kleinbuchstaben bezeichnet.

Basisaufgaben

1. Übertrage das Bild mit den Punkten in dein Heft.
   a) Zeichne die Strecke $\overline{CD}$.
   b) Zeichne die Gerade g durch A und B.
   c) Zeichne den Strahl h von C durch A.
   d) Zeichne den Strahl i von A durch E.

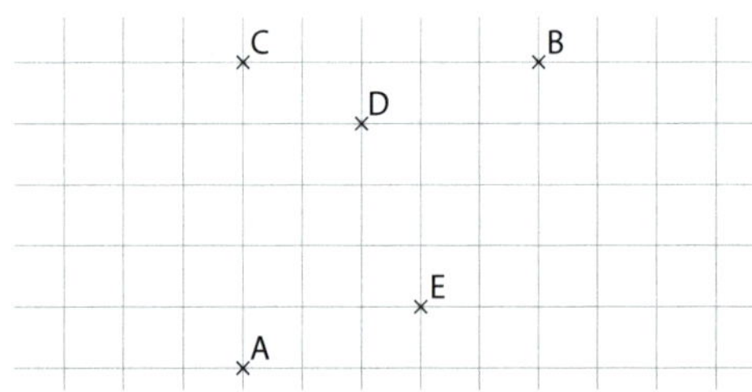

2. a) Schätze zuerst die Länge der Strecken. Miss dann mit dem Geodreieck.

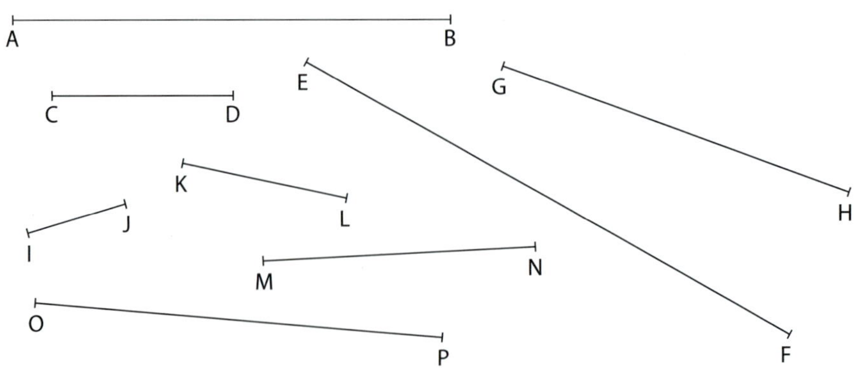

   b) Zeichne Strecken der Länge 2 cm; 5 cm; 35 mm; 11,7 cm; 1,5 cm; 63 mm; 0,7 cm.

Erinnere dich:
10 mm = 1 cm

Senkrecht und parallel

Das Papier wird zwei weitere Male wie in den Bildern gefaltet. Man erhält zwei weitere Geraden. Die Gerade g_1 verläuft **senkrecht** zur Geraden g. Die Gerade g_2 verläuft **parallel** zu g.

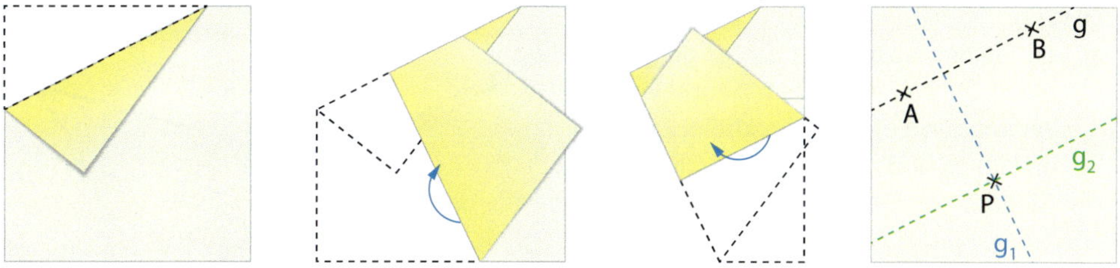

Der Schnittpunkt der beiden neuen Geraden g_1 und g_2 wird markiert und mit P bezeichnet. Die Strecke von P bis zum Schnittpunkt mit der Geraden g gibt den **Abstand des Punktes P von der Geraden g** an. Dies ist der **Abstand der beiden zueinander parallelen Geraden.**

Hinweis:
Der Abstand von zwei zueinander parallelen Geraden ist die kürzeste Verbindung zwischen diesen beiden Geraden.

Wissen: Senkrecht und parallel

Die beiden Geraden f und g sind **senkrecht** zueinander, wenn sie einen Schnittpunkt haben und einen rechten Winkel bilden. Man schreibt $f \perp g$ und markiert dies durch ⊾.

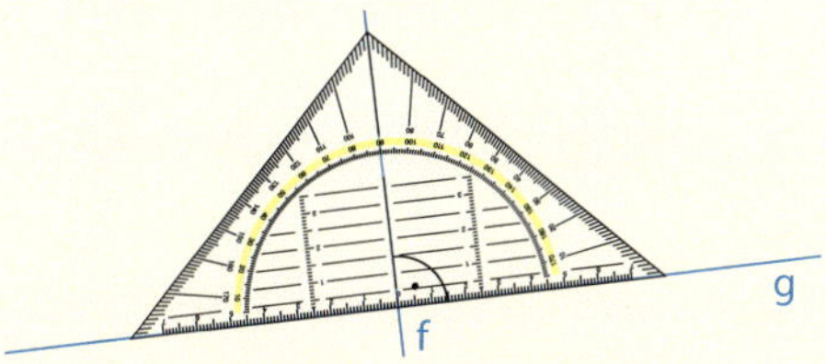

Die Geraden h und k sind **parallel** zueinander, wenn sie überall den gleichen **Abstand** voneinander und somit keinen gemeinsamen Schnittpunkt haben. Man schreibt $h \parallel k$.

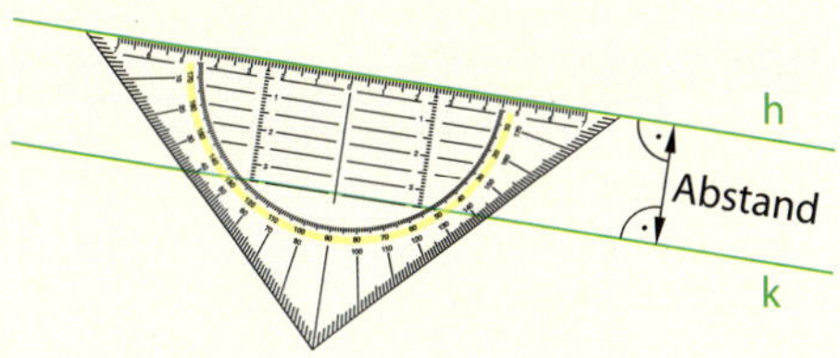

Beispiel 1: Zeichne mit dem Geodreieck zwei Geraden, die senkrecht zueinander stehen.

Lösung:
Mit der mittleren Hilfslinie des Geodreiecks kann man zu einer Geraden g eine weitere Gerade f zeichnen. Die Geraden stehen im rechten Winkel aufeinander. Sie stehen senkrecht zueinander.

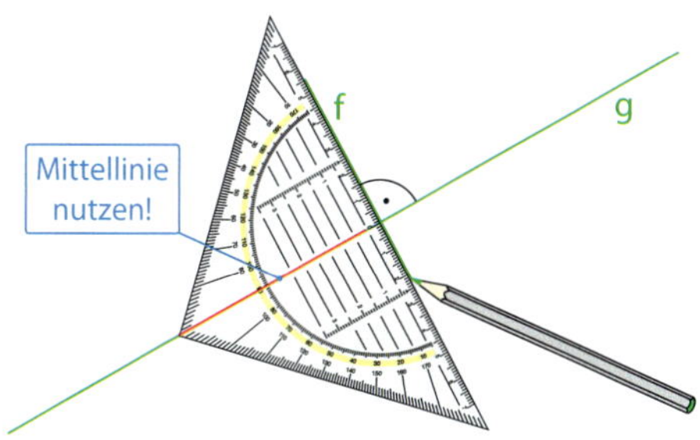

Basisaufgaben

3. a) Zeichne mit dem Geodreieck eine Gerade h, die senkrecht auf der Geraden g steht.
   b) Zeichne eine zweite Gerade k, die senkrecht auf g steht.
   c) Was kannst du über h und k sagen?

Beispiel 2:

a) Zeichne mit dem Geodreieck zwei zueinander parallele Geraden, die einen Abstand von 3 cm haben.

b) Zeichne zwei zueinander parallele Geraden, die den Abstand 6 cm haben.

Lösung:

a) Bei kleinen Abständen kannst du die parallelen Linien auf dem Geodreieck verwenden. Lege das Geodreieck wie im Bild an und zeichne die parallele Gerade.

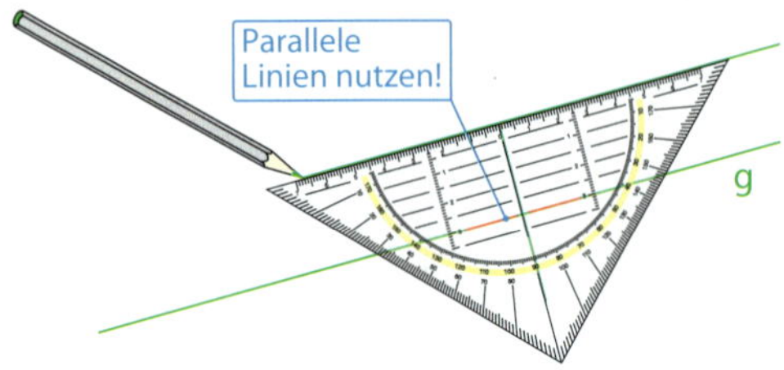

b) Bei großen Abständen zeichnest du zuerst eine senkrechte Gerade h als Hilfslinie. Markiere auf der Hilfslinie den Punkt P, der von g den Abstand 6 cm hat. Zeichne dann eine senkrechte Gerade zu h durch diesen Punkt P.

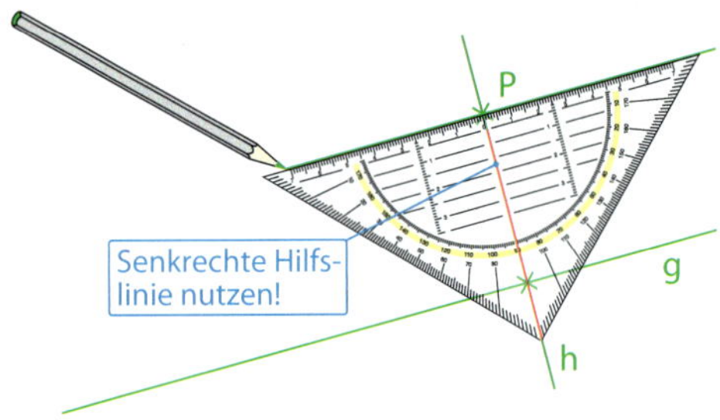

Basisaufgaben

4. Zeichne mit dem Geodreieck zwei zueinander parallele Geraden, die einen Abstand von
   a) 2 cm haben,
   b) 7 cm haben.

Weiterführende Aufgaben

5. a) Bestimme alle Paare von Geraden, die zueinander senkrecht sind.
   b) Bestimme alle Paare von Geraden, die parallel zueinander sind, und miss ihren Abstand.

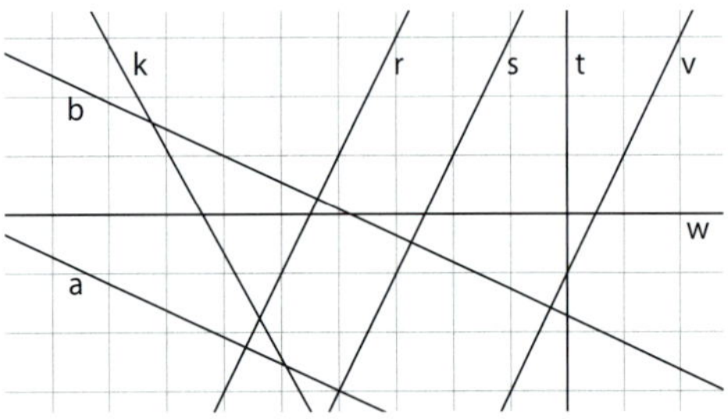

6. a) Zeichne zwei Geraden, die senkrecht zueinander sind.
   b) Zeichne zwei zueinander parallele Geraden, die einen Abstand von 2,5 cm haben.
   c) Zeichne zwei zueinander parallele Geraden, die einen Abstand von 5 cm haben.
   d) Zeichne zwei zueinander parallele Geraden, die einen Abstand von 8 cm haben.

7. Von vier Geraden a, b, c und d ist bekannt:
   a ist parallel zu b, a ist senkrecht zu c, b ist senkrecht zu d.
   a) Skizziere die vier Geraden möglichst genau, ohne ein Lineal zu verwenden.
   b) Alle zueinander parallelen Geraden haben einen Abstand von 2 cm. Zeichne die vier Geraden mit dem Geodreieck.

8. Auch in deiner Umwelt findest du die Eigenschaften parallel und senkrecht. Notiere jeweils Beispiele für Gegenstände und Situationen in deinem Heft.
a) Wo findest du Strecken, die zueinander senkrecht stehen und sich schneiden?
b) Wo findest du Strecken, die zueinander parallel sind?
c) Strecken müssen sich nicht immer schneiden. Gib Beispiele für Strecken an, die zwar senkrecht zueinander sind, sich aber nicht schneiden.

9. Durchblick: Übertrage das Bild in dein Heft.
a) Zeichne die Senkrechte h zur Geraden g durch den Punkt A.
b) Zeichne die Senkrechte k zur Geraden g durch den Punkt B.
c) Zeichne die Parallele f zur Geraden g durch den Punkt C.
d) Was kannst du über die gegenseitige Lage von h und k sagen?

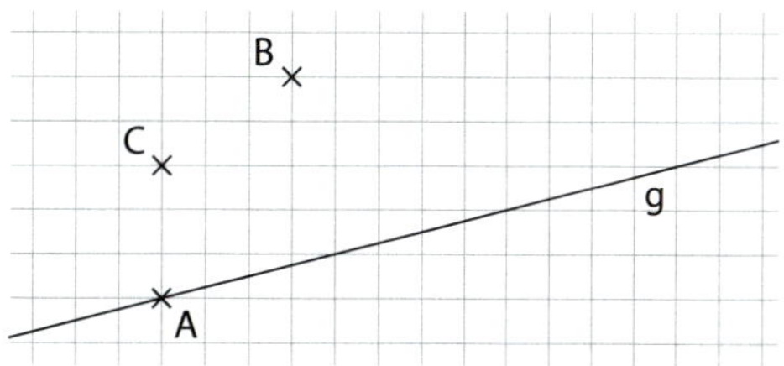

10. Stolperstelle: Theo meint: „g liegt parallel zu h, da sich die Geraden nicht schneiden."
Was meinst du zu der Aussage von Theo?

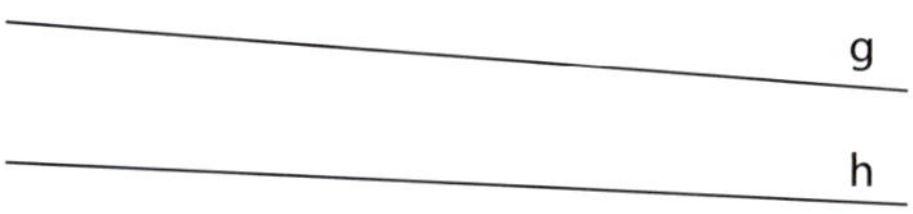

11. Erkunde das Muster.
a) Notiere die Strecken, die parallel zueinander verlaufen. Notiere die Strecken, die senkrecht zueinander verlaufen.
b) Zeichne ein solches Muster. Beginne mit der Strecke a, die 5 mm (ein Kästchen) lang sein soll.
Zeichne alle Strecken, die parallel zu a sind, orange. Zeichne alle Strecke, die senkrecht zu a sind, grün. Setze die Figur fort bis zur Strecke m.

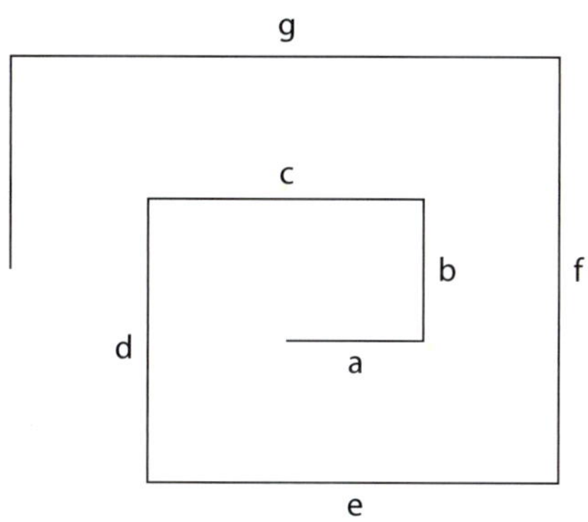

12. Stell dir einen Würfel vor. Durch seine Kanten sind zwölf Geraden im Raum festgelegt. Was kannst du über die gegenseitige Lage dieser Geraden sagen?

13. Ausblick:
a) Miss den Abstand des Punktes P von der Geraden g.
b) Übertrage die Zeichnung in dein Heft. Zeichne zu der Geraden fünf weitere Punkte, die von g den Abstand 2 cm haben.
c) Kannst du alle Punkte zeichnen, die von g den Abstand 2 cm haben?
d) Stell dir ein gespanntes Drahtseil vor, das näherungsweise eine Strecke im Raum ist. Beschreibe in Worten: Wo liegen alle Punkte, die von dem Seil den Abstand 2 cm haben?

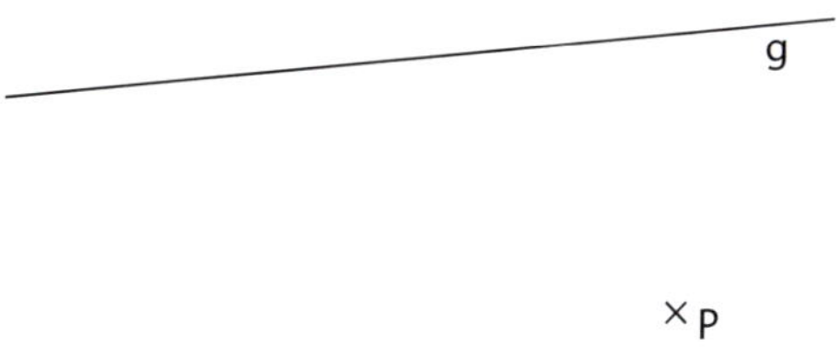

Parallelverschiebung

■ Pyrgí ist ein Dorf auf der griechischen Insel Chios. Die Häuser dort werden traditionell mit sogenannten „Bandornamenten" (Griechisch: xistá) verziert. Dadurch erhält Pyrgí einen ganz eigenen Charakter, der es von den Nachbardörfern unterscheidet.
Beschreibe, wie du folgendes Bandornament herstellen würdest ■

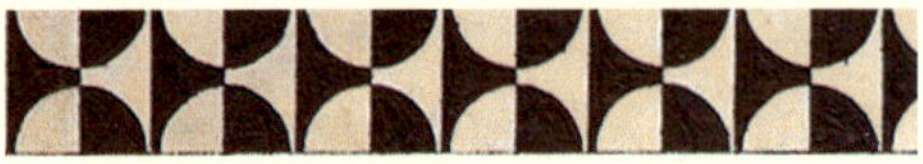

Wissen: Die Parallelverschiebung

Bei einer Parallelverschiebung werden alle Punkte einer Figur in die gleiche Richtung um Strecken mit gleicher Länge parallel verschoben.
Die **Pfeilspitzen und die Lage** der zueinander parallelen Verschiebungspfeile geben die **Verschiebungsrichtung,** die **Länge der Pfeile** die **Verschiebungslänge** an.

Es genügt, einen einzigen Verschiebungspfeil für eine Parallelverschiebung einzuzeichnen, um eine Parallelverschiebung eindeutig zu kennzeichnen.

Hinweis:
Bei einer Parallelverschiebung bleiben Streckenlängen, Winkelgrößen und die Form der Figur, also ihr Aussehen, erhalten.

Beispiel 1: Parallelverschiebung mit Geodreieck und Lineal: Gegeben ist die Gerade g. Verschiebe die Gerade parallel auf den Punkt P. Markiere einen Verschiebungspfeil und gib seine Länge an.

Lösung:

① Lege das Geodreieck mit der Grundseite auf die Gerade g und das Lineal (entsprechend der Abbildung) an eine andere Seite des Geodreiecks.

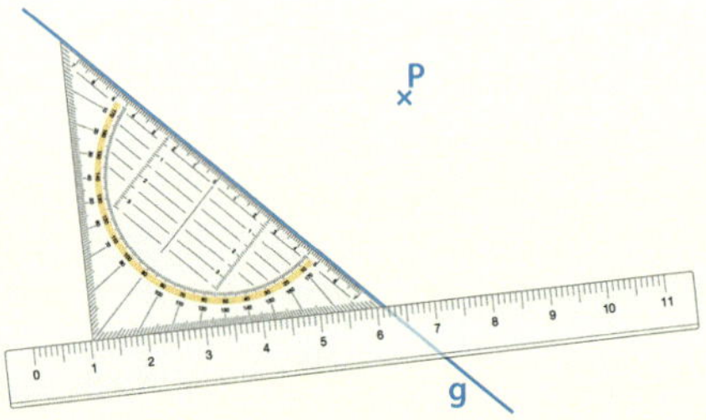

② Verschiebe das Geodreieck entlang des (festgehaltenen) Lineals so lange, bis der Punkt P genau unter der Grundseite des Geodreiecks liegt.
Zeichne nun die neue (zu g parallele) Gerade entlang der Grundseite des Geodreiecks.

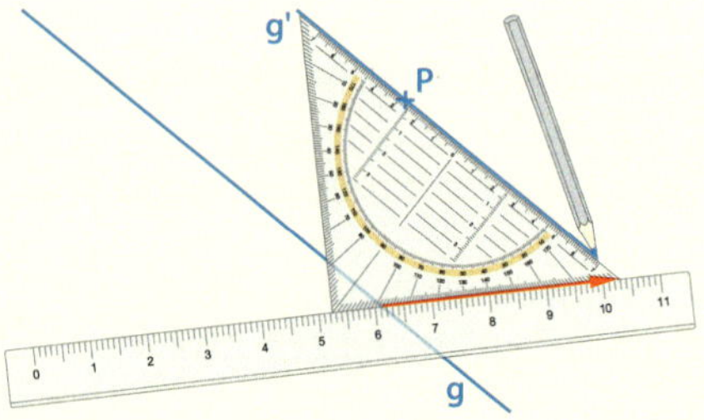

③ Entferne das Geodreieck und halte das Lineal weiter fest. Markiere mit einem Farbstift den Verschiebungspfeil entlang des Lineals und miss seine Länge.

Aufgaben

1. Übertrage die Zeichnung in dein Heft. Verschiebe das Quadrat nur mit Geodreieck und Lineal so, dass der Punkt D' zum linken oberen Eckpunkt des neuen Quadrats wird. Markiere einen Verschiebungspfeil und gib seine Länge an.

Hinweis zu 1:
Abgebildete Punkte bezeichnet man zusätzlich mit einem Strich (zum Beispiel D').

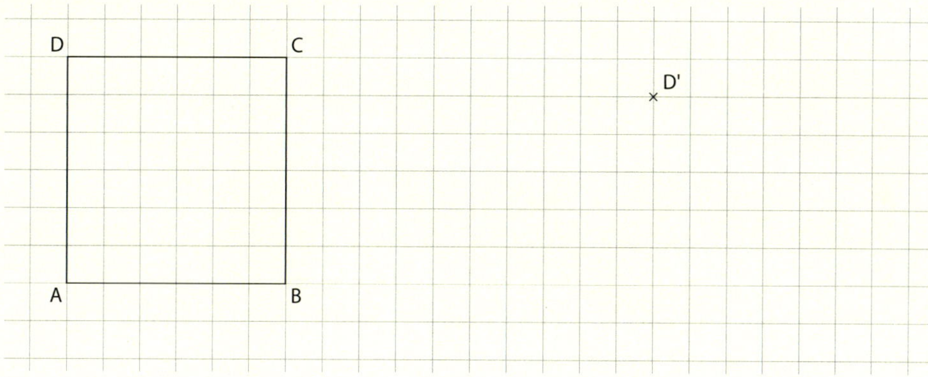

2. Verschiebe die Figur in deinem Heft mit Geodreieck und Lineal auf den Punkt P. Der unterste Punkt der neuen Figur soll dabei auf P liegen.

3. Wenn man Figuren direkt nebeneinandersetzt, spricht man von „Bandornamenten“. Diese kann man durch Parallelverschiebungen erhalten.
   a) Gib bei dem abgebildeten Bandornament die Grundfigur und die Länge der Verschiebung an.

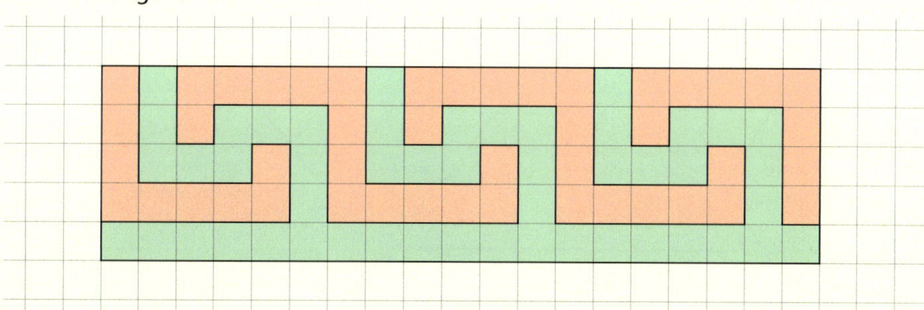

   b) Denke dir Grundfiguren aus und erzeuge selbst Bandornamente durch Parallelverschiebungen.

4. **Forschungsauftrag:**
Erkunde deine Umgebung, finde möglichst viele Bandornamente.
Stelle mit „Kartoffeldruck“ eigene Bandornamente her.
Du kannst damit z. B. Briefpapier verschönern.

2.2 Vierecke

■ Untersuche mit dem Geodreieck, welche Vierecke gleich lange Seiten, zueinander parallele Seiten oder rechte Winkel haben. ■

Vielecke sind Figuren, die von Strecken begrenzt werden.
Man unterscheidet sie nach der Anzahl der **Ecken:** Dreiecke, Vierecke, Fünfecke ....
Statt Strecken sagt man bei Vielecken auch **Seiten**.
Ein **Viereck** hat vier Ecken und vier Seiten.

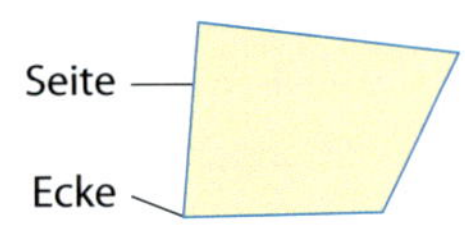

Hinweis:
Seiten mit dem gleichen Buchstaben sind gleich lang.

Wissen: Besondere Vierecke
Vierecke kann man aufgrund ihrer Gemeinsamkeiten (gleich lange Seiten, zueinander parallele Seiten oder rechte Winkel) ordnen.

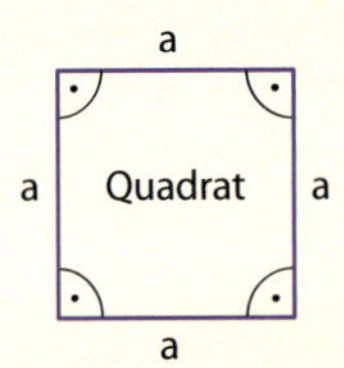

Vier gleich lange Seiten und vier rechte Winkel.

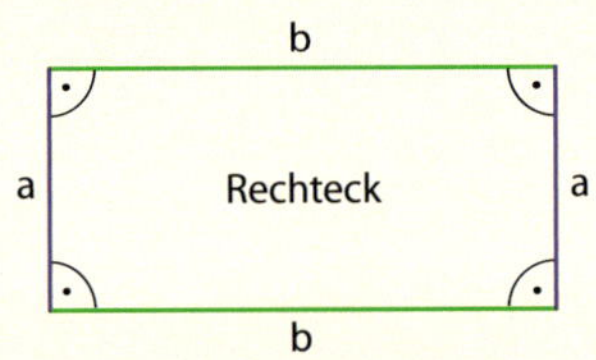

Vier rechte Winkel.

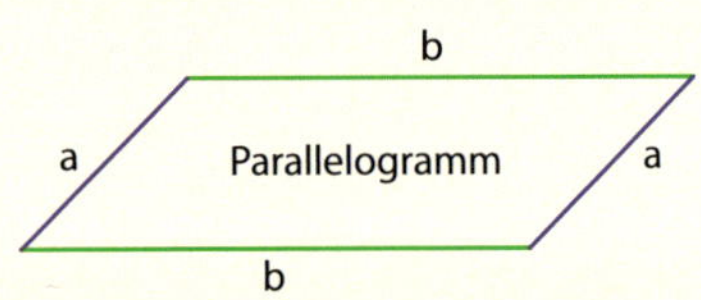

Gegenüberliegende Seiten sind zueinander parallel.

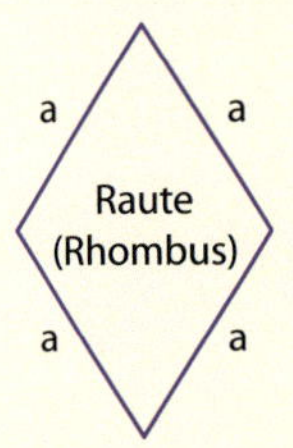

Vier gleich lange Seiten.

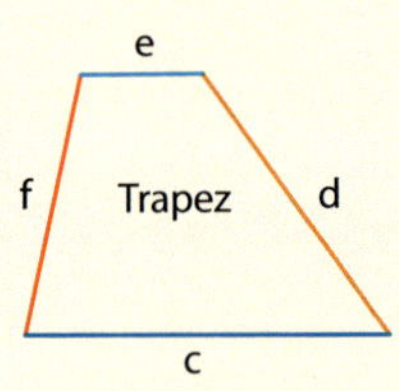

Zwei Seiten sind zueinander parallel.

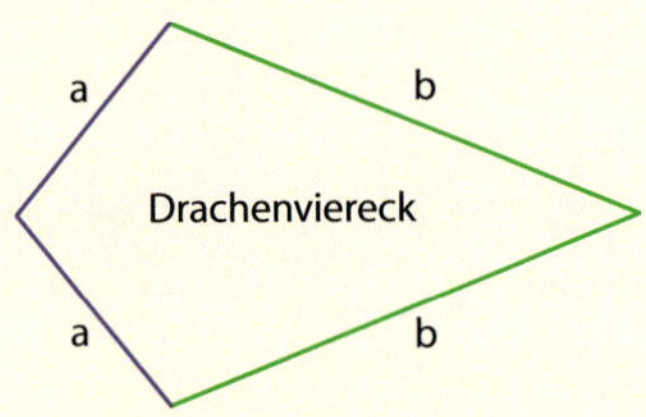

Viereck, bei dem zwei benachbarte Seiten und ebenso die beiden anderen benachbarten Seiten gleich lang sind.

Aus den Eigenschaften erkennt man, dass **jedes Rechteck auch ein Parallelogramm** ist, da auch im Rechteck gegenüberliegende Seiten zueinander parallel sind. Umgekehrt ist aber nicht jedes Parallelogramm ein Rechteck, da ein Parallelogramm keine rechten Winkel haben muss. Es gibt einige weitere Beziehungen zwischen den besonderen Vierecken.

Vierecke zeichnen

Beispiel 1: Übertrage die gegebenen Strecken in dein Heft und vervollständige sie zu einem Parallelogramm.

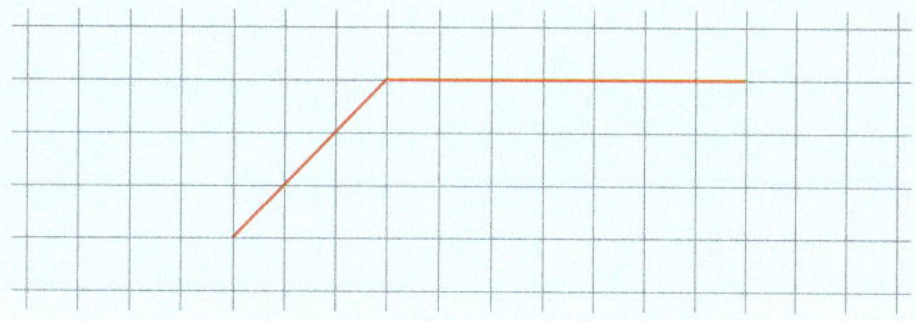

Lösung:

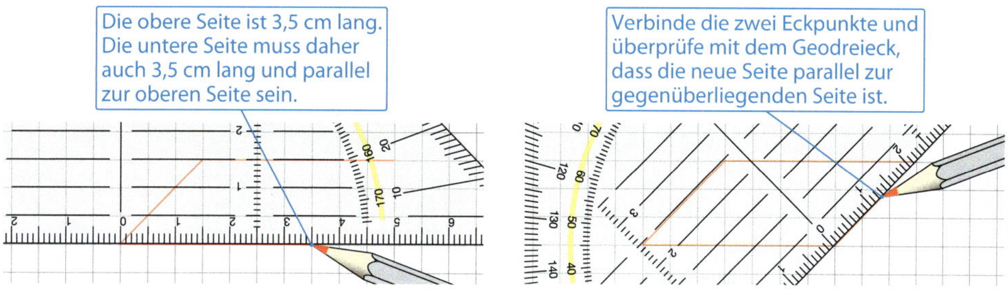

Zum selben Ergebnis kommst du hier durch das Abzählen von Kästchen. Überlege, wo der vierte Punkt sein muss, und zeichne dann die fehlenden Seiten.

Basisaufgaben

1. Übertrage die Strecken in dein Heft. Vervollständige zu einem Parallelogramm.

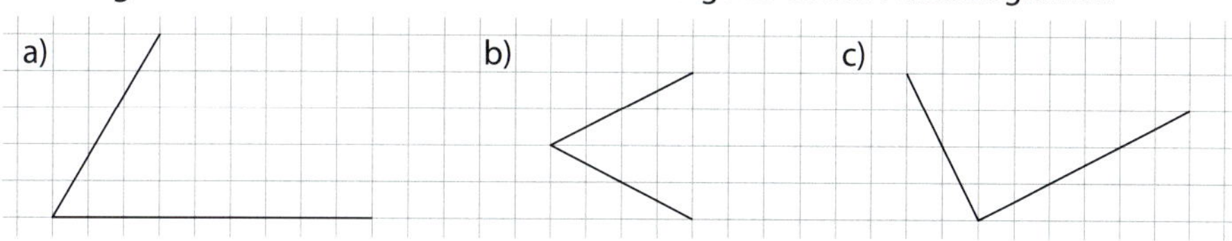

2. Übertrage die Strecken in dein Heft und ergänze sie zu
   a) einem Rechteck, b) einem Drachenviereck, c) einem Trapez.

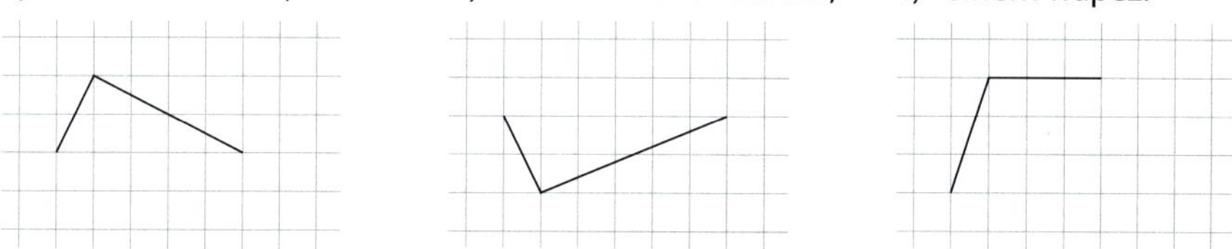

3. Zeichne die Figur auf Karopapier und auf weißem Papier. Was ist dabei zu beachten?
   a) Zeichne ein Quadrat.
   b) Zeichne ein Rechteck, das kein Quadrat ist.
   c) Zeichne ein Parallelogramm, das kein Rechteck ist.
   d) Zeichne eine Raute, die kein Quadrat ist.

4. Hier siehst du Stäbe, aus denen man Vierecke bauen kann. Welche Arten von Vierecken kann man aus den vier Stäben jeweils bauen? Fertige Zeichnungen an.

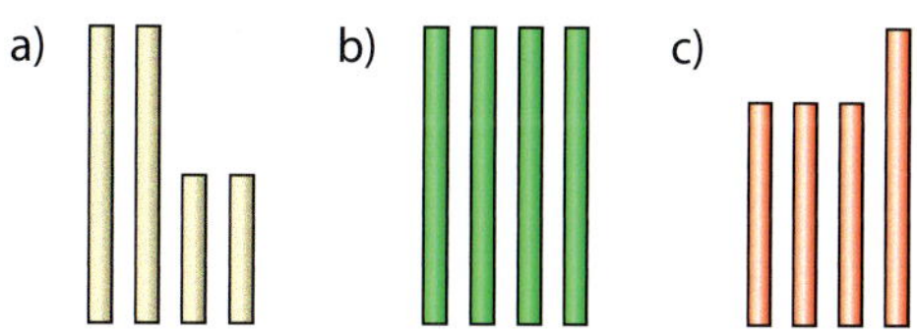

Weiterführende Aufgaben

5. Welche Vielecke und Vierecke erkennst du?

6. Fachwerkhäuser bestehen aus einem hölzernen Gerüst. Die Zwischenräume sind mit Stein und Lehm gefüllt.
Das Holzgerüst nennt man Fachwerk.
   a) Rechts ist ein Fachwerkhaus zu sehen. Welche Vierecke erkennst du im Fachwerk?
   b) Erfinde selbst ein kleines Fachwerkhaus mit verschiedenen Vierecken und zeichne es in dein Heft.

7. **Durchblick:** Zeichne die Vierecke mithilfe des Geodreiecks. Du kannst dich dabei an Beispiel 1 orientieren. Entscheide und begründe, ob es jeweils nur genau eine Möglichkeit gibt.
   a) Ein Rechteck mit den Seitenlängen 3 cm und 5 cm.
   b) Ein Parallelogramm, das kein Rechteck ist und dessen Seiten 3 cm und 5 cm lang sind.
   c) Ein Trapez, das kein Parallelogramm ist und bei dem genau zwei Seiten 4 cm lang sind.
   d) Zeichne eine Raute mit einer Seitenlänge von 4 cm.

8. **Stolperstelle:**
   a) Max hat ein Parallelogramm und ein Quadrat gezeichnet. Erkläre, was er falsch gemacht hat, und zeichne richtig.
   b) Marie sagt: „Jedes Quadrat ist ein Rechteck." Arne meint: „Das stimmt nicht, weil nicht alle Seiten gleich lang sind." Was meinst du? Begründe deine Antwort.

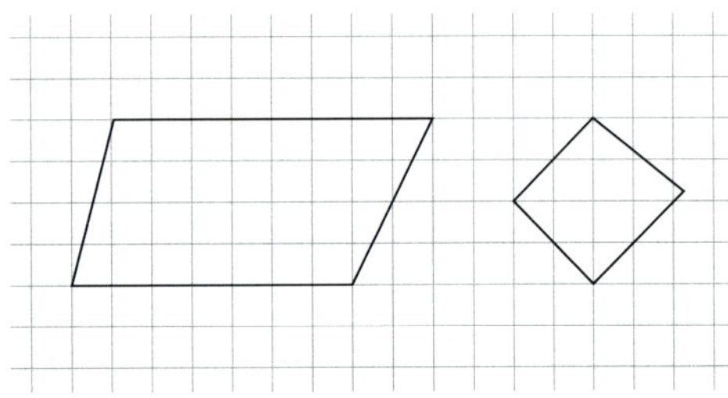

Hinweis zu 9:
Lies nochmals den Wissenskasten und den Text darunter.
So kannst du vorgehen: In der Figur d) sind gegenüberliegende Seiten zueinander parallel, also trifft die Eigenschaft von einem Parallelogramm zu. Weil die Seiten auch gleich lang sind, …

9. Übertrage die Tabelle in dein Heft. Kreuze an, wenn das Viereck die Eigenschaften der Figur hat. Beachte, dass in einer Spalte auch mehrere Kreuze stehen können.

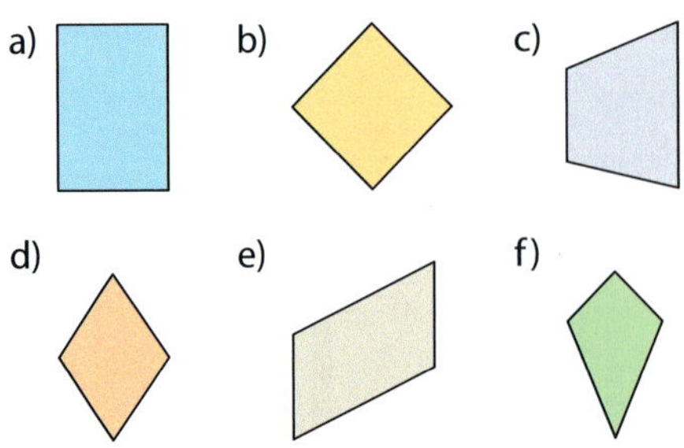

	a)	b)	…
Quadrat			
Rechteck			
Parallelogramm			
Raute			
Trapez			
Drachenviereck			

10. Ist die Behauptung richtig oder falsch? Begründe deine Antwort.
a) Jedes Rechteck ist ein Parallelogramm.
b) Jedes Parallelogramm ist ein Rechteck.
c) Jedes Rechteck ist ein Drachenviereck.
d) Jedes Quadrat ist ein Trapez.
e) Jede Raute ist ein Rechteck.
f) Jedes Rechteck ist eine Raute.
g) Jedes Parallelogramm ist ein Trapez.
h) Jede Raute ist ein Drachenviereck.

11. Diagonalen in besonderen Vierecken:
a) Zeichne alle besonderen Vierecke (Quadrat, Rechteck, Parallelogramm, Raute, Trapez und Drachenviereck). Zeichne jeweils die beiden Diagonalen ein.
b) Untersuche, auf welche der Vierecke die Aussagen zutreffen:

Die Diagonalen stehen senkrecht zueinander.	Die Diagonalen sind gleich lang.	Die Diagonalen halbieren sich. Der Schnittpunkt der beiden Diagonalen ist also die Mitte der Diagonalen.

c) Präsentiere die Ergebnisse deiner Klasse.

Hinweis zu 11 und 12:
Die Verbindungsstrecke von zwei gegenüberliegenden Ecken heißt **Diagonale**.

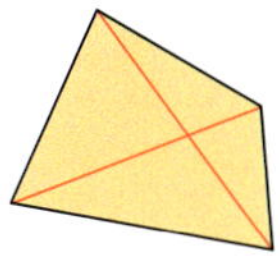

12. Zeichne Vierecke mit folgenden Eigenschaften.
a) Alle Diagonalen liegen vollständig innerhalb des Vierecks.
b) Eine Diagonale liegt außerhalb des Vierecks.
c) Können auch beide Diagonalen eines Vierecks außerhalb liegen? Begründe.

13. Vielecke zerlegen: Tim behauptet: „Ich kann jedes Vieleck in Dreiecke zerlegen."
a) Zeichne Vierecke mit und ohne besondere Eigenschaften. Zerlege die Vierecke jeweils in zwei Dreiecke.
b) Zeichne ein beliebiges Fünfeck und ein Sechseck und zerlege beide Figuren in Dreiecke.
c) Zeichne ein Vieleck mit einer beliebigen Eckenanzahl. Lasse es von deinem Nachbarn in Dreiecke zerlegen.
d) Untersuche, in wie viele Dreiecke man ein Vieleck mit einer bestimmten Eckenanzahl zerlegen kann.

14. Zeichne auf ein Blatt Papier ein Sechseck und schneide es aus. Prüfe jeweils, ob man die beiden unten genannten Figuren durch einen Schnitt aus dem Sechseck herstellen kann. Wenn die Figuren nicht hergestellt werden können, begründe, warum das nicht geht.
a) zwei Vierecke
b) ein Dreieck und ein Viereck
c) zwei Fünfecke

15. a) Zeichne verschiedene Vierecke (Quadrat, Rechteck, Trapez, Drachenviereck, …) in dein Heft. Markiere die Mittelpunkte der Seiten und verbinde sie zu einem neuen Viereck.
b) Vergleiche die so entstandenen neuen Vierecke miteinander – was haben alle diese Vierecke gemeinsam?

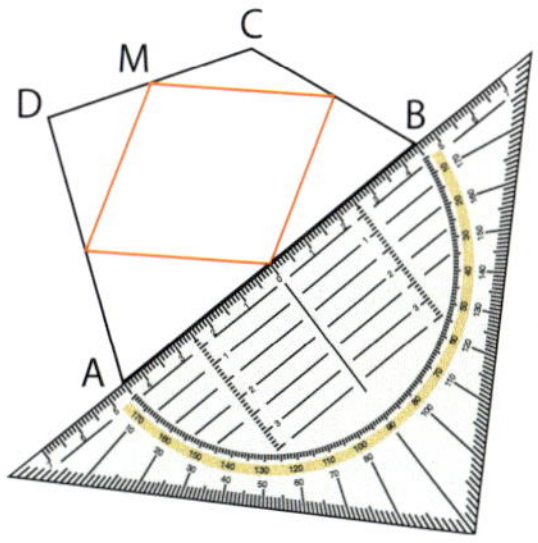

Hinweis zu 15:
Der Mittelpunkt einer Seite ist von den beiden Eckpunkten gleich weit entfernt.

16. Ausblick: Ein Dreieck hat keine Diagonalen, ein Viereck hat zwei, ein Fünfeck hat fünf.
a) Übertrage die Tabelle in dein Heft und fülle sie aus.
b) Wie viele Diagonalen hat ein 10-Eck? Wie viele hat ein 20-Eck? Beschreibe, wie du bei der Berechnung der Anzahl der Diagonalen vorgegangen bist.

Anzahl Ecken	Anzahl Diagonalen
3	0
4	2
5	5
6	
7	

2.3 Achsensymmetrie

■ Maria hat einen Notizzettel einmal in der Mitte gefaltet und mit der Schere bearbeitet. Nach dem Auseinanderklappen erhält sie den Buchstaben O. Prüfe, ob sich die Buchstaben A, C, J, L, T, U und Y auch auf diese Weise erstellen lassen. ■

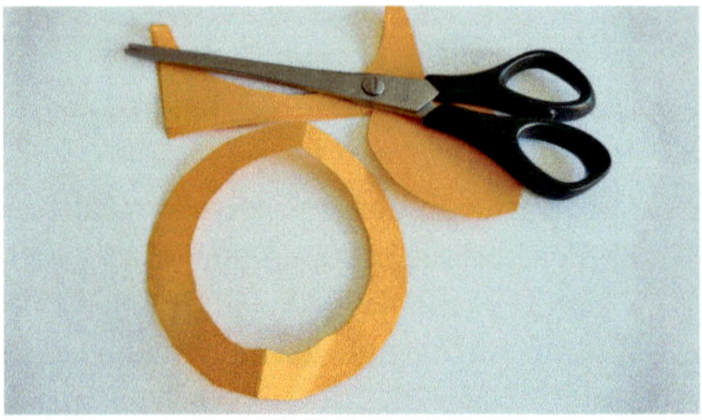

Achsensymmetrie erkennen

Hinweis:
Wenn zwei Flächen in Form und Größe übereinstimmen, bezeichnet man diese Flächen als zueinander deckungsgleich.

Wissen: Achsensymmetrie
Eine Figur, die man entlang einer Geraden so falten kann, dass die beiden Teile deckungsgleich sind, nennt man **achsensymmetrisch**.

Die Gerade heißt **Symmetrieachse**.

Beispiel 1:
Zeichne ein Quadrat mit der Seitenlänge 3 cm. Ergänze anschließend alle Symmetrieachsen.

Lösung:
Stell dir vor, dass du das Quadrat so faltest, dass je zwei Teile genau aufeinanderpassen.
Es gibt genau vier Möglichkeiten:

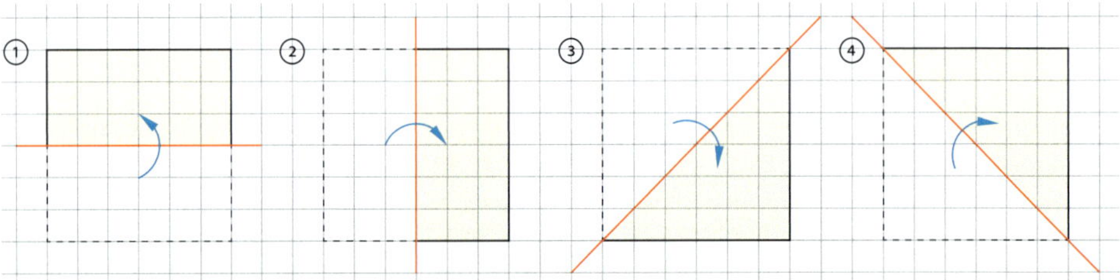

Ein Quadrat hat daher vier Symmetrieachsen.

Basisaufgaben

1. Zeichne ein Rechteck mit den Seitenlängen 3 cm und 4 cm. Ergänze anschließend alle Symmetrieachsen.

2. Übertrage die Figuren in dein Heft und zeichne alle Symmetrieachsen ein.

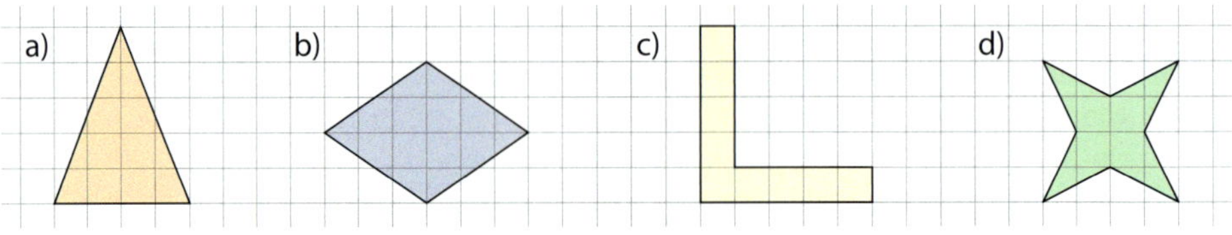

Achsenspiegelung

Beim Spiegeln einer Figur an einer Geraden ergibt sich zu jedem **Punkt** auf der einen Seite der Geraden ein **Bildpunkt** auf der anderen Seite.

Diesen Vorgang nennt man **Achsenspiegelung**. Dabei entsteht eine achsensymmetrische Figur.

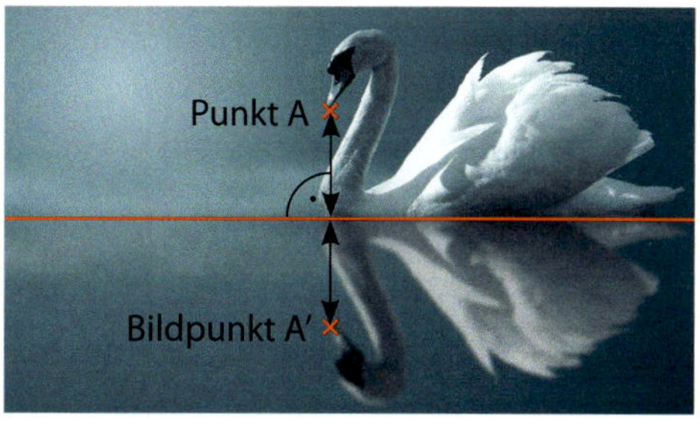

Wissen: Punkt und Bildpunkt bei der Achsenspiegelung
Punkt und Bildpunkt haben denselben Abstand von der Geraden (**Spiegelachse**).
Punkt und Bildpunkt liegen auf einer Geraden, die senkrecht zur Spiegelachse steht.

Beispiel 2:
Spiegele die Figur an der roten Geraden.

a)
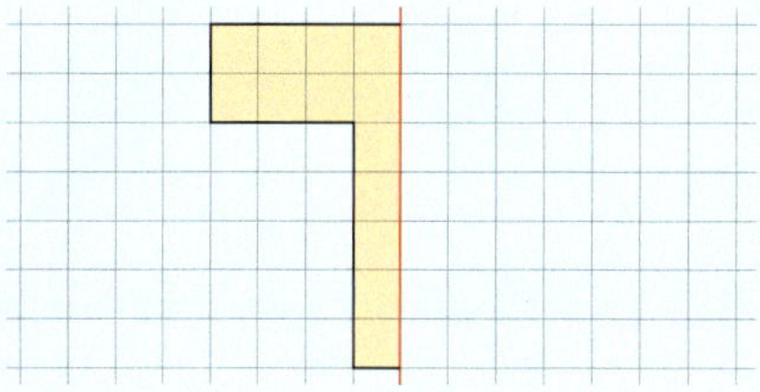

b)
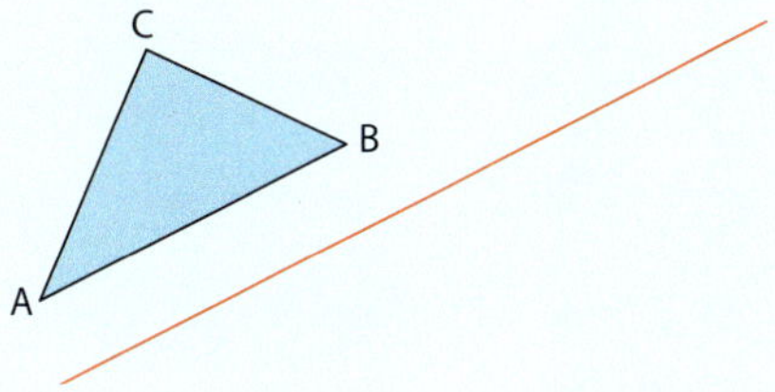

Lösung:

a) Hier kannst du die Lage der Bildpunkte an den Kästchen abzählen. Zähle, wie viele Kästchen ein Eckpunkt von der roten Geraden entfernt liegt. Zeichne seinen Bildpunkt in der gleichen Entfernung auf der anderen Seite der Geraden ein.

Wenn alle Eckpunkte der Figur gespiegelt sind, zeichnest du die zugehörigen Strecken.

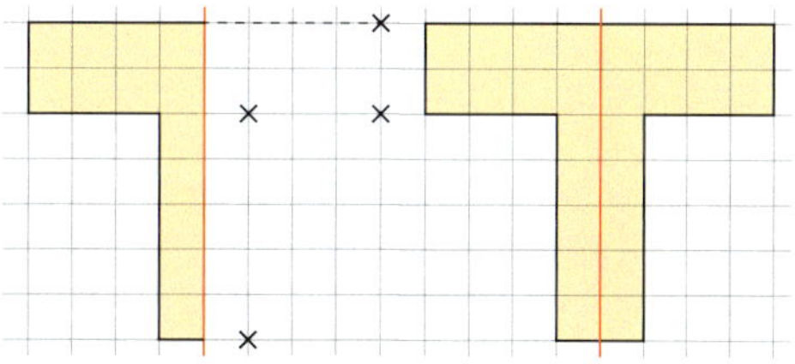

Hinweis:
Bei dieser Figur ist die rote Gerade sowohl Spiegelachse als auch Symmetrieachse.

b) Lege die Mittellinie des Geodreiecks auf die rote Gerade.

Miss den Abstand von Punkt B zur roten Geraden und markiere den Bildpunkt B′ im selben Abstand zur Geraden.

Verfahre mit A und C genauso.

Verbinde die Bildpunkte A′, B′ und C′ genau wie A, B und C in der Ausgangsfigur.

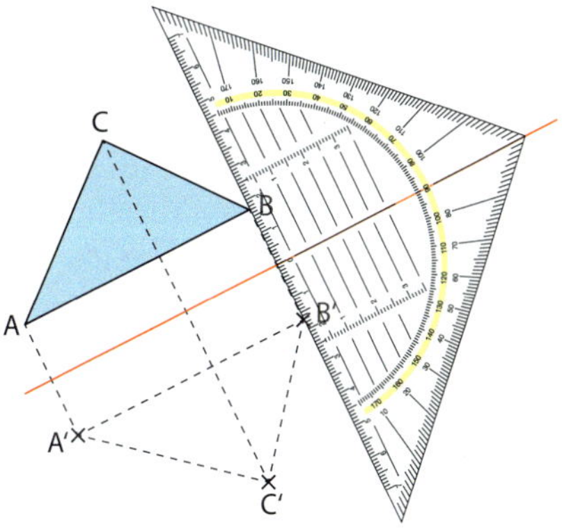

Basisaufgaben

3. Übertrage die Figur in dein Heft und spiegele sie an der roten Geraden.

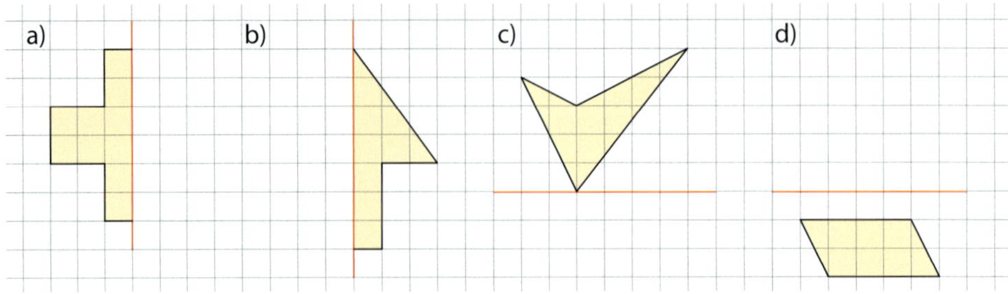

4. Übertrage die Figur auf Kästchenpapier und spiegele sie an der roten Geraden.

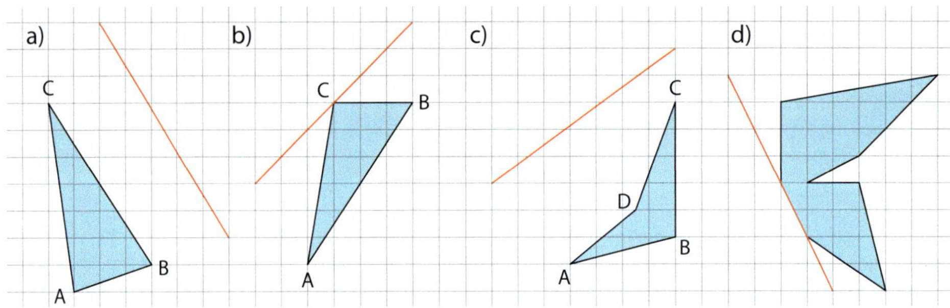

e) Erfinde selbst Figuren und spiegle sie. Zeichne auch auf weißem Papier statt Kästchenpapier.

Weiterführende Aufgaben

5. a) Zeichne Figuren, die eine oder mehrere Symmetrieachsen haben. Lass die Symmetrieachsen von deinem Nachbarn eintragen. Kontrolliert anschließend gemeinsam.
b) Zeichne verschiedene Vierecke (Quadrat, Rechteck, Parallelogramm, Raute, Trapez, Drachenviereck). Untersuche die Anzahl der Symmetrieachsen der Vierecke.

6. **Durchblick:**
a) Übertrage die Figuren in dein Heft. Spiegle sie wie in Beispiel 2 an der roten Geraden. Kann man jeweils auf den Einsatz des Geodreiecks verzichten? Begründe.

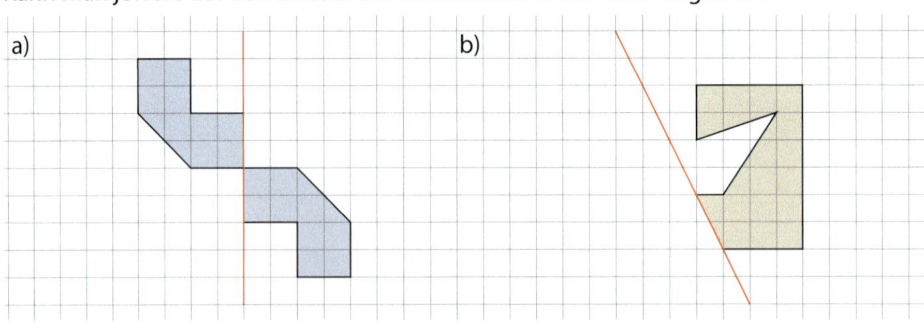

b) Wie viele Symmetrieachsen haben die Figuren aus a) nach der Spiegelung? Du kannst dich an Beispiel 1 orientieren.

7. Stolperstelle:

a) Marta sagt: Ein Kreis hat überhaupt keine Symmetrieachsen. Stimmt das?

b) Marek hat bei verschiedenen Parallelogrammen Symmetrieachsen eingezeichnet. Was meinst du dazu?

(1)

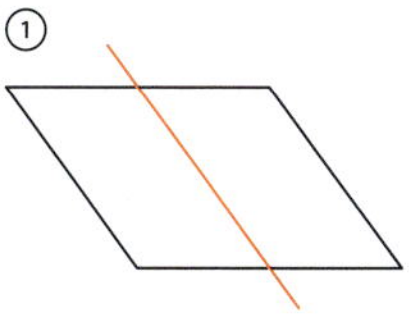

(2)

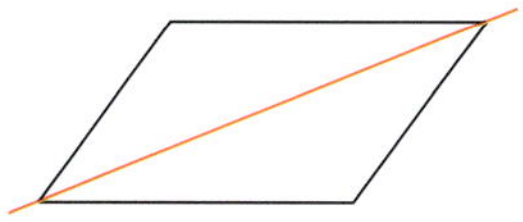

(3)

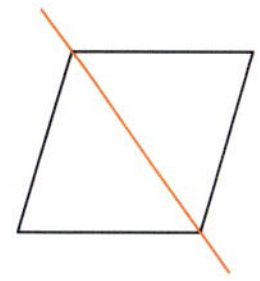

8. Welche der folgenden Flaggen sind achsensymmetrisch? Bestimme die Anzahl der Symmetrieachsen. Erkennst du, zu welchen Ländern diese Flaggen gehören?

a) 

b) 

c) 

d) 

e) 

f) 

9. Übertrage die Figur ins Heft. Spiegle sie zunächst an der roten Geraden, danach an der blauen Geraden. Beschreibe, wie die entstandenen Bildfiguren zueinander liegen.

Erfinde selbst Figuren und spiegle sie an mehreren Geraden.

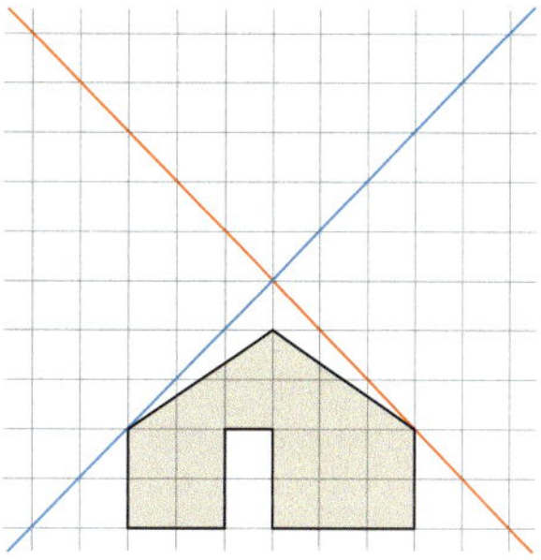

10. In der Natur ist nicht alles perfekt – aber fast. Untersuche, inwiefern die Tiere und Pflanzen in den folgenden Abbildungen achsensymmetrisch sind. Beschreibe die Abweichungen.

a) 

b) 

c) 

d) Finde selbst weitere Beispiele aus der Natur.

11. Ausblick: Es gibt Figuren mit einer Symmetrieachse (wie den Buchstaben U), mit zwei Symmetrieachsen (wie das Rechteck) oder mit vier Symmetrieachsen (wie das Quadrat). Aber gibt es auch Figuren mit 3, 5 oder genau 6 Symmetrieachsen?

a) Skizziere eine Figur mit 3 Symmetrieachsen.

b) Skizziere eine Figur mit 5 Symmetrieachsen.

c) Skizziere eine Figur mit 6 Symmetrieachsen.

d) Könntest du – wenn du genug Zeit hättest – eine Figur mit 12 Symmetrieachsen zeichnen? Beschreibe, wie du dabei vorgehen würdest.

2.4 Koordinaten

■ Die roten Kreuze auf der Karte markieren Orte, an denen Schätze versteckt sind. Max möchte die Position der Schätze einem Freund mitteilen. Wie kann er das tun? ■

In einem **Koordinatensystem** kann man die Lage eines Punktes durch zwei Zahlen genau beschreiben.

Erinnere dich:
Ein Zahlenstrahl beginnt meist bei 0. Die Pfeilspitze zeigt in Richtung der größer werdenden Zahlen. Die Einteilung auf einem Zahlenstrahl muss immer gleichmäßig sein.

Hinweis:
A(3|4) bedeutet: A hat die Koordinaten 3 und 4. Man sagt auch kurz „A drei Strich vier".

Wissen: Koordinatensystem
Ein Koordinatensystem besteht aus zwei Strahlen mit gleichmäßigen Einteilungen, die senkrecht aufeinander stehen. Die Strahlen werden **x-Achse** und **y-Achse** genannt. Sie schneiden sich im **Ursprung O**. Geht man vom Ursprung 3 Schritte in x-Richtung nach rechts und 4 Schritte in y-Richtung nach oben, ist man am eingezeichneten Punkt A. Daher hat der Punkt

A(3|4)

die x-Koordinate 3 und die y-Koordinate 4.

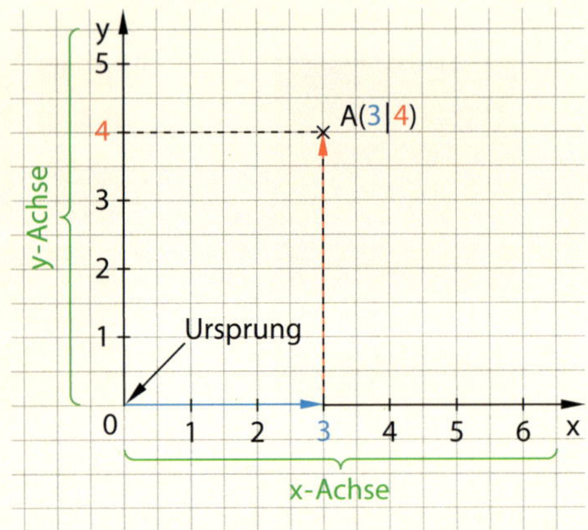

Koordinaten ablesen

Beispiel 1: Lies die Koordinaten der Punkte A und B ab.

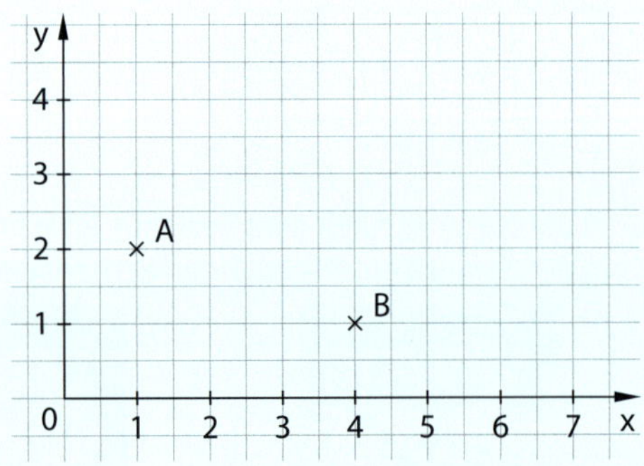

Lösung:
Gehst du vom Ursprung aus 1 Schritt in x-Richtung nach rechts und von dort 2 Schritte in y-Richtung nach oben, bist du bei A. Also hat A die Koordinaten A(1|2). Als Hilfe zum leichteren Ablesen kannst du mit dem Geodreieck von jedem Punkt aus zu den Koordinatenachsen parallele Strecken einzeichnen.

Ebenso erhältst du die Koordinaten von B.

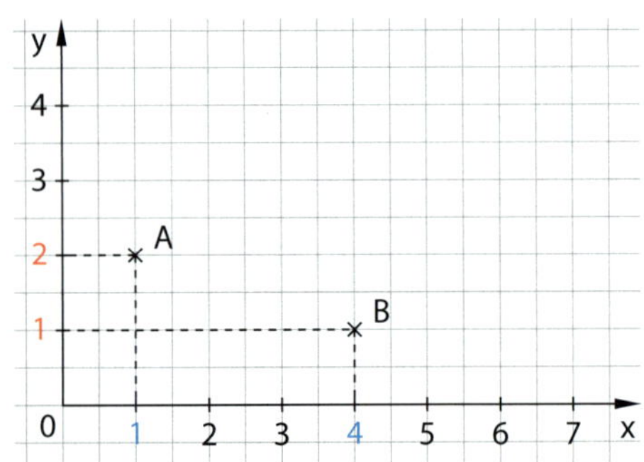

Ergebnis: A(1|2), B(4|1)

Basisaufgaben

1. Lies die Koordinaten der Punkte ab.

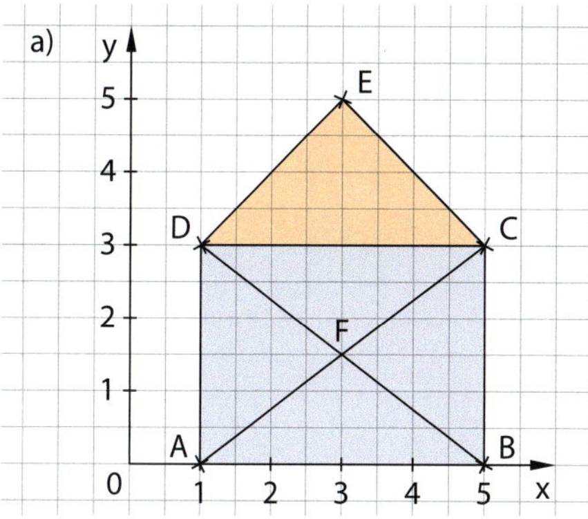

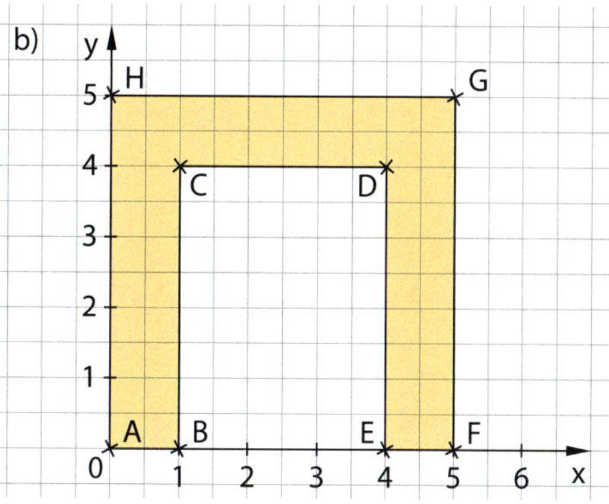

Koordinaten eintragen

Beispiel 2: Trage die Punkte A(2|1), B(4|0), C(5|2) und D(3|3) in ein Koordinatensystem ein. Verbinde sie in alphabetischer Reihenfolge.

Lösung:

Die Koordinaten A(2|1) bedeuten, dass du vom Ursprung aus 2 Schritte in x-Richtung nach rechts und 1 Schritt in y-Richtung nach oben gehen musst. Dann trägst du den Punkt A ein.

Für den Punkt B (4|0) gehst du 4 Schritte nach rechts und keinen Schritt nach oben. Der Punkt B liegt auf der x-Achse.

Ebenso verfährst du bei C und D. Verbindest du die Punkte der Reihe nach, erhältst du ein Quadrat.

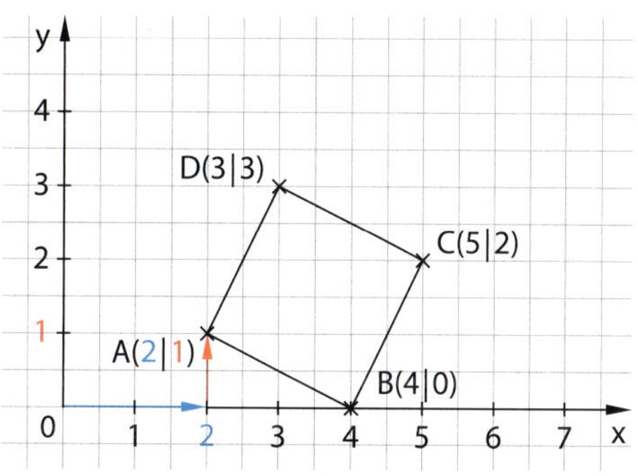

Basisaufgaben

2. Zeichne ein Koordinatensystem mit 8 cm langen Achsen. Trage die folgenden Punkte ein und verbinde sie in alphabetischer Reihenfolge:
A(2|0), B(4|0), C(6|3), D(6|0), E(3|3), F(1|3), G(0|2), H = A

3. Trage die folgenden Punkte in ein Koordinatensystem ein und verbinde sie in alphabetischer Reihenfolge und den letzten Punkt mit A:
A(1|3), B(3|1), C(9|1), D(13|3), E(7|3), F(7|4), G(11|4), H(6|10), I(6|3), J(5|3), K(5|9), L(2|4), M(4|4), N(4|3)

4. a) Zeichne das Viereck ABCD in ein Koordinatensystem: A(2|0), B(4|1), C(4|4), D(0|2)
b) Zeichne die Vierecke EFGH und IJKL in dasselbe Koordinatensystem:
E(1|5), F(5|5), G(7|7), H(3|7) und I(6|1), J(7|4), K(6|5), L(5|4)
c) Welche besonderen Vierecke hast du gezeichnet?

Hinweis zu 5:
Die x-Koordinaten der Punkte findest du in der Blüte, die y-Koordinaten in den Blättern.

5. Gib die Koordinaten der Punkte an. Übertrage das Koordinatensystem mit der Figur in dein Heft.

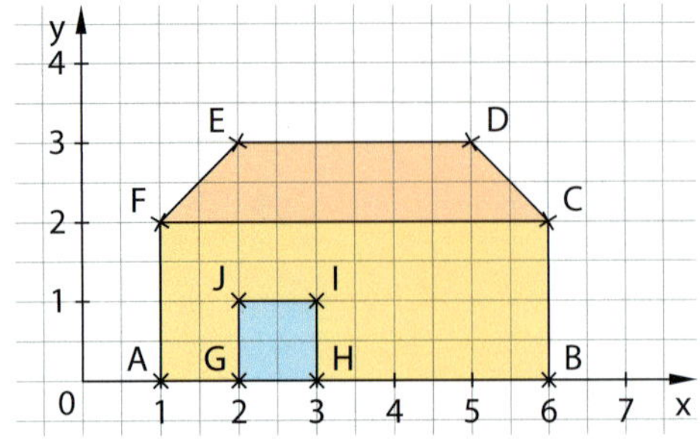

6. a) Welche Koordinaten von Punkten sind nötig, damit eine andere Person die Figur genau wie in der Abbildung zeichnen kann? Achte auf die Reihenfolge der Punkte.

b) Lass die Figur von deinem Nachbarn zeichnen. Er darf nur deine Angaben verwenden.

c) Denke dir selbst eine Figur aus und gehe dann vor wie bei a) und b).

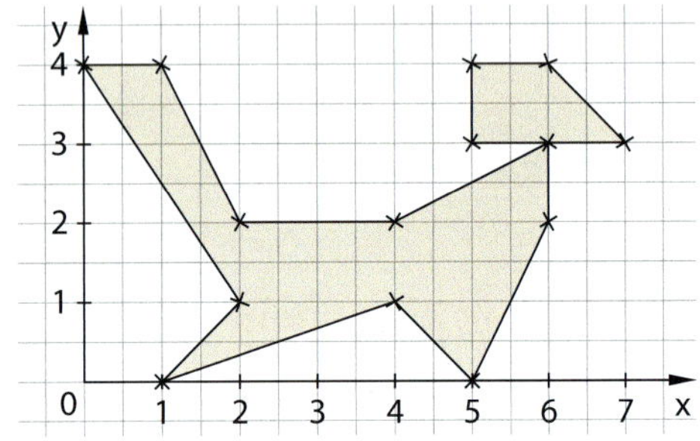

Weiterführende Aufgaben

7. Durchblick:

a) Zeichne eine Figur, wie in Beispiel 1, nach den folgenden Punktangaben in ein geeignetes Koordinatensystem, indem du die Punkte in alphabetischer Reihenfolge verbindest:

A(0|0), B(18|0), C(18|13), D(19|14), E(19|16), F(18|16), G(18|18), H(17|21), I(16|18), J(16|16), K(15|16), L(15|14), M(16|13), N(16|6), O(8|10), P(0|6), Q = A.

Du erhältst ein Bild eines Gebäudes mit einem Turm. 1 Längeneinheit im Koordinatensystem beträgt 1 m. Bestimme nun die Höhe des Turms und die Höhe des niedrigeren Gebäudeteils.

b) Die Eingangstür befindet sich genau in der Mitte des niedrigeren Gebäudeteils. Sie ist 2 m breit und 3 m hoch. Zeichne die Tür ein und gib die Koordinaten der Eckpunkte der Tür an.

8. Gitternetze werden auch in anderen Zusammenhängen verwendet.

a) Was bedeutet zum Beispiel C2 in der Stadtkarte von Düsseldorf oder beim Spiel „Schiffe versenken"? Was bedeutet E2–E4 beim Schach?

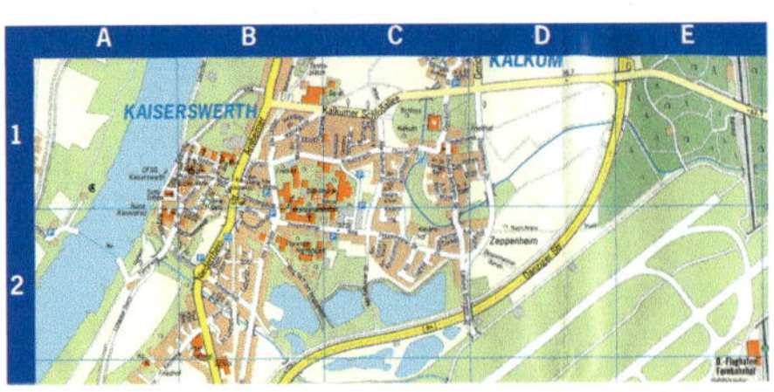

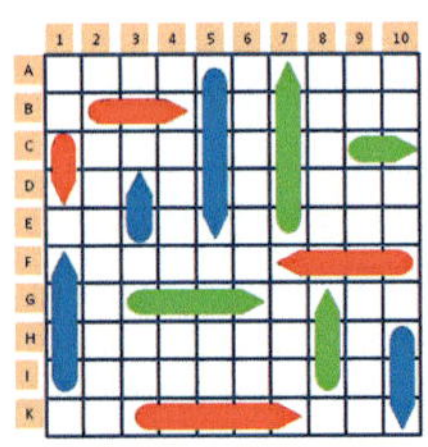

b) Vergleiche die Gitternetze aus a) mit unserem Koordinatensystem. Welche Unterschiede gibt es? Nenne Vor- und Nachteile für die Verwendung von Buchstaben.

9. Stolperstelle: Hier sind einige Fehler passiert.

a) Alicia soll die folgenden Punkte in ein Koordinatensystem einzeichnen und sie in alphabetischer Reihenfolge verbinden: A(0|0), B(1|5), C(2|2), D(3|5), E(4|0). Was ist hier falsch? Zeichne selbst korrekt.

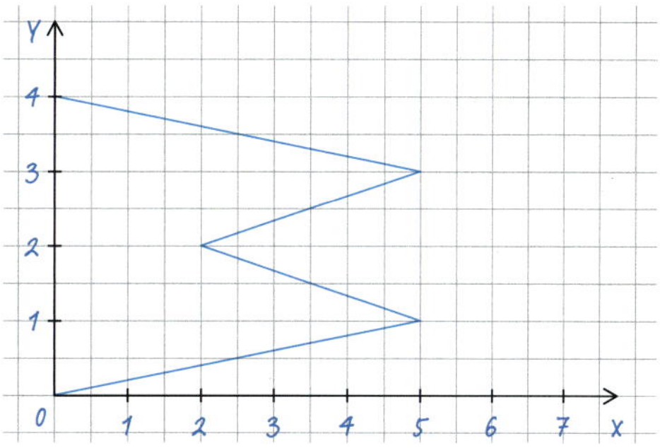

b) Peter soll die Punkte A(8|4), B(10|3), C(9|13) und D(7|14) in ein Koordinatensystem einzeichnen. Er beginnt zu zeichnen und stellt fest, dass er die Aufgabe nicht lösen kann. Gib Peter einen Tipp, was er beachten sollte, um ein geeignetes Koordinatensystem zu zeichnen.

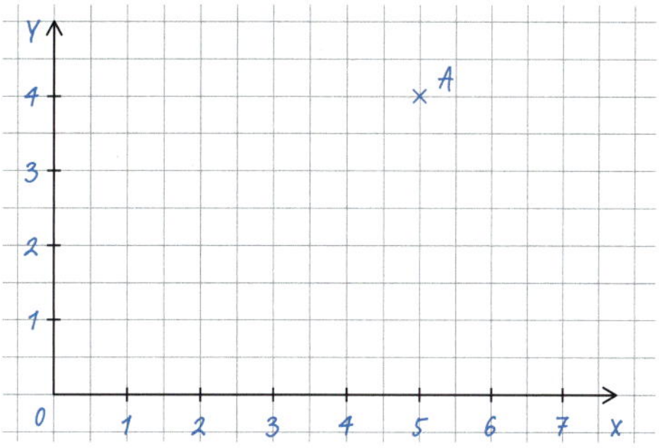

c) Konrad soll die Punkte A(2|0) und B(2|1) eintragen. Doch schon beim Zeichnen des Koordinatensystems läuft etwas nicht richtig. Beschreibe welchen Fehler er gemacht hat und wie sich das auf die Zeichnung auswirkt. Zeichne selbst A und B in ein Koordinatensystem.

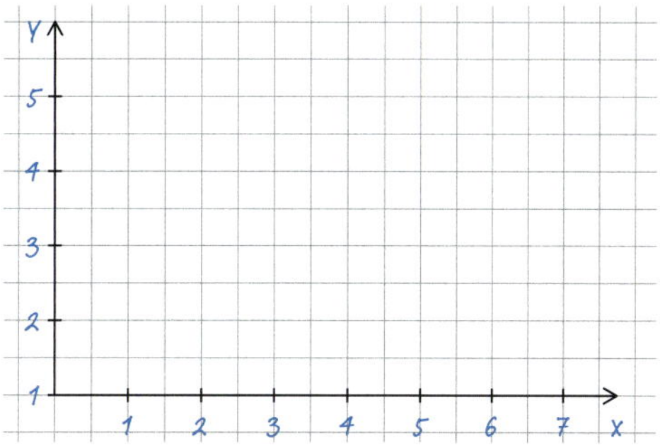

10. Zeichne das Viereck mit den Eckpunkten A(1|2), B(2|1), C(4|2) und D(2|3) in ein Koordinatensystem (Längeneinheit 1 cm). Zeichne beide Achsen 10 cm lang.

a) Erhöhe alle x-Koordinaten der Punkte A, B, C und D um 4 und zeichne das neue Viereck.
b) Erhöhe alle y-Koordinaten der Punkte A, B, C und D um 3 und zeichne das neue Viereck.
c) Erhöhe die x- und die y-Koordinate von A, B, C und D um 5 und zeichne das neue Viereck.
d) Wie verändert sich jeweils die Lage des Vierecks im Koordinatensystem?

11. Ausblick: Beantworte und begründe. Du kannst zum Überlegen Zeichnungen anfertigen.

a) Wo liegen alle Punkte im Koordinatensystem, die die y-Koordinate 4 haben?
b) Wo liegen alle Punkte im Koordinatensystem, die die x-Koordinate 2 haben?
c) Wo liegen alle Punkte im Koordinatensystem, die die y-Koordinate 0 haben?
d) Wo liegen alle Punkte im Koordinatensystem, bei denen die x- und die y-Koordinate gleich groß sind?
e) Wo liegen alle Punkte im Koordinatensystem, bei denen die Summe von x- und y-Koordinate 10 ergibt?
f) Wie ändert sich die Lage eines Punktes im Koordinatensystem, wenn die x- und die y-Koordinate vertauscht werden?

2.5 Grundkörper

■ Diese Bausteine haben unterschiedliche Formen. Welche davon kennst du? Nenne ihre Namen. ■

In der Mathematik nennt man räumliche Figuren Körper. Mit den wichtigsten Grundkörpern kann man viele Gegenstände aus dem Alltag beschreiben. Alle **Körper** werden durch **Flächen** begrenzt. Wo sich zwei Flächen treffen, hat der Körper eine Kante. Wo **Kanten** aufeinandertreffen, hat der Körper eine **Ecke**.

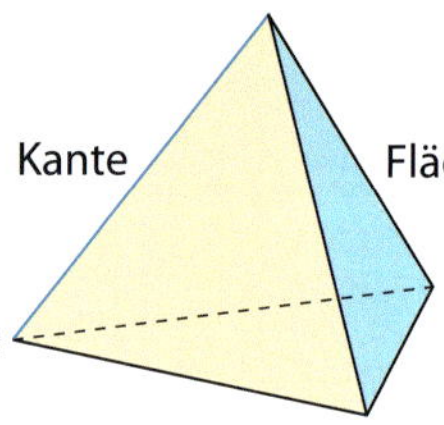

Wissen: Grundkörper

Körper kann man nach Anzahl und der Fom ihrer Begrenzungsflächen ordnen.

Körper	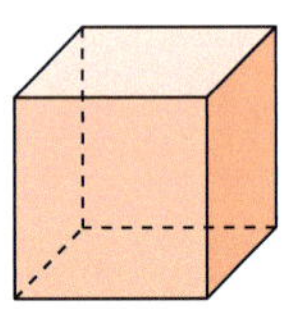 Würfel	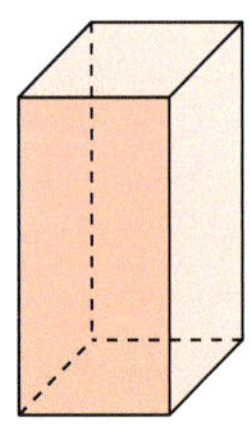 Quader	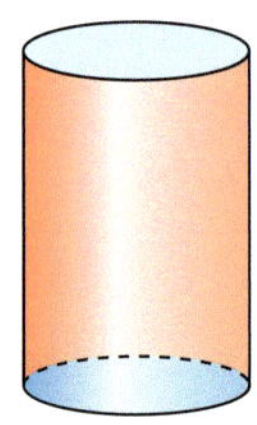 Zylinder	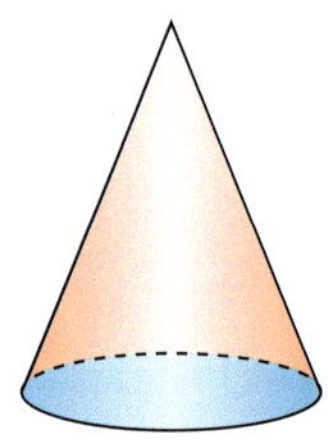 Kegel
Begrenzungsflächen	6 Quadrate	6 Rechtecke	2 Kreise und 1 gewölbte Fläche	1 Kreis und 1 gewölbte Fläche

Körper	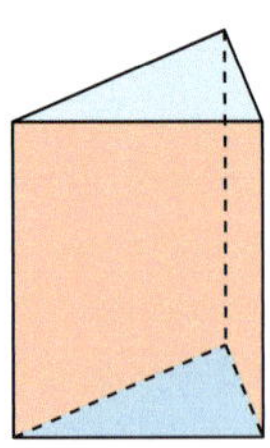 dreiseitiges Prisma	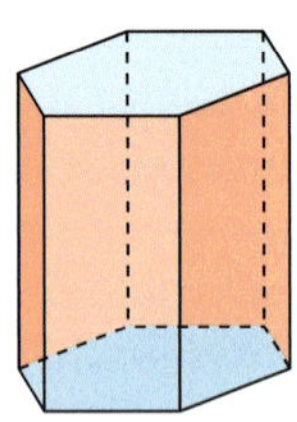 sechsseitiges Prisma	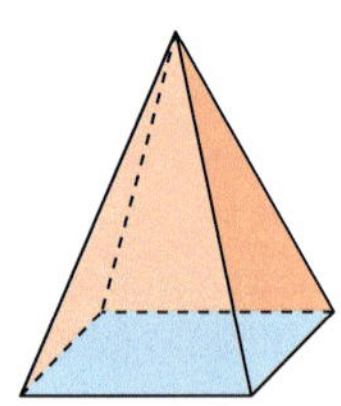 quadratische Pyramide	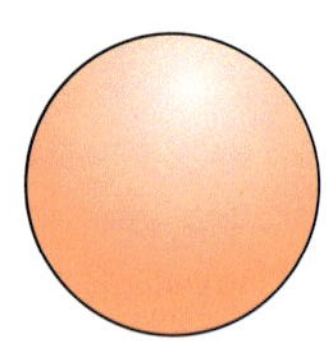 Kugel
Begrenzungsflächen	2 Dreiecke und 3 Rechtecke	2 Sechsecke und 6 Rechtecke	1 Quadrat und 4 Dreiecke	nur 1 gewölbte Fläche

Beispiel 1:

a) Finde in der Burg drei geometrische Grundkörper.

b) Gib jeweils an, welche Flächen den Körper begrenzen.

c) Gib auch die Anzahl der Ecken und Kanten an.

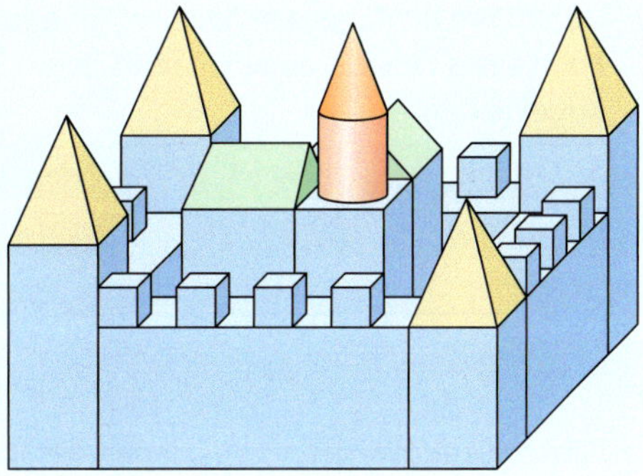

Lösung:

a) Grundkörper:

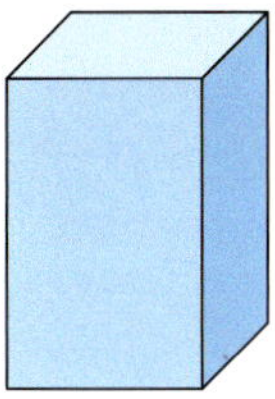

Quader

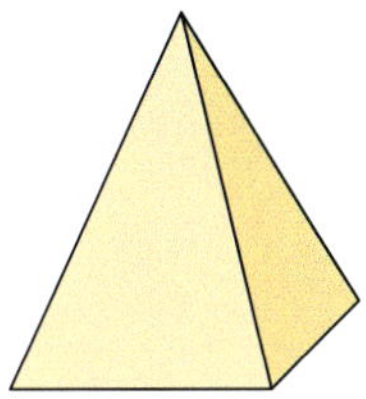

quadratische Pyramide

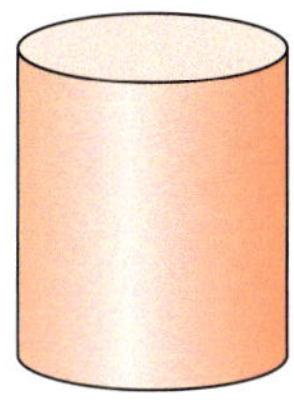

Zylinder

b) Begrenzungsflächen:

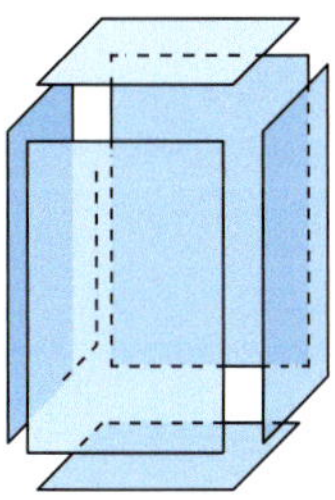

6 Rechtecke

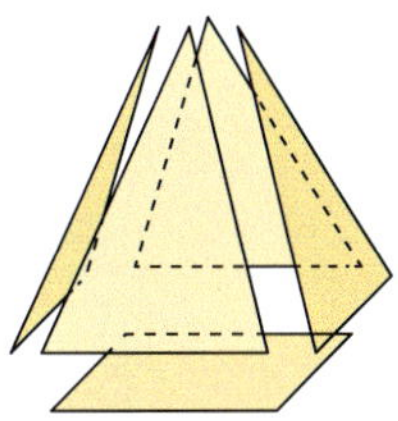

4 Dreiecke, 1 Quadrat

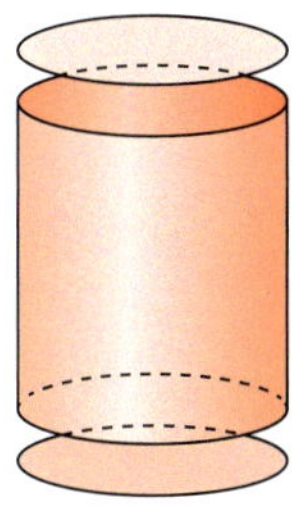

2 Kreise, 1 gewölbte Fläche

c) Anzahl Ecken und Kanten:

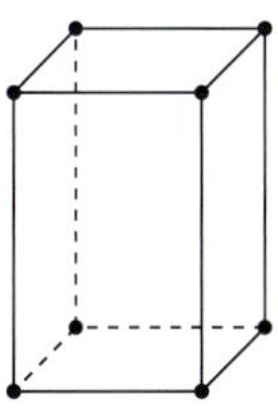

8 Ecken und 12 Kanten

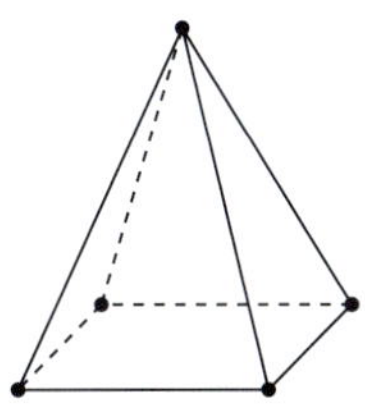

5 Ecken und 8 Kanten

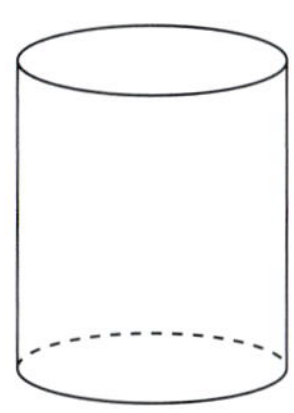

keine Ecken, aber 2 Kanten

Hinweis zu 1:
Hier findest du die Lösungen der Anzahlen.

Basisaufgaben

1. Welchen geometrischen Grundkörper stellt der abgebildete Körper dar? Gib die Form und die Anzahl der Begrenzungsflächen an. Zähle auch die Anzahl der Ecken und Kanten.

a)

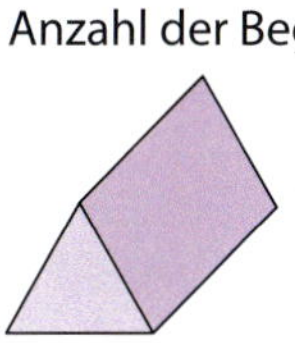

b)

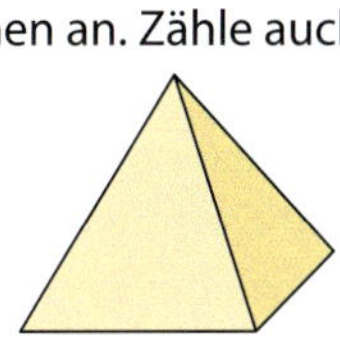

c)

Tipp zu 2:
Diskutiert eure Ergebnisse, um möglichst viele gute Beispiele zu finden.

2. Übernimm die Tabelle in dein Heft und trage dir bekannte Körper ein, die ungefähr die Form eines Würfels, eines Quaders, eines Prismas, einer Pyramide, eines Kegels oder einer Kugel haben.

Würfel	Quader	Prisma	Pyramide	Kegel	Kugel
	Ziegelstein	Hausdach			Glasmurmel

3. Gib die Grundkörper an, aus denen die abgebildeten Körper zusammengesetzt sind. Welche Gegenstände aus dem Alltag sehen den Abbildungen ähnlich?

a)

b)
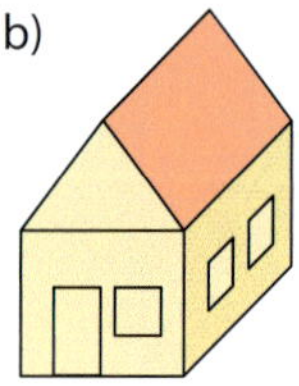
c)

d)
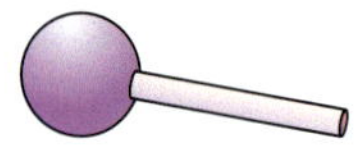
e)
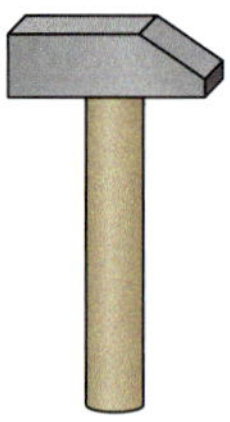
f)

g)

h)

4. Die Abbildung zeigt die Cheopspyramide bei Gizeh in Ägypten. Sie hat eine Höhe von rund 140 m. Eine Kante am Boden ist etwa 230 m lang.

a) Wie viele Ecken, Flächen und Kanten hat die Cheopspyramide?
b) Beschreibe die Flächen, die die Cheopspyramide begrenzen.

Weiterführende Aufgaben

5. Durchblick:

a) Finde in dem Bild sechs verschiedene geometrische Grundkörper.
b) Gib an, welche Flächen den Grundkörper begrenzen. Gib auch die Anzahl der Ecken und Kanten an.
c) Nenne Körper, deren Begrenzungsflächen nur aus Rechtecken bestehen.
d) Ein Körper hat eine kreisförmige Begrenzungsfläche. Welche Körper können daraus entstehen und wie müssten die anderen Begrenzungsflächen jeweils gewählt werden?

6. Gib in jeder Zeile an, auf welche Körper die Aussage zutrifft.

		Würfel	Quader	Prisma	Pyramide
a)	Der Körper wird aus 6 rechteckigen Flächen gebildet.				
b)	Der Körper hat 5 Begrenzungsflächen.				
c)	Gegenüberliegende Begrenzungsflächen sind gleich groß.				
d)	Der Körper hat 9 Kanten.				
e)	Unter den Begrenzungsflächen gibt es mehr als 2 Dreiecke.				
f)	Alle Kanten sind gleich lang.				

7. Welcher Körper hat
a) 6 Flächen, 12 Kanten und 8 Ecken,
b) 4 Flächen, 6 Kanten und 4 Ecken,
c) nur eine Kante,
d) nur eine Fläche?
e) Erstelle weitere Beschreibungen und befrage deine Mitschüler.

8. **Stolperstelle:** Nimm zu den Behauptungen Stellung.
a) Jana sagt: „Wenn ein Körper rollen kann, dann hat er keine Ecken."
b) Paul sagt: „Jeder Würfel ist auch ein Quader."
c) Timo sagt: „Jeder Quader ist auch ein Würfel."
d) Lea sagt: „Jeder Kegel ist auch eine Kugel."

9. Zeichne die Schnittflächen, die entstehen können, wenn man den Körper in zwei gleich große Teile zerschneidet.

a)
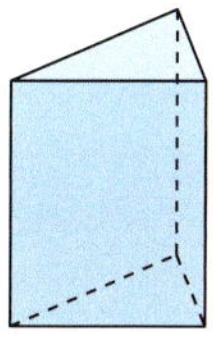
b)
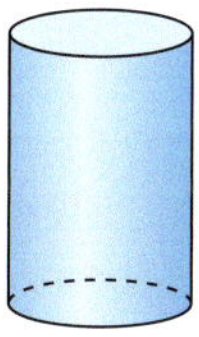
c)
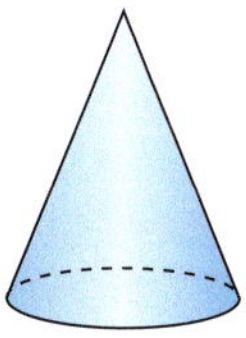
d)
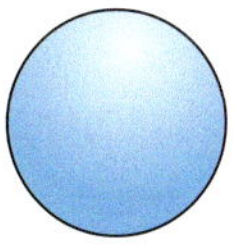

10. **Kantenmodell:** Kantenmodelle lassen sich aus Holzstäbchen und Knetkügelchen basteln.
a) Wie viele Stäbchen und Knetkügelchen benötigst du, um das Kantenmodell eines Würfels zu basteln? Worauf musst du dabei achten?
b) Es soll das Kantenmodell eines Quaders gebaut werden. Was ist dabei genauso wie beim Würfel? Was ist anders?
c) Erstelle eigene Kantenmodelle. Erfinde auch eigene Körperformen.

Hinweis zu 10:
So sieht ein Kantenmodell einer Pyramide aus:

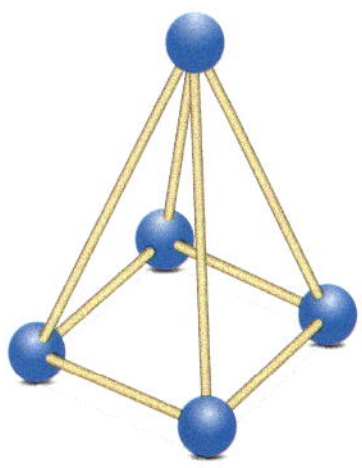

11. **Ausblick:** Betrachte den Stapel aus Quadern genau.
a) Was fällt dir auf?
b) Kannst du angeben, wie viele Ecken, Flächen und Kanten der Stapel hat?
c) Übertrage die Skizze des Stapels in dein Heft.

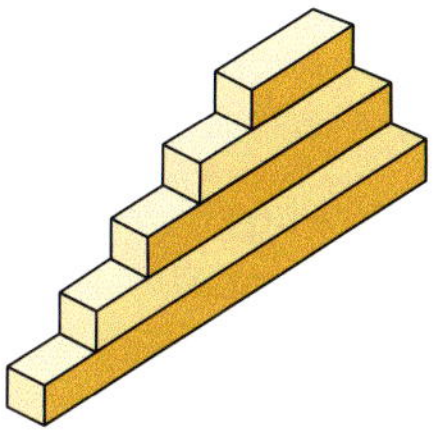

2.6 Körpernetze

■ Viele Körper kann man an den Kanten so aufschneiden, dass man sie durch Aufklappen auf dem Tisch ausbreiten kann. Welche der Figuren ①, ② und ③ ist so entstanden? ■

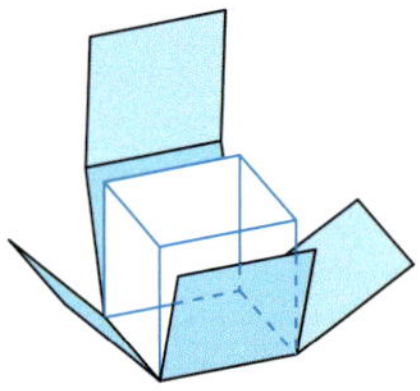

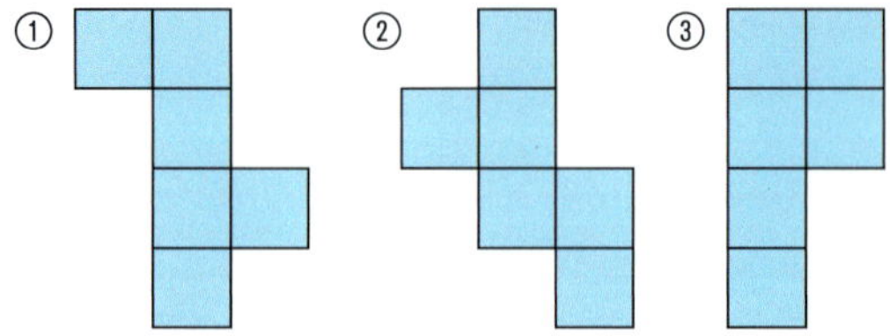

Wissen: Netze von Würfeln und Quader
Die meisten Körper kann man an den Kanten so aufschneiden und aufklappen, dass eine ebene Figur entsteht. Diese Figur nennt man das **Netz** des Körpers.

Das **Netz eines Quaders:**

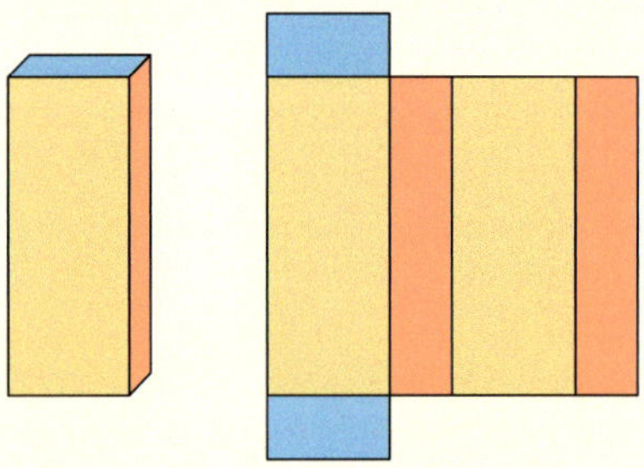

Das **Netz eines Würfels:**

Quadernetze zeichnen

Hinweis:
Zu einem Quader gibt es unterschiedliche Netze.

Beispiel 1:
Zeichne ein Netz eines Quaders mit den Kantenlängen a = 3 cm, b = 2 cm und c = 1 cm. Färbe die gegenüberliegenden Begrenzungsflächen gleichfarbig.

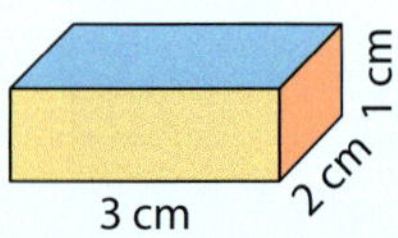

Lösung:

① Zeichne zunächst die Fläche, auf der der Körper steht (Grundfläche).

② Ergänze nun alle angrenzenden Begrenzungsflächen (gelbe und rote Flächen).
Achte darauf, dass gegenüberliegende Begrenzungsflächen gleich groß werden.

③ Füge nun noch den „Deckel" des Quaders hinzu. Der Deckel hat die gleiche Größe wie die Grundfläche (blaue Fläche).

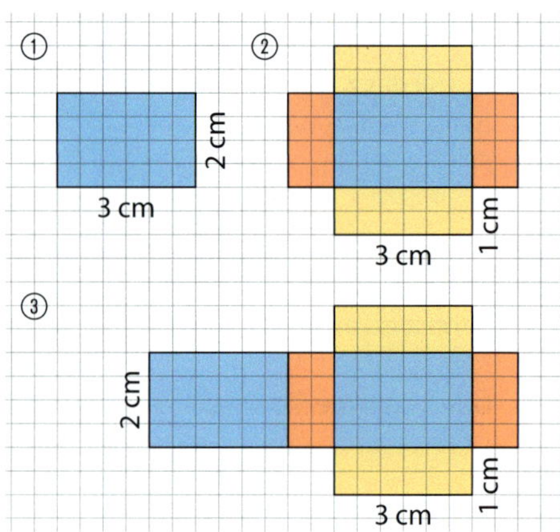

Basisaufgaben

1. Zeichne ein Netz eines Quaders mit den Kantenlängen a = 4 cm, b = 3 cm und c = 1 cm.

2. Zeichne zwei mögliche Netze des Quaders. Vergleiche mit den Mitschülern.
   a) a = 4 cm, b = 2 cm, c = 3 cm   b) a = 3 cm, b = 2 cm, c = 2 cm

3. Übertrage die Figuren in dein Heft und ergänze sie zu Quadernetzen.

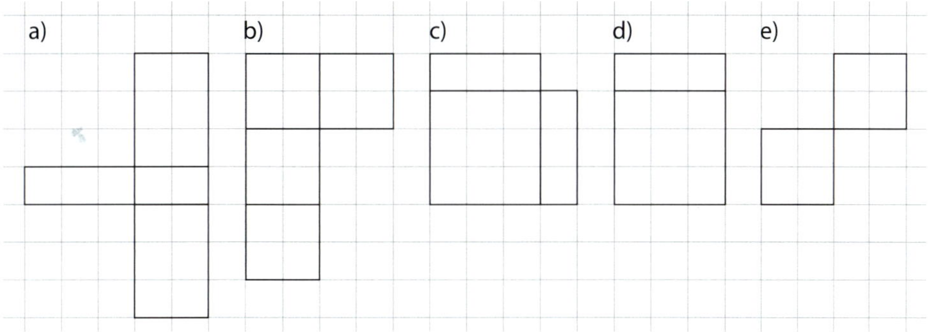

Tipp zu 3:
Vergleiche die Ergebnisse mit deinem Nachbarn. Gibt es jeweils nur eine richtige Lösung?

4. Baue aus Pappe einen Würfel mit einer Kantenlänge von 5 cm. Erstelle zunächst ein entsprechendes Körpernetz. Ergänze die Klebefalze.

Tipp zu 4:
Schräge die Klebefalze an.

Quadernetze erkennen

Beispiel 2: Welche der drei Abbildungen zeigt ein Quadernetz? Begründe.

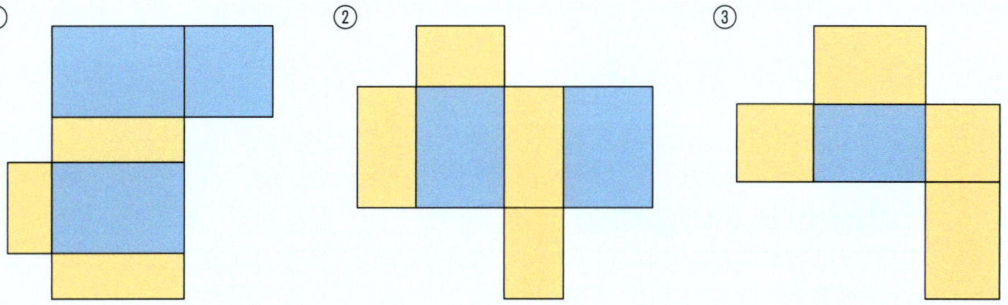

Lösung:

1: Ein Rechteck ist zu groß. Das Netz lässt sich nicht zu einem Quader zusammenfalten.

2: Dieses Netz ist ein Quadernetz. Es lässt sich zu einem Quader zusammenfalten.

3: Dieses Netz lässt sich nur zu einer Kiste ohne Deckel zusammenfalten. Es fehlt eine Fläche.

Basisaufgaben

5. Welches Netz gehört zu welchem Quader? Ordne zu.

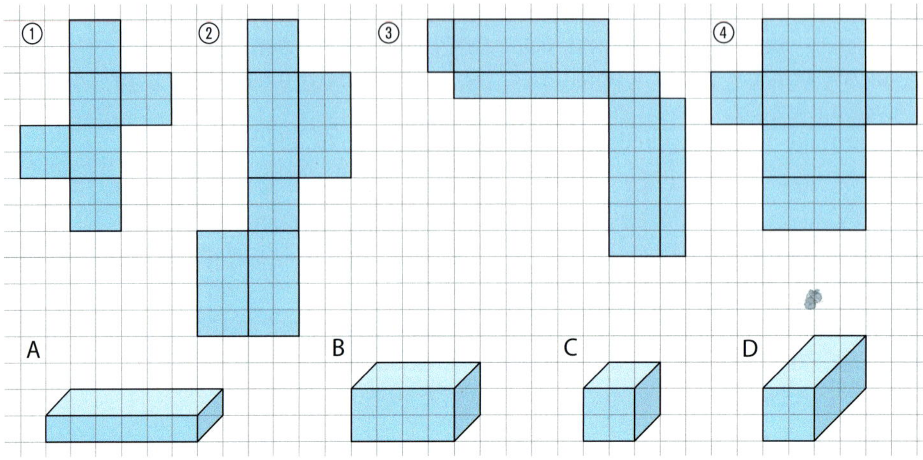

6. a) Prüfe, welche der Abbildungen Quadernetze sind.
   b) Übertrage die Quadernetze in dein Heft. Markiere die Strecken mit der gleichen Farbe, die beim Falten zusammenstoßen.

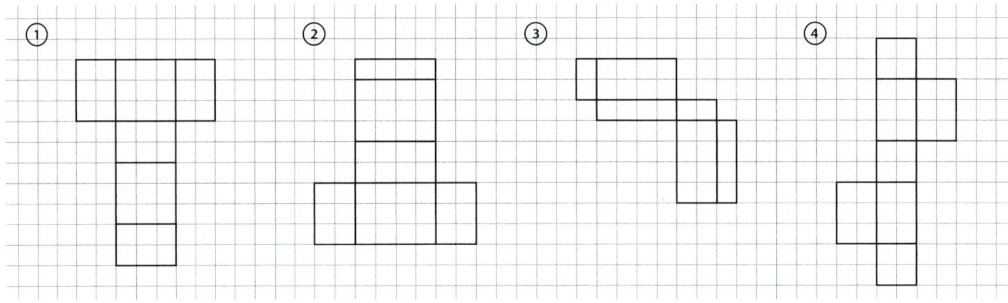

Weiterführende Aufgaben

7. Übertrage das Würfelnetz in dein Heft. Färbe alle Eckpunkte der Quadratflächen, die beim Falten des Netzes zu einem Würfel zusammenstoßen würden, mit gleicher Farbe.

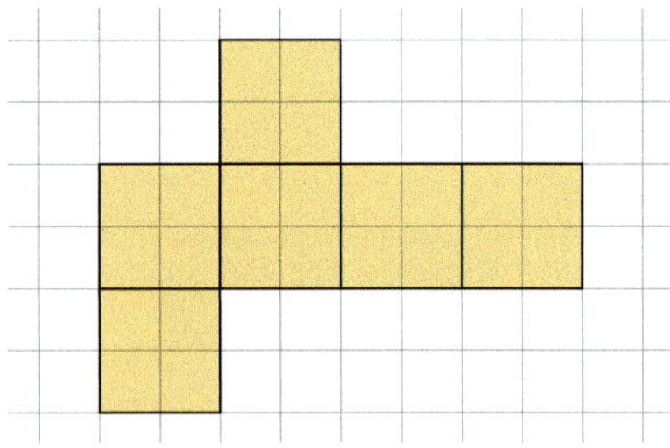

8. **Durchblick:**
   a) Zeichne ein Netz eines Würfels mit der Kantenlänge 2 cm. Markiere durch Farben alle Strecken, die beim Falten zusammenstoßen. Färbe auch gegenüberliegende Flächen in derselben Farbe.
   b) Zeichne zwei weitere Netze dieses Würfels und färbe wie in a).

9. **Stolperstelle:** Schüler der Klasse 5b erhielten den Auftrag, ein Würfelnetz zu zeichnen. Kontrolliere, ob die Netze zu einem Würfel gehören. Begründe, warum die Ergebnisse richtig oder falsch sind.

Fatima Paul Ole Tanja Maria

10. Kann man das Netz eines Quaders mit den Kantenlängen 5 cm, 4 cm und 3 cm auf einen rechteckigen Papierbogen mit den Seitenlängen 16 cm und 14 cm zeichnen? Begründe.

11. a) Entscheide, zu welchen Körpern die Körpernetze gehören.

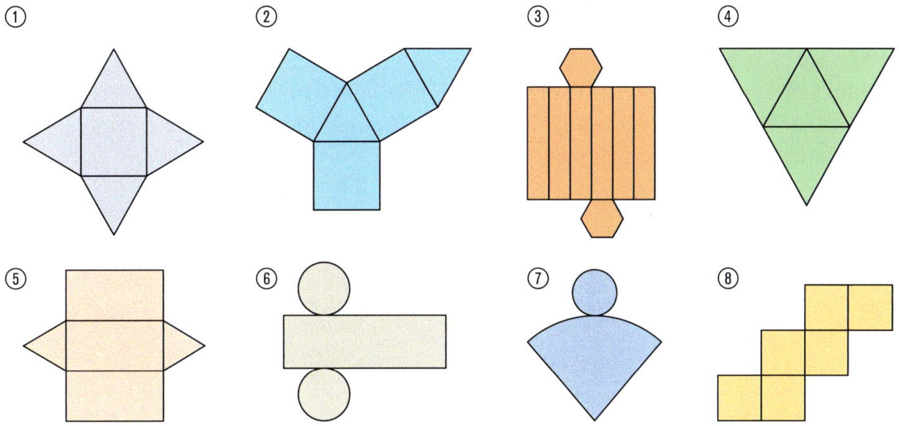

b) Zeichne auf Pappe oder Papier das Netz eines Quaders mit einer quadratischen Grundfläche und einer aufgesetzten Pyramide. Vergiss die Klebefalze nicht. Schneide das Netz aus und bastle den Körper. In welchen Fällen ist das nicht möglich?

12. **Ausblick:** Ein Würfel wird längs der jeweils vorgegebenen Ebene durchgeschnitten. Zeichne wie im Beispiel die Schnittkanten in ein Würfelnetz ein.

Beispiel:

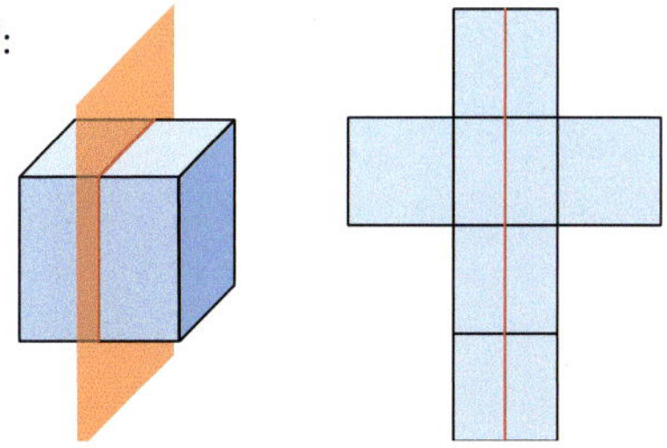

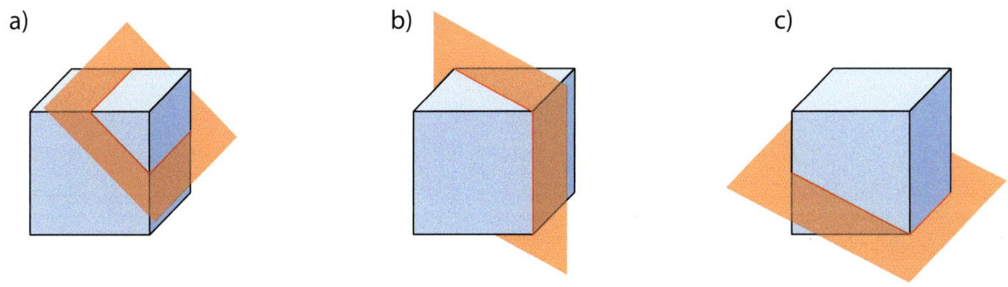

2.7 Schrägbild eines Quaders

■ Mia möchte einen Würfel darstellen und hat dafür einige Zeichnungen erstellt. Welche Zeichnung (A, B, C, D) könnte am ehesten einen Würfel darstellen? Begründe deine Entscheidung. ■

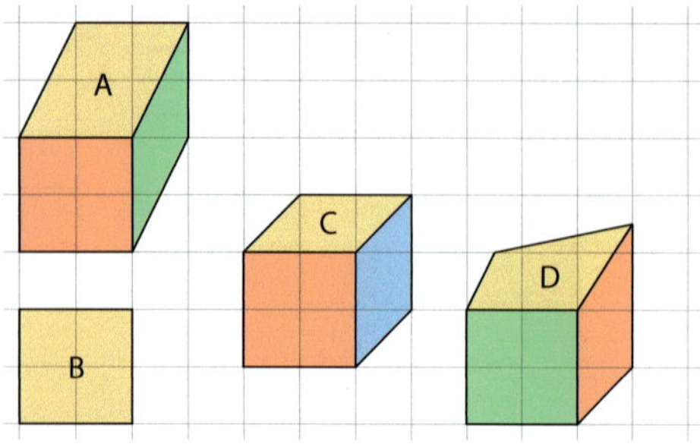

Ein Schrägbild ist eine Möglichkeit, räumliche Figuren auf Papier darzustellen. Durch die schräge Form der nach hinten verlaufenden Kanten entsteht ein räumlicher Eindruck. Allerdings sind Regeln zu beachten, um ein Bild zu erhalten, welches die Form und die Größe des Körpers angemessen wiedergibt.

Wissen: Schrägbild zeichnen
Beim Schrägbild werden Breite und Höhe der Vorderfläche wirklichkeitsgetreu gezeichnet. Die Linien in die Tiefe werden in einem Winkel von 45° und verkürzt gezeichnet.
1 cm entspricht einer Kästchendiagonalen.

Beispiel 1: Zeichne das Schrägbild eines Quaders mit den Kantenlängen 4 cm, 3 cm und 2 cm.

Lösung:
Wähle eine Vorderseite, zum Beispiel 4 cm breit und 2 cm hoch, und zeichne sie in Originallänge.

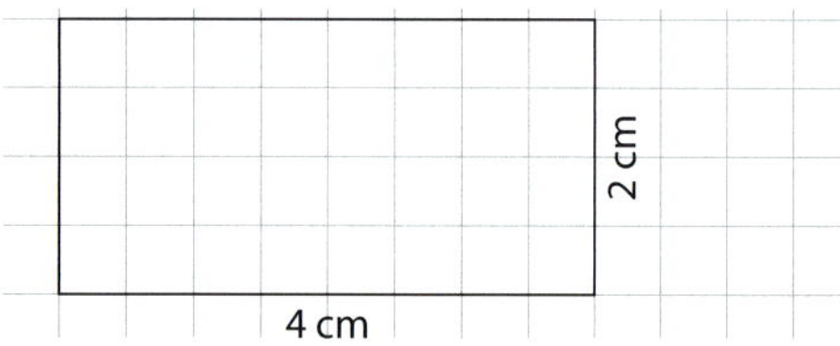

Hinweis:

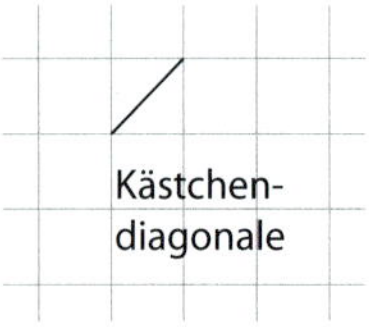

Zeichne die Kanten, die nach hinten verlaufen, entlang der Kästchendiagonalen.Die Tiefe 3 cm entspricht 3 Kästchendiagonalen.

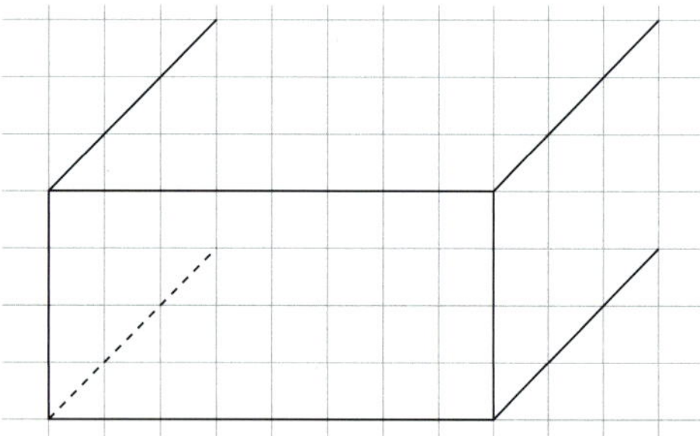

Verbinde die übrigen Eckpunkte. Zeichne sichtbare Kanten dicker und nicht sichtbare gestrichelt.

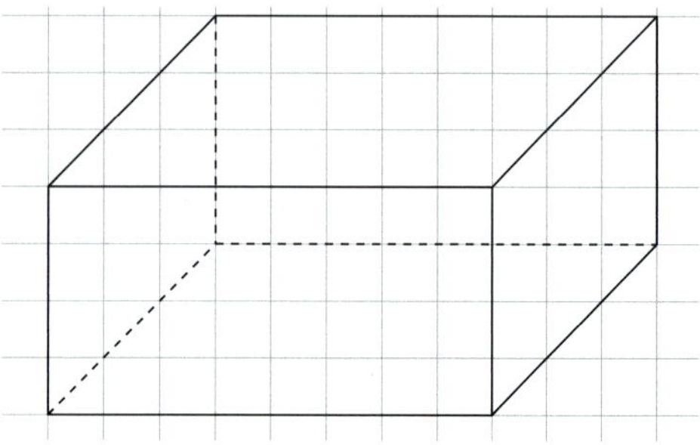

Basisaufgaben

1. Zeichne das Schrägbild ab.

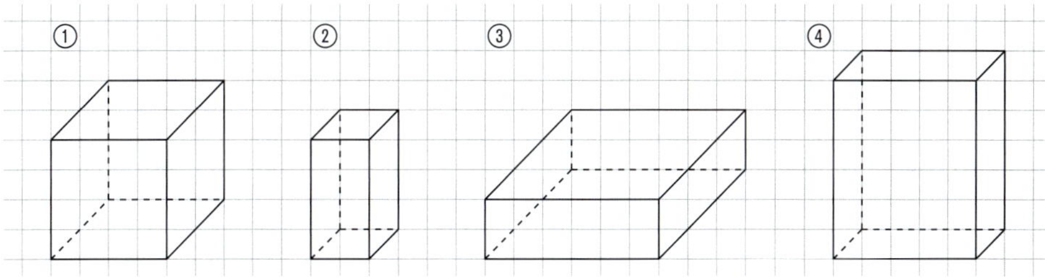

2. Zeichne das Schrägbild
   a) eines Würfels mit der Kantenlänge 3 cm,
   b) eines Quaders mit den Kantenlängen 5 cm, 4 cm und 3 cm,
   c) eines Quaders mit quadratischer Vorderseite.

3. Zeichne zwei weitere Schrägbilder des Quaders aus Beispiel 1, indem du jeweils eine andere Quaderfläche als Vorderseite benutzt.

4. Im Schrägbild sieht einiges anders aus als in Wirklichkeit. Vergleiche die Abbildung mit den tatsächlichen Eigenschaften des Quaders.
   a) Gib die wirklichen Maße des Quaders an.
   b) Untersuche und vergleiche die Form der Begrenzungsflächen im Abbild und am Quader.
   c) Wie liegen die Kanten in der Abbildung zueinander und wie in Wirklichkeit?
   d) Was ist im Vergleich des Quaders mit seiner Abbildung gleich geblieben?

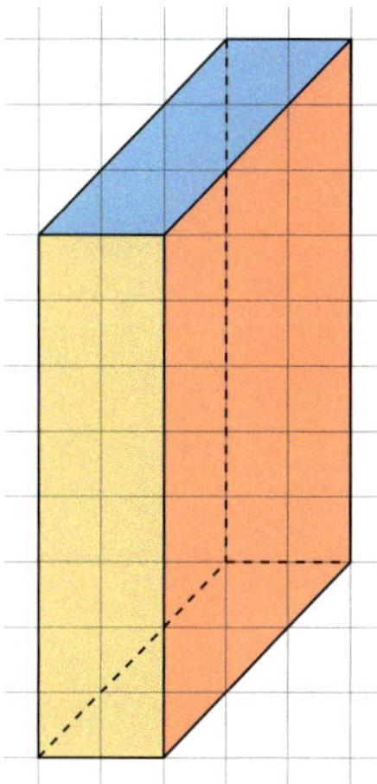

Weiterführende Aufgaben

5. **Durchblick:** Hier siehst du einen Teil eines Schrägbildes von einem Quader. In Beispiel 1 wird erklärt, wie man das Schrägbild eines Quaders mit angegebenen Maßen zeichnet. Welche Maße hat der Quader? Übertrage das Bild in dein Heft und vervollständige es so, dass es einen Quader darstellt.

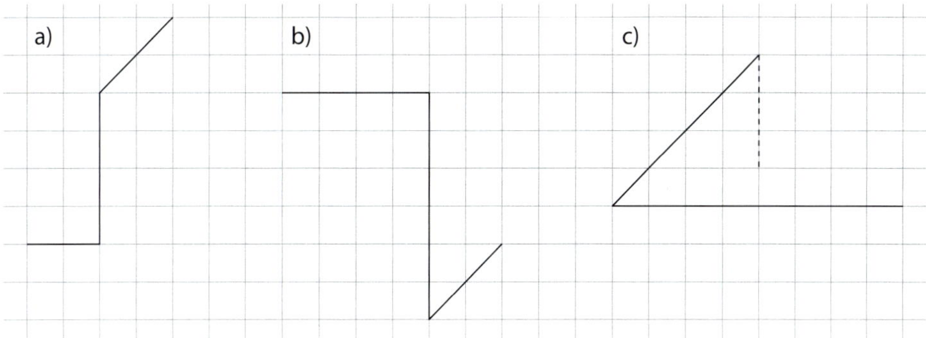

6. **Stolperstelle:** Sören hat zwei Würfel gezeichnet. Erkläre, welche Fehler er gemacht hat.

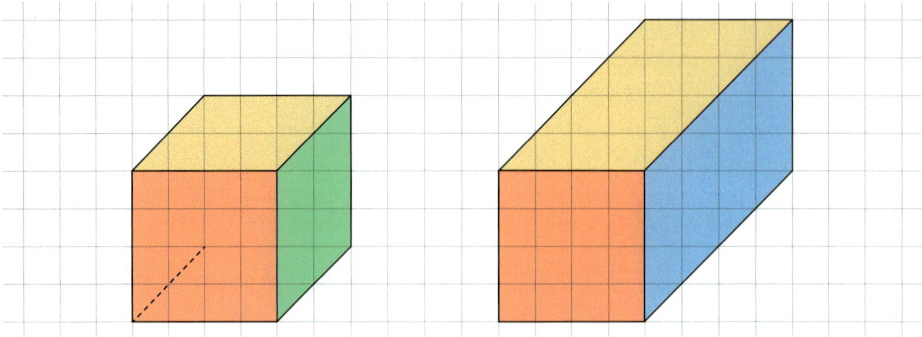

7. Zeichne die Abbildung in dein Heft und ergänze sie zu einem vollständigen Quadernetz. Zeichne danach diesen Quader im Schrägbild.

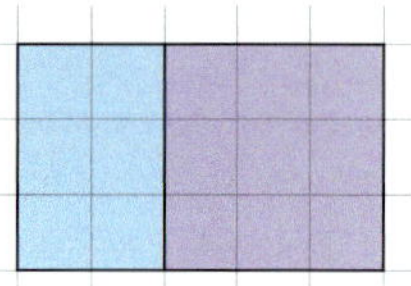

8. Zeichne das „T" als Schrägbild in dein Heft. Die rosa Fläche soll im Schrägbild die Vorderseite sein.

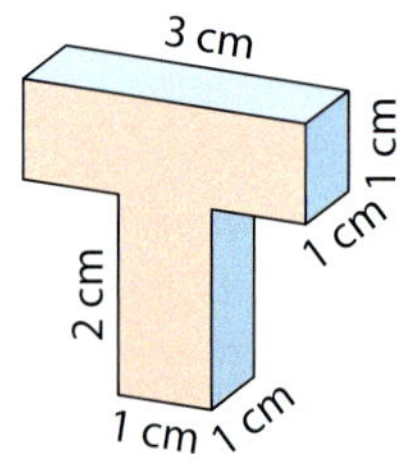

9. Hier sind Netze eines Quaders abgebildet, der die Abmessungen 5 cm, 4 cm und 2 cm hat. Die Netze sind gefärbt.
   a) Zeichne zu jedem Netz ein Schrägbild des Quaders, sodass die kürzeste Kante schräg nach hinten verläuft. Übertrage auch jeweils die Färbung des Quaders in sein Schrägbild.
   b) Zeichne ähnliche Netze und lass deinen Nachbarn das Schrägbild dazu zeichnen.

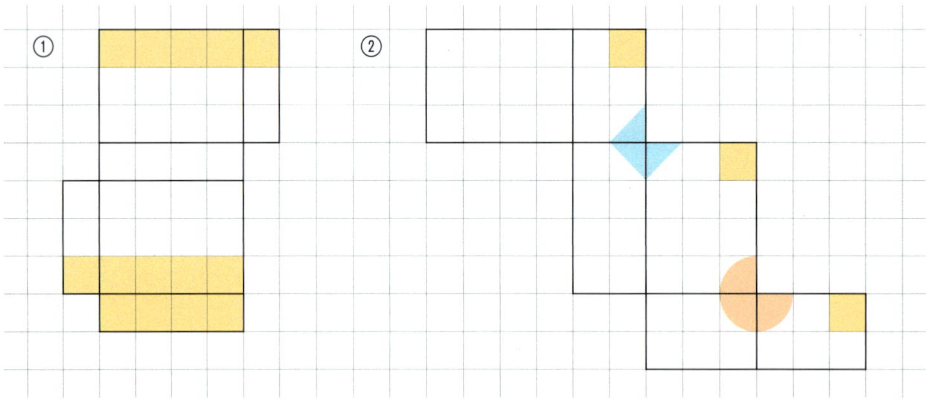

10. Grundriss, Aufriss, Seitenriss: Im Schrägbild sieht man einen Körper „schräg" von der Seite. Im Grundriss, Aufriss und Seitenriss sieht man einen Körper genau „mittig".

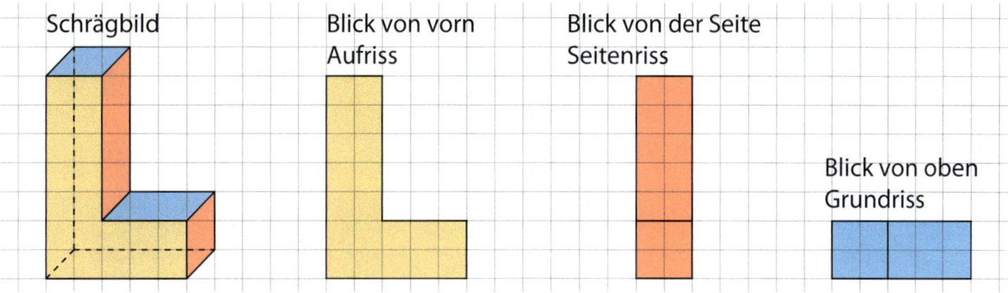

Zeichne den Grundriss, den Aufriss und den Seitenriss des Körpers wie im Beispiel.

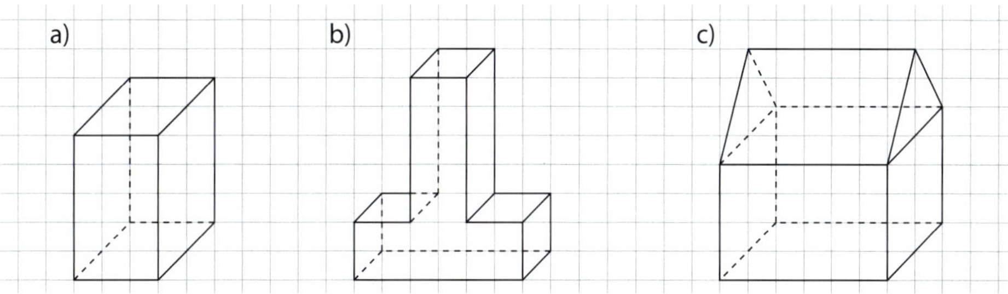

11. Vier kleine Würfel der Kantenlänge 1 cm wurden zusammengeklebt.

a) Zeichne ein Schrägbild der Figur aus einer Perspektive, aus der die rötlichen Begrenzungsflächen nicht mehr zu sehen sind.

b) Es gibt noch fünf weitere Möglichkeiten, vier gleiche Würfel so zusammenzukleben, dass dabei kein Quader entsteht. Zeichne noch mindestens zwei dieser Figuren als Schrägbild.

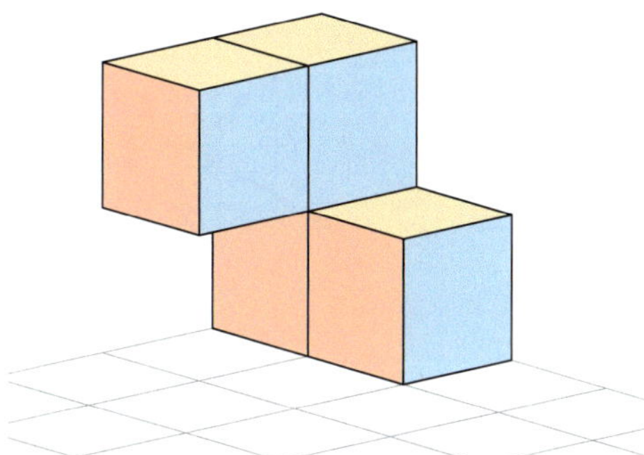

12. Ausblick:

a) Stelle die im Bild dargestellten Streichholzschachteln aus zwei verschiedenen Blickrichtungen im Schrägbild dar. Miss dazu vorher Länge, Breite und Höhe einer Streichholzschachtel.

b) Eine dritte Streichholzschachtel wird nun von oben so auf die Schachtel gelegt, dass ein sogenanntes „Doppel-T" entsteht. Zeichne auch diese Figur im Schrägbild.

2.8 Vermischte Aufgaben

Hinweis zu 1:
Der Begriff „horizontal“ bedeutet „parallel zum Horizont“, wenn man zum Beispiel aufs Meer hinaus schaut. „Lotrecht“ bedeutet „parallel zum Lot“, also senkrecht zum Horizont.

1. Beim Bau eines Hauses werden die Böden und Zwischendecken parallel zueinander (üblicherweise waagerecht bzw. horizontal) ausgerichtet.
Als Hilfsmittel dazu dienen Wasserwaagen. Die Wände sind dann senkrecht zu den Böden und den Zwischendecken (üblicherweise lotrecht bzw. vertikal).
Prüfe am Bild des Berliner Hauses.
   a) Welche Linien sind lotrecht, welche waagerecht?
   b) Welche Paare von Linien sind zwar senkrecht zueinander, sind aber weder waagerecht noch lotrecht?
   c) Entscheide, wie die Böden und Zwischendecken, wie die Wände der Zimmer im Haus ausgerichtet sein werden. Begründe, warum dies so ist.

2. In der Abbildung sind zwei „Quadrate“ jeweils in verschiedene „Einzelfiguren“ unterteilt.

   a) Zeichne zwei Quadrate mit jeweils 8 cm Seitenlänge. Übertrage die Einteilungen aus der Abbildung möglichst genau in dein Heft.
   b) Benenne die einzelnen Figuren, aus denen die beiden Quadrate zusammengesetzt sind.
   c) Zeichne ein Quadrat mit 8 cm Seitenlänge und denke dir eine eigene Unterteilung aus, in der du möglichst viele verschiedene geometrische Formen unterbringst.
   d) Zeichne ein Quadrat mit 8 cm Seitenlänge und denke dir eine eigene Unterteilung aus, die achsensymmetrisch ist.

3. a) Entscheide, ohne zu messen, welche der Linien zueinander parallel, welche zueinander senkrecht sind.
   b) Prüfe nun mit dem Geodreieck, welche Linien tatsächlich zueinander parallel oder zueinander senkrecht sind. Achte besonders auf die Lage der kurzen Linien.

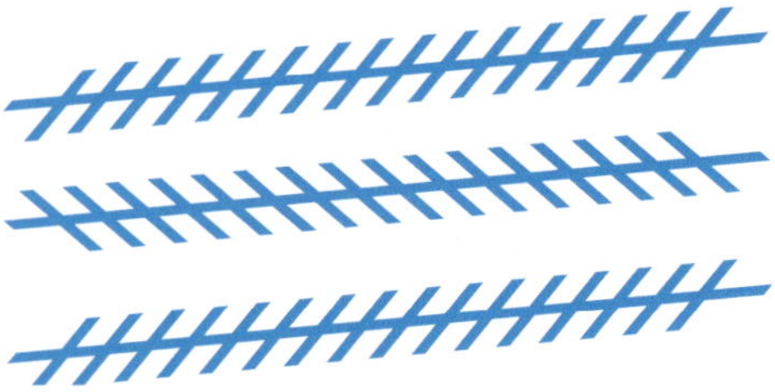

   c) Zeichne zwei zueinander parallele Geraden, die beim Beobachten aber nicht als parallel zueinander erscheinen. Es soll also eine optische Täuschung vorliegen.
   d) Suche in Büchern oder im Internet weitere optische Täuschungen und stelle diese deinen Mitschülern vor.

4. Wer bin ich?
   - Ich habe vier Ecken. Ich habe vier rechte Winkel. Meine gegenüberliegenden Seiten sind zueinander parallel. Je zwei gegenüberliegende Seiten sind gleich lang.
   - Ich habe vier Ecken. Meine gegenüberliegenden Seiten sind zueinander parallel. Je zwei gegenüberliegende Seiten sind gleich lang. Ich habe keinen rechten Winkel.
   - Ich habe vier Ecken. Ich habe keinen rechten Winkel. Zwei gegenüberliegende Seiten sind zueinander parallel, aber nicht gleich lang.
   - Ich habe vier Ecken. Meine Seiten sind alle gleich lang. Je zwei gegenüberliegende Seiten sind zueinander parallel. Ich habe keinen rechten Winkel.
   - Ich habe vier Ecken. Ich habe vier rechte Winkel. Je zwei gegenüberliegende Seiten sind zueinander parallel. Meine Seiten sind alle gleich lang.
   - Meine Eckpunkte sind A(1|1), B(4|0), C(3|4) und D(0|5).

5. Zeichne ein Koordinatensystem. Wähle 1 cm für eine Einheit.
   a) Trage folgende Punkte ein: A(3|2), B(9|2), C(7|5).
   b) Zeichne einen Punkt D ein, sodass ein Parallelogramm ABCD entsteht. Gib die Koordinaten von D an.
   c) Zeichne einen zweiten Punkt D' ein, sodass ein Trapez ABCD' entsteht. Gibt es nur eine Lösung? Begründe deine Antwort.

6. Ein Würfel hat 11 verschiedene Netze.
   a) Zeichne alle 11 Würfelnetze.
   b) Unter den 11 Netzen gibt es vier Kippnetze, die entstehen, wenn man den Würfel auf einer Ebene ohne abzusetzen so abrollt, dass jede Seitenfläche genau einmal auf der Ebene liegt. Welche der Netze sind Kippnetze?

7. Ein Quader (a = 4 cm, b = 1 cm und c = 1 cm) wird bis zur Hälfte in Tinte getaucht. Zeichne ein Netz des Quaders und schraffiere die in Tinte getauchten Flächen des Netzes.

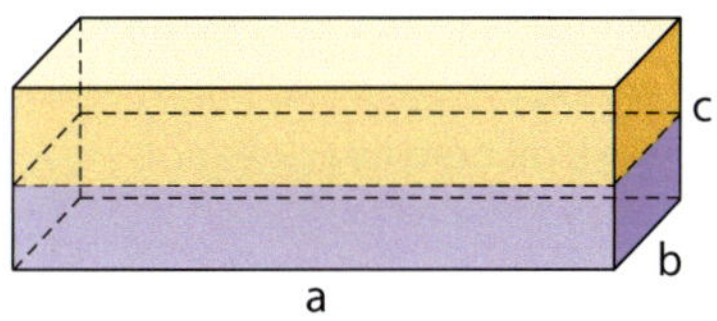

8. Übertrage das Netz des Spielwürfels in dein Heft. Trage in das Netz die fehlenden Würfelaugen ein. Gib alle Möglichkeiten an. Beachte, dass die Summe gegenüberliegender Augenzahlen immer gleich ist.

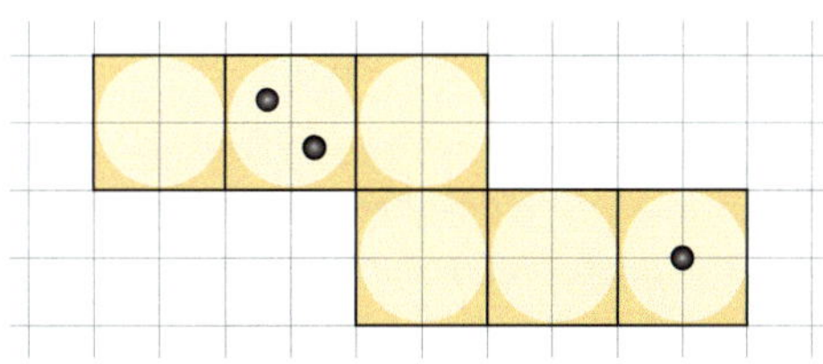

9. Zeichne das Schrägbild des dargestellten Körpers, nutze die roten Flächen als Vorderseite.

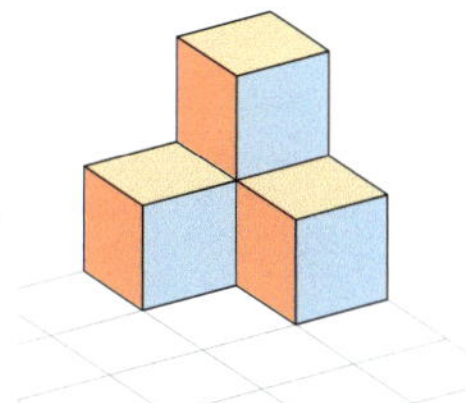

Prüfe dein neues Fundament

Lösungen
↗ S. 228

1. Prüfe mit dem Geodreieck,
a) welche Geraden senkrecht zueinander verlaufen;
b) welche Geraden zueinander parallel verlaufen.

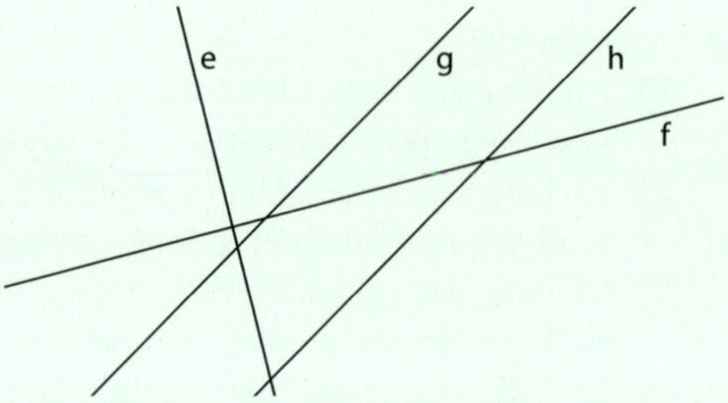

2. Zeichne zwei zueinander parallele Geraden e und f mit dem Abstand 1,5 cm und eine Gerade g, die zur Geraden f senkrecht verläuft.

3. Übertrage die Zeichnungen in dein Heft und ergänze sie jeweils zur angegebenen Figur. Zeichne in die Figuren alle Diagonalen ein.

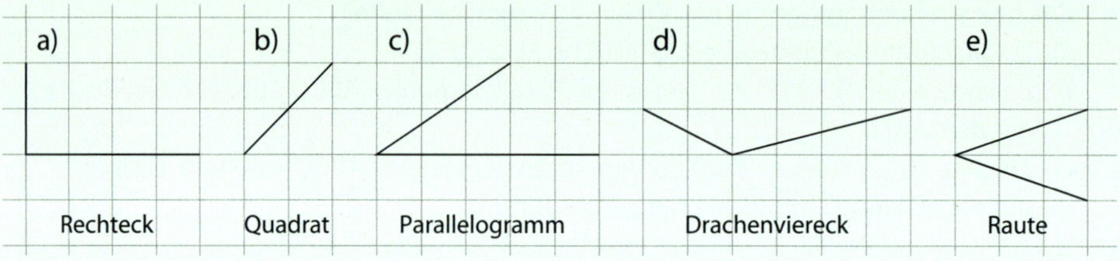

4. Übertrage das Koordinatensystem mit den angegebenen Punkten A und B in dein Heft. Gib die Koordinaten zweier weiterer Punkte C und D an, sodass sich beim Verbinden der Punkte
a) ein Rechteck, aber kein Quadrat ergibt,
b) ein Trapez, aber kein Parallelogramm ergibt,
c) ein Drachenviereck ergibt.

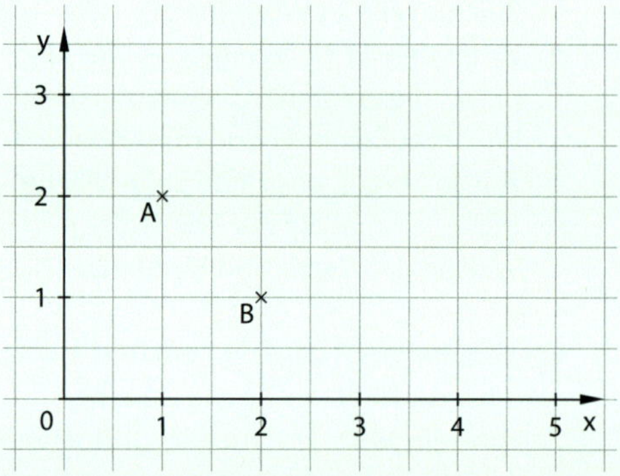

5. Für welche Vierecksart (Trapez, Parallelogramm, Rechteck, Quadrat, Drachenviereck, Raute) trifft Folgendes zu?
a) Alle benachbarten Seiten des Vierecks stehen senkrecht zueinander.
b) Alle Seiten des Vierecks sind gleich lang.
c) Alle Seiten des Vierecks stehen senkrecht zueinander und sind gleich lang.
d) Nur ein Paar gegenüberliegender Seiten des Vierecks verlaufen parallel zueinander.
e) Alle gegenüberliegenden Seiten des Vierecks verlaufen parallel zueinander.

6. Betrachte die folgenden Körper.

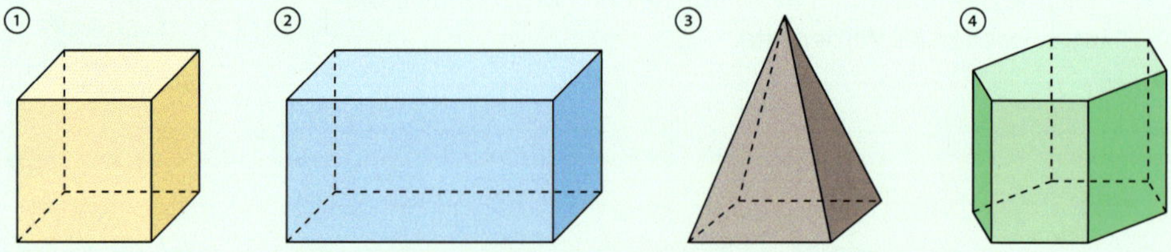

a) Zähle die Ecken und Kanten der einzelnen Körper. Welche Grundkörper sind abgebildet?
b) Bestimme die Art und die Anzahl der Flächen der einzelnen Körper.

7. Aus welchen der gegebenen Netze kann man einen Würfel zusammenfalten? Übertrage diese Netze in dein Heft und markiere die Strecken gleichfarbig, die beim Falten zusammenstoßen.

a) 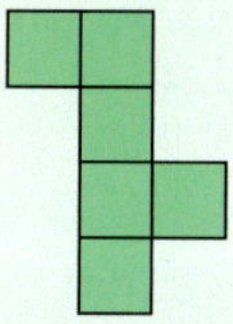 b)  c) 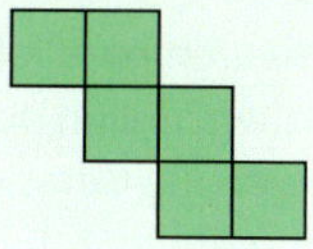 d) 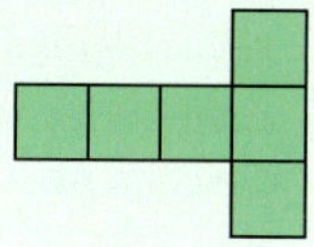

8. Zeichne die Figur mit folgenden Eckpunkten in ein Koordinatensystem: A(1|0), B(3|0), C(4|3), D(2|5) und E(0|3).
a) Spiegele die Figur an der Geraden durch die Punkte P(5|0) und Q(5|6).
b) Gib die Koordinaten der Bildpunkte an.

9. Zeichne ein Rechteck mit folgenden Seitenlängen.
a) a = 3 cm; b = 4 cm b) a = 2,5 cm; b = 3 cm c) a = b = 3 cm

10. Zeichne das Netz eines Quaders mit folgenden Kantenlängen.
a) a = 3 cm; b = 4 cm; c = 1 cm
b) a = 2,5 cm; b = 3 cm; c = 2 cm
c) a = b = c = 3 cm

11. Zeichne das Schrägbild
a) eines Würfels mit der Kantenlänge 4 cm,
b) eines Quaders mit den Kantenlängen a = 6 cm, b = 5 cm und c = 4 cm,

12. Zeichne ein weiteres Schrägbild der abgebildeten Figur in dein Heft. Wähle dabei die blaue Fläche als Grundfläche. Die roten Kanten sind jeweils 2 cm lang.

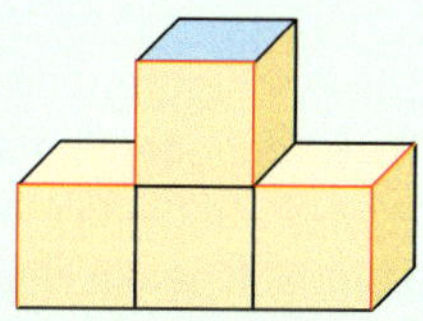

Wiederholungsaufgaben

1. Übertrage in dein Heft und ergänze das fehlende Zeichen (<, > oder =).
a) 31 ■ 13 b) 6 + 5 ■ 11 c) 735 ■ 99

2. Ordne die Zahlen der Größe nach, beginne mit der kleinsten.
a) 32; 35; 30; 29; 5 b) 19; 502; 18; 205; 250

3. Wie viel Minuten sind zwischen den beiden Aufnahmen mindestens vergangen?

4. Berechne.
a) Wie viel Millimeter passen in einen Meter?
b) Wie viel Gramm sind 3 kg?
c) 3 dm + 12 cm

Zusammenfassung

Strecken und Geraden

- Zwei Geraden f und h verlaufen **senkrecht zueinander**, wenn sie einen rechten Winkel bilden. Man schreibt: f ⊥ h
- Zwei Geraden g und h verlaufen **parallel zueinander**, wenn sie an allen Stellen den gleichen Abstand haben, sich die Geraden also nicht schneiden. Man schreibt: g || h

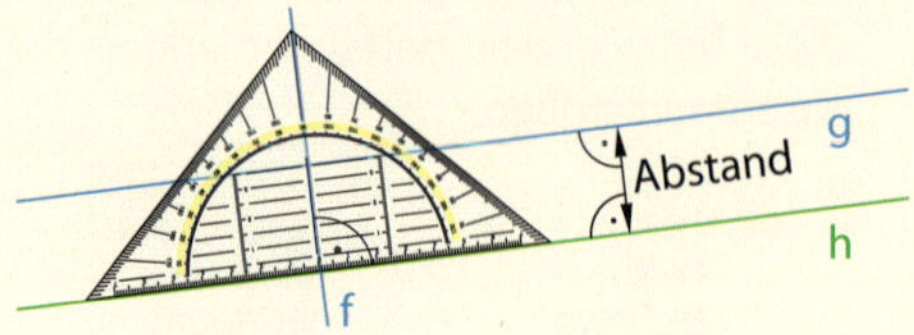

Vierecksarten

Vielecke sind Figuren, die von Strecken begrenzt werden. **Vierecke** kann man aufgrund ihrer Gemeinsamkeiten (gleich lange Seiten, parallele Seiten oder rechte Winkel) ordnen.

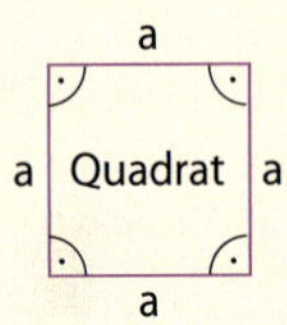

Vier gleich lange Seiten und vier rechte Winkel.

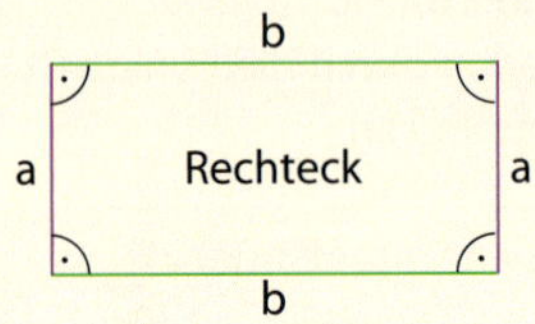

Vier rechte Winkel.

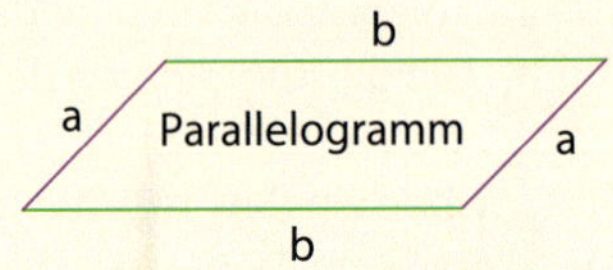

Gegenüberliegende Seiten sind zueinander parallel.

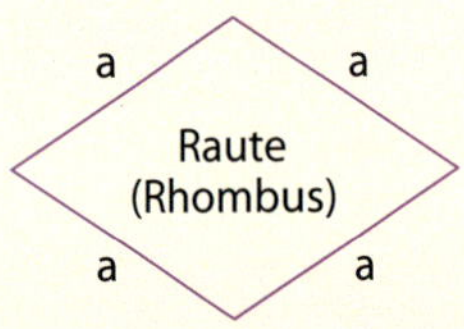

Vier gleich lange Seiten.

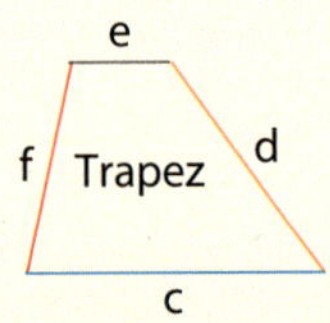

Zwei Seiten sind zueinander parallel.

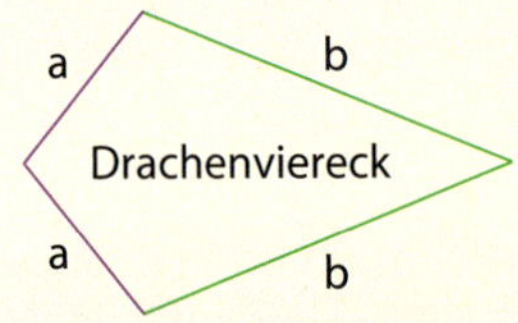

Zwei Paare benachbarter Seiten mit gleicher Länge.

Achsensymmetrie

Die Verbindungslinie zueinander symmetrisch liegender Punkte
- wird von der Symmetrieachse s halbiert;
- verläuft senkrecht zur Symmetrieachse s.

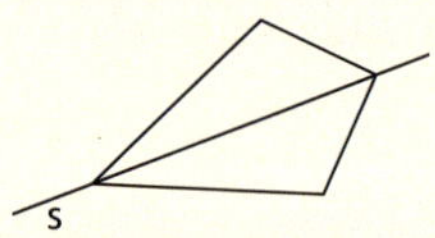

Koordinatensystem

Die Lage eines Punktes P in einem Koordinatensystem kannst du mit zwei Zahlen (Koordinaten) genau beschreiben.

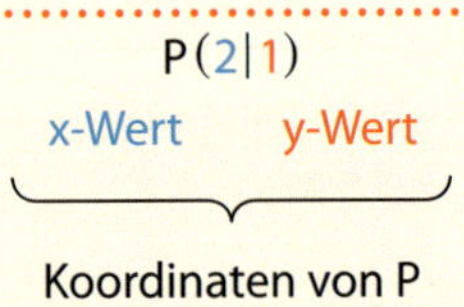

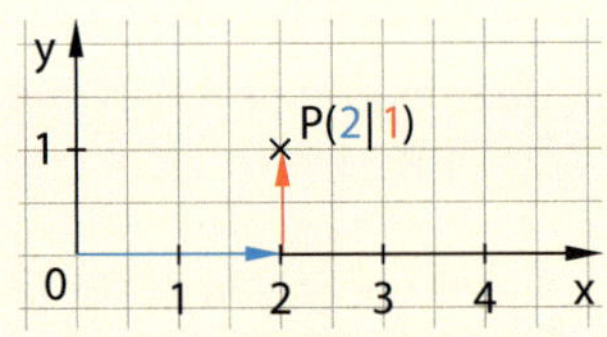

Körper

Geometrische Körper werden durch Flächen begrenzt. Wo sich zwei Flächen treffen, hat der Körper eine **Kante**. Wo Kanten aufeinandertreffen, hat der Körper eine **Ecke**.

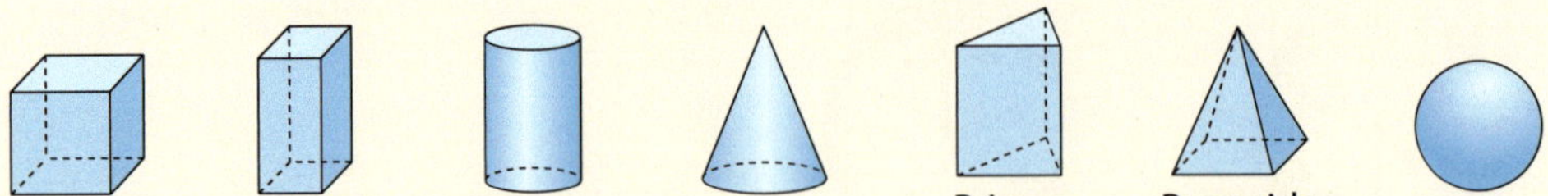

Würfel, Quader, Zylinder, Kegel, Prisma, Pyramide, Kugel

Netze von Körpern

Die meisten Körper kann man an den Kanten so aufschneiden und aufklappen, dass eine ebene Figur entsteht. Diese Figur nennt man das **Netz** des Körpers.

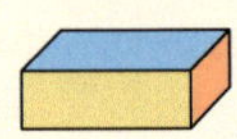

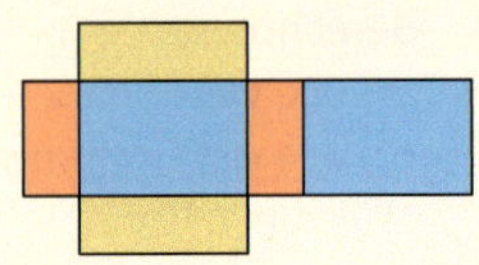

3. Rechnen mit natürlichen Zahlen

Ein Spiel dauert 90 Minuten. Hinzu kommt noch die Halbzeitpause, die Nachspielzeit – und manchmal – auch die Verlängerung. Wie viele Minuten sind es insgesamt?

Nach diesem Kapitel kannst du …

- geschickt im Kopf rechnen und Rechengesetze anwenden,
- mit großen Zahlen schriftlich rechnen,
- Potenzen aufstellen und berechnen.

Lösungen
↗ S. 230

Addieren und Subtrahieren natürlicher Zahlen

1. Rechne im Kopf.
a) $13 + 34$ b) $45 - 32$ c) $56 + 13$ d) $49 - 24$
e) $32 - 12$ f) $43 + 24$ g) $100 + 15$ h) $119 - 7$

2. Berechne.
a) $28 + 17$ b) $45 - 27$ c) $80 - 21$ d) $87 + 9$
e) $75 + 25$ f) $100 - 88$ g) $90 + 60$ h) $120 - 80$

3. Übertrage in dein Heft und ersetze ■ so, dass die Rechnung stimmt.
a) $5 + ■ = 20$ b) $■ + 21 = 77$ c) $27 - ■ = 7$ d) $■ - 6 = 38$

4. Überprüfe. Korrigiere alle fehlerhaften Ergebnisse.
a) $23 + 19 = 42$ b) $36 + 24 = 50$ c) $100 - 33 = 77$ d) $76 - 41 = 37$

5. Gib zwei Additionsaufgaben an, deren Ergebnis 27 ist.

6. Von den 24 Kindern der Klasse 5 a können 17 Kinder schwimmen. Wie viele Kinder der Klasse 5 a können nicht schwimmen?

7. Tim wiegt 55 kg und Hassan wiegt 47 kg. Sind sie zusammen schwerer als 100 kg?

Multiplizieren und Dividieren natürlicher Zahlen

8. Rechne im Kopf.
a) $9 \cdot 8$ b) $6 \cdot 9$ c) $8 \cdot 8$ d) $8 \cdot 7$
e) $7 \cdot 60$ f) $6 \cdot 80$ g) $5 \cdot 11$ h) $100 \cdot 4$

9. Rechne im Kopf.
a) $32 : 8$ b) $36 : 4$ c) $72 : 9$ d) $56 : 7$
e) $640 : 8$ f) $840 : 10$ g) $600 : 20$ h) $100 : 4$

10. Übertrage in dein Heft und ersetze ■ so, dass die Rechnung stimmt.
a) $7 \cdot ■ = 63$ b) $■ : 6 = 7$ c) $9 \cdot ■ = 54$ d) $4 : ■ = 1$

11. Überprüfe. Korrigiere alle fehlerhaften Ergebnisse.
a) $12 : 4 = 4$ b) $6 \cdot 3 = 21$ c) $210 : 30 = 6$ d) $7 \cdot 40 = 280$

12. Gib drei Multiplikationsaufgaben an, deren Ergebnis 60 ist.

13. Sechs Roggenbrötchen kosten 1,80 €. Wie viel kostet ein Roggenbrötchen?

14. Maria hat die Grundfläche ihres Zimmers im Maßstab 1 : 20 gezeichnet. Auf der Zeichnung ist die Wand am Fenster 20 cm lang. Wie lang ist sie in Wirklichkeit?

Große Zahlen

15. Trage die Zahlen untereinander in eine Stellenwerttafel ein. Schreibe sie auch als Zahlwörter.

a) 1897 b) 25 407 c) 9088 d) 228 615
e) 25 000 f) 201 500 g) 2 000 000 h) 10 800 000

16. Zähle
a) von 5000 bis 10 000 in 1000er-Schritten,
b) von 600 bis 1800 in 200er-Schritten,
c) von 100 bis 300 in 25er-Schritten,
d) von 100 000 bis 1 Million in 300 000er-Schritten.

17. Verdopple die Zahl viermal.
a) 100 b) 3000 c) 25 d) 40 000

18. Halbiere die Zahl viermal.
a) 1600 b) 80 000 c) 400 d) 480 000

19. Runde
a) 5169 auf Tausender, b) 1272 auf Hunderter,
c) 19 338 auf Zehntausender, d) 952 auf Hunderter.

Gemischte Aufgaben

20. Übertrage die Aufgaben in dein Heft und setze anstelle von ■ ein Rechenzeichen (+, ·, – oder :) so ein, dass die Rechnung stimmt.

a) 7 ■ 8 = 56 b) 49 ■ 7 = 7 c) 2 ■ 2 = 4 d) 140 ■ 70 = 70
e) 12 ■ 0 = 12 f) 132 ■ 5 = 127 g) 0 ■ 39 = 0 h) 100 ■ 50 = 2

21. Am Wandertag wollen die 25 Schüler der 5 a an einem Bootsausflug teilnehmen. Sie werden begleitet von 6 Erwachsenen. In einem Boot haben jeweils 8 Personen Platz. Wie viele Boote müssen sie ausleihen, damit alle zugleich Boot fahren können?

22. Übertrage die Rechenschlange in dein Heft und setze die fehlenden Zahlen ein.

a) □ $\xrightarrow{+3}$ □ $\xrightarrow{\cdot 2}$ □ $\xrightarrow{-7}$ **11**

b) □ $\xrightarrow{\cdot 5}$ □ $\xrightarrow{-3}$ □ $\xrightarrow{:7}$ □ $\xrightarrow{:2}$ **3**

23. Hier sind drei unvollständige „Additionspyramiden" gegeben, bei denen jeweils die Summe der beiden unteren Steine den Wert des darüber liegenden Steins ergeben soll.

①
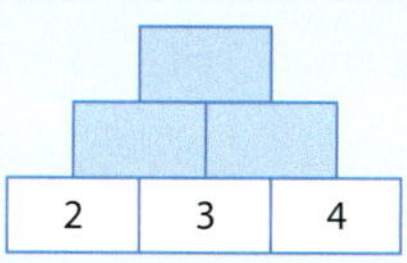

②
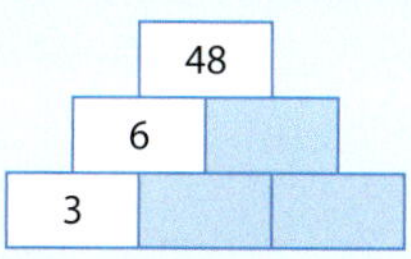

③
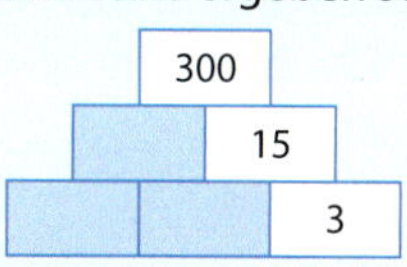

a) Übertrage die Additionspyramiden in dein Heft und ergänze sie.
b) Wie verändert sich die Zahl an der Spitze der Pyramide ①, wenn die Zahl 2 in der unteren Reihe durch die Zahl 4 ersetzt wird?

3.1 Addieren und Subtrahieren

■ Maria bekam von ihrer Großmutter 12 € geschenkt, nahm sich dazu 12 € aus ihrem Sparschwein und ging damit auf den Rummelplatz. Sie fuhr Achterbahn für 8 €, holte sich eine Pizza für 3 €, ging danach in die Geisterhöhle für 6 € und kaufte ein Getränk für 2 €. Wie viel Euro hat sie noch? ■

Hinweis:
Bei einer Gleichung wie $8 + 7 = 15$ unterscheidet man zwischen der **Summe** $8 + 7$ und dem Ergebnis 15. Man spricht dann vom **Wert der Summe**.

Wissen: Fachbegriffe der Addition und Subtraktion
Man nennt einen Ausdruck wie $8 + 7$ eine **Summe** und $15 - 7$ eine **Differenz**.

8	+	7	=	15
Summand	plus	**Summand**		

15	–	7	=	8
Minuend	minus	**Subtrahend**		

Addieren und Subtrahieren im Kopf

Beispiel 1: Berechne im Kopf.
a) $25 + 32$ b) $67 - 52$ c) $27 + 29$ d) $52 - 18$

Lösung:
a) und b) Zerlege eine Zahl in Zehner und Einer. Addiere (subtrahiere) die drei Zahlen von links nach rechts.

a) $25 + 32 = 25 + 30 + 2 = 55 + 2 = 57$
b) $67 - 52 = 67 - 50 - 2 = 17 - 2 = 15$

Vereinfache in c) und d) die Rechnung.
c) Was du zunächst zu viel addiert hast, musst du danach wieder subtrahieren.

c) $27 + 19 = 27 + 20 - 1 = 47 - 1 = 46$

d) Was du zunächst zu viel subtrahiert hast, musst du danach wieder addieren.

d) $52 - 28 = 52 - 30 + 2 = 22 + 2 = 34$

Basisaufgaben

Hinweis zu 2:
Die Lösungen zu a) bis h) findest du in der Blüte, die zu i) bis l) in den Blättern.

1. Addiere im Kopf. Gehe wie in Beispiel 1 vor.
a) $32 + 46$ b) $75 + 43$ c) $37 + 14$ d) $66 + 27$
e) $338 + 340$ f) $157 + 305$ g) $37 + 49$ h) $19 + 87$
i) $76 + 18$ j) $59 + 23$ k) $524 + 198$ l) $297 + 416$

2. Subtrahiere im Kopf. Gehe wie in Beispiel 1 vor.
a) $69 - 21$ b) $87 - 36$ c) $72 - 45$ d) $144 - 36$
e) $247 - 160$ f) $388 - 206$ g) $76 - 39$ h) $61 - 29$
i) $157 - 98$ j) $538 - 291$ k) $328 - 197$ l) $525 - 426$

3. **Addieren und Subtrahieren mit mehreren Zahlen:**
Beispiel: $75 + 25 - 30 = 100 - 30 = 70$
Berechne auf gleiche Weise von links nach rechts.
a) $32 + 68 + 77$ b) $81 + 52 + 25$ c) $113 + 17 - 21$ d) $24 + 36 - 49$
e) $89 - 24 - 15$ f) $175 - 81 - 69$ g) $145 - 98 + 33$ h) $313 - 83 + 116$

4. Die Zahl Null: Das Addieren oder Subtrahieren mit 0 ergibt keine Änderung. Berechne.

a) $74 + 0$ b) $607 - 0$ c) $0 + 17$

d) $124 + 0 + 37$ e) $95 - 95 + 3$ f) $597 + 29 - 29$

Rechnungen umkehren

Addieren und Subtrahieren sind entgegengesetzte Rechenarten **(Umkehroperationen)**. Das Addieren einer Zahl kann durch das Subtrahieren dieser Zahl rückgängig gemacht werden und umgekehrt.

Addieren: $8 + 7 = 15$

Subtrahieren: $15 - 7 = 8$

Pfeilmodell:

Da jede Subtraktionsaufgabe einer Additionsaufgabe entspricht, kann man das Ergebnis einer Subtraktionsaufgabe durch eine Addition überprüfen **(Probe)**.

Beispiel 2:

a) Berechne 181 – 79 und führe die Probe durch.

b) Ersetze das Zeichen ■ in 63 – ■ = 13 so durch eine Zahl, dass die Rechnung stimmt.

Lösung:

a) Die Subtraktion 181 – 79 = 102 entspricht der Addition 102 + 79 = 181. Wenn du richtig gerechnet hast, dann ergibt 102 + 79 wieder die Ausgangszahl 181.

Aufgabe: 181 – 79 = 102
Probe: 102 + 79 = 181

b) Die Umkehraufgabe zu 63 – ■ = 13 ist 13 + ■ = 63. Für das Zeichen ■ ist die Zahl 50 einzusetzen, denn 13 + 50 = 63.

Aufgabe: 63 – ■ = 13
Umkehraufgabe: 13 + ■ = 63
13 + 50 = 63

Hinweis zur Probe:
Aufgabe „minus 79"
Probe „plus 79"

Basisaufgaben

5. Prüfe durch Addieren, ob das Ergebnis richtig ist. Berichtige die falschen Ergebnisse.

a) $67 - 42 = 25$ b) $92 - 58 = 34$ c) $187 - 43 = 94$ d) $317 - 269 = 48$

e) $191 - 57 = 144$ f) $543 - 287 = 256$ g) $612 - 359 = 263$ h) $724 - 568 = 156$

Hinweis zu 5:
Du kannst dir die Probe auch am Pfeilmodell verdeutlichen.

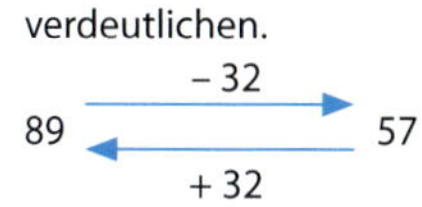

6. Berechne im Kopf. Überprüfe dein Ergebnis mit der Probe.

a) $60 - 43$ b) $33 - 22$ c) $91 - 49$ d) $104 - 92$ e) $275 - 125$ f) $200 - 77$

7. Wie heißt die fehlende Zahl?

a) 12 + ■ = 40 b) ■ + 22 = 63 c) 120 + ■ = 230 d) ■ + 120 = 250

e) ■ – 8 = 18 f) ■ – 23 = 31 g) 25 – ■ = 18 h) 162 – ■ = 23

i) ■ – 87 = 203 j) 480 – ■ = 200 k) ■ – 99 = 143 l) 1000 – ■ = 333

8. a) Berechne die Differenz von 89 und 34.

b) Die Summe zweier Zahlen ist 77. Eine der Zahlen ist 22. Berechne die zweite Zahl.

c) Wie viel musst du von 65 subtrahieren, um 28 zu erhalten?

9. Das Handballspiel zwischen dem SC Knettelbeck und dem HC Bunkenstedt ging 27 zu 33 aus. Wie viele Tore sind insgesamt im Spiel gefallen? Wie groß ist die Tordifferenz?

Weiterführende Aufgaben

10. Durchblick:

a) Berechne und gib an, welche Strategie aus Beispiel 1 du verwendet hast.

① 86 – 12 ② 165 – 87 ③ 3034 + 99 ④ 312 + 175 ⑤ 9288 – 69

b) Setze für das Kästchen die richtigen Zahlen ein, sodass die Rechnung stimmt. Bei welchen Aufgaben hast du die Umkehraufgabe wie in Beispiel 2 verwendet?

① ■ – 43 = 18 ② 452 – ■ = 398 ③ 1399 – ■ = 1300

④ 64 + ■ = 189 ⑤ ■ – 17 = 71 ⑥ ■ + 623 = 623

11. Stolperstelle: Vervollständige die Rechnung.

a) *27 = 20 + 7*
365 – 27 = 365 – 20 ...

b) *49 = 50 – 1*
206 – 49 = 206 – 50 ...

12. Subtrahieren mit dem Ergänzungsverfahren: Berechne, indem du addierst.
Beispiel: 520 – 488 = 32, denn 488 + 12 = 500 und 500 + 20 = 520 und 12 + 20 = 32.

a) 250 – 185 b) 727 – 573 c) 2074 – 1977 d) 8115 – 7738

13. a) Füge zu 47 die Zahl 18 hinzu.
b) Ziehe von 81 die Zahl 43 ab.
c) Vermindere die Zahl 96 um 56.
d) Vermehre die Zahl 17 um 35.
e) Bilde die Differenz aus 134 und 131.
f) Füge zu 149 die Zahl 57 hinzu.
g) Bilde die Summe aus 67 und 74.

Bedeutet „plus"	*Bedeutet „minus"*
addieren	*subtrahieren*
hinzufügen	*abziehen*
vermehren	*vermindern*
hinzuzählen	*wegnehmen*
Summe bilden	*Differenz bilden*

14. a) Wie ändert sich das Ergebnis von 100 – 20, wenn der Subtrahend um 5 vergrößert wird?
b) Wie ändert sich das Ergebnis von 45 – 12, wenn der Minuend um 8 verkleinert wird?
c) Wie ändert sich das Ergebnis von 55 + 27, wenn man beide Summanden um 6 vergrößert?

15. Notiere mit den Zahlen auf den Kärtchen eine Rechenaufgabe.

19 197 133 66 47 84 35

a) Subtrahiere zwei Zahlen, sodass der Wert der Differenz auf einem dritten Kärtchen steht.
b) Addiere zwei Zahlen, sodass der Wert der Summe auf einem dritten Kärtchen steht.
c) Der Wert der Differenz zweier Zahlen soll möglichst klein ist.
d) Addiere drei verschiedene Zahlen, sodass der Wert der Summe möglichst groß ist.
e) Addiere zwei Zahlen und subtrahiere vom Ergebnis eine Zahl, sodass du 100 erhältst.

16. Marga erklärt die Lösung der Aufgabe 8 + ■ = 14:
„Es gibt zwei Lösungen, und zwar 7 und 6. Erst habe ich von 8 weitergezählt, also 8, 9, 10, 11, 12, 13 und 14, das sind sieben Zahlen. Dann habe ich gerechnet 14 – 8 = 6."
Gib an, welche Lösung nicht stimmt, und erkläre den Fehler.

17. Zu welchen Situationen passt eine Aufgabe zum Addieren oder Subtrahieren? Berechne für diese Aufgaben eine Lösung. Oder erkläre, warum Addieren und Subtrahieren nicht passt.

a) Aishe geht mit 33 Euro und 50 Cent einkaufen und kommt mit 5 € und 20 Cent wieder.

b) Jonas und sein Vater gehen in den Zoo. Der Eintritt kostet 6 € für Erwachsene, 5 € für Auszubildende/Senioren/Arbeitslose/Sozialhilfeempfänger und 3 € für Kinder bis zu 16 Jahren.

c) Ein Getränk kostet 1,50 €. Der Freundschaftspreis für 5 Getränke ist 5 €. Merle lädt ihre Freundinnen Pia, Elisa und Wiebke ein.

d) Beim 25-km-Staffellauf müssen in einem Team 5 Personen laufen.

18. Erfinde zu jeder Aufgabe eine passende Situation.

a) $3{,}00 + 0{,}50$

b) $62 - 39 - 15$

c) $8 + 8 + 8 - 3 - 3 - 3$

19. Manuelas Mutter notiert seit dem 4. Geburtstag ihrer Tochter immer deren Körpergröße am Türrahmen.

a) In welchem Jahr ist Manuela am stärksten gewachsen?

b) Um wie viel ist sie zwischen 2009 und 2013 insgesamt gewachsen?

2006	2007	2008	2009	2010	2011	2012	2013
100 cm	109 cm	115 cm	120 cm	127 cm	135 cm	143 cm	148 cm

20. 2013/2014 besuchten 842 Schüler die Carl-Friedrich-Gauß-Schule. Am Ende des Schuljahrs kamen 87 hinzu und 97 verließen die Schule.

a) Berechne, wie viele Schüler es 2014/2015 an der Schule gab.

b) Im Jahr zuvor gab es 91 Zugänge und 99 Abgänge.
Wie groß war vorher die Zahl der Schülerschaft?

21. Das mittlere Kind ist 140 cm groß. Wie groß sind die beiden anderen Kinder?

22. Ausblick: Markus sagt: „Ich denke mir eine Zahl, subtrahiere dann 41 und erhalte 47. Wie heißt meine Zahl?" Beschreibe deinen Lösungsweg und erfinde selbst Zahlenrätsel.

3.2 Multiplizieren und Dividieren

„Hey, Anna." „13, 14, 15, … – Hey, Monika. – Mist, jetzt habe ich mich schon wieder verzählt." „Das sieht man doch sofort: Es sind 30 Eier." „Wie hast du denn das so schnell herausbekommen?" Kann man die Anzahl der Eier bestimmen, ohne jedes einzelne zu zählen?

Die Addition 12 + 12 + 12 + 12 kann man auch kürzer als Multiplikation 4 · 12 (sprich „4 mal 12") schreiben. Die 4 gibt an, wie oft die 12 addiert werden soll.

Hinweis:
Bei einer Gleichung wie 4 · 12 = 48 unterscheidet man zwischen dem **Produkt** 4 · 12 und dem Ergebnis 48.
Man spricht dann vom **Wert des Produkts**.

Wissen: Fachbegriffe der Multiplikation und Division
Man nennt einen Ausdruck wie 4 · 12 ein **Produkt** und 48 : 12 einen **Quotienten**.

4	·	12	= 48		48	:	12	= 4
Faktor	mal	**Faktor**			**Dividend**	durch	**Divisor**	

Multiplizieren und Dividieren im Kopf

Beispiel 1: Berechne im Kopf.
a) 4 · 16 b) 29 · 13 c) 91 : 7 d) 114 : 6

Lösung:
a) Zerlege die 16 in Zehner und Einer und multipliziere jeweils mit 4.
4 · 16 = 4 · 10 + 4 · 6
= 40 + 24 = 64

b) Vereinfache einen Faktor.
Statt 29 · 13 kannst du 30 · 13 rechnen.
Danach musst du 1 · 13 subtrahieren.
29 · 13 = 30 · 13 – 1 · 13
= 390 – 13 = 377

Vereinfache in c) und d) den Dividenden.
c) Zerlege 91 in zwei Summanden (70 + 21) und dividiere jeweils durch 7.
91 : 7 = 70 : 7 + 21 : 7
= 10 + 3 = 13

d) Zerlege 114 in eine Differenz (120 – 6) und dividiere jeweils durch 6.
114 : 6 = 120 : 6 – 6 : 6
= 20 – 1 = 19

Basisaufgaben

Hinweis zu 3:
Hier findest du die Lösungen.

1. Schreibe als Produkt und berechne.
a) 7 + 7 + 7 + 7 + 7 b) 19 + 19 + 19 + 19 c) 13 + 13 + 13 + 13 + 13 + 13

2. Multipliziere im Kopf. Gehe wie in Beispiel 1 vor.
a) 4 · 43 b) 5 · 62 c) 85 · 6 d) 73 · 8
e) 12 · 41 f) 6 · 120 g) 19 · 6 h) 38 · 7
i) 5 · 88 j) 6 · 48 k) 198 · 3 l) 7 · 297

3. Dividiere im Kopf. Gehe wie in Beispiel 1 vor.
a) 22 : 2 b) 96 : 3 c) 84 : 7 d) 126 : 9
e) 144 : 8 f) 168 : 14 g) 95 : 5 h) 76 : 4
i) 171 : 9 j) 147 : 3 k) 270 : 30 l) 228 : 12

Rechnungen umkehren

Dividieren und Multiplizieren sind entgegengesetzte Rechenarten **(Umkehroperationen)**. Das Multiplizieren mit einer Zahl wird durch das Dividieren dieser Zahl rückgängig gemacht und umgekehrt.

Multiplizieren: $4 \cdot 12 = 48$ Pfeilmodell: 4 —(·12)→ 48

Dividieren: $48 : 12 = 4$ 4 ←(:12)— 48

Da jede Divisionsaufgabe einer Multiplikationsaufgabe entspricht, kann man das Ergebnis einer Divisionsaufgabe mit einer Multiplikation überprüfen **(Probe)**.

Beispiel 2:
a) Berechne 104 : 8 und mache die Probe.
b) Ersetze das Zeichen ■ in 63 : ■ = 7 so durch eine Zahl, dass die Rechnung stimmt.

Lösung:
a) Die Division 104 : 8 = 13 entspricht der Multiplikation 13 · 8 = 104. Wenn du richtig gerechnet hast, dann ergibt 13 · 8 wieder die Ausgangszahl 104.

Aufgabe: 104 : 8 = 13
Probe: 13 · 8 = 104

b) Die Umkehraufgabe zu 63 : ■ = 7 ist 7 · ■ = 63. Für das Zeichen ■ ist die Zahl 9 einzusetzen, denn 7 · 9 = 63.

Aufgabe: 63 : ■ = 7
Umkehraufgabe: 7 · ■ = 63
7 · 9 = 63

Hinweis zur Probe:
Aufgabe „geteilt durch 8"
Probe „mal 8"

Multiplizieren und Dividieren mit der Null

Möchte man eine Zahl durch null dividieren, zum Beispiel 5 : 0, dann erhält man als Umkehraufgabe 0 · ■ = 5. Dafür gibt es aber keine Lösung, denn es gilt immer 0 · ■ = 0.

Wissen: Multiplizieren und Dividieren mit der Null
1. Wenn ein Faktor gleich 0 ist, dann ist auch das Ergebnis gleich 0. Beispiel: $3 \cdot 0 = 0$
2. Durch 0 kann man **nicht** dividieren.
3. Wird 0 durch eine andere Zahl als 0 dividiert, so ist das Ergebnis stets 0. Beispiel: $0 : 3 = 0$

Merke:
„Mal null" ergibt null, „durch null" geht nicht.

Basisaufgaben

4. Prüfe durch Multiplizieren, ob das Ergebnis richtig ist. Berichtige die falschen Ergebnisse.

a) 51 : 3 = 17 b) 52 : 13 = 4 c) 96 : 8 = 12 d) 105 : 7 = 14
e) 162 : 9 = 18 f) 153 : 17 = 8 g) 132 : 12 = 13 h) 550 : 25 = 22

Hinweis zu 4:
Du kannst dir die Probe auch am Pfeilmodell verdeutlichen.
92 —(:4)→ 23
92 ←(·4)— 23

5. Berechne, sofern die Aufgabe lösbar ist. Überprüfe dein Ergebnis mit der Probe.

a) 54 : 6 b) 56 : 7 c) 0 : 10 d) 84 : 4
e) 64 : 0 f) 147 : 7 g) 175 : 25 h) 480 : 40

6. Setze eine Zahl so ein, dass die Rechnung stimmt.

a) 8 · ■ = 64 b) 7 · ■ = 84 c) ■ · 23 = 230 d) ■ · 1 = 2800
e) ■ : 10 = 7 f) ■ : 6 = 12 g) 60 : ■ = 5 h) 110 : ■ = 10
i) ■ : 7 = 17 j) 200 : ■ = 1 k) ■ : 8 = 43 l) 408 : ■ = 8

Weiterführende Aufgaben

Beispiel zu 7:
$23 \cdot 1\underline{7}$ (0; 4)
Wenn man die 7 durch die 0 ersetzt, entsteht $23 \cdot 10 = 230$.

7. Durchblick: Tausche eine der unterstrichenen Ziffern gegen eine Ziffer aus der Klammer aus. Die Rechnung soll dabei einfacher werden. Rechne anschließend aus.

a) $\underline{8} \cdot 7$ (1; 2; 9)   b) $\underline{8} \cdot 22$ (4; 5; 7)   c) $8 \cdot \underline{22}$ (1; 5; 6)
d) $3\underline{7} \cdot 41$ (0; 6; 8; 9)   e) $8 \cdot 1\underline{31}$ (1; 4; 7; 8)   f) $\underline{4}6 \cdot \underline{59}$ (3; 5; 7; 9)
g) $1\underline{9}0 : 5$ (1; 5; 7)   h) $288 : \underline{8}$ (1; 3; 4; 6)   i) $9\underline{6}3 : 3$ (0; 3; 9)

8. Stolperstelle: Finde und korrigiere jeweils die Fehler.

a) $17 \cdot 12 = 17 \cdot 10 + 2 = 170 + 2 = 172$
b) $60 : 12 = 60 : 10 + 60 : 2 = 6 + 30 = 36$
c) $39 : ■ = 3$
Die fehlende Zahl ist 117, da $3 \cdot 39 = 117$.
d) $5 \cdot 4 \cdot 7$
$5 \cdot 4 = 20 \cdot 7 = 140$

9. Notiere mit den Zahlen Rechenaufgaben.
Jedes Ergebnis soll ebenfalls eine der Zahlen sein.

a) Einer der beiden Faktoren ist 4.
b) Der Wert des Produkts ist 120.
c) Der Wert des Quotienten ist 4.
d) Der Dividend ist 60.
e) Der Divisor ist 16.
f) Multipliziere drei Zahlen. Das Ergebnis ist 192.

4 12 60 10 2 5 24 48 192 6 3 16 120

Tipp zu 10:
Achte bei Sachaufgaben darauf, das Ergebnis am Ende nochmals zu prüfen.

10. Finde zu den Situationen einen passende Rechenaufgabe und berechne eine Lösung.

a) Kais Vater kauft 5 Packungen Nudeln zu je 99 Cent.
b) Bauer Nolte hat heute 108 frisch gelegte Eier im Hühnerstall gesammelt. Er verkauft sie auf dem Markt in 12er Kartons.
c) Fred telefoniert 21 Minuten mit seinem Handy. Er zahlt 12 Cent pro Minute.
d) Beim Sponsorenlauf einer Schule muss man für jede gelaufene Runde 3 € spenden. Insgesamt sind bei dem Sponsorenlauf 582 € zusammengekommen.

11. Erfinde zu jeder Aufgabe eine passende Situation.

a) $28 : 7$ b) $9 \cdot ■ = 45$ c) $11 \cdot 12 \cdot 5$

12. Linda trainiert für die Stadtmeisterschaften. Heute stehen 1000 m auf dem Trainingsplan. 17 Bahnen ist sie schon geschwommen.

a) Eine Bahn ist 25 m lang. Wie viel Meter hat sie bereits zurückgelegt?
b) Wie viele Bahnen muss sie noch schwimmen?
c) Wie viele Minuten braucht sie für 1000 m, wenn sie jede Bahn etwa in 49 s schwimmt?

13. Ausblick: Wie ändert sich das Ergebnis, wenn man bei einem Produkt

a) einen Faktor verdoppelt,   b) beide Faktoren verdoppelt,
c) einen Faktor halbiert und den anderen verdoppelt.

Wie verändert sich das Ergebnis, wenn man bei einem Quotienten

d) den Divisor verdoppelt,   e) den Dividenden verdoppelt,
f) den Divisor und den Dividenden verdoppelt?

Notiere zu jeder Aufgabe Beispiele.

3.3 Rechnen mit allen Grundrechenarten

■ Welche Rechnungen sind richtig, welche sind falsch?
Emilia meint: „Wenn ich in einer Aufgabe bei Laura und in einer bei Fynn Klammern setze, sind alle Rechnungen richtig." Hat Emilia recht? Begründe. ■

Laura: *a)* $4 + 6 \cdot 7 = 4 + 42 = 46$
b) $39 - 27 + 3 = 39 - 30 = 9$

Fynn: *a)* $4 + 6 \cdot 7 = 10 \cdot 7 = 70$
b) $39 - 27 + 3 = 12 + 3 = 15$

Durch sinnvolles Aneinanderreihen von Zahlen, Rechenzeichen und Klammern können Rechenaufgaben formuliert werden. Mit **Rechenbäumen** kann deren Struktur und die Reihenfolge beim Rechnen veranschaulicht werden.

Aufgabe $5 + 2 \cdot 3$ $(5 + 2) \cdot 3$

1. Rechenschritt:

2. Rechenschritt:

Ergebnis:

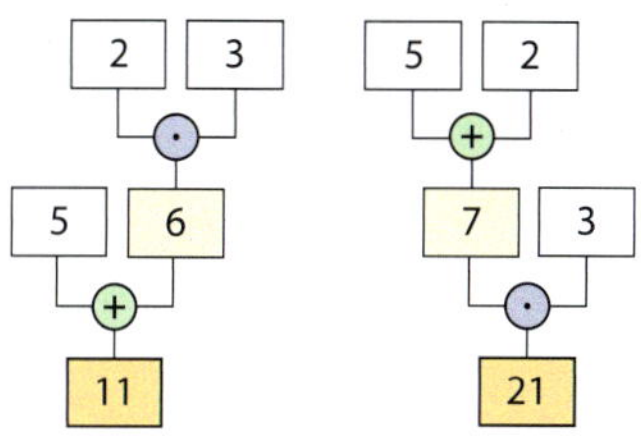

Aufgabe $2 \cdot [3 + (5 - 1)]$

1. Rechenschritt:

2. Rechenschritt:

3. Rechenschritt:

Ergebnis:

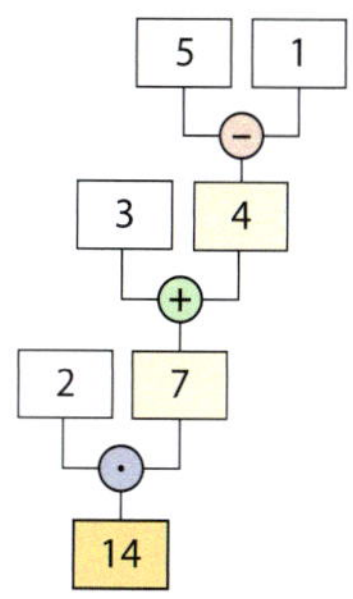

Vorrangregeln bestimmen die Reihenfolge der Rechenschritte.

Wissen: Vorrangregeln
1. Ausdrücke in **Klammern** werden **zuerst** berechnet. Beginne bei mehreren Klammern immer innen. Gehe dann schrittweise nach außen.
2. Wo keine Klammern stehen, wird zuerst multipliziert oder dividiert und dann addiert oder subtrahiert (**Punktrechnung geht vor Strichrechnung**).
3. In allen anderen Fällen rechnet man **von links nach rechts**.

Hinweis:
Merke dir als Eselsbrücke für die Reihenfolge von Rechnungen „KLAPS":
Klammer
Punktrechnung
Strichrechnung

Beispiel 1: Berechne. Achte dabei auf die Vorrangregeln.
a) $28 - (6 + 14)$ b) $12 + 8 \cdot 11$ c) $36 - 16 - 6$

Lösung:
a) Rechne zuerst $6 + 14 = 20$. Es steht in Klammern. $28 - (6 + 14) = 28 - 20 = 8$
b) Rechne zuerst $8 \cdot 11 = 88$. Punktrechnung geht vor. $12 + 8 \cdot 11 = 12 + 88 = 100$
c) Beginne links. Rechne zuerst $36 - 16 = 20$. $36 - 16 - 6 = 20 - 6 = 14$

Basisaufgaben

1. Berechne zuerst, was in Klammern steht. Berechne dann das Ergebnis.
a) $30 - (28 - 14)$ b) $141 - (62 + 43)$ c) $(12 + 7) - (8 + 5)$ d) $(96 - 15) + (33 - 18)$
e) $(16 - 3) \cdot 3$ f) $9 \cdot (27 - 15)$ g) $(16 - 4) \cdot (18 - 12)$ h) $(56 - 14) : (6 + 15)$

2. Berechne.
a) $12 \cdot 5 - 13$ b) $10 + 150 : 10$ c) $61 - 9 - 7$ d) $50 : 5 \cdot 2$
e) $3 \cdot 14 + 4 \cdot 13$ f) $70 : 7 - 35 : 7$ h) $100 - 8 \cdot 9 + 32$ h) $57 - 17 + 36 : 3$

3. Berechne und vergleiche jeweils die Ergebnisse.

a) $16 - 13 - 2$
 $16 - (13 - 2)$

b) $68 - 37 + 13$
 $68 - (37 + 13)$

c) $94 - 63 - 21$
 $94 - (63 - 21)$

d) $57 - 22 + 14$
 $57 - (22 + 14)$

e) $7 \cdot (4 + 6)$
 $7 \cdot 4 + 6$

f) $36 - 16 \cdot 2$
 $(36 - 16) \cdot 2$

g) $4 \cdot 55 + 45$
 $4 \cdot (55 + 45)$

h) $51 - 17 \cdot 3$
 $(51 - 17) \cdot 3$

Hinweis zu 4:
Hier findest du die Lösungen.

4. Berechne. Achte auf die richtige Reihenfolge der Rechenschritte.

a) $5 \cdot 25 + 2 \cdot 75 + 5 \cdot 15$
b) $3 \cdot 16 - 4 \cdot 12 + 13 \cdot 3$
c) $12 + 22 \cdot 4 - 66 + 2 \cdot 44$
d) $10 + 30 : 3 \cdot 5$
e) $12 + (12 + 1) \cdot 8$
f) $(49 - 8 \cdot 3) \cdot 2$
g) $22 - 4 \cdot (14 - 6 - 3)$
h) $(96 - 10 \cdot 9) \cdot (1 + 5)$
i) $40 + 5 \cdot (27 + 6) : 3$

5. Übertrage den Rechenbaum in dein Heft und trage die fehlenden Zahlen ein.
Notiere die zugehörige Aufgabe dazu.

a)
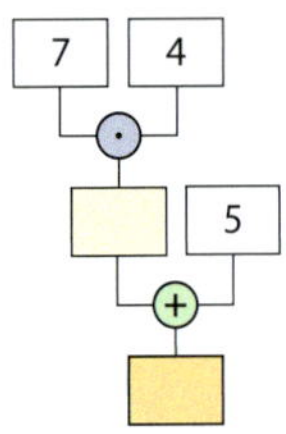

b)
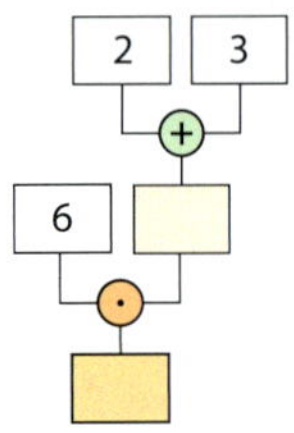

c)
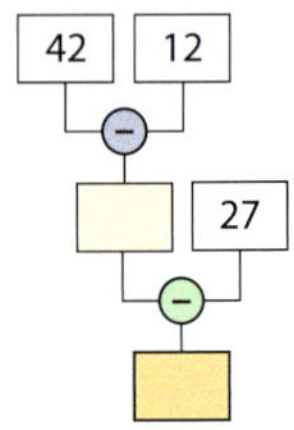

d)
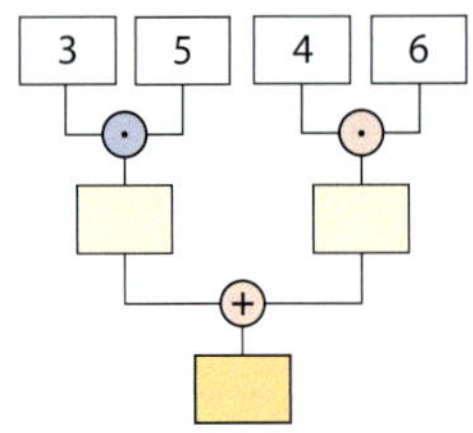

6. Stelle die Aufgaben durch einen Rechenbaum dar und berechne sie.

a) $11 \cdot 3 + 20$
 $11 \cdot (3 + 20)$

b) $65 - 25 - 24$
 $65 - (25 - 24)$

c) $3 \cdot 22 - 2 \cdot 9$
 $3 \cdot (22 - 2) \cdot 9$

d) $82 - 19 + 7 \cdot 3$
 $82 - (19 + 7 \cdot 3)$

Weiterführende Aufgaben

7. Stolperstelle: Überprüfe Heikes Hausaufgaben, suche und beschreibe die Fehler.
Rechne anschließend richtig.

a) $27 - 5 \cdot 3 = 22 \cdot 3 = 66$
b) $12 \cdot (2 + 7) = 24 + 7 = 31$
c) $46 - 22 - 12 = 46 - 10 = 36$
d) Timo soll $23 + 55 + 34$ berechnen. Er schreibt: $23 + 55 = 78 + 34 = 112$

8. Durchblick: Berechne und erläutere dein Vorgehen.
Entscheide anschließend, welche Klammern du weglassen kannst, ohne dass sich das Ergebnis ändert.

a) $(51 + 29) \cdot (10 - 3)$
b) $(45 : 3) - (6 \cdot 2)$
c) $(50 + 350) - (210 - 90)$
d) $130 + (12 \cdot 9 - 12)$
e) $130 - (12 \cdot 9 - 12)$
f) $(16 \cdot 8) : 2 + (142 - 98)$

9. Setze Klammern so, dass das Ergebnis eine der drei Zahlen ist, die auf den Kärtchen stehen.

a) $2 \cdot 8 + 10$
b) $140 - 12 : 2$
c) $3 \cdot 4 \cdot 2 + 4$
d) $2 + 6 \cdot 16 - 1$
e) $70 - 10 - 3 - 1$
f) $36 - 11 \cdot 2 + 2 \cdot 10$

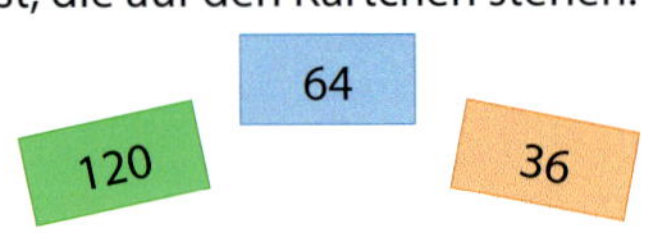

10. Vertausche in jedem Ausdruck zwei Zeichen so, dass eine sinnvolle Rechenaufgabe entsteht. Löse die Aufgabe dann und erläutere dein Vorgehen.

a) 8 –) 3 + 4 (
b) 9 · + 8 (7)
c) 5 : (7 – 7)
d) 9 + (8 – 6 ·) 3

11. Übertrage den Rechenbaum in dein Heft und trage die fehlenden Zahlen ein.
Notiere die zugehörige Aufgabe dazu.

a) 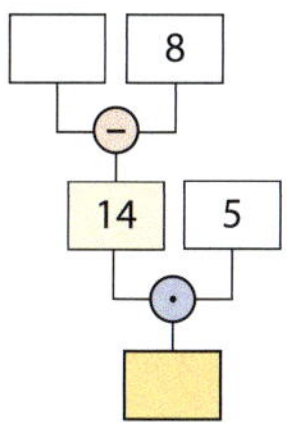

b) 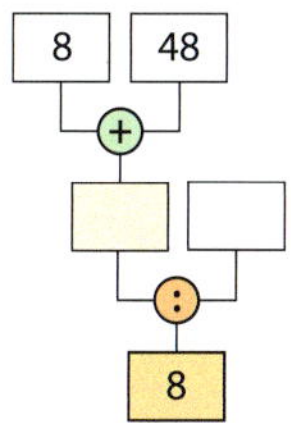

c) 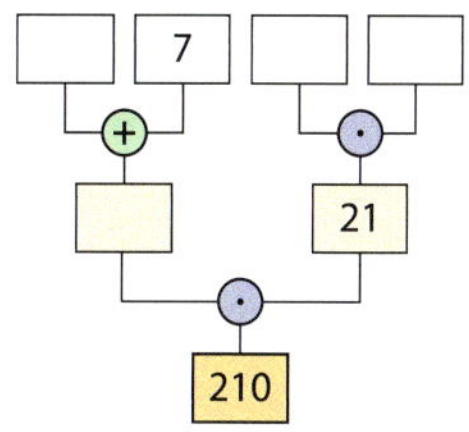

12. Schreibe als mathematische Aufgabe mit Rechenzeichen. Berechne anschließend.
a) Multipliziere die Zahlen 6 und 9 und dividiere das Produkt durch 2.
b) Dividiere die Summe aus 5 und 22 durch 3.
c) Subtrahiere den Quotienten aus 78 und 13 von 20.
d) Addiere das Produkt von 5 und 60 zur Summe von 5 und 60.
e) Multipliziere die Differenz der Zahlen 18 und 14 mit ihrer Summe.

13. Finde zu jeder Wortformulierung einen passenden Rechenausdruck. Schreibe zu den restlichen Ausdrücken passende Texte. Berechne auch die Ergebnisse.

$20 - 7 + 5$ | Subtrahiere die Summe aus 7 und 5 von 20. | $7 - 5 + 20$ | $7 + 20 \cdot 5$ | $(7 + 20) \cdot 5$

$20 : 5 + 7$ | Addiere 7 und das Produkt aus 20 und 5.

Addiere 7 zur Differenz aus 20 und 5. | $20 - 5 + 7$ | $20 - (7 + 5)$

14. Berechne. Beginne mit der inneren Klammer.
Beispiel: $6 \cdot [12 - (5 + 3)] = 6 \cdot [12 - 8] = 6 \cdot 4 = 24$
a) $3 \cdot [27 - (19 - 3)]$ b) $[23 - (8 + 6)] \cdot 5$ c) $[6 : (2 \cdot 3) + 7] \cdot 9$ d) $18 \cdot [9 - 5 - (1 + 2)]$

15. Frau Klaro kauft für ihre Tochter eine Hose für 49 €, ein Shirt für 19 € und eine Jacke für 9 €. Sie zahlt mit einem 100-€-Schein. Formuliere eine Rechenaufgabe, mit der du berechnen kannst, wie viel Euro sie als Wechselgeld zurück bekommt. Gib auch die Lösung an.

16. In der Pension Schönblick gibt es auf jeder Etage sechs Zweibettzimmer und vier Einbettzimmer. Die Pension hat drei Etagen. Stelle einen passenden Rechenausdruck auf, um die Gesamtzahl der Betten zu bestimmen. Wie viele Betten sind es?

17. Die Klasse 5a besteht aus 30 Schülern. Jedes Kind bezahlt für die Klassenfahrt 40 €. Die Busfahrt kostet 150,50 €, die Übernachtung mit Verpflegung 800 €. Dazu kommen noch Eintrittsgelder von 222,50 €.
Wie viel Euro hat jedes Kind zu viel bezahlt?

18. **Ausblick:** Löse das Zahlenrätsel.
a) Welche Zahl muss man zur Differenz aus 113 und 79 addieren, damit man den Quotienten aus 175 und 5 erhält?
b) Durch welche Zahl muss man die Summe aus 126 und 77 dividieren, um die Hälfte der Summe aus 49 und 9 zu erhalten?
c) Erfinde ähnliche Zahlenrätsel und stelle sie einem Mitschüler.

3.4 Rechengesetze der Addition und Multiplikation

■ Markus, Manuela und Lukas sind sehr gute Kopfrechner der Klasse 5 c. Sie sollen in einem Schnellrechen-Wettbewerb alle Zahlen addieren, die im nebenstehenden Bild zu sehen sind.

Markus rechnet:

1 + 2 + 2 + 3 + 3 + 6 + 7 + 9 + 14 + 18 + 25

Manuela rechnet:

7 + 1 + 3 + 9 + 14 + 25 + 6 + 2 + 18 + 2 + 3

Lukas rechnet:

(7 + 3) + (1 + 9) + (14 + 6) + (2 + 18) + (2 + 3 + 25)

Erinnere dich:
Rechnungen in Klammern werden zuerst ausgeführt.

Was meinst du, wer wohl am schnellsten ist?
Begründe deine Vermutung. ■

Rechengesetze der Addition

Ein 100 cm langer Stab wird in drei unterschiedlich lange Teile geteilt. Legt man sie anschließend aneinander, so ergibt sich unabhängig von der Reihenfolge die Gesamtlänge von 100 cm.

Es gilt 50 + 30 + 20 = 100, aber auch 30 + 50 + 20 = 100 oder 20 + 50 + 30 = 100.

Hinweis:
Zum Kommutativgesetz sagt man auch Vertauschungsgesetz. Zum Assoziativgesetz sagt man auch Verbindungsgesetz.

Hinweis:
Diese Rechengesetze gelten **nur** für die Addition, **nicht** für die Subtraktion.

Wissen: Rechengesetze der Addition

Beim Addieren dürfen Summanden beliebig vertauscht werden (**Kommutativgesetz**).

a und b sind Platzhalter für beliebige Zahlen.

Es gilt immer: **a + b = b + a**

12 + 35 = 35 + 12

Beim Addieren dürfen Klammern beliebig gesetzt oder weggelassen werden (**Assoziativgesetz**).

a, b und c sind Platzhalter für beliebige Zahlen.

Es gilt immer: **(a + b) + c = a + (b + c) = a + b + c**

(6 + 12) + 8 = 6 + (12 + 8) = 6 + 12 + 8

Beispiel 1:

Berechne 39 + 28 + 11 + 12 geschickt unter Nutzung der Rechengesetze der Addition.

Lösung:

Vertausche Summanden so, dass sich Rechnungen vereinfachen (Kommutativgesetz).

39 + 28 + 11 + 16 + 12
= 39 + 11 + 28 + 12 + 16

Fasse Summanden zusammen. Setze Klammern (Assoziativgesetz). Addiere zum Schluss.

= (39 + 11) + (28 + 12) + 16
= 50 + 40 + 16
= 106

Basisaufgaben

1. Setze geschickt ein oder mehrere Klammerpaare. Addiere dann.
   a) $15 + 25 + 18$ b) $73 + 21 + 29$ c) $10 + 89 + 11 + 7$
   d) $32 + 6 + 2 + 25$ e) $15 + 24 + 16 + 33 + 17$ f) $41 + 29 + 27 + 32 + 28$

2. Berechne geschickt wie in Beispiel 1.
   a) $17 + 12 + 13 + 18$ b) $38 + 49 + 22$ c) $69 + 125 + 375$
   d) $55 + 29 + 5 + 11$ e) $34 + 29 + 16 + 21$ f) $187 + 36 + 11 + 54 + 2$

Hinweis zu 2:
Hier findest du die Lösungen.

Rechengesetze der Multiplikation

Die Anzahl der Würfel im folgenden Würfelbau kann unterschiedlich berechnet werden.

a)

Hier sind fünf Würfel-Schichten zu sehen, die nebeneinander angeordnet sind.
In jeder Schicht sind $3 \cdot 4 = 12$ Würfel.
Deswegen sind es insgesamt
$5 \cdot (3 \cdot 4) = 5 \cdot 12 = 60$ Würfel.

b)

In der vorderen Schicht sind
$5 \cdot 3 = 15$ Würfel zu sehen.
Es gibt vier solche Schichten, die hintereinander angeordnet sind.
Deswegen sind es insgesamt
$(5 \cdot 3) \cdot 4 = 15 \cdot 4 = 60$ Würfel.

Wissen: Rechengesetze der Multiplikation
Beim Multiplizieren dürfen Faktoren beliebig vertauscht werden (**Kommutativgesetz**).

a und b sind Platzhalter für beliebige Zahlen.
Es gilt immer: $\mathbf{a \cdot b = b \cdot a}$
$3 \cdot 12 = 12 \cdot 3$

Beim Multiplizieren dürfen Klammern beliebig gesetzt oder weggelassen werden (**Assoziativgesetz**).

a, b und c sind Platzhalter für beliebige Zahlen.
Es gilt immer: $\mathbf{(a \cdot b) \cdot c = a \cdot (b \cdot c) = a \cdot b \cdot c}$
$(7 \cdot 4) \cdot 5 = 7 \cdot (4 \cdot 5) = 7 \cdot 4 \cdot 5$

Hinweis:
Diese Rechengesetze gelten **nur** für die Multiplikation, **nicht** für die Division.

Beispiel 2:
Rechne $25 \cdot 12 \cdot 4 \cdot 3$ geschickt unter Nutzung der Rechengesetze der Multiplikation.

Lösung:
Vertausche Faktoren so, dass sich Rechnungen vereinfachen (Kommutativgesetz).
$25 \cdot 12 \cdot 4 \cdot 3$
$= 12 \cdot 3 \cdot 25 \cdot 4$

Fasse Faktoren zusammen. Setze Klammern (Assoziativgesetz). Multipliziere zum Schluss.
$= (12 \cdot 3) \cdot (25 \cdot 4)$
$= 36 \cdot 100 = 3600$

Basisaufgaben

3. Setze geschickt Klammern und multipliziere dann.

a) $17 \cdot 5 \cdot 2$ b) $2 \cdot 50 \cdot 14$ c) $11 \cdot 12 \cdot 5$ d) $7 \cdot 125 \cdot 8$
e) $12 \cdot 12 \cdot 10$ f) $25 \cdot 11 \cdot 4 \cdot 5$ g) $3 \cdot 5 \cdot 20 \cdot 7$ h) $52 \cdot 9 \cdot 11$

4. Berechne geschickt wie in Beispiel 2.

a) $2 \cdot 16 \cdot 50$ b) $20 \cdot 9 \cdot 5 \cdot 3$ c) $37 \cdot 25 \cdot 4$ d) $8 \cdot 2 \cdot 5 \cdot 125$

Hinweis:
Die Zahlen 10, 100, 1000 … werden **Stufenzahlen** genannt.

5. Anwendung beim Multiplizieren großer Zahlen: Schreibe zuerst als Produkt mit einer Stufenzahl. Wende dann die Rechengesetze der Multiplikation an.

Beispiel: $6 \cdot 400 = 6 \cdot (4 \cdot 100) = (6 \cdot 4) \cdot 100 = 24 \cdot 100 = 2400$
$70 \cdot 30 = (7 \cdot 10) \cdot (3 \cdot 10) = (7 \cdot 3) \cdot (10 \cdot 10) = 21 \cdot 100 = 2100$

a) $3 \cdot 400$ b) $5000 \cdot 7$ c) $20 \cdot 80$ d) $60 \cdot 30$ e) $300 \cdot 170$ f) $180 \cdot 700$

Weiterführende Aufgaben

6. Berechne $6 + 6 + 6 + 6$ und $4 + 4 + 4 + 4 + 4 + 4$ und vergleiche die Ergebnisse. Erkläre die Übereinstimmung mithilfe der Multiplikation. Finde weitere Beispiele.

7. Durchblick: Addiere und multipliziere vorteilhaft wie in Beispiel 1 und 2. Erläutere dein Vorgehen.

a) $15 + 28 + 25 + 12 + 4$ b) $9 + 24 + 13 + 11 + 16$ c) $37 + 21 + 14 + 29 + 16$
d) $8 + 96 + 21 + 31 + 44$ e) $27 + 52 + 37 + 38 + 13$ f) $120 + 330 + 170 + 180$
g) $25 \cdot 7 \cdot 4$ h) $40 \cdot 9 \cdot 25$ i) $8 \cdot 125 \cdot 18$
j) $200 \cdot 89 \cdot 5$ k) $2 \cdot 20 \cdot 5 \cdot 50$ l) $75 \cdot 11 \cdot 20$

8. Zerlege einen Faktor geschickt in ein Produkt und berechne.

Beispiel: $175 \cdot 4 = (7 \cdot 25) \cdot 4 = 7 \cdot (25 \cdot 4) = 7 \cdot 100 = 700$

a) $18 \cdot 50$ b) $40 \cdot 75$ c) $24 \cdot 25$ d) $375 \cdot 8$

9. Nach dem Umbau in ihrem Haus kauft Familie Berger für 740 € eine Eichentür mit Rahmen und eine weitere für 879 €. Ebenfalls benötigt sie eine Feuerschutztür für den Keller zum Preis von 360 €. Wie teuer sind die Türen zusammen? Rechne vorteilhaft.

10. Stolperstelle: Löse die folgenden Aufgaben.

a) $(24 + 8) + 12$ und $24 + (8 + 12)$
$(17 - 6) - 5$ und $17 - (6 - 5)$

b) $(16 \cdot 4) \cdot 2$ und $16 \cdot (4 \cdot 2)$
$(32 : 8) : 2$ und $32 : (8 : 2)$

c) Vergleiche die Ergebnisse aus a) und die Ergebnisse aus b) miteinander. Formuliere gültige (allgemeine) Regeln.

d) Finde weitere Beispiele für die Regeln. Präsentiere deine Ergebnisse.

11. Ausblick: Eva, Till und Marie sollen möglichst schnell alle Zahlen von 1 bis 20 addieren.

a) Für welches Vorgehen würdest du dich entscheiden?

b) Begründe deine Wahl. Ermittle die Lösung.

c) Berechne auf die gleiche Weise die Summe der Zahlen von 1 bis 200.

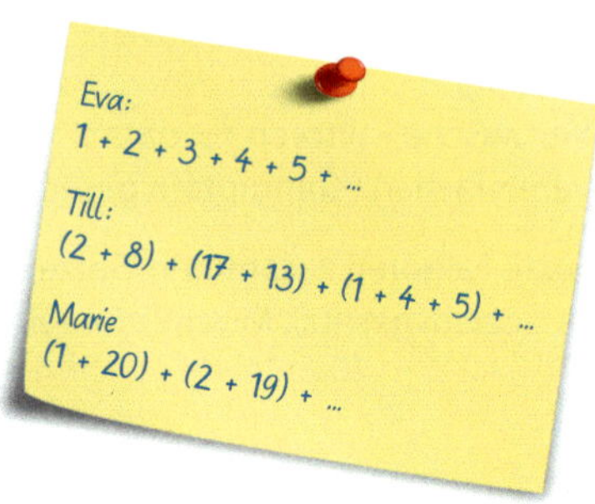

3.5 Distributivgesetz

■ Maria und Luise sollen nachschauen, ob für ein Konzert genügend Stühle da sind. Maria zählt erst die roten und dann die blauen Stühle: 6 Stapel mit je 10 Stühlen ergeben 60 Stühle und 4 Stapel mit je 10 Stühlen ergeben 40 Stühle. Luise zählt zuerst alle Stapel zusammen und multipliziert dann. Schreibe die beiden Rechenwege ausführlich auf, achte dabei besonders auf die Klammern. ■

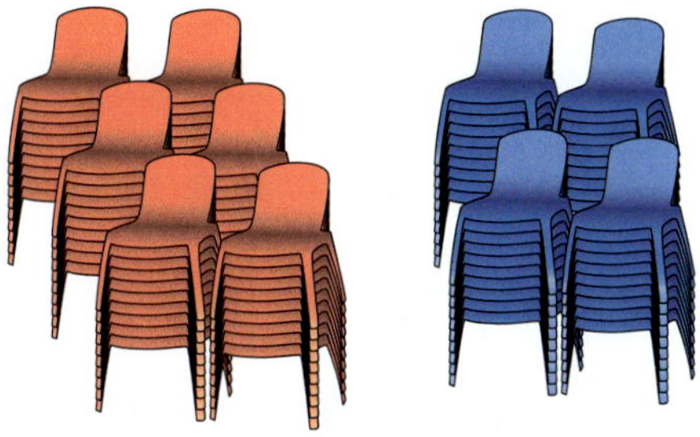

Die Anzahl der abgebildeten Würfel kann unterschiedlich berechnet werden.

① $4 \cdot 3 + 2 \cdot 3 = 12 + 6 = 18$
(4 mal 3 rote Würfel und 2 mal 3 blaue Würfel, also insgesamt 18 Würfel)

② $(4 + 2) \cdot 3 = 6 \cdot 3 = 18$
(4 rote und 2 blaue Würfel – das Ganze mal 3, also 18 Würfel.)

Wissen: Distributivgesetz der Multiplikation
a, b und c sind Platzhalter für beliebige Zahlen. Es gilt immer:

$a \cdot (b + c) = a \cdot b + a \cdot c$ $\quad$ $a \cdot (b - c) = a \cdot b - a \cdot c$
$4 \cdot (3 + 2) = 4 \cdot 3 + 4 \cdot 2$ $\quad$ $6 \cdot (8 - 5) = 6 \cdot 8 - 6 \cdot 5$

Hinweis:
Zum Distributivgesetz sagt man auch Verteilungsgesetz.

Ausmultiplizieren

Beispiel 1: Berechne $4 \cdot (250 - 12)$. Löse zuerst die Klammer auf.

Lösung:
Löse die Klammer nach dem Distributivgesetz auf. Durch die Multiplikation $4 \cdot 250 = 1000$ wird die Rechnung einfacher.

Ausmultiplizieren!

$4 \cdot (250 - 12) = 4 \cdot 250 - 4 \cdot 12$
$= 1000 - 48 = 952$

Wissen: Ausmultiplizieren
Beim Ausmultiplizieren wendet man das Distributivgesetz von links nach rechts an.

$a \cdot (b + c) = a \cdot b + a \cdot c$ $\quad$ $a \cdot (b - c) = a \cdot b - a \cdot c$

Basisaufgaben

1. Multipliziere die Klammer aus und berechne anschließend.
a) $4 \cdot (30 + 8)$ b) $9 \cdot (50 + 6)$ c) $12 \cdot (100 - 1)$ d) $5 \cdot (80 - 2)$
e) $3 \cdot (900 + 21)$ f) $15 \cdot (30 + 6)$ g) $12 \cdot (300 - 5)$ h) $16 \cdot (400 - 8)$

2. Multipliziere aus wie in folgendem Beispiel.
Beispiel: $(60 + 8) \cdot 2 = 60 \cdot 2 + 8 \cdot 2 = 120 + 16 = 136$
a) $(20 + 7) \cdot 9$ b) $(300 + 11) \cdot 4$ c) $(200 - 9) \cdot 5$ d) $(10 - 1) \cdot 36$

3. Du kannst auch Ausmultiplizieren, wenn in der Klammer mehr als zwei Zahlen stehen. Berechne anschließend.
a) $3 \cdot (100 + 40 + 7)$ b) $8 \cdot (200 + 20 - 1)$ c) $(1000 + 30 + 5) \cdot 4$ d) $(100 - 10 - 1) \cdot 15$

4. Anwendung Kopfrechnen: Bilde eine Summe oder Differenz und multipliziere dann aus.
Beispiele: $6 \cdot 32 = 6 \cdot (30 + 2) = 6 \cdot 30 + 6 \cdot 2 = 180 + 12 = 192$
$39 \cdot 7 = (40 - 1) \cdot 7 = 40 \cdot 7 - 1 \cdot 7 = 280 - 7 = 273$
a) $8 \cdot 23$ b) $65 \cdot 7$ c) $402 \cdot 6$ d) $4 \cdot 113$
e) $7 \cdot 29$ e) $98 \cdot 6$ f) $6 \cdot 597$ h) $199 \cdot 25$

Ausklammern

Beispiel 2: Berechne $3 \cdot 17 + 3 \cdot 13$, indem du eine Klammer setzt.

Lösung:
Den gemeinsamen Faktor 3 kannst du ausklammern. Durch die Addition $17 + 13 = 30$ wird die Rechnung einfacher.

Ausklammern!

$$3 \cdot 17 + 3 \cdot 13 = 3 \cdot (17 + 13)$$
$$= 3 \cdot 30 = 90$$

Wissen: Ausklammern
Beim Ausklammern wendet man das Distributivgesetz umgekehrt von rechts nach links an.

$$a \cdot b + a \cdot c = a \cdot (b + c) \qquad a \cdot b - a \cdot c = a \cdot (b - c)$$

Basisaufgaben

5. Klammere einen Faktor aus und berechne anschließend.
a) $6 \cdot 13 + 6 \cdot 7$ b) $9 \cdot 42 - 9 \cdot 33$ c) $4 \cdot 24 + 4 \cdot 27$ d) $12 \cdot 188 + 12 \cdot 12$

Hinweis zu 6:
Hier findest du die Lösungen.

6. Auch hier kannst du eine Zahl ausklammern. Berechne anschließend.
a) $14 \cdot 5 + 16 \cdot 5$ b) $51 \cdot 17 - 49 \cdot 17$ c) $129 \cdot 9 - 29 \cdot 9$ d) $22 \cdot 15 + 79 \cdot 15$
e) $8 \cdot 65 - 45 \cdot 8$ f) $77 \cdot 3 + 3 \cdot 23$ g) $25 \cdot 25 + 25 \cdot 25$ h) $95 \cdot 85 - 85 \cdot 95$

7. Klammere den gemeinsamen Faktor aus. Berechne auch das Ergebnis.
a) $6 \cdot 17 + 6 \cdot 9 + 6 \cdot 24$
b) $4 \cdot 200 + 4 \cdot 10 + 4 \cdot 3$
c) $77 \cdot 8 - 30 \cdot 8 - 7 \cdot 8$

8. Anwendung beim Addieren und Subtrahieren großer Zahlen:
Berechne, indem du eine Stufenzahl ausklammerst.
Beispiel: $36\,000 + 12\,000 = (36 + 12) \cdot 1000 = 48 \cdot 1000 = 48\,000$
$23\,000 - 2100 = (230 - 21) \cdot 100 = 209 \cdot 100 = 20\,900$
a) $5400 + 1800$ b) $260 + 980$ c) $9000 + 77\,000$ d) $25\,300 + 8000$
e) $7900 - 1600$ f) $1010 - 220$ g) $6000 - 2600$ h) $50\,000 - 1500$

Weiterführende Aufgaben

9. Vergleiche jeweils die beiden Rechenwege. Welcher Rechenweg ist vorteilhafter? Begründe deine Wahl und berechne.

a) $3 \cdot (200 - 6) = 3 \cdot 200 - 3 \cdot 6 = ...$ $\quad 3 \cdot (200 - 6) = 3 \cdot 194 = ...$

b) $4 \cdot (37 + 33) = 4 \cdot 37 + 4 \cdot 33 = ...$ $\quad 4 \cdot (37 + 33) = 4 \cdot 70 = ...$

c) $6 \cdot 17 - 6 \cdot 14 = 6 \cdot (17 - 14) = ...$ $\quad 6 \cdot 17 - 6 \cdot 14 = 102 - 84 = ...$

d) $13 \cdot 10 + 13 \cdot 4 = 13 \cdot (10 + 4) = ...$ $\quad 13 \cdot 10 + 13 \cdot 4 = 130 + 52 = ...$

10. Durchblick: Ist es sinnvoll das Distributivgesetz anzuwenden? Berechne geschickt.

a) $4 \cdot (62 - 22)$ b) $23 \cdot (3 + 10)$ c) $15 \cdot (50 - 1)$ d) $(63 + 38) \cdot 7$
e) $9 \cdot 8 + 9 \cdot 11$ f) $28 \cdot 5 + 12 \cdot 5$ g) $12 \cdot 90 - 78 \cdot 12$ h) $99 \cdot 18$

11. Welche Rechenausdrücke haben das gleiche Ergebnis wie $17 \cdot (70 + 7)$. Entscheide ohne zu rechnen.

$17 \cdot 70 + 7$	$17 \cdot 70 + 17 \cdot 7$	$17 \cdot 70 + 7 \cdot 17$	$(70 + 7) \cdot 17$
$17 \cdot (7 + 70)$	$70 \cdot 17 + 7 \cdot 17$	$17 + 70 \cdot 17 + 7$	$(170 + 7) \cdot 7$

12. Marcels große Schwester hat im April 23 Stunden und im Mai 27 Stunden als Babysitter gearbeitet. Der Stundenlohn betrug 11 €. Marcel möchte ausrechnen, wie viel seine Schwester insgesamt verdient hat und notiert:
April: $23 \cdot 11$ Mai: $27 \cdot 11$
Marcel meint: „Die Zahlen sind zu kompliziert zum Rechnen.“
Kannst du ihm helfen?

13. Stolperstelle: Berechne die Aufgaben und vergleiche die Lösungen. Erkläre, wann das Distributivgesetz für die Division gilt.

a) $100 : (5 + 5)$; $100 : 5 + 100 : 5$
b) $24 : (6 + 2)$; $24 : 6 + 24 : 2$
c) $(15 + 21) : 3$; $15 : 3 + 21 : 3$
d) $(90 + 40) : 10$; $90 : 10 + 40 : 10$

14. Wende das Distributivgesetz für die Division an. Berechne anschließend das Ergebnis.

a) $(100 + 45) : 5$ b) $81 : 3 + 39 : 3$ c) $(700 - 14) : 7$ d) $126 : 14 - 98 : 14$

15. Frau Schöller möchte eine 5,60 m lange Wand mit Holzbrettern verkleiden. Ein Holzbrett ist 16 cm breit. Anschließend möchte sie im Nebenraum eine 2,40 m lange Wand mit den gleichen Brettern verkleiden. Ihre Tochter berechnet, wie viele Holzbretter insgesamt benötigt werden: $560 : 16 + 240 : 16 = 35 + 15 = 50$.
Bruder Oskar sagt: „Das kannst du aber auch einfacher rechnen.“ Was meinst du dazu?

16. Ausblick: Leon rechnet $12 \cdot 17$ so: Er addiert $12 + 7 = 19$ und hängt an das Ergebnis eine 0. Dann addiert er dazu das Produkt der Einer $2 \cdot 7 = 14$, also $190 + 14 = 204$.

a) Begründe mit dem Distributivgesetz, dass seine Rechnung stimmt.
b) Berechne auf dieselbe Weise folgende Produkte. Überprüfe die Ergebnisse durch Multiplizieren. ① $11 \cdot 18$ ② $16 \cdot 12$ ③ $13 \cdot 13$ ④ $15 \cdot 19$
c) Begründe, warum das Verfahren bei $22 \cdot 17$ nicht funktioniert.

3.6 Schriftlich addieren

■ Für einen Urlaub mit allen vier Kindern hat Familie Müller 5 000 € gespart. Diesen Geldbetrag möchte sie nicht überschreiten.

Welche Zusatzangebote könnte Familie Müller noch dazubuchen, damit ihr Erspartes reicht? Begründe deine Entscheidung. ■

Angebot: 5 Wochen Reise

Reise für 6 Personen:	4 198 €
Aufpreise:	
Busausflug:	679 €
Jeep zur Miete:	361 €
4-Sterne-Hotel (statt 3-Sterne):	699 €
Eintritt für Freizeitpark:	182 €

Überschlag

Beim Addieren großer Zahlen kann man zunächst einen Überschlag machen, um ohne großen Rechenaufwand ein ungefähres Ergebnis zu erhalten.

Beispiel 1: Mache eine Überschlagsrechnung.

a) 3167 + 512 b) 129 + 457 + 1788

Lösung:

Runde die Zahlen so, dass du im Kopf addieren kannst.

a) 3200 + 500 = 3700

b) 100 + 500 + 1800 = 2400

Basisaufgaben

1. Mache eine Überschlagsrechnung.
   a) 1269 + 112 b) 847 + 129 c) 1249 + 3872 + 2045

745	874
1159	7881
9580	11 388

2. Ordne den Ergebnissen in der Randspalte jeweils die passende Aufgabe zu. Entscheide durch eine Überschlagsrechnung.
   a) 531 + 628 b) 145 + 729 c) 7066 + 815
   d) 687 + 58 e) 4302 + 3150 + 2128 f) 2291 + 1839 + 7258

Schriftlich addieren

Das Verfahren des schriftlichen Addierens beruht auf den Rechengesetzen der Addition.

3167 + 512 = (3000 + 100 + 60 + 7) + (500 + 10 + 2)
= 3000 + (100 + 500) + (60 + 10) + (7 + 2) (Kommutativ- und Assoziativgesetz)
= 3000 + 600 + 70 + 9 = 3679

Das schriftliche Addieren ist nur eine übersichtlichere Darstellung dieser Rechnung.

Beispiel 2: Addiere 3167 + 512 schriftlich.

Lösung:

Schreibe die Zahlen stellengerecht untereinander und addiere dann:

Einer: 7 + 2 = 9
Zehner: 6 + 1 = 7
Hunderter: 1 + 5 = 6
Tausender: 3 + 0 = 3

	T	H	Z	E
	3	1	6	7
+		5	1	2
	3	6	7	9

Hinweis:
Das exakte Ergebnis 3679 liegt in der Größenordnung des Überschlags aus Beispiel 1a.

Beispiel 3: Addiere 129 + 457 + 1788 schriftlich.

Lösung:
Addiere stellenweise.

Einer: 9 + 7 + 8 = 24
(4 Einer, 2 Zehner im Übertrag)

Zehner: 2 + 5 + 8 + 2 = 17
(7 Zehner, 1 Hunderter im Übertrag)

Hunderter: 1 + 4 + 7 + 1 =13
(3 Hunderter, 1 Tausender im Übertrag)

Tausender: 1 + 1 = 2

	T	H	Z	E
		1	2	9
+		4	5	7
+	1	7	8	8
	1	1	2	
	2	3	7	4

Hinweis:
Das exakte Ergebnis 2374 liegt in der Größenordnung des Überschlags aus Beispiel 1b.

Basisaufgaben

3. Übertrage in dein Heft und addiere schriftlich. Mache vorher eine Überschlagsrechnung.

a)	b)	c)	d)	e)	f)
812	5183	1598	8057	16 970	796 607
+ 547	+ 3016	+ 281	+ 9253	+ 20 872	+ 9063

4. Überschlage das Ergebnis und addiere schriftlich.
a) 516 + 52 + 301
b) 1807 + 895 + 508
c) 736 + 3970 + 6891
d) 73 + 908 + 841 + 555
e) 313 000 + 1200 + 699 + 74
f) 23 855 + 16 792 + 80 672 + 21 508
g) 790 + 99 + 925 + 75 + 456
h) 7905 + 4216 + 273 + 6006 + 803

Hinweis zu 4:
Hier findest du die Lösungen.

Weiterführende Aufgaben

5. Durchblick:
a) Überschlage und berechne anschließend schriftlich. Orientiere dich beim Überschlag an Beispiel 1 und bei der schriftlichen Addition an Beispiel 3.
① 237 + 324 + 78 + 123 + 7
② 2871 + 451 + 672 + 65 + 81 + 671
③ 23 895 + 13 209 + 34 895 + 4923 + 76 007 + 4562
④ 562 891 + 726 252 + 439 001 + 56 423 + 8793 + 761 454
b) Welche Aufgaben sind deiner Meinung nach besonders schwierig? Begründe.

6. Stolperstelle: Finde die Fehler und führe die Rechnung dann richtig durch.

a)

	2	0	7	9	1
+	5	9	4		
+	1	0	9	9	
	1	2	1		
	9	1	1	8	1

b)

		5	2	9	1
+	9	6	5	3	2
+	8	2	0	5	8
				1	
1	7	3	7	7	1

7. Familie Meyer fuhr auf ihrer Städtereise von Tübingen nach Amsterdam 654 km, von dort nach Brüssel 202 km, dann nach Paris 295 km und anschließend nach Hause 652 km.
Wie viele Kilometer waren es insgesamt? Berechne schriftlich.

8. In der Tabelle stehen die Zuschauerzahlen der Viertelfinalspiele des DFB-Pokals.

Mainz	Stuttgart	Offenbach	München
23517	20123	18624	70018

Überschlage, wie viele Zuschauer insgesamt in den vier Stadien die Spiele gesehen haben.

9. Welche Ergebnisse sind falsch? Manchmal kannst du ohne schriftliche Addition begründen, warum ein Ergebnis falsch ist.

a) 674 + 3512 = 5187
b) 16582 + 4413 = 20 995
c) 76023 + 18 662 = 94587
d) 95 + 988 + 87 = 1170
e) 332 + 679 + 559 = 1407
f) 4013 + 5701 + 9614 = 19378

10. Ersetze ■ in deinem Heft so durch Ziffern, dass die Rechnung stimmt.

a)
212
+ 16■
+ 1■3
■89

b)
3726
+ 1■4
+ 188■
■■92

c)
3■752
+ 18■8■
+ 56■7
+ ■2372
123462

d)
5■■08
+ ■12■3
+ 2651■
+ 82641
■27865

11. Samuel überschlägt die Aufgabe 1143 + 638 + 446 so: 1100 + 600 + 400 = 2100.
Jana meint zu ihm: „Du hast alle Zahlen abgerundet. Der Überschlag wird besser, wenn du bei einer der Zahlen aufrundest."

a) Gib an, wie Jana überschlagen würde und prüfe ihre Behauptung. Vergleiche mit dem exakten Ergebnis.
b) Überlege gut, mit welchem Überschlag du möglichst nah am exakten Ergebnis liegst. Berechne auch das exakte Ergebnis.
① 3166 + 2678 + 558 ② 1510 + 707 + 806 ③ 1350 + 550 + 850 + 1050

12. Im Einkaufswagen liegen Käse (3,95 €), ein Baguette (1,49 €), Äpfel (2,22 €) und Orangensaft (1,89 €). Reichen 10 € für den Einkauf?
Simon, Sophie und Raphael überschlagen unterschiedlich.
Simon: *4 + 1 + 2 + 2 = 9* Sophie: *4 + 2 + 3 + 2 = 11* Raphael: *4 + 1,50 + 2,50 + 2 = 10*
Was meinst du? Welcher Überschlag ist am besten geeignet? Begründe.

13. Entscheide, ob das Geld ausreicht, die Waren zu kaufen.

Hinweis zu 14:
Es gibt mehrere Lösungen.

14. Ausblick: Jedes Zeichen steht für eine Ziffer. Finde möglichst alle Lösungen. Erfinde dann ähnliche Aufgaben.

a)
♥●●
+ ♥♥●
▲◆▲✱

b)
♥▲✱♥
+ ♥▲✱▲
+ ♥▲✱✱
◆●▲◗✣

3.7 Schriftlich subtrahieren

■ Mareikes Mutter möchte eine neue Kamera kaufen.
Mareike sagt: „Das sind ungefähr 940 € minus 180 €, aber ich rechne dir schnell genau aus, wie viel Euro die Kamera kostet, wenn du sie sofort bestellst."
Gib sowohl den ungefähren als auch den genauen Geldbetrag an, den Mareike ausgerechnet hat. ■

Preis: 939 € – Nachlass bei Bestellung innerhalb von vier Wochen: 183 €

Addieren und Subtrahieren sind entgegengesetzte Rechenarten. Die Subtraktion 6 – 4 = ■ entspricht der Addition 4 + ■ = 6. Welche Zahl muss zu 4 addiert werden, um 6 zu erhalten?

Diese Umkehrung nutzt man beim schriftlichen Subtrahieren nach dem **Ergänzungsverfahren**.

Beispiel 1: Rechne schriftlich.
a) 686 – 514
b) 5485 – 812 – 1234 – 492

Lösung:
a) Schreibe die Zahlen stellengerecht untereinander und subtrahiere dann:
Einer: 2, denn 4 + 2 = 6
Zehner: 7, denn 1 + 7 = 8
Hunderter: 1, denn 5 + 1 = 6

	T	H	Z	E
		6	8	6
–		5	1	4
		1	7	2

Von 4 bis 6 sind es 2.

b) Subtrahiere stellenweise:
Einer: 7, denn 2 + 4 + 2 + 7 = 15
(7 Einer, 1 Zehner im Übertrag)
Zehner: 4, denn 1 + 9 + 3 + 1 + 4 = 18
(4 Zehner, 1 Hunderter im Übertrag)
Hunderter: 9, denn 1 + 4 + 2 + 8 + 9 = 24
(9 Hunderter, 2 Tausender im Übertrag)
Tausender: 2, denn 2 + 1 + 2 = 5

	T	H	Z	E
	5	4	8	5
–		8	1	2
–	1	2	3	4
–		4	9	2
	2	1	1	
	2	9	4	7

Von 2 + 4 + 2 bis 15 sind es 7.

Basisaufgaben

1. Übertrage ins Heft und subtrahiere schriftlich. Führe vorher eine Überschlagsrechnung durch.
a) 345 – 125
b) 2489 – 1375
c) 981 – 79
d) 4035 – 2781
e) 12 971 – 8017
f) 231 089 – 121 126

Hinweis:
Für einen Überschlag beim Subtrahieren kannst du die Zahlen runden.
Beispiel: 3774 – 1289
Überschlag:
3800 – 1300 = 2500

2. Überschlage das Ergebnis und subtrahiere schriftlich.
a) 478 – 242 - 16
b) 3035 – 781 – 622
c) 5023 – 331 - 3705
d) 987 – 112 – 212 – 321
e) 6783 – 472 – 1458 – 95
f) 81 097 – 2918 – 431 – 5913

Weiterführende Aufgaben

3. Durchblick: Überschlage und berechne anschließend schriftlich. Orientiere dich an Beispiel 1. Kontrolliere bei e) bis h) dein Ergebnis durch eine Addition.

a) 438 – 278 b) 971 – 87 c) 879 – 699 d) 2398 – 1689
e) 43 572 – 21 312 f) 67 113 – 9787 g) 232 111 – 129 887 h) 476 385 – 11 989

4. Stolperstelle: Finde die Fehler und rechne dann korrekt.

a)

	3	7	2	6
–	1	8	5	9
	2	1	3	3

b)

	6	3	2	1
–	4	8	5	9
	2	5	7	2

5. Welche Ziffern gehören in die Lücken ■, damit die Rechnung stimmt?

a)	b)	c)	d)	e)	f)
378	4■97	679	6■38	40 108	701 005
– 1■3	– 188■	– 2■3	– 27■■	– 1■3■■	– 141 76■
■25	■412	■95	■871	■3■25	■2■412

6. a) Welche Zahl muss man von 761 subtrahieren, um 389 zu erhalten?
b) Zu welcher Zahl muss man 31 005 addieren, um 42 189 zu erhalten?
c) Von welcher Zahl muss man 132 276 subtrahieren, um 87 564 zu erhalten?

Hinweis zu 8b:
Hier findest du die Lösungen.

7. Für ein Livekonzert stehen in einer großen Arena 32 500 Plätze zur Verfügung. 17 281 Karten wurden bereits verkauft. Wie viele Plätze sind noch frei? Überschlage zunächst und berechne dann genau.

8. Maike und Lisa haben 750 €. Davon kaufen sie einen Computer für 499 €, einen Monitor für 139 € und einen Drucker für 85 €. Sie wollen wissen, wie viel Geld noch übrig ist.
Maike: *Ausgaben: 499 + 139 + 85 = …* *Übriges Geld: 750 – … = …*
Lisa: *Übriges Geld: 750 – 499 – 139 – 85 = …*
a) Beschreibe, wie Maike und Lisa vorgehen und führe ihre Rechnungen schriftlich aus.
b) Berechne auf Maikes und auf Lisas Art. Vergleiche die Ergebnisse.
① 5688 – 442 – 1033 ② 5000 – 250 – 2060 – 315
③ 28 460 – 597 – 128 – 634 – 98 ④ 610 058 – 377 – 480 226 – 5811

Hinweis zu 9:
Höhenmeter werden bergauf und bergab überwunden.

9. Frieder hat mit seinem Vater eine Bergwanderung unternommen und dabei drei Gipfel bestiegen.
a) Berechne, wie viele Höhenmeter sie dabei überwunden haben.
b) Kannst du ohne Rechnung feststellen, ob mehr Höhenmeter bergauf oder mehr Höhenmeter bergab überwunden wurden? Beschreibe deine Überlegung.
c) Bis zur Tiroler Hütte haben sie 1425 Höhenmeter überwunden. Gib an, in welcher Höhe die Tiroler Hütte liegt.

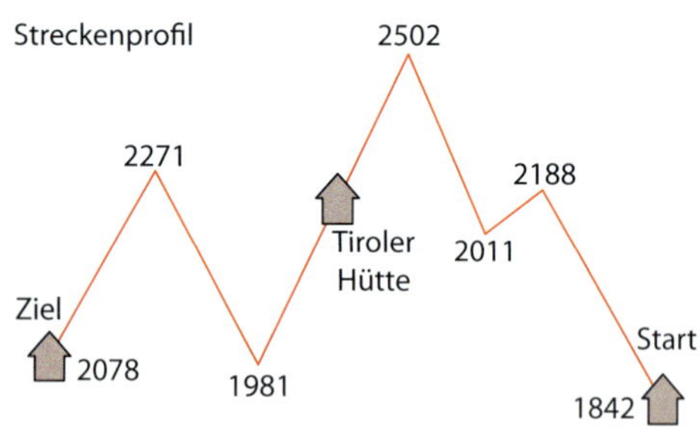

10. Ausblick: Markus subtrahiert ohne Übertrag.
Erkläre das Verfahren von Markus.

	7 ~~8~~	3 ~~4~~	3
–	3	7	4
	4	6	9

3.8 Schriftlich multiplizieren

■ Jule macht Hausaufgaben zum Multiplizieren. Aufgabe a) hat sie schon gelöst.

a) $142 \cdot 7$

b) $153 \cdot 6$

c) $1136 \cdot 3$

Berechne b) und c) genauso wie Jule. ■

a) $142 \cdot 7$

$100 \cdot 7 = 700$

$+\ 40 \cdot 7 = 280$

$+\ 2 \cdot 7 = 14$

994

Überschlag

Zum Überschlagen einer Multiplikation kann man beide Faktoren runden.

Beispiel 1: Mache eine Überschlagsrechnung.

a) $165 \cdot 8$ b) $3297 \cdot 19$

Lösung:

Runde die Zahlen so, dass du im Kopf multiplizieren kannst.

a) $160 \cdot 10 = 1600$

b) $3000 \cdot 20 = 60\,000$

Basisaufgaben

1. Mache eine Überschlagsrechnung.
   a) $243 \cdot 11$ b) $14 \cdot 184$ c) $1360 \cdot 9$ d) $18 \cdot 2105$

2. Welche Ergebnisse sind auf jeden Fall falsch? Prüfe durch eine Überschlagsrechnung.
   a) $72 \cdot 354 = 25\,488$ b) $31 \cdot 23\,465 = 77\,415$
   c) $54 \cdot 69 = 30\,726$ d) $124 \cdot 648 = 80\,352$
   e) $1324 \cdot 58 = 16\,792$ f) $89 \cdot 781 = 69\,509$

Schriftlich multiplizieren

Das Verfahren des schriftlichen Multiplizierens beruht auf dem Distributivgesetz:

$$\begin{aligned} 165 \cdot 8 &= (100 + 60 + 5) \cdot 8 \\ &= 100 \cdot 8 + 60 \cdot 8 + 5 \cdot 8 \\ &= 800 + 480 + 40 \qquad \text{(Distributivgesetz)} \\ &= 1320 \end{aligned}$$

Das schriftliche Multiplizieren ist nur eine kürzere Darstellung dieser Rechnung.

Beispiel 2: Multipliziere $165 \cdot 8$ schriftlich.

Lösung:

Multipliziere die 8 mit jeder Stelle von 165.

Einer: $8 \cdot 5 = 40$

(0 Einer, 4 Zehner im Übertrag)

Zehner: $8 \cdot 6 + 4 = 52$

(2 Zehner, 5 Hunderter im Übertrag)

Hunderter: $8 \cdot 1$ plus $5 = 13$

1	6	5	·	8
	1	3	2	0

$8 \cdot 5 = 40$ (0 hin, 4 im Sinn.)

$8 \cdot 6 + 4 = 52$ (2 hin, 5 im Sinn.)

$8 \cdot 1 + 5 = 13$

Hinweis:
Das exakte Ergebnis 1320 liegt in der Größenordnung des Überschlags aus Beispiel 1a.

Tipp:
Du kannst auch schreiben:

3	2	9	7	·	1	9
	2	9	6	7	3	
	3	2	9	7		
		1	1			
	6	2	6	4	3	

Hinweis:
Das exakte Ergebnis 62 643 liegt in der Größenordnung des Überschlags aus Beispiel 1b.

Beispiel 3: Multipliziere 3297 · 19 schriftlich.

Lösung:
Multipliziere die 1 und die 9 nacheinander mit jeder Stelle von 3297.

Addiere dann stellengerecht die Ergebnisse.

3	2	9	7	·	1	9	
		3	2	9	7	0	
	+	2	9	6	7	3	
			1	1			
		6	2	6	4	3	

Diese 0 kannst du auch weglassen.

← 3297 · 10 = 32 970

← 3297 · 9 = 29 673

Basisaufgaben

3. Multipliziere schriftlich. Mache vorher eine Überschlagsrechnung.
a) 122 · 4 b) 76 · 7 c) 301 · 8 d) 624 · 6 e) 8132 · 9

4. Multipliziere schriftlich. Mache vorher eine Überschlagsrechnung.
a) 23 · 31 b) 19 · 72 c) 85 · 94 d) 421 · 17 e) 37 · 250
f) 608 · 40 g) 530 · 220 h) 80 · 5030 i) 258 · 315 j) 624 · 9158

Weiterführende Aufgaben

5. Durchblick:
a) Führe jeweils die beiden Rechnungen aus und vergleiche. Orientiere dich an Beispiel 3.
① 1612 · 8 und 8 · 1612 ② 89 · 3597 und 3597 · 89
③ 834 · 444 und 444 · 834 ④ 1009 · 695 und 695 · 1009
b) Formuliere Regeln, welche Faktoren du als zweiten Faktor wählen solltest, um Rechnungen zu vereinfachen.
c) Multipliziere schriftlich. Überlege vorher, ob es sinnvoll ist, die Faktoren zu vertauschen.
① 7 · 3285 ② 555 · 374 ③ 216 · 3030 ④ 4911 · 41

Hinweis zu 6:
Hier findest du die Lösungen.

6. Sortiere die Aufgaben nach Schwierigkeit. Berechne dann jeweils das Produkt. Beginne mit der einfachsten Rechnung. Rechne – falls sinnvoll – schriftlich wie in den Beispielen.
a) 855 · 2 b) 74 · 59 c) 50 · 500 d) 9 · 77 e) 3333 · 3 f) 33 · 333

7. a) Berechne die Produkte 24 · 43 und 8 · 850.
b) Bestimme die Ergebnisse, ohne schriftlich zu multiplizieren. Nimm die Ergebnisse aus a) zur Hilfe.
① 240 · 43 ② 8 · 85 ③ 8500 · 80 ④ 430 · 240
⑤ 800 · 85 ⑥ 43 000 · 24 ⑦ 48 · 43 ⑧ 850 · 4

8. Stolperstelle:
a) Finde die Fehler und führe die Rechnungen richtig durch.

①

3	4	·	7
2	1	2	8

②

1	5	·	2	3
		2	0	
	+		3	5
		2	3	5

③

5	1	·	2	7
		1	0	2
	+	3	5	7
		4	5	9

④

6	·	3	5	0
	1	8		
+		3	0	
	2	1	0	

b) Überschlage und berechne dann schriftlich. Achte besonders auf die Nullen.
① 67 · 7500 ② 402 · 903 ③ 1001 · 567 ④ 5600 · 7809

9. Die Schüler der Klasse 5c machen für die Multiplikation 16 · 847 eine Überschlagsrechnung.

Arne: *20 · 1000*	Aurelia: *10 · 900*	Dana: *16 · 800*	Klemens: *15 · 900*
Michelle: *15 · 800*	Murat: *20 · 800*	Erwin: *17 · 800*	Svea: *16 · 1000*

a) Wie gut findest du einzelnen Überschläge? Begründe ohne zu rechnen.
b) Berechne die Überschläge und das exakte Ergebnis.
c) Welche Überschläge sind am besten, welche am schlechtesten. Vergleiche mit deiner Beurteilung in a).

10. Multipliziere eine zweistellige mit einer dreistelligen Zahl, sodass das Ergebnis
a) durch 84 und 840 geteilt werden kann,
b) als letzte beiden Ziffern 67 hat,
c) größer als 37 000 und kleiner als 38 000 ist.

11. In einem Kino gibt es 26 Sitzreihen. Jede Sitzreihe hat 18 Sitzplätze.
a) Wie viele Sitzplätze hat das Kino insgesamt?
b) Wie viele Gäste hat das Kino am Sonntag, wenn alle vier Vorstellungen ausverkauft sind?

12. Der Schall legt in der Luft in jeder Sekunde etwa 333 m zurück. Welche Strecke legt er in 12 Sekunden, in 20 Sekunden, in einer Minute zurück?

13. Bei Sportwettkämpfen müssen oft Teilnahmegebühren bezahlt werden. Beim Halbmarathon beträgt die Gebühr 25 €. Es haben 289 Personen teilgenommen. Beim Radrennen zahlen Erwachsene 16 € und Jugendliche 9 €. Es haben 278 Erwachsene und 156 Jugendliche teilgenommen.
a) Bei welchem Wettkampf wurde mehr Geld eingenommen? Entscheide durch eine Überschlagsrechnung.
b) Überprüfe deine Entscheidung durch eine genaue Rechnung.

14. Das Produkt der beiden unteren Steine ist der Wert des darauf liegenden Steins.
a) Übertrage die Multiplikationsmauern in dein Heft und ergänze die fehlenden Zahlen.
b) Wie verändert sich das Ergebnis an der Spitze der Mauer, wenn alle Zahlen in der untersten Reihe verdoppelt (verzehnfacht) werden?

①
Reihe 4: ■
Reihe 3: 1344 | 588
Reihe 2: 48 | ■ | 21
Reihe 1: ■ | 4 | 7 | ■

②
Reihe 4: ■
Reihe 3: ■ | ■
Reihe 2: 8 | 24 | ■
Reihe 1: 2 | ■ | 6 | 8

15. Ausblick: Schreibe statt der Kästchen Ziffern, sodass richtig gelöste Aufgaben entstehen. Wie bist du vorgegangen? Beschreibe deine Strategie.

a)
```
■3 · 41
 132
+ 3■
 1■53
```

b)
```
■3 · 2■
   4■
+ ■15
  57■
```

c)
```
■27 · 3■
  381
+  ■35
  4445
```

d)
```
■■ · 25■
 198
+ ■■■
+  297
 2■■■7
```

3.9 Schriftlich dividieren

■ Die Klasse soll 148 : 4 berechnen. Jasper, Fara und Harun haben drei unterschiedliche Lösungsansätze. Wähle einen Ansatz und berechne die Lösung. ■

Überschlag

Zum Überschlagen einer Division ist ein **Abschätzen** von Dividend und Divisor sinnvoll. Dabei sollte aber eine Divisionsaufgabe entstehen, die „aufgeht".

Hinweis:
Bei Zahlen mit Endnullen kannst du vor dem Dividieren gleich viele Endnullen streichen.
Beispiel:
54~~00~~ : 9~~00~~ =
54 : 9 = 6
600~~0~~ : 2~~0~~ =
600 : 2 = 300

Beispiel 1: Mache eine Überschlagsrechnung.
a) 1584 : 6
b) 3774 : 12

Lösung:
Verändere die Zahlen so, dass du einfach im Kopf dividieren kannst.
a) 1600 : 8 = 200 oder 1500 : 5 = 300
b) 4500 : 15 = 300 oder 3000 : 10 = 300

Basisaufgaben

1. Mache eine Überschlagsrechnung.
a) 855 : 9
b) 5940 : 11
c) 4512 : 16
d) 2409 : 33
e) 4095 : 63
f) 4148 : 122
g) 33 792 : 512
h) 17 780 : 2540

Schriftlich dividieren

Das Verfahren des schriftlichen Dividierens beruht auf dem Distributivgesetz:

1584 : 6 = (1200 + 360 + 24) : 6
= 200 + 60 + 4 (Distributivgesetz der Division)
= 264

Tipp:
Prüfe deine Rechnung mit einer schriftlichen Multiplikation:

P	r	o	b	e
2	6	4	·	6
	1	5	8	4

Hinweis:
Das exakte Ergebnis 264 liegt in der Größenordnung des Überschlags aus Beispiel 1a.

Beispiel 2: Dividiere 1584 : 6 schriftlich.

Lösung:
Dividiere die Stellen von 1584 nacheinander durch 6. Beginne mit der Tausenderstelle.

	T	H	Z	E							
	1	5	8	4	:	6	=		2		
−	1	2	←			·6					
		3	8								

Tausender: 1 : 6 geht nicht. Zähle den Tausender zu den Hundertern, also 15 Hunderter.
Hunderter: In 15 steckt 2 · 6 = 12. Den Rest 3 schreibe darunter die 8 Zehner ziehe herunter.
Zehner: In 38 steckt 6 · 6 = 36. Den Rest 2 schreibe darunter die 4 Einer ziehe herunter.
Einer: In 24 steckt 4 · 6 = 24. Es bleibt kein Rest. Die Division geht auf.

	T	H	Z	E							
	1	5	8	4	:	6	=		2	6	4
−	1	2	←			·6					
		3	8								
	−	3	6	←		·6					
			2	4							
		−	2	4	←	·6					
				0							

Beispiel 3: Dividiere 3774 : 12 schriftlich.

Lösung:
Hier bleibt am Ende der Rechnung eine 6 stehen, da in 54 nur 4 · 12 = 48 steckt. Diesen Rest kannst du nicht mehr durch 12 teilen.

Du schreibst als Ergebnis 314 Rest 6 auf.

	T	H	Z	E									
	3	7	7	4	:	1	2	=	3	1	4	R	6
–	3	6											
		1	7										
	–	1	2										
			5	4									
		–	4	8	←		· 12						
				6									

Tipp:
Auch bei einem Ergebnis mit Rest kannst du die Probe machen.

P	r	o	b	e	
3	1	4	·	1	2
		3	1	4	
	+		6	2	8
		3	7	6	8

3768 + 6 = 3774

Basisaufgaben

Hinweis zu 2:
In der Blume findest du die Lösungen.

2. Überschlage zuerst und dividiere dann schriftlich. Es bleibt kein Rest.

a) 682 : 2 b) 287 : 7 c) 1648 : 4 d) 1088 : 8
e) 2109 : 3 f) 6105 : 3 g) 14 778 : 9 h) 35 815 : 5
i) 374 : 11 j) 896 : 16 k) 3978 : 13 l) 10 557 : 17
m) 7925 : 25 n) 6232 : 41 o) 16 146 : 69 p) 5375 : 125

3. Dividiere schriftlich und bestimme den Rest. Mache vorher eine Überschlagsrechnung.

a) 665 : 3 b) 2371 : 5 c) 10 000 : 9 d) 5500 : 60
e) 8306 : 20 f) 9453 : 47 g) 920 : 75 h) 25 319 : 15

Weiterführende Aufgaben

4. Durchblick:

a) In diesem Beispiel wurde schriftlich gerechnet: Erkläre in eigenen Worten, wie die eingekreisten Zahlen – rot, gelb, blau – beim Rechnen ermittelt wurden. Orientiere dich an Beispiel 2.

	2	0	8	:	1	3	=	(1)	6
–	1	3							
		(7)	(8)						
	–	7	8						
			0						

b) Berechne 4554 : 23 schriftlich. Nutze mehrere Farben, um dein Vorgehen zu verdeutlichen.

c) Erfinde Divisionsaufgaben, die als Ergebnis 16 haben und deren erste Zahl, also der Dividend, vierstellig ist. Überprüfe, indem du danach noch einmal schriftlich dividierst.

5. Stolperstelle:

a) Finde die Fehler und führe die Rechnungen richtig durch. Woran kannst du bei ① sofort sehen, dass das Ergebnis falsch ist?

① 276 : 4 = 681
-24
36
-32
4
-4
0

② 910 : 7 = 13
-7
21
-21
0

③ 4520 : 5 = 94
-45
020
-20
0

b) Überschlage und berechne dann schriftlich. Achte besonders auf Nullen im Dividenden oder im Ergebnis. Kontrolliere das Ergebnis durch eine Multiplikation.

① 1206 : 3 ② 1635 : 15 ③ 7800 : 12 ④ 32 020 : 4

6. Die Schüler der Klasse 5d machen für die Division 819 : 13 eine Überschlagsrechnung.

Silas: *1000 : 20*	Valentina: *800 : 10*	Romy: *1000 : 10*	Dominik: *900 : 15*
Leonard: *780 : 13*	Merle: *800 : 20*	Antonia: *720 : 12*	Vincent: *800 : 8*

a) Wie gut findest du die einzelnen Überschläge? Begründe ohne zu rechnen.
b) Berechne die Überschläge und das exakte Ergebnis.
c) Welche Überschläge sind am besten, welche am schlechtesten? Vergleiche mit a).

Hinweis zu 7:
Hier findest du die Lösungen.

7. Achte auf die Nullen am Ende und vereinfache, bevor du dividierst. Überprüfe das Ergebnis durch eine Multiplikation.

a) 7050 : 50	b) 8120 : 40	c) 35 700 : 20	d) 34 800 : 600
e) 72 800 : 700	f) 4560 : 120	g) 8400 : 150	h) 944 000 : 2000

8. Ordne die Divisionsaufgaben aufsteigend nach Schwierigkeitsgrad und berechne. Begründe deine Reihenfolge. Entscheide, ob du besser schriftlich oder im Kopf rechnest.

a) 42 : 6	b) 260 : 130	c) 144 : 12	d) 92 112 : 202
e) 306 : 17	f) 136 000 : 125	g) 39 000 : 3000	h) 273 : 13

9. Wie lautet die gesuchte Zahl? Hast du beim Berechnen dividiert?
a) Das Zwölffache einer Zahl ist 156.
b) 598 ist das 23-Fache der gesuchten Zahl.
c) Wenn du von 1234 die Zahl 234 subtrahierst, erhältst du das 8-Fache der gesuchten Zahl.
d) Erfinde weitere Zahlenrätsel und löse sie. Stelle sie deinem Nachbarn.

10. a) Unter 8 Gewinnern werden 100 000 € gleichmäßig verteilt. Welchen Betrag erhält jeder?
b) Am Abend hat ein Zirkus 6828 € für vier Vorstellungen eingenommen. Jede Karte kostete 12 €. Wie viele Besucher waren an diesem Tag in dem Zirkus?
c) Ein Jahr hat 365 oder 366 Tage. Wie viele ganze Wochen sind das?

11. Die größten Hunde der Welt sind Deutsche Doggen, die kleinsten sind Chihuahuas. Ein Chihuahua frisst am Tag etwa 75 g Futter. Eine Dogge frisst etwa 600 kg pro Jahr. Wie lange könnte ein Chihuahua von der jährlichen Futtermenge einer Dogge leben?

12. Bestimme die größtmögliche Zahl für ■ und dann die Zahl ●. Erläutere den Zusammenhang mit der Division mit Rest.

a) 12 = ■ · 5 + ●	b) 94 = ■ · 10 + ●	c) 29 = 6 · ■ + ●	d) 200 = 9 · ■ + ●
e) 783 = ■ · 3 + ●	f) 112 = ■ · 12 + ●	g) 256 = 11 · ■ + ●	h) 1070 = 33 · ■ + ●

13. Ausblick: Bei vielen Puzzles sind die Puzzleteile in Reihen angeordnet. Bei diesem 24-teiligen Puzzle liegen sechs Teile in einer Reihe.

a) Ein Puzzle hat 1000 Teile. Alle Puzzleteile sind ungefähr gleich groß. In jeder Reihe sind 40 Puzzleteile. Wie viele Reihen hat das Puzzle?
b) Ein anderes Puzzle hat 828 Teile. Hier liegen 36 Teile in einer Reihe. Wie viele Reihen hat dieses Puzzle? Notiere die Rechnung.
c) Bei einem Puzzle mit 6708 Teilen ist die Anzahl der Teile in jeder Reihe größer als 40 und kleiner als 50. Wie viele Teile liegen in einer Reihe?

3.10 Potenzieren

■ Berechne die Ergebnisse für die Aufgaben, die auf dem Zettel notiert sind. Findest du auch eine kürzere Schreibweise für die Aufgaben? ■

Produkte als Potenzen schreiben

Ein Beispiel für Potenzen mit der Basis 2 ist das Falten von Papier:

1 Lage Papier $2^0 = 1$ | 2 Lagen Papier $2^1 = 2$ | 4 Lagen Papier $2^2 = 4$ | 8 Lagen Papier $2^3 = 8$

Wissen: Potenzen

Ein Produkt wie $2 \cdot 2 \cdot 2 \cdot 2$, bei dem alle Faktoren gleich sind, kann man kürzer als **Potenz** 2^4 schreiben. Die **Basis** gibt den Faktor an. Der **Exponent** gibt die Anzahl der Faktoren an.

$2 \cdot 2 \cdot 2 \cdot 2 \quad = \quad 2^4 \quad = 16$

Faktor 2 vier Mal = 2 hoch 4
(2: Basis, 4: Exponent)

a ist ein Platzhalter für eine beliebige Zahl. Es gilt immer: $\mathbf{a^0 = 1}$ und $\mathbf{a^1 = a}$
$3^0 = 1 \qquad 5^1 = 5$

Hinweis:
Statt Basis sagt man auch Grundzahl.
Statt Exponent sagt man auch Hochzahl.

Beispiel 1:
a) Schreibe $4 \cdot 4 \cdot 4$ als Potenz.
b) Schreibe 2^5 als Produkt und berechne dann den Wert der Potenz.

Lösung:
a) Die Zahl 4 (Basis) tritt als Faktor drei Mal (Exponent) auf.
$4 \cdot 4 \cdot 4 = 4^3$

b) Die Basis 2 gibt den Faktor an. Der Exponent 5 gibt die Anzahl der Faktoren an. Multipliziere beim Ausrechnen schrittweise von links nach rechts.

$$\begin{aligned} 2^5 &= 2 \cdot 2 \cdot 2 \cdot 2 \cdot 2 \\ &= 4 \cdot 2 \cdot 2 \cdot 2 \\ &= 8 \cdot 2 \cdot 2 \\ &= 16 \cdot 2 = 32 \end{aligned}$$

Basisaufgaben

1. Schreibe als Potenz.
a) $9 \cdot 9 \cdot 9$ b) $10 \cdot 10 \cdot 10 \cdot 10$ c) $6 \cdot 6 \cdot 6 \cdot 6 \cdot 6 \cdot 6$ d) $165 \cdot 165 \cdot 165$

2. Schreibe als Produkt und berechne anschließend das Ergebnis.
a) 4^3 b) 8^2 c) 5^3 d) 10^2 e) 7^3 f) 3^3 g) 10^5 h) 6^4

Vorrangregeln beim Rechnen mit Potenzen

Erinnere dich:
Punktrechnung geht vor Strichrechnung.

Wissen: Vorrangregeln
Wo keine Klammern stehen, werden Potenzen zuerst berechnet
(Potenzrechnung geht vor Punktrechnung und Strichrechnung).

Beispiel 2: Berechne $5 \cdot 2^3 + 14$

Lösung:
Berechne zuerst die Potenz: $2^3 = 2 \cdot 2 \cdot 2 = 8$ $5 \cdot 2^3 + 14 = 5 \cdot 8 + 14 = 40 + 14 = 54$

Hinweis zu 3:
Hier findest du die Lösungen.

Basisaufgaben

3. Berechne.
a) $5^2 - 15$ b) $8 + 2^4$ c) $10 \cdot 9^2$ d) $4^3 \cdot 4$
e) $2 \cdot 3^3 + 48$ f) $150 - 72 : 6^2$ g) $2 + 7^3 : 7$ h) $10^4 \cdot 2^3$

Weiterführende Aufgaben

4. Durchblick:
a) Die Basis ist 6, der Exponent ist 3. Berechne den Wert der Potenz.
b) Die Basis ist 5, der Wert der Potenz ist 625. Bestimme den Exponenten.
c) Der Exponent ist 3, der Wert der Potenz ist 8000. Bestimme die Basis.

5. Stolperstelle: Anton hat entdeckt, dass $2^4 = 4^2$ ist. Er behauptet, dass man Basis und Exponent vertauschen kann, ohne dass sich das Ergebnis ändert. Was sagst du dazu?

6. Zehnerpotenzen: Schreibe mithilfe von Zehnerpotenzen.
Beispiel: $50\,000 = 5 \cdot 10\,000 = 5 \cdot 10^4$
a) 500 b) 700 000 c) 3000 d) 7200 e) 12 000 f) 840 000

7. Schreibe ohne Zehnerpotenz.
a) $8 \cdot 10^2$ b) $4 \cdot 10^3$ c) $7 \cdot 10^5$ d) $9 \cdot 10^7$ e) $16 \cdot 10^2$ f) $37 \cdot 10^4$

8. Quadratzahlen: Durch das Potenzieren mit dem Exponenten 2 erhält man Quadratzahlen. Erläutere, warum diese Zahlen so heißen.

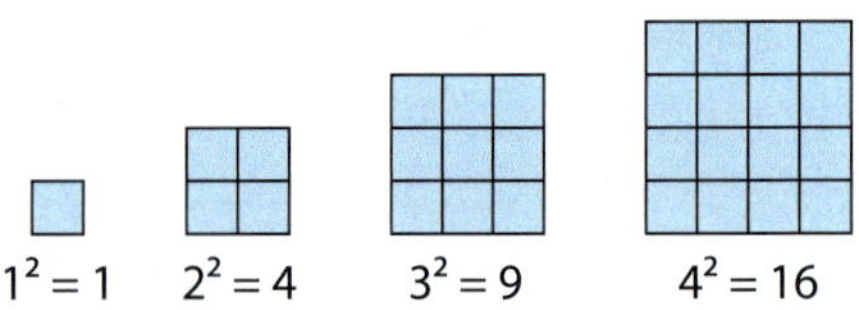

9. Berechne die Quadratzahlen von 1 bis 20. Schreibe sie auf und lerne sie auswendig.

10. Ausblick: Schreibe – wenn möglich – die Zahlen auf den Kärtchen als Potenzen mit dem Exponenten 2, 3 oder 4. Beispiel: $36 = 6^2$

36 128 64 100 81 216 265

169 27 1000 200 125 900 60

3.11 Teiler und Vielfache

■ Leons Sammelkartenalbum ist voll. Er hat noch 36 Karten übrig behalten. Diese möchte er gerecht an seine Freunde verteilen. An wie viele Freunde kann er seine Karten verteilen? Und wie viele Karten bekommt dann jeder? Gibt es mehrere Möglichkeiten? Finde alle. ■

Die Division durch eine natürliche Zahl kann entweder aufgehen oder es bleibt dabei ein Rest.

$30 : 2 = 15$ (ohne Rest)	Man sagt: „30 **ist teilbar** durch 2."
$30 : 3 = 10$ (ohne Rest)	„30 **ist teilbar** durch 3."
$30 : 4 = 7$ Rest 2	„30 **ist nicht teilbar** durch 4."

Wissen: Teiler, Primzahlen

Ein **Teiler** einer Zahl ist eine natürliche Zahl, welche diese Zahl ohne Rest teilt: $30 : \mathbf{3} = 10$ (3 = Teiler)
Man schreibt kurz $3 \mid 30$ (lies „3 teilt 30") oder $4 \nmid 30$ (lies „4 teilt nicht 30").

Eine Zahl ist immer teilbar durch 1 und mit Ausnahme der Null auch durch sich selbst. Hat eine Zahl nur diese beiden Teiler, so heißt sie **Primzahl**. Die ersten Primzahlen sind 2, 3, 5, 7, 11, 13 und 17.

Hinweise:
1 ist keine Primzahl, da 1 nur einen Teiler hat.

Beispiel 1: Prüfe, ob 4 ein Teiler von 48 und 38 ist.

Lösung:
Dividiere die Zahl durch 4 und prüfe, ob dabei ein Rest bleibt oder nicht.

$48 : 4 = 12$ (ohne Rest). Also: $4 \mid 48$
$38 : 4 = 9$ Rest 2. Also: $4 \nmid 38$

Dividieren und Multiplizieren sind entgegengesetzte Rechenarten. Deshalb gilt:
Dividieren: $30 : 5 = 6$ Man sagt: **„5 ist ein Teiler von 30."**
Multiplizieren: $30 = 6 \cdot 5$ Man sagt: **„30 ist ein Vielfaches von 5."**

Wissen: Vielfache

Multipliziert man eine Zahl mit 1, 2, 3, 4, …, so erhält man ein **Vielfaches** der ersten Zahl.

Es gibt folgenden Zusammenhang:
Ist eine Zahl a ein **Teiler** einer Zahl b, dann ist b ein **Vielfaches** von a.

Beispiel 2: Bestimme alle Teiler von 63.

Lösung:
Suche der Reihe nach Produkte, die 63 ergeben: $1 \cdot ■ = 63$, $2 \cdot ■ = 63$, $3 \cdot ■ = 63$, …
Beide Faktoren sind dann Teiler von 63.

$1 \cdot 63 = 63$, $3 \cdot 21 = 63$, $7 \cdot 9 = 63$

Teiler von 63 sind: 1, 3, 7, 9, 21, 63

Oder: Prüfe der Reihe nach, ob bei der Division durch 1, 2, 3, … ein Rest bleibt.

$63 : 1 = 63$, $63 : 2 = 31$ Rest 1, $63 : 3 = 21$, …

Basisaufgaben

1. Bestimme die ersten fünf Vielfachen.
   a) 8 b) 12 c) 25 d) 34 e) 75 f) 220

Hinweis zu 4a:
Hier findest du die Lösungen.

2. Untersuche, ob
   a) 82 ein Vielfaches von 24 ist, b) 168 ein Vielfaches von 14 ist,
   c) 96 ein Vielfaches von 12 ist, d) 136 ein Vielfaches von 16 ist.

3. Entscheide, ob die erste Zahl ein Teiler der zweiten ist. Setzte das richtige Zeichen $\mid$ oder $\nmid$.
   a) 3 ■ 15 b) 7 ■ 24 c) 8 ■ 62 d) 2 ■ 36 e) 4 ■ 60 f) 12 ■ 60

4. a) Bestimme alle Teiler von 16 (von 14, von 18).
   b) Ermittle, welche Zahlen zwischen 20 und 30 die meisten Teiler haben. Gib alle Primzahlen zwischen 20 und 30 an.

Weiterführende Aufgaben

5. Es sind drei aufeinanderfolgende Vielfache gegeben.
   ① …, 28, 35, 42, … ② …, 64, 72, 80, …
   ③ …, 48, 60, 72, … ④ …, 143, 156, 169, …
   a) Gib an, welche Zahl vervielfacht wurde. Erkläre, wie du die Antwort gefunden hast.
   b) Ergänze die nächsten drei Vielfachen.

6. **Durchblick:**
   a) Bestimme alle Teiler von 22, von 23 und von 27.
   b) Gib anhand der Teiler an, welche der drei Zahlen aus a) eine Primzahl ist.
   c) Gib die ersten sechs Vielfachen von 5 und 12 an.
   d) Bestimme zwei Zahlen, die ein Vielfaches von 5 und von 12 sind.

7. **Stolperstelle:** Prüfe die Aussagen. Korrigiere, wenn nötig.
   a) „0 ist Teiler von 10, da bei 10 : 0 = 0 kein Rest bleibt."
   b) „Jeder Teiler einer Zahl ist kleiner als die Zahl selbst."
   c) „Ein Vielfaches einer Zahl kann nie eine Primzahl sein."

8. Die Mitglieder des Schulchors (maximal 50 Schülerinnen und Schüler) sollen sich für ihren Auftritt in gleich langen Reihen aufstellen. Sie versuchen es in Reihen mit 2, 3, 4 und 6 Personen. Jedes Mal bleibt eine Person übrig.
   Bestimme, wie viele Mitglieder der Schulchor hat. Es gibt mehrere Möglichkeiten. Findest du alle?

9. **Ausblick:** Die Teiler einer Zahl außer der Zahl selbst heißen echte Teiler. Ist die Summe der echten Teiler einer Zahl gleich der Zahl selbst, so heißt die Zahl vollkommene Zahl. Ist die Summe kleiner als die Zahl, so ist sie eine „arme Zahl". Ist die Summe größer als die Zahl, so wird sie eine „reiche Zahl" genannt.
   a) Zeige, dass 6 eine vollkommene Zahl und 12 eine reiche Zahl ist.
   b) Richtig oder falsch: Eine Primzahl ist immer eine arme Zahl.
   c) Überprüfe, ob es sich bei 26, 28, 30 um arme, reiche oder vollkommene Zahlen handelt.
   d) Die drittkleinste vollkommene Zahl ist 496. Weise rechnerisch nach, dass 496 eine vollkommene Zahl ist.

Primfaktorzerlegung

■ Wie ist die Zahl 126 zusammengesetzt?
Marla hat die Zahl 126 Schritt für Schritt in Produkte zerlegt. Das Produkt aus den beiden neuen Zahlen ergibt immer die Zahl darüber.
Zerlege die Zahlen 45, 84 und 770 wie Marla. ■

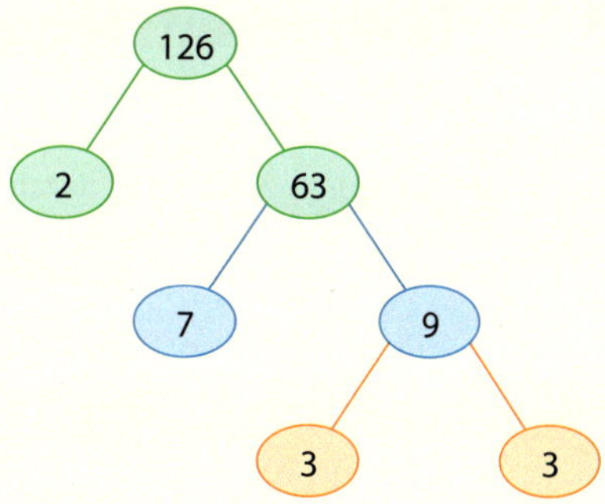

Wissen: Primfaktorzerlegung
Natürliche Zahlen, die keine Primzahlen sind, lassen sich eindeutig als Produkt schreiben, dessen Faktoren Primzahlen sind. Solch ein Produkt heißt **Primfaktorzerlegung** der Zahl.

Beispiel 1: Zerlege die Zahl 120 in Primfaktoren.

Lösung:

Schreibe die Zahl 120 als Produkt. $120 = 10 \cdot 12$

Zerlege die Faktoren solange weiter, bis du nur noch Primfaktoren hast. Verwende nicht den Faktor 1. $= 2 \cdot 5 \cdot 3 \cdot 4$

$= 2 \cdot 5 \cdot 3 \cdot 2 \cdot 2$

Sortiere die Primfaktoren. $= 2 \cdot 2 \cdot 2 \cdot 3 \cdot 5$

Hinweis:
Primfaktorzerlegungen schreibt man auch mit Potenzen:
$120 = 2 \cdot 2 \cdot 2 \cdot 3 \cdot 5$
$= 2^3 \cdot 3 \cdot 5$

Aufgaben

1. Zerlege die Zahl in Primfaktoren.
a) 24 b) 57 c) 660 d) 348 e) 1000

2. Fiona, Robin und Tom wollen die Zahl 180 in Primfaktoren zerlegen.
Sie rechnen unterschiedlich:

Fiona	Robin	Tom
$180 = 2 \cdot 90$	$180 = 18 \cdot 10$	$180 = 30 \cdot 6$

a) Setze die Zerlegung von Fiona, Robin und Tom fort.
b) Zeige, dass sich am Ende immer die gleiche Primfaktorzerlegung ergibt.

3. Die Primfaktorzerlegung der Zahl 84 ist $84 = 2 \cdot 2 \cdot 3 \cdot 7$. Die Teiler von 84 sind 1, 2, 3, 4, 6, 7, 12, 14, 21, 28, 42 und 84.
a) Finde heraus, wie man die Teiler von 84 aus den Primfaktoren von 84 berechnen kann.
b) Bestimme die Primfaktorzerlegung und mit ihrer Hilfe alle Teiler der Zahl.
① 42 ② 130 ③ 44 ④ 54 ⑤ 210

4. **Forschungsauftrag:** Erforsche die Primfaktorzerlegung von Produkten und Quotienten.
a) Zerlege beide Zahlen in Primfaktoren.
① 4 und 20 ② 6 und 18 ③ 10 und 80 ④ 30 und 90 ⑤ 210 und 15
b) Welche Primfaktorzerlegung ergibt sich, wenn man beide Zahlen multipliziert?
c) Welche Primfaktorzerlegung ergibt sich, wenn man beide Zahlen dividiert?

3.12 Teilbarkeitsregeln

■ Wo muss der Glücksspielautomat stoppen, damit die Zahl durch 2, durch 5, durch 10 teilbar ist? ■

Teilbarkeit durch 2, 5 und 10

Alle Vielfachen von 2 (von 5; von 10) sind auch teilbar durch 2 (durch 5; durch 10).
Aus den Vielfachen von 2, 5 und 10 lassen sich daher Regeln für die Teilbarkeit erkennen.

- Alle Vielfachen von 2 sind die **geraden Zahlen**: 2, 4, 6, 8, 10, 12, 14, 16, 18, 20, …
  Bei den geraden Zahlen sind die Endziffern immer 0, 2, 4, 6 oder 8.
- Bei den Vielfachen von 5 sind die Endziffern immer 0 oder 5: 5, 10, 15, 20, 25, …
- Bei den Vielfachen von 10 ist die Endziffer immer eine Null: 10, 20, 30, 40, …

Hinweis:
Die **geraden Zahlen** sind 2, 4, 6, 8, 10 …, die **ungeraden Zahlen** sind 1, 3, 5, 7, 9 …

Wissen: Teilbarkeit durch 2, 5 und 10 – Endziffernregel
Eine Zahl ist ...
… durch 2 teilbar, wenn sie auf 2, 4, 6, 8, 0 endet;
… durch 5 teilbar, wenn sie auf 5 oder 0 endet;
… durch 10 teilbar, wenn sie auf 0 endet.

Beispiel 1:
a) Untersuche, ob die Zahlen 672, 150, 125 durch 2, 5, 10 teilbar sind.
b) Gib eine dreistellige Zahl an, die durch 2 und durch 5 teilbar ist.

Lösung:
a) Betrachte die Endziffern. Dann kannst du entscheiden, welche Teilbarkeit vorliegt.
672 endet auf 2, ist also durch 2 teilbar.
150 endet auf 0, ist also durch 2, 5 und 10 teilbar.
125 endet auf 5, ist also durch 5 teilbar.

b) Eine Zahl, die durch 2 teilbar ist, endet auf 2, 4, 6, 8 oder 0.
Eine Zahl, die durch 5 teilbar ist, endet auf 5 oder 0.
Eine Zahl, die durch 2 und durch 5 teilbar ist, muss daher auf 0 enden: 120, 990, 870, …

Basisaufgaben

1. Untersuche, ob die Zahlen durch 2, 5, 10 teilbar sind.
a) 265 b) 476 c) 1390 d) 457 e) 656 f) 675 g) 123 h) 12 438 i) 23 340

2. Ordne zu, welche der Zahlen teilbar sind
a) durch 2,
b) durch 5,
c) durch 2 und durch 5,
d) weder durch 2 noch durch 5.
224 635 207 1000 441 515 370 8484

Hinweis zu 3:
Die Summe der gesuchten Zahl ist 450.

3. Bestimme alle zweistelligen Zahlen, die sowohl durch 2 als auch durch 5 teilbar sind. Erkläre das Ergebnis.

4. Bilde aus den Ziffern 0, 1, 2, 3, 4, 5 alle zweistelligen Zahlen, die teilbar sind
a) durch 2,
b) durch 5,
c) durch 10.

Teilbarkeit durch 3 und durch 9

Kann man eine Zahl a in eine Summe zerlegen, sodass jeder Summand durch eine andere Zahl teilbar ist, dann ist auch die ursprüngliche Zahl durch diese Zahl teilbar (**Summenregel**).

Beispiel: $102 = 99 + 3$
Da sowohl 99 als auch 3 durch 3 teilbar sind, ist auch ihre Summe 102 durch 3 teilbar.

Mit der Summenregel kann man auch allgemein zeigen, wann eine Zahl durch 3 teilbar ist.

$$\begin{aligned} 45 &= 10 + 10 + 10 + 10 + 5 \\ &= 9 + 1 + 9 + 1 + 9 + 1 + 9 + 1 + 5 \\ &= \underbrace{9 + 9 + 9 + 9}_{\text{durch 3 teilbar}} + \underbrace{4 + 5}_{\mathbf{4+5=9}} \end{aligned}$$

$$\begin{aligned} 218 &= 100 + 100 + 10 + 8 \\ &= 99 + 1 + 99 + 1 + 9 + 1 + 8 \\ &= \underbrace{99 + 99 + 9}_{\text{durch 3 teilbar}} + \underbrace{2 + 1 + 8}_{\mathbf{2+1+8=11}} \end{aligned}$$

Die Summanden der blauen Klammer sind immer durch 3 teilbar. Unter der grünen Klammer steht die Summe aus den Ziffern der zu untersuchenden Zahl. Sie wird auch **Quersumme** der Zahl genannt und entscheidet, ob eine Zahl durch 3 teilbar ist.

45 ist durch 3 teilbar, da ihre Quersumme 9 durch 3 teilbar ist.
Dagegen ist 218 nicht durch 3 teilbar, weil ihre Quersumme 11 nicht durch 3 teilbar ist.

Betrachtet man die Beispiele oben auf dieser Seite, so erkennt man, dass die Summanden der blauen Klammer auch immer durch 9 teilbar sind. Also bestimmt nach der Summenregel die Quersumme einer Zahl, ob die Zahl durch 9 teilbar ist.

45 ist durch 9 teilbar, da ihre Quersumme 9 durch 9 teilbar ist.
Dagegen ist 218 nicht durch 9 teilbar, weil ihre Quersumme 11 nicht durch 9 teilbar ist.

Hinweis:
Die **Quersumme** einer Zahl ist die Summe aller Ziffern dieser Zahl.
Beispiel:
Quersumme von 9123:
$9 + 1 + 2 + 3 = 15$

Wissen: Quersummenregeln
Eine Zahl ist **durch 3 teilbar**, wenn ihre **Quersumme durch 3 teilbar** ist.
Eine Zahl ist **durch 9 teilbar**, wenn ihre **Quersumme durch 9 teilbar** ist.

Beispiel 2: Prüfe, ob die Zahl durch 3 oder durch 9 teilbar ist.
a) 3177 b) 2931 c) 2806

Lösung:

a) $3 + 1 + 7 + 7 = 18$	$3 \mid 18$	$9 \mid 18$	3177 ist durch 3 und durch 9 teilbar.
b) $2 + 9 + 3 + 1 = 15$	$3 \mid 15$	$9 \nmid 15$	2931 ist durch 3, aber nicht durch 9 teilbar.
c) $2 + 8 + 0 + 6 = 16$	$3 \nmid 16$	$9 \nmid 16$	2806 ist weder durch 3 noch durch 9 teilbar.

Basisaufgaben

5. Überprüfe, ob die Zahl durch 3 teilbar ist. Benutze die Quersummenregel.
a) 345 b) 78 c) 1347 d) 5556 e) 111111

6. Ergänze die fehlende Ziffer, sodass die Zahl durch 9 teilbar ist.
a) 35■ b) 45■1 c) 42■7 d) 8■23 e) 3■96

7. Welche der Zahlen 234; 255; 308; 324; 1342; 1713; 4218; 6228; 7107 und 9126 sind
a) durch 3,
b) durch 9 teilbar?

Teilbarkeit durch 6

Markiert man auf einem Zahlenstrahl alle durch 3 teilbaren und alle durch 6 teilbaren Zahlen, so erkennt man, dass alle geraden Zahlen, die durch 3 teilbar sind, auch durch 6 teilbar sind.

Wissen: Teilbarkeit durch 6
Eine Zahl ist durch 6 teilbar, wenn sie gerade ist und ihre Quersumme durch 3 teilbar ist.

Beispiel 3: Prüfe, ob die Zahl durch 6 teilbar ist. a) 2806 b) 2808

Lösung:
a) $2 + 8 + 0 + 6 = 16$ $3 \nmid 16$ 2806 ist nicht durch 6 teilbar.
b) $2 + 8 + 0 + 8 = 18$ $3 \mid 18$ $2 \mid 2808$ 2808 ist durch 6 teilbar.

Basisaufgaben

8. Ergänze die fehlende Ziffer, sodass die Zahl durch 6 teilbar wird. Gib alle Möglichkeiten an.
a) 71■ b) 44■ c) 91■ d) 123■ e) 3■36

9. Gib alle durch 6 teilbaren Zahlen zwischen 370 und 400 an.

Weiterführende Aufgaben

Hinweis zu 11:
Hier findest du alle vorkommenden Teiler.

10. **Summenregel:** Jonas kann schnell prüfen, ob eine Zahl durch 7 teilbar ist.
Beispiel: 175 ist durch 7 teilbar, da 140 durch 7 teilbar und 35 durch 7 teilbar ist.
a) Erkläre, wie Jonas rechnet. Gib auch das Ergebnis von 175 : 7 an.
b) Zeige mit der Summenregel, dass die Zahlen durch 7 teilbar sind: 84, 161, 364, 1435

11. **Durchblick:** Untersuche die Zahl auf Teilbarkeit durch 2, 3, 5, 6, 9 und 10.
Begründe mithilfe der zugehörigen Teilbarkeitsregel.
a) 45 b) 77 c) 4332 d) 8080 e) 990

12. **Stolperstelle:** Johanna behauptet: „Eine Zahl ist genau dann durch 6 teilbar, wenn ihre Quersumme durch 6 teilbar ist.“ Überprüfe die Aussage an eigenen Beispielen.

13. Finde Zahlenpaare, die durch dieselbe Zahl teilbar sind, sodass keine Zahlen übrig bleiben.
Nutze die Teilbarkeitsregeln für 2, 3, 5, 6, 9 und 10.

40	81	51	32	48	39	55	54	58	70	75	96

14. Überprüfe, ob die Aussage wahr ist. Begründe.
a) Wenn eine Zahl durch 10 teilbar ist, dann ist sie auch durch 5 teilbar.
b) Wenn eine Zahl durch 3 teilbar ist, dann ist sie auch durch 9 teilbar.
c) Wenn eine Zahl durch 2 und durch 6 teilbar ist, dann ist sie auch durch 12 teilbar.

15. **Ausblick:** Erkunde die Teilbarkeit durch 4.
Zeige, dass alle Vielfachen von 100 durch 4 teilbar sind.
Erkläre dann, warum man bei 116, 2028, 10 032, 400 084, 478 158 nur eine zweistellige Zahl auf Teilbarkeit durch 4 prüfen muss. Gib diese Zahl an und prüfe auf Teilbarkeit durch 4.

3.13 Vermischte Aufgaben

1. Bestimme die Ergebnisse und finde Muster.
   a) $100 \cdot 4$; $1000 \cdot 4$; $10\,000 \cdot 4$
   b) $1000 \cdot 2$; $1000 \cdot 4$; $1000 \cdot 8$
   c) $100 : 4$; $1000 : 4$; $10\,000 : 4$
   d) $1000 : 2$; $1000 : 4$; $1000 : 8$

2. Schreibst du zwischen die Zahlen **2 4 6 8** sinnvoll ein Rechenzeichen oder Klammern, erhältst du einen Rechenausdruck mit einem bestimmten Ergebnis. So hat der Rechenausdruck $2 \cdot (4 + 6 + 8)$ das Ergebnis 36.
   Setze Rechenzeichen und Klammern so zwischen die vier Zahlen, dass der Rechenausdruck das folgende Ergebnis hat (ohne die Reihenfolge der vier Zahlen zu verändern).
   a) 20 b) 28 c) 0 d) 9 e) 160

3. Bilde aus den Zeichen +, –, ·, (und) sowie den Zahlen von 1 bis 9 Rechenaufgaben, die als Ergebnis eine Zahl von 21 bis 60 haben. Verwende bei jeder Aufgabe jedes Zeichen und jede Zahl höchstens einmal.
   Beispiele: $3 \cdot 7 = 21$; $(4 + 7) \cdot 2 = 22$
   Versuche für möglichst viele Zahlen von 21 bis 60 einen passenden Rechenausdruck zu finden. Vergleiche mit deinem Nachbarn.

4. Benutze die Ziffern 1, 2, 3, 4, 5 und 6 jeweils genau einmal für folgende Multiplikationsaufgabe: ■■■ · ■■■.
   Suche ein möglichst großes Ergebnis.
   Erkläre, wie du vorgehst. Vergleiche mit deinem Nachbarn.

5. Die Länge des Äquators beträgt ungefähr 40 000 km.
   a) Wie viele Tage würde ein Radfahrer für eine solche Strecke benötigen, wenn er täglich 10 Stunden fahren und in jeder Stunde 16 km zurücklegen würde?
   b) Wie viele Kilometer müsste ein Radfahrer in einer Stunde fahren, wenn er täglich 8 Stunden mit dem Rad unterwegs wäre und die gesamte Strecke in 250 Tagen zurücklegen würde?
   c) Wie viele Tage würde für diese Strecke ein Fußgänger benötigen, wenn er täglich 40 km zurücklegt?

6. Lisa will auf ein Smartphone sparen. Sie schlägt den Eltern vor: „Ihr gebt mit heute 2 Cent und dann jeden Tag so viel, dass sich das Gesparte in der Spardose verdoppelt, und zwar 14 Tage lang." Kann sich Lisa von dem Geld in der Spardose ein Smartphone für 150 € leisten, wenn die Eltern einverstanden sind?

7. Acht Wagen eines Güterzuges wiegen 42 288 kg, 48 212 kg, 47 275 kg, 48 321 kg, 39 291 kg, 29 282 kg, 41 288 kg, 31 045 kg. Die Lokomotive wiegt 71 212 kg. Der Güterzug muss über eine Brücke fahren, die nur für eine Belastung von höchstens 360 000 kg geeignet ist.
   a) Berechne, wie schwer der Zug insgesamt ist.
   b) Es sollen möglichst viele Wagen mitgenommen werden. Wie viele sind das?

8. Bei einem Staffellauf teilen sich die Läufer eine Strecke zu gleichen Teilen, ihre Zeiten werden addiert. Das Team mit der besten Zeit gewinnt. Eine Schulstaffel hat eine Gesamtstrecke von 28 km zurückzulegen.

a) Die Staffel der Klasse 5 b besteht aus 14 Schülern.
Berechne die Strecke, die jedes Teammitglied laufen muss.

b) Die Streckenlänge für Achtklässler beträgt jeweils 4 km. Ermittle die Anzahl der Mitglieder dieses Teams.

9. Weltweit werden jede Sekunde etwa vier Kinder geboren. Wie viele sind es in einer Minute, in einer Stunde, an einem Tag und in einem Jahr?

10. In die Klasse 5 c gehen 15 Mädchen und 9 Jungen. Gemeinsam mit ihrer Klassenlehrerin und dem Vater von Tom machen sie mit dem Bus einen Ausflug in die Eifel. Das Busunternehmen verlangt für die Hin- und Rückfahrt insgesamt 182 €. Jeder zahlt den gleichen Betrag.

a) Wie viel Euro muss jeder Teilnehmer bezahlen?

b) Zwei Väter können zusätzlich an der Fahrt teilnehmen. Wie viel Fahrtkosten entstehen nun für jeden Teilnehmer?

Erinnere dich:
In einer Zahlenkette sind alle Zahlen mit dem Kleinerzeichen < (oder dem Größerzeichen >) sortiert.

11. a) Ordne die Ergebnisse jeweils nach Größe. Beginne mit dem kleinsten.

① $27 \cdot 59$, $17 \cdot 9$, 10^7

② $18 \cdot 10 \cdot 5$, $23 \cdot 2 \cdot 5 \cdot 4$, $25 \cdot 36 \cdot 3$

③ $12 \cdot 10^3$, $5^3 \cdot 9$, $12^5 \cdot 8$, $73 \cdot 58$

④ $723 \cdot 13$, $3^4 \cdot 2^3$, $24 \cdot 71 \cdot 3$, $2^8 \cdot 7$

b) Erfinde selbst eine solche Aufgabe. Löse die Aufgabe und tausche dann mit deinem Nachbarn. Erhaltet ihr die gleichen Ergebnisse?

12. Welche Zahl muss man für ■ einsetzen, damit die Rechnung stimmt?

a) 824 : ■ = 8 b) ■ · 9 = 702 c) 847 : ■ = 77 d) 12 · ■ = 972

e) 288 : ■ = 24 f) ■ : 37 = 22 g) ■ : 92 = 8 h) 101 · ■ = 1313

13. Stimmt die Behauptung für natürliche Zahlen immer, manchmal oder nie? Begründe.

a) Bei einer Multiplikation ist der größere der beiden Faktoren größer als der Wert des Produkts.

b) Bei einer Division ist der Wert des Quotienten kleiner als der Divisor.

c) Ist ein Faktor eines Produkts 0, so ist auch der Wert des Produkts 0.

d) Man darf eine Zahl durch 0 teilen.

e) Eine Division kann man durch eine Multiplikation rückgängig machen.

14. Übertrage die Aufgaben in dein Heft und fülle die Leerstellen richtig aus.

a)
■■■■
− 4517
1262

b)
8689
\+ ■■■■
16731

c)
1■16 : 31 = 3■
− 93
■■■
− 186
0

15. Das Buch „Märchen aus aller Welt“ hat 120 Druckseiten. Auf jeder dieser Seiten sind durchschnittlich 48 Zeilen mit 75 Schriftzeichen. Bei einer Neuauflage des Buches sind aufgrund eines anderen Formats und einer anderen Schriftgröße auf jeder Seite durchschnittlich 32 Zeilen mit 51 Schriftzeichen. Wie viele Druckseiten hat die Neuauflage?

16. In einer Schokoladenfabrik kann ein Verpackungsautomat Pralinen in großen Kartons abpacken. Ein Karton enthält 24 Geschenkpackungen mit jeweils vier kleinen Pralinenschachteln. In jeder der kleinen Pralinenschachteln sind 12 etwa gleich schwere Pralinen zu insgesamt 125 g.

a) Wie viele Pralinen enthalten 100 dieser großen Kartons?
b) Wie viele kleine Pralinenschachteln kann der Verpackungsautomat mit 2566 Pralinen vollständig füllen?
c) Gib das Gewicht von 1152 dieser Pralinen an.

17. Löse die Denksportaufgaben. Beschreibe deine Strategie.

a) Wie viele Ziffern hat das Ergebnis, wenn du für ■ Ziffern von 1 bis 9 einfügst? Begründe.

```
  9873
+  ■33
+   ■1
```

b) Setze für ♥ Ziffern so ein, dass eine richtig gelöste Aufgabe entsteht.

①
```
  ♥0125♥
−  ♥4♥♥7
    ♥749
```

②
```
   2♥478
+  59♥3♥
   ♥33♥2
```

c) Die Buchstaben sind so durch Ziffern zu ersetzen, dass eine richtig gerechnete Aufgabe entsteht. Verschiedene Buchstaben bedeuten verschiedene Ziffern, gleiche Buchstaben bedeuten gleiche Ziffern.

```
   Z W E I
+  V I E R
 S E C H S
```

18. Der Zoo in Köln wurde am 22. Juli 1860 eröffnet. Dort leben heute über 9200 Tiere und jährlich hat der Zoo etwa 1 490 000 Besucher. Vom 1. März bis zum 31. Oktober ist der Zoo täglich von 9.00 Uhr bis 18.00 Uhr geöffnet. Der Stolz des Zoos ist seine große Elefantenanlage „Elefantenpark Köln“ mit einer Herde, die aus zwei Bullen, 7 Kühen und 5 Jungtieren besteht. Elefanten sind Pflanzenfresser. Ein Elefant nimmt täglich etwa 200 kg Nahrung zu sich und trinkt zwischen 70 ℓ und 150 ℓ Wasser am Tag.

- In welchem Jahr feiert der Kölner Zoo sein 175-jähriges Bestehen?
- Wie viele Stunden hat der Kölner Zoo vom 1. 3. bis zum 31. 10. eines jeden Jahres geöffnet (ohne Sonderöffnungszeiten)?
- Wie hoch wären die jährlichen Besuchereinnahmen, wenn man davon ausgeht, dass pro Besuch durchschnittlich 9 € Eintritt eingenommen werden?
- Für die Fütterung der Elefanten wurden für den Monat April 525 Heuballen zu je 80 kg eingeplant. Wie viel Kilogramm Heu standen etwa für jeden Elefanten täglich zur Verfügung?
- Bilde aus den obigen Angaben zum Zoo selbst eine Aufgabe und löse sie.

Prüfe dein neues Fundament

Lösungen
↗ S. 231

1. Berechne im Kopf.

a) $94 + 9$ b) $138 + 41$ c) $113 - 49$ d) $408 - 26$
e) $8 \cdot 18$ f) $29 \cdot 15$ g) $183 : 3$ h) $91 : 7$

2. Wie heißt die fehlende Zahl?

a) $■ + 26 = 77$ b) $68 + ■ = 123$ c) $■ - 17 = 67$ d) $480 - ■ = 120$
e) $■ \cdot 10 = 120$ f) $4 \cdot ■ = 84$ g) $■ : 9 = 12$ h) $51 : ■ = 3$

3. Berechne, wenn möglich.

a) $13 - 0$ b) $4 : 0$ c) $16 \cdot 0$ d) $0 : 10$

4. Berechne.

a) $(13 + 19) \cdot 2$ b) $24 - 6 \cdot 3$ c) $2 \cdot (100 - 14 - 4)$
d) $12 + 4 : 4$ e) $(2 \cdot 6 + 4) : (1 + 3)$ f) $531 + 9 : (12 - 9)$

5. Übertrage in dein Heft und setze Klammern so, dass richtig gelöste Aufgaben entstehen.

a) $3 + 6 \cdot 5 = 45$ b) $5 - 18 : 6 + 3 = 3$ c) $19 - 3 : 3 + 5 = 2$

6. Schreibe als Rechenaufgabe mit Rechenzeichen. Zeichne einen zugehörigen Rechenbaum.

a) Addiere die Zahl 14 zum Produkt von 12 und 6.
b) Dividiere die Differenz von 67 und 11 durch die Summe von 3 und 5.

7. Berechne vorteilhaft.

a) $14 + 27 + 16$ b) $15 + 740 + 260 + 430$ c) $87 + 44 + 99 + 13 + 66$
d) $48 \cdot 5 \cdot 2$ e) $4 \cdot 79 \cdot 25$ f) $7 \cdot 25 \cdot 8 \cdot 5$

8. Berechne vorteilhaft.

a) $7 \cdot 19 + 3 \cdot 19$ b) $12 \cdot 28 - 12 \cdot 18$ c) $15 \cdot (20 + 3)$
d) $(73 - 53) \cdot 13$ e) $199 \cdot 5$ f) $(67 : 67 - 1) : 67$

9. Berechne.

a) $7000 + 6000$ b) $5700 + 18\,000$ c) $15\,000 - 800$ d) $39\,100 - 7100$
e) $200 \cdot 700$ f) $60 \cdot 500$ g) $900 : 20$ h) $24\,000 : 600$

10. Rechne schriftlich. Führe zuerst einen Überschlag durch.

a) $3456 + 11\,347$ b) $7863 - 3673$ c) $32 \cdot 5609$ d) $9708 : 6$

11. Nur eine der angegebenen Lösungen ist richtig. Finde die richtige Lösung mithilfe eines Überschlags.

a) $20\,910 : 17$ (123, 12 030, 1230) b) $2065 \cdot 138$ (28 487, 2 804 970, 284 970)

12. Ines hat einige Aufgaben gelöst. Schreibe auf, was sie falsch gemacht hat.

a)
```
  234609
+ 376011
  ------
  510620
```

b)
```
  45609
+ 94091
  -----
 139700
```

c)
```
  10962
-  7753
  -----
  23209
```

d)
```
746 · 42
    2984
 + 1492
 -------
    4476
```

13. Dividiere und bestimme den Rest.

a) $53 : 7$ b) $2813 : 4$ c) $12\,377 : 10$ d) $1027 : 11$

14. Berechne.

a) 9^2 b) 6^3 c) $5 \cdot 10^2$ d) $12 \cdot 10^3$
e) $3^3 - 1$ f) $2 + 2^5$ g) $9^3 : 9$ h) $2^3 \cdot 3^2$

15. Die drei fünften Klassen des Schiller-Gymnasiums wollen die Sondervorstellung „Der Teufel mit den drei goldenen Haaren" im Puppentheater besuchen. Eine Karte kostet 9 €.
In die Klasse 5 a gehen 23, in die Klasse 5 b 25 und in die Klasse 5 c 24 Schüler. Mit den Kindern gehen auch Frau Specht und die anderen beiden Klassenlehrerinnen mit ins Puppentheater.
Frau Specht kauft die Karten im Vorverkauf. Wie viel muss sie insgesamt bezahlen?

16. Bei einem Zwölfjährigen schlägt das Herz etwa 90-mal in einer Minute. Wie viele Herzschläge macht das Herz eines Zwölfjährigen an einem Tag?

17. Eine einzelne Fahrt mit der Straßenbahn kostet 1,40 €. Eine Schülermonatskarte kostet 35 €. Ab wie viel Fahrten lohnt sich der Kauf einer Monatskarte?

18. Die 18-Uhr-Vorstellung im Kino „Capitol" war nahezu ausverkauft. Es wurden insgesamt 1592 € eingenommen. Eine Karte für einen der 60 verkauften Logenplätze kostete 14 €. Für alle übrigen Plätze mussten jeweils 8 € bezahlt werden. Wie viele Besucher waren in der Vorstellung?

Wiederholungsaufgaben

1. Zeichne Strecken der Länge 2,5 cm, 6 cm und 8,2 cm in dein Heft.

2. Wie schwer sind die Gegenstände ungefähr?

a) eine Postkarte b) ein Auto c) eine Tüte Gummibärchen

3. Ein Spielfilm im Kino dauert eine Stunde und vierzig Minuten. Er beginnt um 19:30 Uhr. Wann endet der Spielfilm?

4. Zwei Schulklassen planen einen gemeinsamen Ausflug. Insgesamt 68 Personen wollen mit Kleinbussen fahren. In einen Bus passen acht Fahrgäste. Minh überlegt: „68 : 8 … – Wir brauchen mehr als acht und weniger als neun Busse." Was meinst du dazu?

5. Übertrage die Angaben in dein Heft. Unterstreiche anschließend die Zeitangaben.
3 m; 9 s; 2 h; 8 g; 5 cm; 20 min; 3 s; 99 g; 12 €; 5 h

Zusammenfassung

Addition natürlicher Zahlen

a + b = c
1. Summand plus 2. Summand = Summe

```
  1367
+  681
   11
  2048
```

Überschlag:
1400 + 700 = 2100

Subtraktion natürlicher Zahlen

a − b = c
Minuend minus Subtrahend = Differenz

Die Subtraktion ist die Umkehroperation zur Addition.

```
  2345
−  536
  1 1
  1809
```

Überschlag:
2000 − 500 = 1500

Kontrolle:

```
  1809
+  536
  2345
```

Multiplikation natürlicher Zahlen

a · b = c
1. Faktor mal 2. Faktor = Produkt

```
867 · 43
 3468
+ 2601
   1
 37281
```

Überschlag:
900 · 40 = 36000

Es gilt stets **a · 1 = 1 · a = a** und **a · 0 = 0 · a = 0**.

$3 \cdot 1 = 1 \cdot 3 = 3$; $7 \cdot 0 = 0 \cdot 7 = 0$

Division natürlicher Zahlen

a : b = c
Dividend durch Divisor = Quotient

Die Division ist die Umkehroperation zur Multiplikation.

Beachte: Die Division durch 0 ist nicht ausführbar.

Es gilt stets **0 : a = 0 (a ≠ 0)** und **a : a = 1 (a ≠ 0)**.

```
13632 : 4 = 3408
−12
  16
 −16
  032
  −32
    0
```

Überschlag:
12000 : 4 = 3000

Kontrolle:
3408 · 4 = 13632

0 : 7 = 0; 9 : 9 = 1

Potenzieren

Ein Produkt mit gleichen Faktoren kann man kürzer als Potenz schreiben.

$3 \cdot 3 \cdot 3 \cdot 3 \cdot 3 = 3^5$ Basis: 3, Exponent: 5

$a \cdot a \cdot a \cdot a = a^4$ (sprich: a hoch 4) (a: Basis, 4: Exponent)

$2^4 = 2 \cdot 2 \cdot 2 \cdot 2 = 16$

Es gilt stets $\mathbf{a^0 = 1}$ **für a ≠ 0 und** $\mathbf{a^1 = a}$.

$3^0 = 1$ $4^1 = 4$

Rechengesetze

Kommutativgesetz

der Addition: **a + b = b + a** — $3 + 4 = 4 + 3 = 7$

der Multiplikation: **a · b = b · a** — $2 \cdot 4 = 4 \cdot 2 = 8$

Assoziativgesetz

der Addition: **(a + b) + c = a + (b + c)** — $(4 + 7) + 3 = 4 + (7 + 3) = 14$

der Multiplikation: **(a · b) · c = a · (b · c)** — $(3 \cdot 5) \cdot 2 = 3 \cdot (5 \cdot 2) = 30$

Distributivgesetz: **a · (b + c) = a · b + a · c** — $4 \cdot (3 + 2) = 4 \cdot 3 + 4 \cdot 2 = 20$

a · (b − c) = a · b − a · c — $6 \cdot (8 - 5) = 6 \cdot 8 - 6 \cdot 5 = 18$

Beachte beim Rechnen:
Potenzrechnung geht vor **Punkt**rechnung (·; :) und **Punkt**rechnung geht **vor Strich**rechnung (+; −).

$13 + 3^2 + 2 \cdot 7 = 13 + 9 + 2 \cdot 7 = 13 + 9 + 14 = 36$

Treten Klammern auf, ist der Rechenausdruck in der Klammer zuerst zu berechnen.

$28 : (14 - 10) = 28 : 4 = 7$

In allen anderen Fällen rechnet man von links nach rechts.

$29 - 3 - 6 = 26 - 6 = 20$
$24 : 4 : 2 = 6 : 2 = 3$

4. Flächeninhalt und Umfang

Wie groß ist ein Blumenfeld?
Zur Angabe der Größe eines Feldes kann man Längen messen. Aber auch Form und Inhalt spielen eine Rolle.

Nach diesem Kapitel kannst du …

- Flächeninhalt und Umfang von Figuren vergleichen und berechnen,
- mit Flächeneinheiten umgehen.

Lösungen ↗ S. 232

Flächen auslegen

1. Wie viele Felder hat ein Schachbrett?

2. Eine rechteckige Terrasse wird mit Platten ausgelegt.
Wie viele Platten werden insgesamt benötigt?

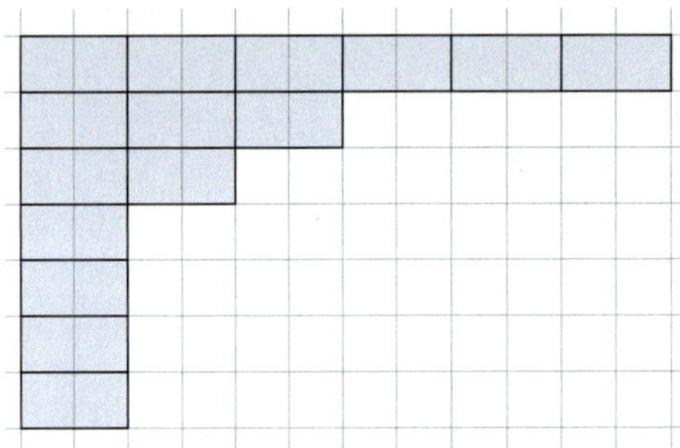

3. Ein Quadrat und ein Rechteck sollen mit kleinen Quadraten vollständig ausgelegt werden.
   a) Wie viele kleine Quadrate passen in die Figur?
   b) Wie viele kleine Quadrate fehlen noch?

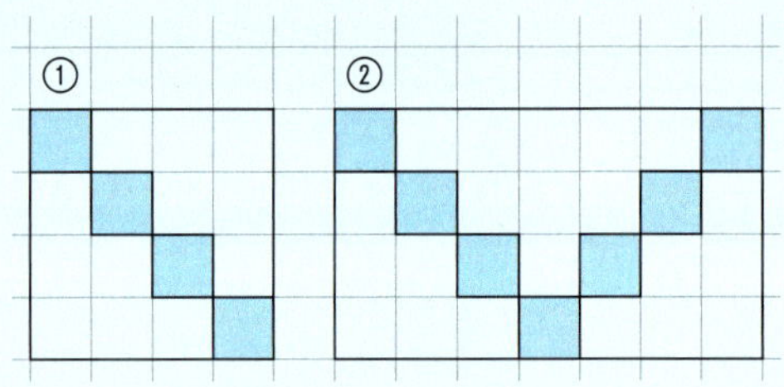

Längenangaben umrechnen

4. Rechne in die angegebene Längeneinheit um.
   a) 40 mm (cm) b) 3 m (cm) c) 1,5 km (m) d) 8 m (dm)

5. Ergänze die richtige Längeneinheit.
   a) 6 cm = 60 ▪ b) 5 km = 5000 ▪ c) 4,5 m = 450 ▪ d) 2000 mm = 2 ▪

6. Überprüfe und korrigiere, falls erforderlich.
   a) 6 m = 600 cm b) 5 cm = 50 dm c) 20 dm = 200 cm d) 2,5 km = 250 m

7. Welche Längenangaben gehören zusammen?

60 cm | 600 mm | 60 dm | 6 m | 0,6 km | 6 dm | 600 cm | 6000 dm | 600 m

Mit Zahlen und Längenangaben rechnen

8. Berechne, indem du die Summanden geschickt vertauscht und zusammenfasst.
a) $15 + 41 + 25 + 19$ b) $63 + 14 + 36 + 27$ c) $13 + 12 + 37 + 5$ d) $63 + 103 + 47 + 27$

9. Berechne im Kopf.
a) $12 \cdot 6$ b) $38 \cdot 4$ c) $4 \cdot 5 \cdot 3$ d) $7 \cdot 7 \cdot 8$

10. Berechne.
a) 13 cm + 17 cm b) 12 m + 3 m c) 17 m − 9 m d) 1 m − 50 cm

11. Berechne.
a) 8 cm · 4 b) 64 cm : 8 c) 2 · 13 m d) 72 m : 9

12. Überschlage zuerst und berechne dann schriftlich.
a) $134 \cdot 12$ b) $346 \cdot 18$ c) $140 \cdot 120$ d) $11 \cdot 3453$

13. Ergänze in der Rechnung die richtigen Zahlen.
a) $2100 = 700 \cdot \square = 70 \cdot \square = 7 \cdot \square$ b) $12\,000 = 2 \cdot \square = 30 \cdot \square = 400 \cdot \square = 6000 \cdot \square$
c) $2400 = 200 \cdot \square = 400 \cdot \square = 800 \cdot \square$ d) $72\,000 = 8 \cdot \square = 80 \cdot \square = 800 \cdot \square = 8000 \cdot \square$

Rechteck und Quadrat erkennen und zeichnen

14. Zeichne
a) ein Rechteck mit den Seitenlängen a = 4 cm und b = 2 cm,
b) ein Quadrat mit einer Seitenlänge von 3 cm.

15. Miss die Seitenlängen der Figur.
a)
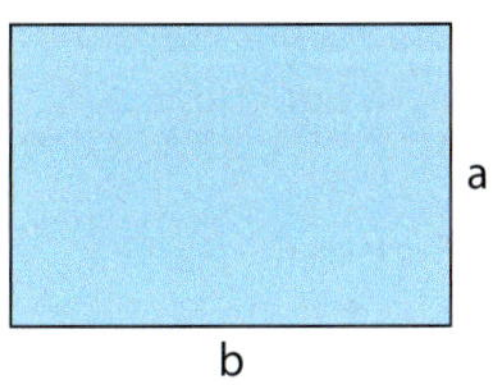

b)
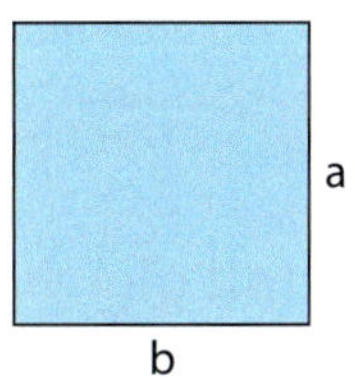

16. Die Länge einer Seite eines Quadrats beträgt 3,7 cm. Wie lang ist eine benachbarte Seite?

17. Länge a und Breite b eines Rechtecks sind zusammen 12 cm lang. Wie lang ist die Seite a,
a) wenn die Länge der Seite b genau 3 cm beträgt,
b) wenn die Seite b doppelt so lang ist wie die Seite a?

18. Zeichne die folgenden Eckpunkte jeweils in ein Koordinatensystem und verbinde sie in alphabetischer Reihenfolge. Um was für ein Viereck handelt es sich?
a) A(1|2), B(3|2), C(3|4), D(1|4) b) E(2|5), F(7|5), G(7|7), H(2|7)
c) P(3|1), Q(6|1), R(8|3), S(5|3) d) U(5|0), V(7|0), W(7|2), X(6|2)

19. Zeichne die Punkte A(2|2), B(4|0) und C(5|1) in ein Koordinatensystem.
Trage einen weiteren Punkt D so in das Koordinatensystem ein, dass die Punkte A, B, C, D Eckpunkte eines Rechtecks sind. Gib die Koordinaten des Punktes D an.

4.1 Flächen vergleichen

■ Familie Müller möchte ein möglichst großes Gartengrundstück mit Zaun kaufen. Vergleiche die Gärten und berate die Familie. Probiere verschiedene Möglichkeiten beim Vergleichen aus. Du kannst die Gärten dazu auch auf Papier übertragen und ausschneiden. ■

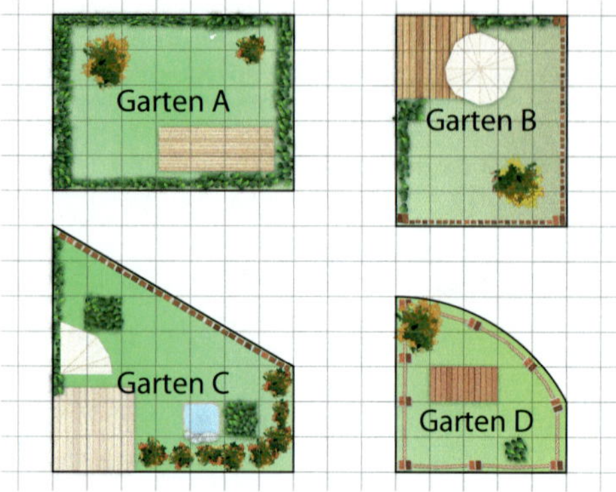

Hinweis:
- Das Messen von **Strecken** mit dem Lineal ist bekannt.
- Der **Umfang** ist Thema von Kap. 4.4.
- Der **Flächeninhalt** ist Thema von Kap. 4.1, 4.2 und 4.3.

Grundbegriffe:
Wenn man Flächen vergleicht, kann man verschiedene Größen vergleichen:
- die **Länge** und **Breite** der Flächen, wenn man mit dem Geodreieck misst,
- den **Umfang** der Fläche, wenn man eine Schnur um die Fläche legt oder um die Fläche herumläuft,
- den **Flächeninhalt**, wenn man die Fläche mit Plättchen auslegt oder ein Quadratgitter auf die Fläche zeichnet und Quadrate zählt.

Wenn man von der Größe einer Fläche spricht, meint man fast immer den Flächeninhalt.

Wissen: Flächeninhalt
Der **Flächeninhalt** gibt an, wie groß die Fläche von einem Blatt Papier oder von einer Stadt ist oder allgemein, welche Ausdehnung eine Figur oder ein Gebiet in der Ebene hat.

Flächen vergleichen mit gleich großen Kästchen

Beispiel 1: Welche der beiden Flächen hat den größeren Flächeninhalt?

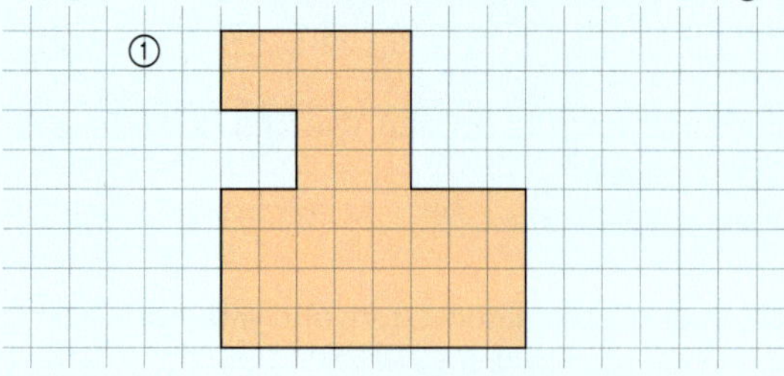

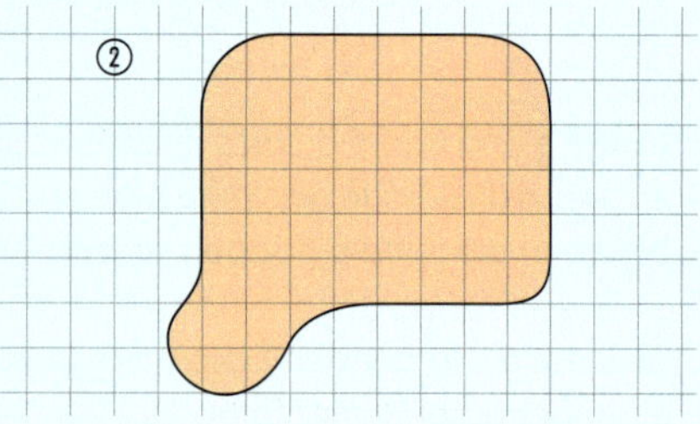

Lösung:
Zähle die Kästchen der Figuren und vergleiche dann. Zwei halbe Kästchen kannst du als ein Kästchen zählen.
Figur ① hat einen Flächeninhalt von genau 48 Kästchen. Figur ② hat einen Flächeninhalt von ungefähr 52 Kästchen. Figur ② hat also den größeren Flächeninhalt.

Basisaufgaben

1. Welche der beiden Flächen hat den größeren Flächeninhalt?

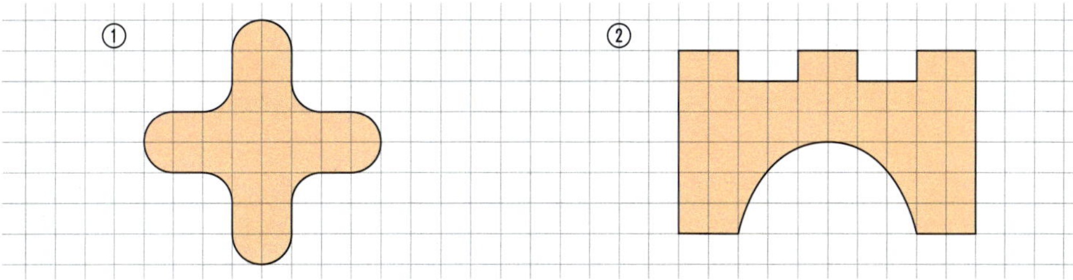

2. Ordne die Figuren nach ihrem Flächeninhalt. Beginne mit der kleinsten Figur.

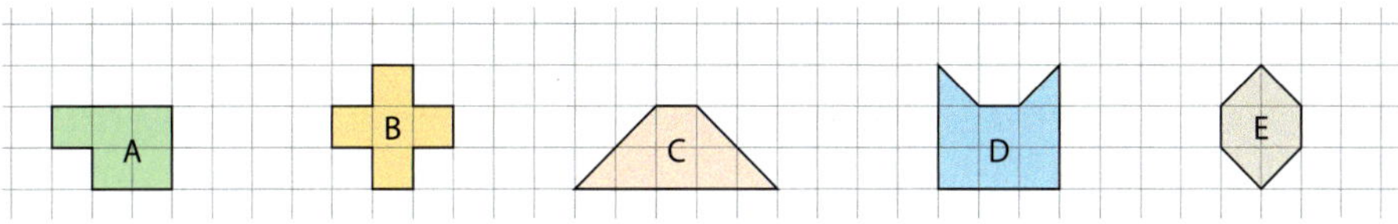

Flächen vergleichen in cm²

Für den Alltag ist es unpraktisch, die Größe von Flächen in der Einheit „Kästchen" zu vergleichen. Kästchen können ja unterschiedlich groß sein. Deshalb hat man Flächeneinheiten eingeführt. Man hat festgelegt, dass ein Quadrat der Länge 1 cm und der Breite 1 cm einen Flächeninhalt von 1 cm² (1 **Quadratzentimeter**) hat.

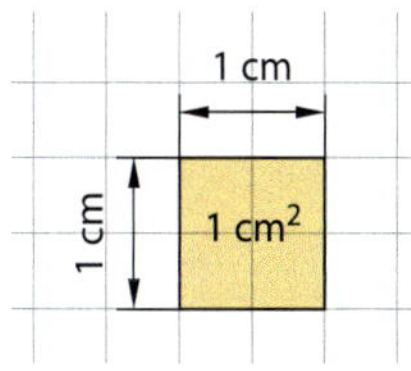

Beispiel 2: Bestimme den Flächeninhalt der Figur in cm².

a)

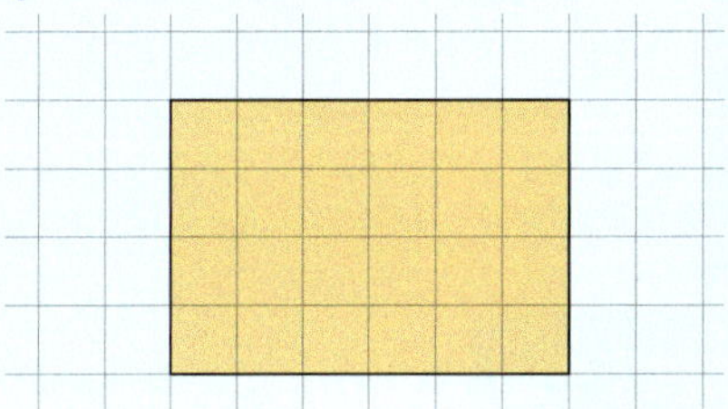

b)

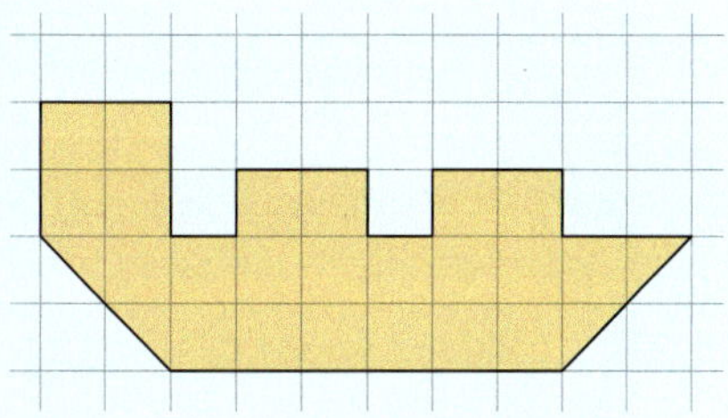

Lösung:

a) Lege die Figur mit Quadraten der Größe 1 cm² aus. Insgesamt passen 6 Quadrate der Größe 1 cm² in die Figur.

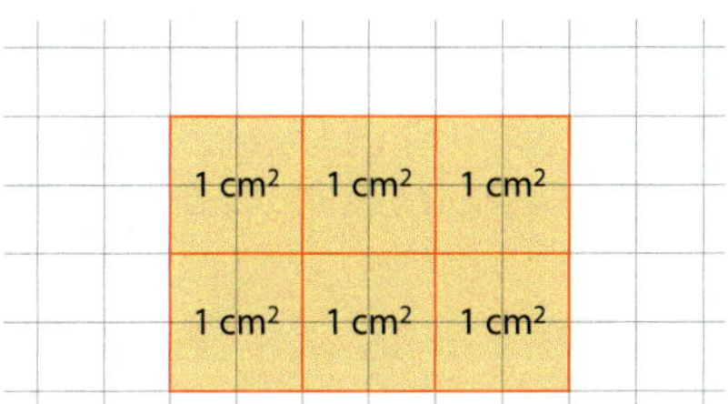

Der Flächeninhalt beträgt 6 cm².

b) Es passen 4 Quadrate der Größe 1 cm² in die Figur. Die übrigen Teilstücke lassen sich zu 2 Quadraten der Größe 1 cm² zusammensetzen.

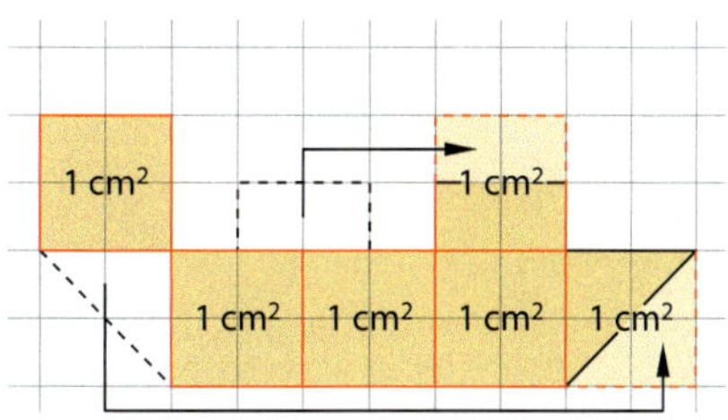

Der Flächeninhalt beträgt 6 cm².

Hinweis:
4 Kästchen sind genau 1 cm².

Basisaufgaben

3. Zeichne die Figuren in dein Heft und bestimme den Flächeninhalt in cm^2.

a)

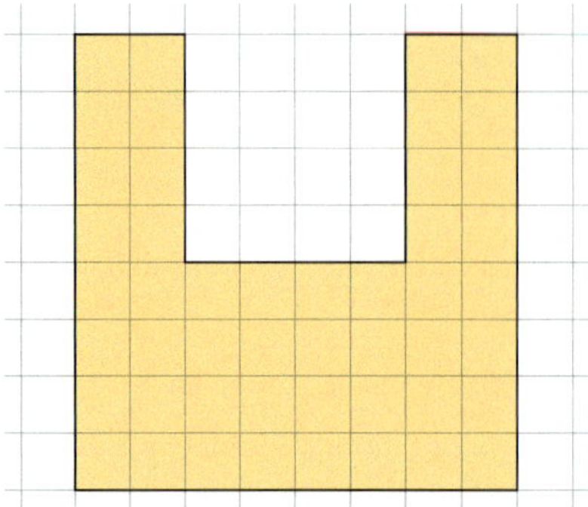

b)

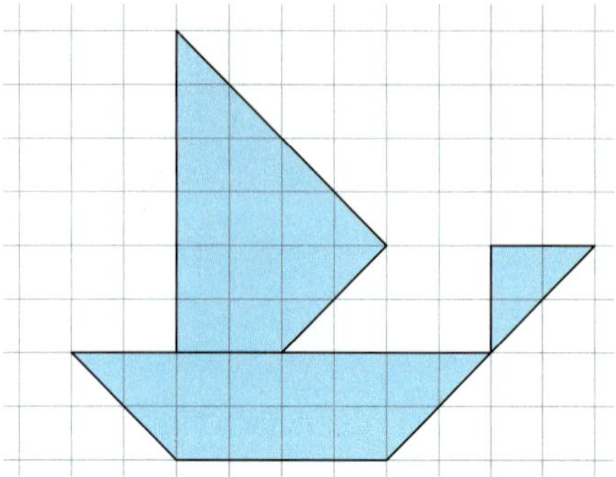

4. a) Zeichne in dein Heft drei verschiedene Rechtecke. Jedes Rechteck soll einen Flächeninhalt von 12 Kästchen haben.
   b) Zeichne in dein Heft drei Flächen, die jeweils $5\,cm^2$ groß sind.

5. Zeichne in dein Heft eine Figur, deren Flächeninhalt fünfmal (zehnmal, zwanzigmal) so groß ist wie das Quadrat rechts. Welchen Flächeninhalt hat die Figur jeweils?

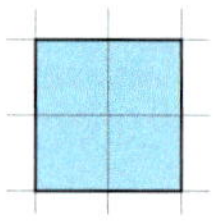

Weiterführende Aufgaben

6. Welche der abgebildeten ostfriesischen Inseln ist größer, Norderney oder Juist?

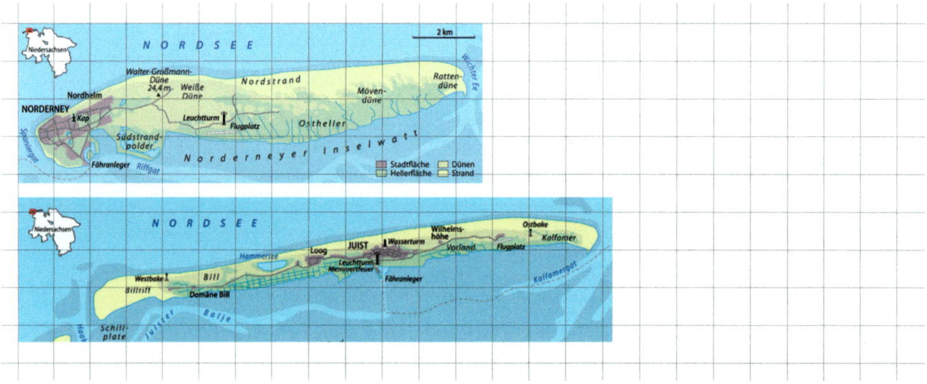

7. **Durchblick:** Gib den Flächeninhalt der folgenden Figuren in cm^2 an.

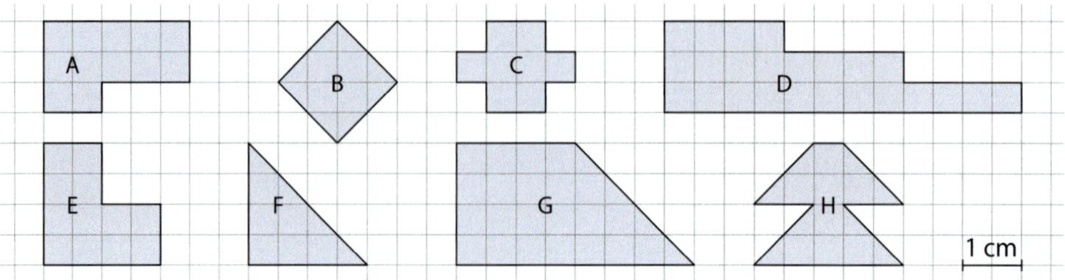

8. Stolperstelle: Marek hat die Flächen nach der Größe ihres Flächeninhalts sortiert. „Das mit der Größe hast du wohl falsch verstanden." sagt seine Lehrerin. Erkennst du Mareks Fehler? Erkläre, wie er vorgehen muss, um die Aufgabe korrekt zu lösen, und gib die richtige Lösung an.

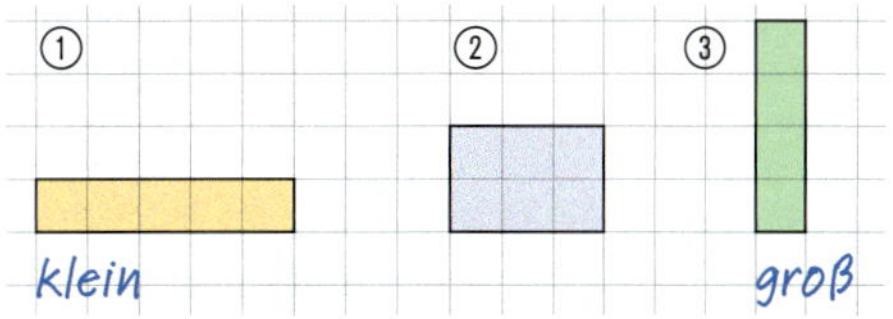

9. Zeichne die Figur in dein Heft. Finde mehrere Möglichkeiten, wie man die Fläche in zwei gleich große Teilflächen zerlegen kann. Zeichne die Zerlegung jeweils in dein Heft und male die gleich großen Teile bunt aus.

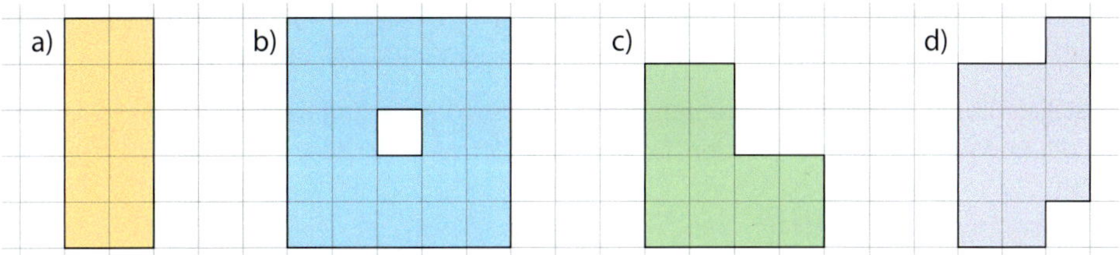

10. Flächeninhalt vergleichen durch Zerlegen:

a) Zeichne die Figuren auf Kästchenpapier und bestimme dann den Flächeninhalt in cm^2.

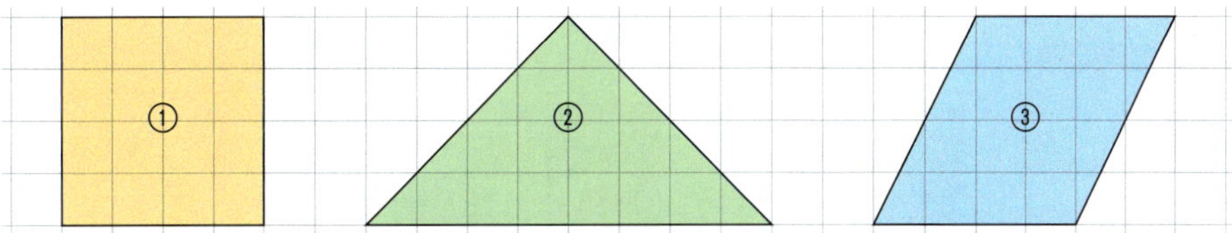

b) Schneide die Figuren ② und ③ aus. Zerlege die beiden Figuren durch einen geraden Schnitt so in zwei Teile, dass du daraus das Quadrat ① zusammensetzen kannst.

11. Zeichne die Figuren in dein Heft. Zerlege jede Fläche so, dass nach dem Zusammensetzen ein Rechteck entsteht. Welche der Figuren hat den größten Flächeninhalt?

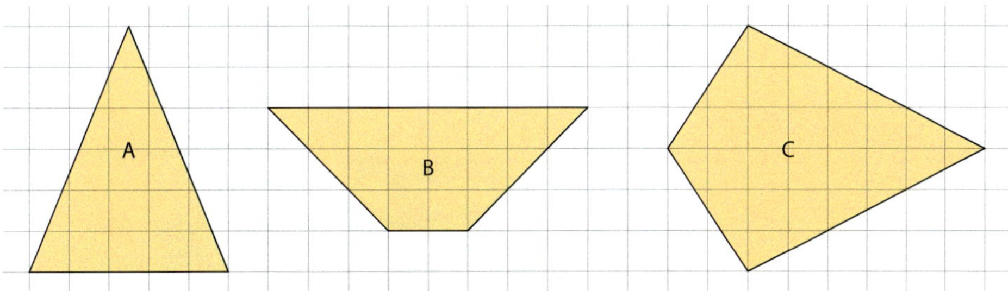

12. Ausblick: Dieses Rechteck lässt sich so in zwei Teile zerschneiden, dass es zu einem Quadrat zusammengesetzt werden kann. Finde weitere Rechtecke, die du so zerlegen kannst. Geht das bei allen Rechtecken?

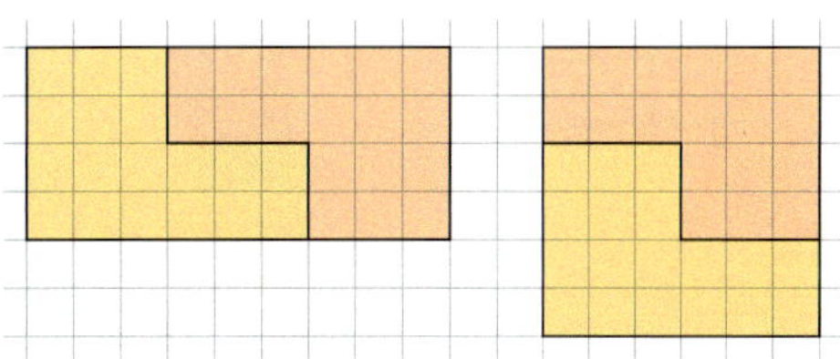

4.2 Flächeneinheiten

■ Wie viele Quadrate mit dem Flächeninhalt 1 cm^2 passen in ein Quadrat mit der Kantenlänge 1 dm? Schätze zuerst und berechne dann. ■

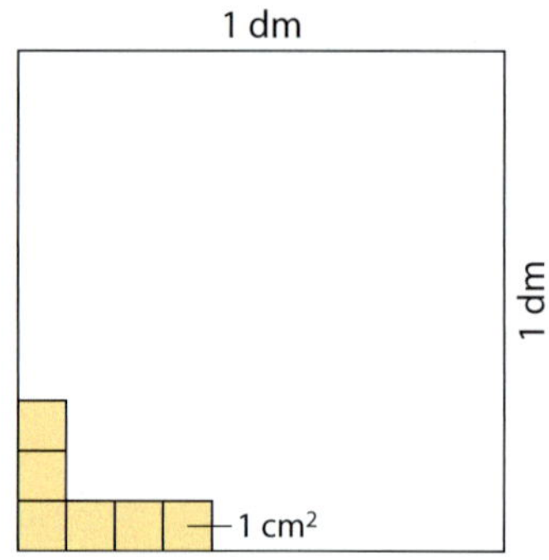

Soll der Flächeninhalt einer Fläche bestimmt werden, kann man sie mit Einheitsquadraten der Kantenlänge 1 mm, 1 cm, 1 dm, 1 m und 1 km auslegen. Zu den Längeneinheiten mm, cm, dm, m und km gehören dann die **Flächeneinheiten** mm^2, cm^2, dm^2, m^2 und km^2.

Zusätzlich gibt es die Flächeneinheiten Ar und Hektar, die zur Angabe der Größe von Grundstücken und Äckern benutzt werden. Es gilt: 1 a = 100 m^2 und 1 ha = 10 000 m^2.

Wissen: Flächeneinheiten

Flächeneinheit	1 km^2	1 ha	1 a	1 m^2	1 dm^2	1 cm^2	1 mm^2
Seitenlänge des Quadrats	1 km	100 m	10 m	1 m	1 dm	1 cm	1 mm
Bezeichnung	Quadratkilometer	Hektar	Ar	Quadratmeter	Quadratdezimeter	Quadratzentimeter	Quadratmillimeter
Beispiel	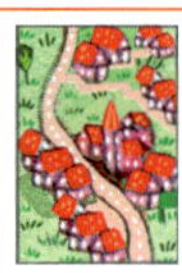 Dorf	 Fußballfeld	 Klassenraum	 Tischplatte	 CD-Hülle	 vier Kästchen	 Filzstiftpunkt

Basisaufgaben

1. Ordne den Gegenständen jeweils einen passenden Flächeninhalt zu.
   1 ha, 25 mm^2, 357 000 km^2, 5 mm^2, 2 m^2

2. Welche Einheit (mm^2, cm^2, dm^2, m^2, a, ha, km^2) passt zu diesen Flächen:
   Wohnzimmer, Europa, Tisch, DIN-A4-Seite, Handballplatz?

Flächeneinheiten umrechnen

Für die Umrechnung zwischen zwei Flächeneinheiten kann man sich vorstellen, dass ein großes Quadrat in viele kleine Quadrate zerlegt wird oder aus vielen kleinen Quadraten zusammengesetzt wird.

Ein Quadrat mit der Seitenlänge 1 dm hat einen Flächeninhalt von 1 dm^2. Unterteilt man dieses Quadrat in kleine Quadrate mit 1 cm Seitenlänge, so erhält man in einer Reihe 10 Quadrate zu 1 cm^2, also 10 cm^2. Insgesamt gibt es 10 Reihen. Alle 10 Reihen zusammen ergeben dann 100 cm^2.

Daher gilt
$1\,dm^2 = 10 \cdot 10 \cdot 1\,cm^2 = 100\,cm^2$.

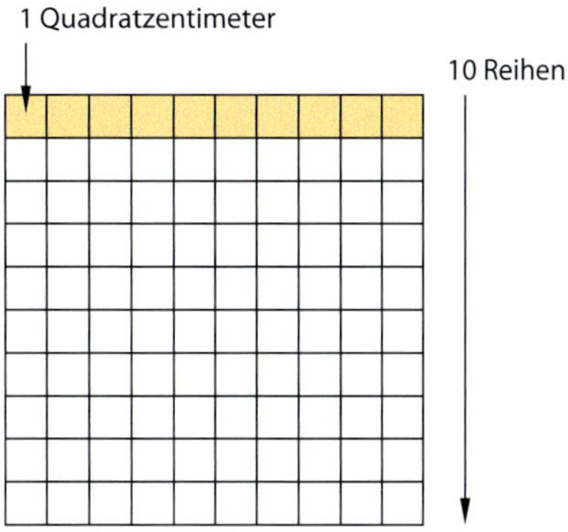

Wissen: Flächeneinheiten umrechnen

Umrechnungszahl

$km^2 \xrightarrow{100} ha \xrightarrow{100} a \xrightarrow{100} m^2 \xrightarrow{100} dm^2 \xrightarrow{100} cm^2 \xrightarrow{100} mm^2$

Quadratkilometer	$\mathbf{1\,km^2 = 100\,ha}$
Hektar	$\mathbf{1\,ha = 100\,a}$
Ar	$\mathbf{1\,a = 100\,m^2}$
Quadratmeter	$\mathbf{1\,m^2 = 100\,dm^2}$
Quadratdezimeter	$\mathbf{1\,dm^2 = 100\,cm^2}$
Quadratzentimeter	$\mathbf{1\,cm^2 = 100\,mm^2}$
Quadratmillimeter	$1\,mm^2$

Beispiel 1:
a) Rechne 45 cm^2 in die nächstkleinere Einheit um.
b) Rechne 28 600 cm^2 in die nächstgrößere Einheit um.

Lösung:
a) Die nächstkleinere Einheit zu cm^2 ist mm^2.
1 cm^2 hat 100 mm^2.
45 cm^2 sind also 45 mal 100 mm^2.

$45\,cm^2 = 45 \cdot 1\,cm^2$
$= 45 \cdot 100\,mm^2$
$= 4500\,mm^2$

b) Die nächstgrößere Einheit zu cm^2 ist dm^2.
1 dm^2 hat 100 cm^2.
286 mal 100 cm^2 sind also 286 dm^2.

$28\,600\,cm^2 = 286 \cdot 100\,cm^2$
$= 286\,dm^2$

Basisaufgaben

3. Rechne in die nächstkleinere Einheit um.

a) $11\,cm^2$ b) $20\,m^2$ c) $10\,m^2$ d) $37\,dm^2$ e) $5\,km^2$
f) $32\,m^2$ g) $17\,cm^2$ h) $30\,km^2$ i) 6 ha j) 7 a

4. Rechne in die nächstgrößere Einheit um.

a) $800\,mm^2$ b) $1900\,dm^2$ c) $300\,cm^2$ d) $1600\,dm^2$ e) $5000\,cm^2$
f) 400 ha g) $700\,m^2$ h) 5000 ha i) $10\,000\,mm^2$ j) $45\,000\,m^2$

5. Übertrage in dein Heft und ergänze die richtige Maßzahl oder Maßeinheit.

a) $600\,cm^2 =$ ■ dm^2 b) $7\,m^2 =$ ■ dm^2 c) 900 ha = 9 ■ d) $32\,cm^2 = 3200$ ■
e) $99\,000\,m^2 =$ ■ a f) 80 ha = ■ a g) $7000\,mm^2 = 70$ ■ h) $560\,m^2 = 56\,000$ ■

6. Wandle schrittweise in die angegebene Maßeinheit um.
Beispiel: $9\,m^2 = 900\,dm^2 = 90\,000\,cm^2$

a) $3\,m^2$ (in cm^2) b) $80\,dm^2$ (in mm^2) c) 23 ha (in m^2)
d) $90\,000\,m^2$ (in ha) e) 4 500 000 a (in km^2) f) $1\,000\,000\,mm^2$ (in m^2)

Weiterführende Aufgaben

7. Gib den Flächeninhalt der Figuren in mm^2 und cm^2 an.

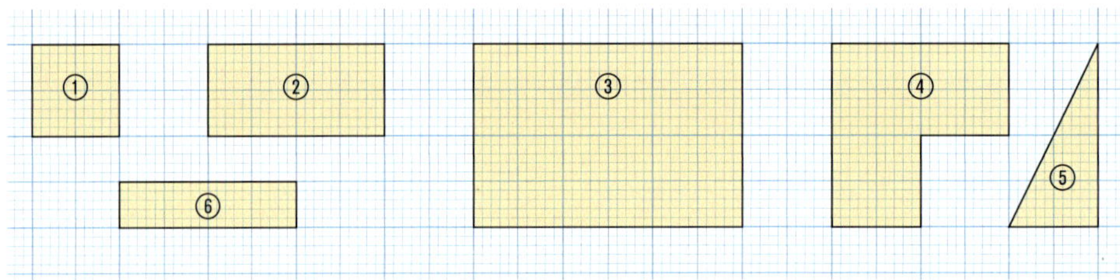

8. Ordne der Größe nach: 5 a, $50\,m^2$, $50\,000\,dm^2$, $500\,000\,000\,cm^2$.

9. Welche Angaben gehören zusammen?

$708\,dm^2$ | $708\,000\,cm^2$ | $7\,080\,000\,mm^2$ | $78\,000\,cm^2$ | $70\,800\,cm^2$ | $7\,800\,000\,mm^2$ | $780\,dm^2$ | $78\,m^2$

Achtung: Es können Kärtchen übrig bleiben.

10. Durchblick: Rechne in die angegebene Maßeinheit um.

a) $5\,cm^2$ (in mm^2) b) $700\,dm^2$ (in m^2) c) $60\,km^2$ (in ha) d) $99\,000\,cm^2$ (in dm^2)
e) $6\,m^2$ (in cm^2) f) $120\,000\,m^2$ (in ha) g) $50\,dm^2$ (in mm^2) h) $8\,km^2$ (in m^2)
i) Ordne die Angaben in a) bis h) der Größe nach.

11. Stolperstelle: John ist sich bei den folgenden Aufgaben nicht sicher. Verbessere und erkläre John, worauf er achten muss.

a) Rechne $300\,cm^2$ in die nächstgrößere Einheit um. Lösung: *$300\,cm^2 = 3\,m^2$*
b) Rechne $1200\,dm^2$ in cm^2 um. Lösung: *$1200\,dm^2 = 12\,cm^2$*
c) Rechne $1\,km^2$ in m^2 um. Lösung: *Da 1 km = 1000 m sind, gilt $1\,km^2 = 1000\,m^2$.*

12. Wandle die Summanden in die gleiche Einheit um und berechne.
Beispiel: $200\,m^2 + 2\,a = 200\,m^2 + 200\,m^2 = 400\,m^2$

a) $10\,m^2 + 2\,a = ■\,m^2$ b) $40\,cm^2 + 8\,mm^2 = ■\,mm^2$ c) $26\,cm^2 + 65\,mm^2 + 3\,cm^2$
d) $20\,cm^2 + 4\,m^2$ e) $8\,m^2 + 6\,cm^2 + 10\,dm^2$ f) $5\,km^2 + 45\,a + 170\,m^2$

Hinweis zu 12:
Hier findest du die Maßzahlen der Lösungen.

13. Der Wert der Summe zweier benachbarter Steine steht im darüberliegenden Stein.
Übertrage ins Heft und vervollständige die Pyramide.

a)
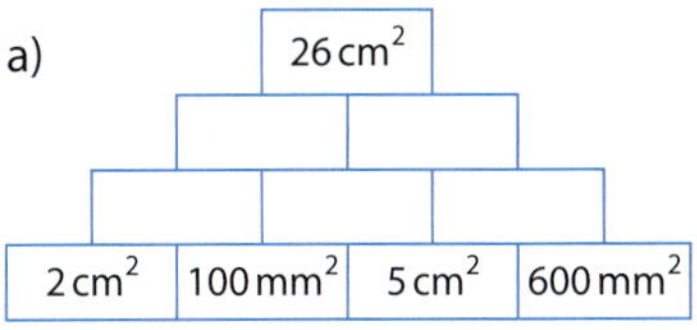

b)
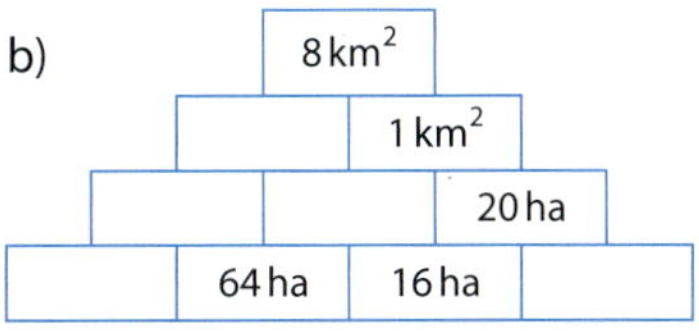

14. Jetzt musst du aufpassen: Hier sind Längen- und Flächeneinheiten vermischt. Ordne zuerst und rechne dann in die angegebene Einheit um.

a) $539\,km^2$ (in ha) b) 400 cm (in m) c) 28 000 m (in km) d) $30\,000\,cm^2$ (in m^2)
e) 6700 ha (in km^2) f) 3 dm (in mm) g) 960 a (in m^2) h) 85 000 mm (in dm)

Hinweis zu 14:
Bei Längeneinheiten ist die Umrechnungszahl 10 (außer 1 km = 1000 m), bei Flächeneinheiten 100.

15. Prüfe, ob Freds Behauptungen stimmen können.
a) Mein Butterbrot ist $1\,500\,000\,mm^2$ groß.
b) Hannover hat eine Fläche von $200\,000\,000\,m^2$.
c) Mein Zimmer ist $14\,500\,000\,mm^2$ groß.
d) Mein Bett ist $20\,000\,cm^2$ groß.
e) Erfinde selbst Aufgaben mit ungewöhnlichen Größenangaben. Du kannst sogar eine ganze Geschichte schreiben.

16. Auf einem 30 Ar großen Grundstück sollen zehn Reihenhäuser mit Garten gebaut werden, die alle die gleiche Grundfläche haben. Wie viele Quadratmeter stehen für jedes Haus mit Garten zur Verfügung?

17. Eine Solaranlage besteht aus 20 000 einzelnen Solarmodulen zur Erzeugung von Strom. Jedes Solarmodul ist etwa $2\,m^2$ groß. Wie viele Hektar groß ist die gesamte Anlage?

18. Ein Tierpark vergrößert sich um 2 ha. Wege und Grünanlagen sollen die Hälfte einnehmen, auf der restlichen Fläche sollen neue Gehege für Löwen, Elefanten und Kängurus entstehen. 5 Kängurus brauchen laut Gesetz mindestens 3 a Fläche, jedes weitere Känguru $30\,m^2$ zusätzlich. Ein Löwe braucht $150\,m^2$, ein Elefant 5 a. Welche neuen Gehege könnte man anlegen? Wie viele Tiere können darin leben?

19. Ausblick: Vervollständige die Pyramide im Heft.

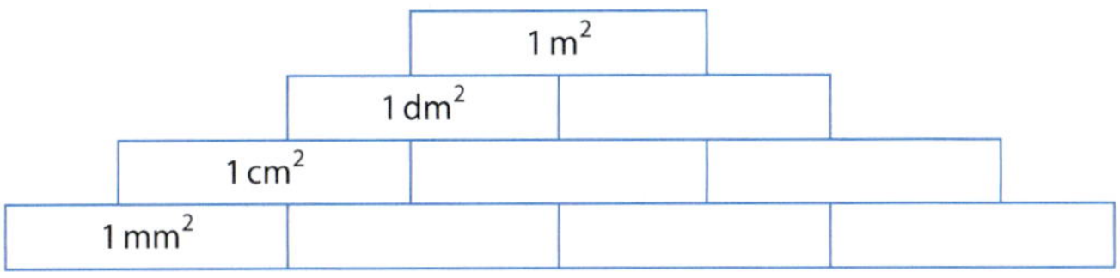

4.3 Flächeninhalt eines Rechtecks

■ Das Mosaik besteht aus farbigen quadratischen Steinen mit jeweils 1 cm^2 Flächeninhalt. Die einzelnen Farben bilden Rechtecke oder Quadrate.
Gib die Seitenlängen und den Flächeninhalt der einzelnen Farbflächen an. ■

Der Flächeninhalt eines Rechtecks, welches 3 cm breit und 4 cm lang ist, soll berechnet werden. Dazu kann man das Rechteck mit Quadraten der Seitenlänge 1 cm ausfüllen und diese zählen. Ein Quadrat mit Seitenlänge 1 cm hat einen Flächeninhalt von 1 cm^2. Um einfach zählen zu können, fasst man die Quadrate am besten zu Streifen zusammen.

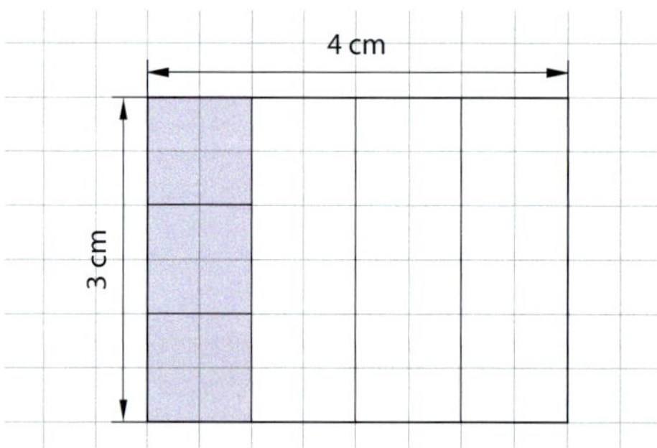

Man erhält 4 Streifen mit 3 Quadraten, also 12 Quadrate insgesamt.
Das Rechteck hat einen Flächeninhalt von
$4 \cdot (3 \cdot 1\,cm^2) = 4 \cdot 3\,cm^2$
$= 12\,cm^2$

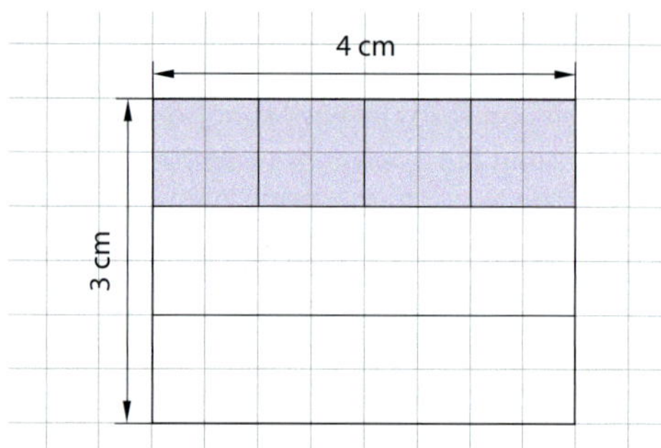

Man erhält 3 Streifen mit 4 Quadraten, also ebenfalls insgesamt 12 Quadrate.
Das Rechteck hat einen Flächeninhalt von
$3 \cdot (4 \cdot 1\,cm^2) = 3 \cdot 4\,cm^2$
$= 12\,cm^2$

Hinweis:

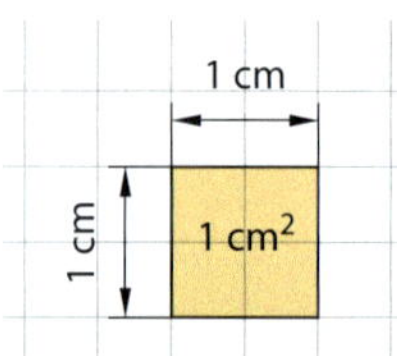

Wissen: Flächeninhalt eines Rechtecks
Der Flächeninhalt eines Rechtecks ist das Produkt aus der Länge a und der Breite b des Rechtecks.
Flächeninhalt = Länge mal Breite
$A = a \cdot b$

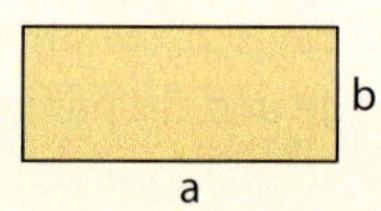

Hinweis:
Für den Flächeninhalt eines Quadrats mit Seitenlänge a gilt:
$A = a \cdot a$
Vergleiche Aufgabe 5.

Flächeninhalt berechnen

Beispiel 1:
Berechne den Flächeninhalt eines Rechtecks mit den Seitenlängen $a = 5\,cm$ und $b = 2\,cm$.

Lösung:
Den Flächeninhalt eines Rechtecks berechnest du, indem du die Länge mit der Breite multiplizierst.

$A = 5\,cm \cdot 2\,cm$
$= (5 \cdot 2)\,cm^2 = 10\,cm^2$

Das Ergebnis ist ein Flächeninhalt, deshalb brauchst du die Einheit cm^2.

Das Rechteck hat einen Flächeninhalt von $10\,cm^2$.

Basisaufgaben

Hinweis zu 1:
Hier findest du die Maßzahlen der Lösungen.

1. Berechne den Flächeninhalt des Rechtecks.
   a) $a = 5\,cm, b = 7\,cm$ b) $a = 13\,m, b = 29\,m$ c) $a = 3\,km, b = 6\,km$
   d) $a = 20\,m, b = 30\,m$ e) $a = 15\,m, b = 15\,m$ f) $a = 50\,km, b = 80\,km$

2. Miss die benötigten Seitenlängen und berechne den Flächeninhalt der Rechtecke.

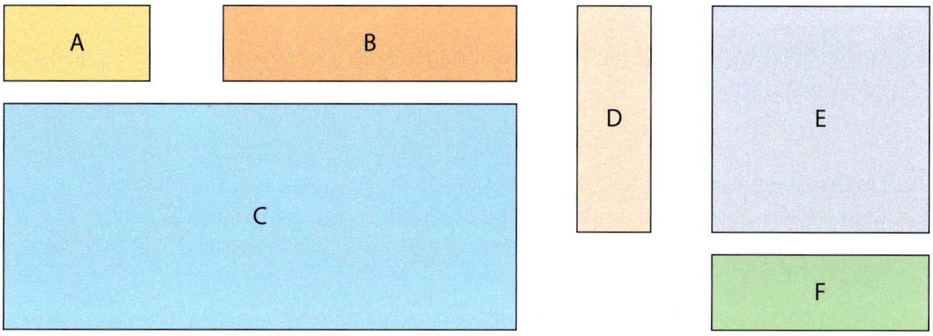

3. Berechne den Flächeninhalt der Rechtecke mit den angegebenen Seitenlängen. Wandle die Seitenlängen vorher in eine gemeinsame Einheit um.
   a) $a = 5\,cm, b = 8\,mm$ b) $a = 120\,cm, b = 2\,m$ c) $a = 6\,km, b = 500\,m$
   d) $a = 30\,cm, b = 5\,dm$ e) $a = 7\,m, b = 11\,dm$ f) $a = 1\,m, b = 1\,cm$

4. a) Ein Zimmer ist 6 m breit und 12 m lang. Berechne die Grundfläche des Zimmers.
   b) Ein Schwimmbecken ist 110 m lang und 30 m breit. Berechne die Grundfläche des Beckens.

5. **Flächeninhalt eines Quadrats:** Zeichne ein Quadrat mit der Seitenlänge 3 cm. Berechne den Flächeninhalt. Erkläre, wie du dabei vorgehen kannst.

6. Berechne den Flächeninhalt eines Quadrats mit der Seitenlänge a.
   a) $a = 4\,cm$ b) $a = 7\,cm$ c) $a = 10\,km$ d) $a = 20\,dm$ e) $a = 16\,m$

Seitenlänge berechnen

Beispiel 2: Ein Rechteck hat den Flächeninhalt $A = 24\,cm^2$. Eine Seite hat die Länge $a = 4\,cm$. Berechne die Breite b.

Lösung:

Für den Flächeninhalt rechnest du Länge mal Breite.	$A = 4\,cm \cdot \blacksquare = 24\,cm^2$
Die Seitenlänge b kannst du mit der Umkehroperation berechnen.	$24\,cm^2 : 4\,cm = 6\,cm$ Die Seitenlänge b beträgt 6 cm.

Basisaufgaben

7. Berechne die fehlende Seitenlänge des Rechtecks.
   a) $A = 36\,cm^2, a = 4\,cm$
   b) $A = 44\,mm^2, a = 11\,mm$
   c) $A = 35\,m^2, a = 5\,m$

8. Berechne die fehlende Seitenlänge des abgebildeten Rechtecks.

a) b) c) d)

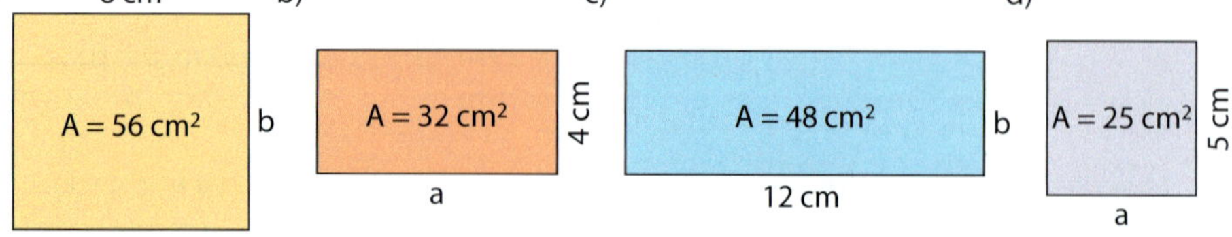

9. Ein Rechteck ist 10 cm breit. Es hat den angegebenen Flächeninhalt. Berechne die Länge der anderen Seite.

a) $A = 220\,cm^2$ b) $A = 1300\,cm^2$ c) $A = 5\,dm^2$ d) $A = 6\ m^2$ e) $A = 1\,a$

Erinnere dich:
Hier brauchst du die Quadratzahlen. Du hast sie beim Potenzieren auf Seite 72 kennengelernt.

10. Ein Quadrat hat den angegeben Flächeninhalt. Berechne die Länge einer Seite.
Beispiel: $A = 25\,cm^2$ Die gesuchte Länge ist 5 cm, denn $5\,cm \cdot 5\,cm = 25\,cm^2$

a) $A = 36\,m^2$ b) $A = 81\,km^2$ c) $A = 400\,mm^2$ d) $A = 225\,dm^2$ e) $A = 144\,cm^2$

Weiterführende Aufgaben

11. a) Gib die Seitenlängen von vier Rechtecken an, die alle einen Flächeninhalt von $36\,cm^2$ haben.

b) Gib die Seitenlängen von möglichst vielen verschiedenen Rechtecken an, die alle einen Flächeninhalt von $48\,cm^2$ haben.

12. In der Tabelle sind die Länge, Breite und der Flächeninhalt von Rechtecken eingetragen. Ergänze die Tabelle im Heft so, dass kein Rechteck doppelt vorkommt.

	a)	b)	c)	d)	e)	f)	g)
Länge a	12 m	6 km	80 cm				
Breite b	6 m		2 m	5 cm			
Flächeninhalt A		$48\,km^2$		$4\,dm^2$	$64\,km^2$	$64\,km^2$	$64\,km^2$

13. Durchblick: Orientiere dich bei deinen Rechnungen an den Beispielen 1 und 2.

a) Berechne den Flächeninhalt eines Rechtecks mit der Länge 12 cm und der Breite 6 cm.

b) Berechne den Flächeninhalt eines Quadrats mit der Seitenlänge 12 cm.

c) Ein Rechteck hat den Flächeninhalt $72\,cm^2$. Eine Seite ist 8 cm lang. Berechne die Länge der anderen Seite.

d) Wie oft passt ein Quadrat mit der Seitenlänge 1 cm in ein Rechteck mit a = 15 cm und b = 1 m? Begründe deine Antwort.

14. Stolperstelle: Jana ist sich bei ihren Aufgaben nicht sicher. Verbessere die Fehler und erkläre Jana, worauf sie achten muss.

a) Berechne den Flächeninhalt eines Rechtecks mit a = 5 cm und b = 8 cm.
Janas Lösung: $A = 5\,cm \cdot 8\,cm = 40\,cm$

b) Berechne den Flächeninhalt eines Rechtecks mit a = 150 cm und b = 3 m.
Janas Lösung: $A = 150\,cm \cdot 3\,m = 450\,m^2$

c) Ein Rechteck ist 6 cm lang und hat einen Flächeninhalt von $18\,cm^2$.
Jana berechnet die Länge der zweiten Seite: $18 : 6 = 3\,cm$

15. Ein Fußballfeld kann folgende Maße haben: Länge zwischen 90 m und 120 m, Breite zwischen 45 m und 90 m.
Bestimme den Flächeninhalt des größtmöglichen und des kleinstmöglichen Fußballfeldes.

16. Frau Maier will einen Garten mit einem Flächeninhalt von $100\,m^2$ anlegen. Gib verschiedene Möglichkeiten an, welche Länge und Breite sie wählen kann. Welche Möglichkeit würdest du empfehlen?

17. Miss die Länge und Breite einer Seite deines Buchs „Fundamente der Mathematik".
a) Berechne den Flächeninhalt einer Seite.
b) Welchen Flächeninhalt haben alle Blätter des Buchs zusammen?

18. a) Ein Rechteck mit der Länge 6 cm und der Breite 12 cm hat denselben Flächeninhalt wie ein anderes Rechteck mit der Länge 8 cm. Berechne die Breite dieses Rechtecks.
b) Ein Quadrat mit der Seitenlänge 12 cm hat denselben Flächeninhalt wie ein Rechteck mit der Länge 9 cm. Berechne die Breite des Rechtecks.
c) Ein Rechteck hat die Seitenlängen 9 m und 4 m. Berechne die Seitenlänge eines Quadrats, das denselben Flächeninhalt wie das Rechteck hat.

19. Ein Rechteck hat die Länge 6 cm und die Breite 4 cm. Bestimme den Flächeninhalt, wenn man
a) die Länge um 2 cm verkürzt und die Breite um 2 cm verlängert,
b) die Länge und die Breite verdoppelt,
c) die Länge und die Breite halbiert,
d) die Länge verdoppelt und die Breite halbiert.

20. **Ausblick:** Untersuche, ob die folgenden Aussagen für alle Rechtecke richtig oder falsch sind. Begründe deine Antwort mithilfe von eigenen Beispielen und Zeichnungen.
a) Verdoppelt man die Länge eines Rechtecks und ändert die Breite nicht, so verdoppelt sich der Flächeninhalt des Rechtecks.
b) Verdoppelt man die Länge und die Breite eines Rechtecks, so vervierfacht sich der Flächeninhalt des Rechtecks.
c) Halbiert man die Länge und die Breite eines Rechtecks, so halbiert sich der Flächeninhalt des Rechtecks.

4.4 Flächeninhalt von zusammengesetzten Figuren

■ Falte ein rechteckiges Blatt Papier auf die Hälfte. Schneide dann ein kleines Rechteck aus dem gefalteten Blatt heraus. Beschreibe die Figur, die dabei entsteht.
Wie könntest du den Flächeninhalt dieser Figur berechnen? ■

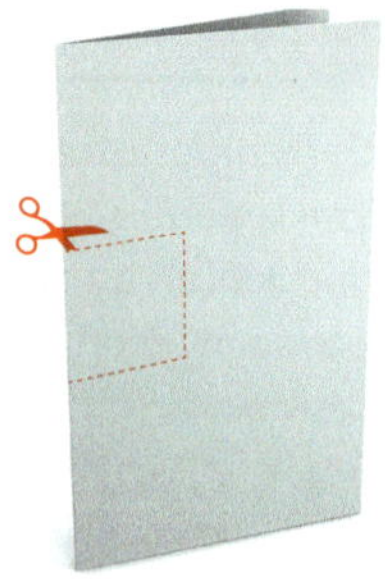

Im Alltag sind Figuren häufig aus mehreren Rechtecken zusammengesetzt. Der Flächeninhalt der zusammengesetzten Figur lässt sich dann ebenfalls berechnen.

Beispiel 1:
Berechne die Grundfläche des Schwimmbeckens.

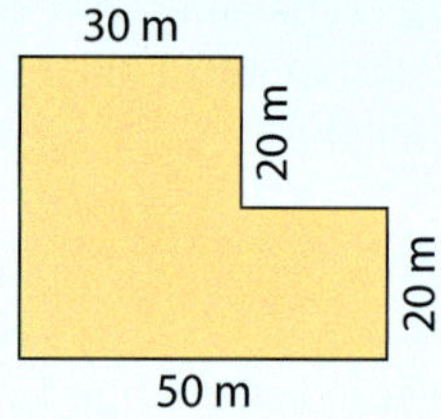

Lösung:
1. Möglichkeit: Zerlegen
Zerlege die Fläche in zwei Rechtecke.

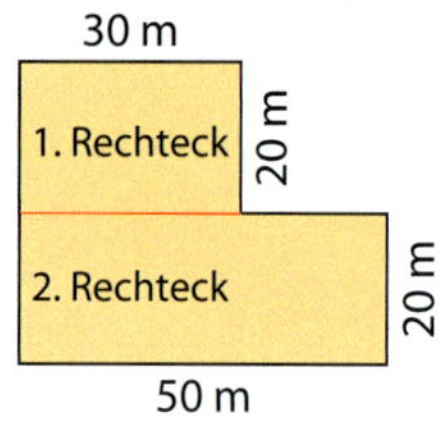

Berechne den Flächeninhalt der einzelnen Teilflächen.

Flächeninhalt des 1. Rechtecks:
$A = 30\,m \cdot 20\,m = 600\,m^2$
Flächeninhalt des 2. Rechtecks:
$A = 50\,m \cdot 20\,m = 1000\,m^2$

Für die Gesamtfläche musst du die Flächeninhalte der Teilflächen noch addieren.

Gesamtfläche:
$A = 600\,m^2 + 1000\,m^2 = 1600\,m^2$

2. Möglichkeit: Ergänzen
Ergänze die Fläche durch das rote Quadrat zu einem Rechteck.

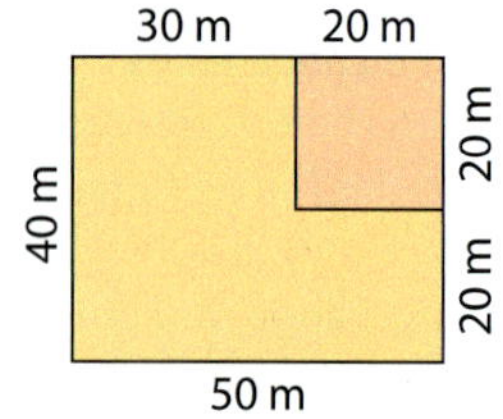

Berechne den Flächeninhalt des roten Quadrats und des gesamten Rechtecks.

Flächeninhalt des gesamten Rechtecks:
$A = 50\,m \cdot 40\,m = 2000\,m^2$
Flächeninhalt des roten Quadrats:
$A = 20\,m \cdot 20\,m = 400\,m^2$

Für die Gesamtfläche musst du den Flächeninhalt des roten Quadrats noch subtrahieren.

Gesamtfläche:
$A = 2000\,m^2 - 400\,m^2 = 1600\,m^2$

Basisaufgaben

1. Berechne den Flächeninhalt. Zerlege die Flächen dazu in geeignete Rechtecke. Zwei Kästchenlängen entsprechen 1 cm.

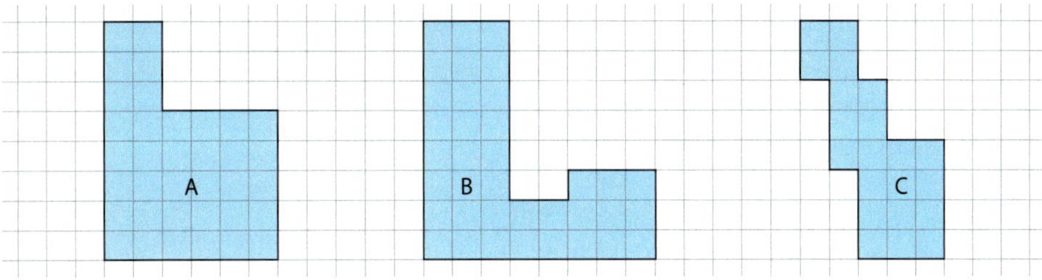

2. Bestimme den Flächeninhalt der Figur, indem du zu einem Rechteck ergänzt. (Maße in cm)

a)

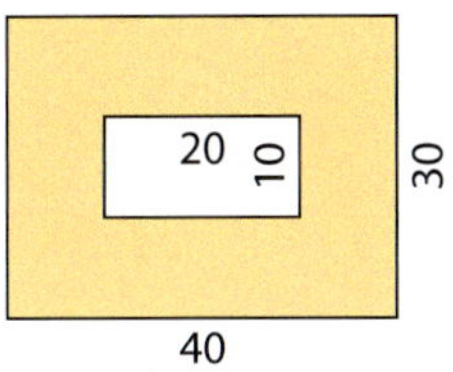

b)

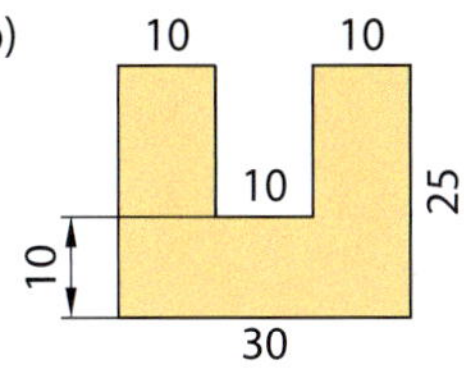

c)

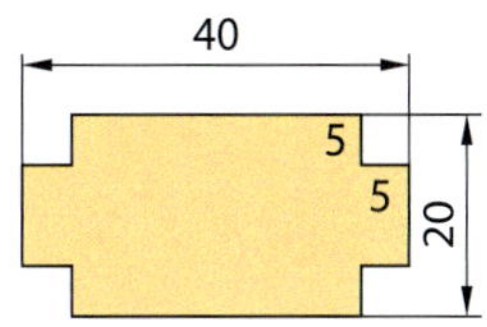

Hinweis zu 2:
Die Summe der Flächeninhalte ist $2300\,cm^2$.

Weiterführende Aufgaben

3. **Durchblick:** Bestimme den Flächeninhalt der Figur möglichst geschickt. (Alle Maße in m.)

a)

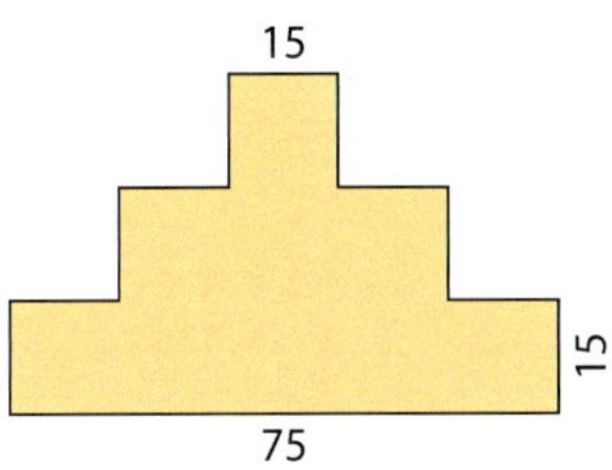

b)

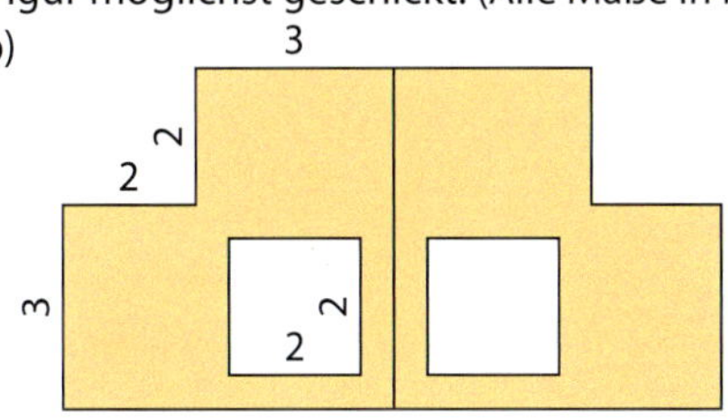

4. **Stolperstelle:** Prüfe, welche Fehler in der Rechnung gemacht wurden.

1. Rechteck: $A = 6\,cm \cdot 5\,cm = 30\,cm^2$
2. Rechteck: $A = 15\,cm \cdot 4\,cm = 60\,cm^2$
Insgesamt: $A = 30\,cm^2 + 60\,cm^2 = 90\,cm^2$

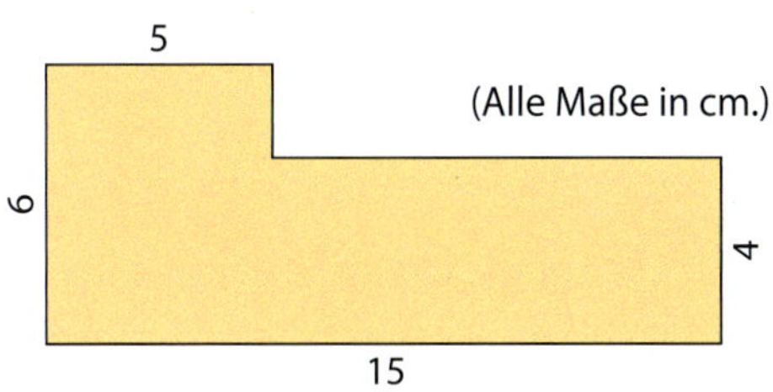

5. **Ausblick:**
   a) Carolins Familie wohnt in einer Drei-Zimmer-Wohnung. Berechne den Flächeninhalt der einzelnen Zimmer und der gesamten Wohnung.
   b) Berechne die Flächeninhalte einzelner Zimmer in deinem Zuhause. Wie groß ist der Flächeninhalt eurer gesamten Wohnfläche?

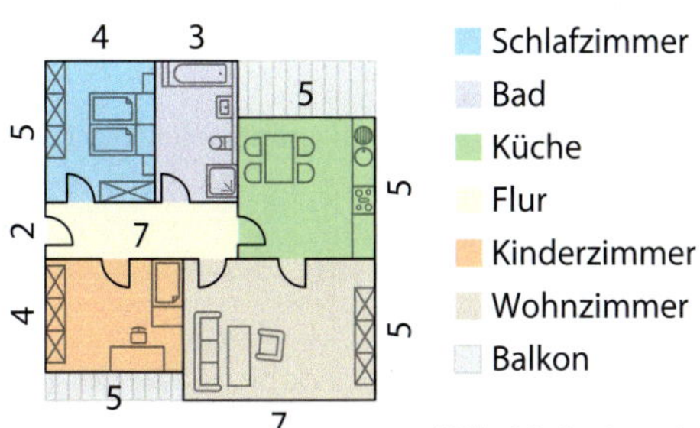

(Alle Maße in m.)

4.5 Umfang

■ Herr Reichel und Frau Fröhlich haben Weideland für ihre Pferde erworben. Beide wollen die Weideflächen mit Elektrodraht einzäunen. Wie viele Meter Draht benötigt Herr Reichel für seinen Zaun? Wie viele Meter Draht benötigt Frau Fröhlich? ■

Weideland Herr Reichel

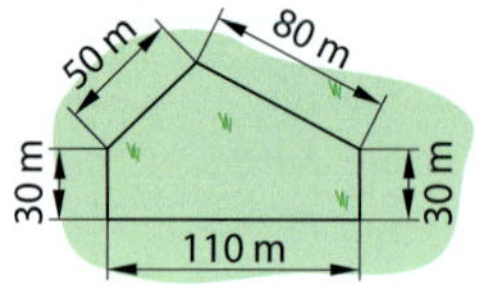

Weideland Frau Fröhlich

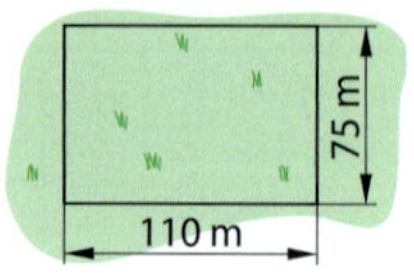

Wenn man einmal den Rand der Fläche abläuft, so ist der zurückgelegte Weg genau der **Umfang u** der Fläche. Den Umfang berechnet man, indem man alle Seitenlängen der Figur addiert.

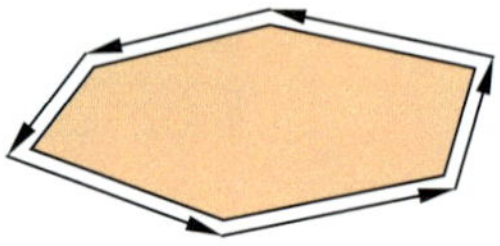

Bei einigen Figuren, wie zum Beispiel einem Rechteck, lässt sich der Umfang einfacher berechnen.

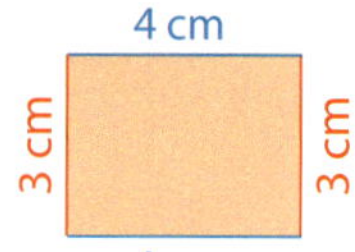

Man kann alle vier Seiten addieren.
$u = 3\,cm + 4\,cm + 3\,cm + 4\,cm = 14\,cm$

Man kann aber auch 2-mal die Länge und 2-mal die Breite addieren.

$u = 2 \cdot 3\,cm + 2 \cdot 4\,cm = 14\,cm$

Oder man addiert erst die Länge und die Breite und verdoppelt dann das Ergebnis.

$u = (3\,cm + 4\,cm) \cdot 2 = 14\,cm$

Hinweis:
Beim Quadrat als spezielles Rechteck geht es noch einfacher. Vergleiche dazu Aufgabe 3.

Wissen: Umfang eines Rechtecks
Für den **Umfang u eines Rechtecks** mit den Seitenlängen a und b gilt:
Umfang = 2-mal Länge + 2-mal Breite
$u = 2 \cdot a + 2 \cdot b$ oder $u = (a + b) \cdot 2$

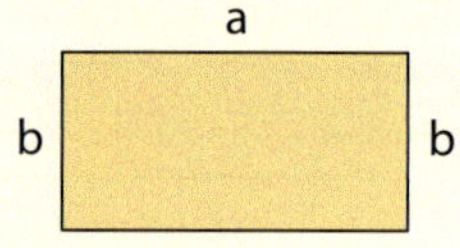

Umfang berechnen

Beispiel 1:
Berechne den Umfang eines Rechtecks mit den Seitenlängen a = 5 cm und b = 3 cm.

Lösung:
Den Umfang eines Rechteck kannst du mit der Formel „2-mal Länge + 2-mal Breite" berechnen.

$u = 2 \cdot 5\,cm + 2 \cdot 3\,cm$
$= 10\,cm + 6\,cm$
$= 16\,cm$

Basisaufgaben

1. Berechne den Umfang eines Rechtecks mit den Seitenlängen a und b.
   a) a = 5 cm, b = 7 cm
   b) a = 13 m, b = 29 m
   c) a = 3 km, b = 6 km
   d) a = 1 mm, b = 6 mm
   e) a = 2,5 cm, b = 2 cm
   f) a = 1,25 m, b = 4 m

2. Zeichne drei verschiedene Rechtecke, die einen Umfang von 12 cm haben. Gib jeweils die Seitenlängen dieser Rechtecke an. Vergleiche anschließend mit deinem Nachbarn.

3. **Umfang eines Quadrats:**
   a) Zeichne ein Quadrat mit der Seitenlänge 3 cm und ein Quadrat mit der Seitenlänge 5 cm. Berechne jeweils den Umfang. Wie kannst du den Umfang eines Quadrats mit der Seitenlänge a möglichst einfach berechnen?
   b) Berechne den Umfang eines Quadrats mit der Seitenlänge a = 4 cm (a = 9 m; a = 1,5 cm).

4. Berechne den Umfang der Figur.

a) 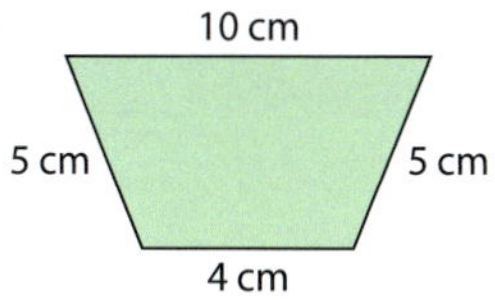

b) 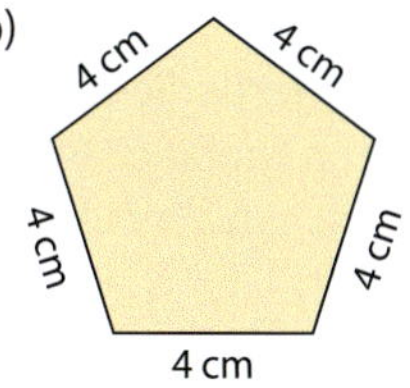

c) 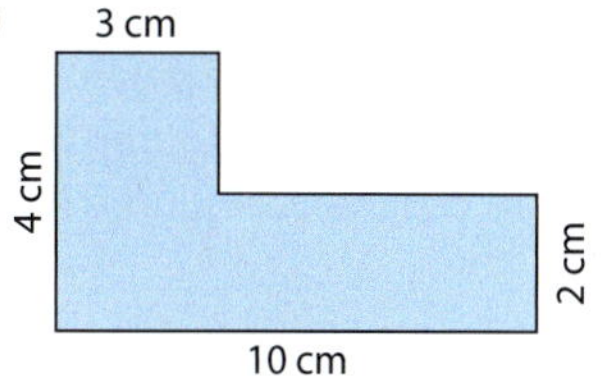

Seitenlängen berechnen

Beispiel 2: Ein Rechteck hat den Umfang u = 16 cm. Die Seite a ist 5 cm lang. Bestimme die Länge der Seite b.

Lösung:

Die Seite a kommt zweimal vor.	$2 \cdot 5\,\text{cm} = 10\,\text{cm}$
Für die anderen zwei Seiten verbleiben	$16\,\text{cm} - 10\,\text{cm} = 6\,\text{cm}$
6 cm. Also musst du durch 2 teilen.	$6\,\text{cm} : 2 = 3\,\text{cm}$
So schreibst du alles in einer Rechnung:	$b = (16\,\text{cm} - 2 \cdot 5\,\text{cm}) : 2 = 3\,\text{cm}$

Basisaufgaben

5. Berechne die Länge der anderen Seite b des Rechtecks.
   a) u = 10 cm, a = 3 cm b) u = 36 m, a = 12 m
   c) u = 84 mm, a = 25 mm d) u = 110 km, a = 32 km

Hinweis zu 5:
Hier findest du die Maßzahlen der Lösungen.

6. Ein Rechteck ist 8 m lang und hat einen Umfang von 34 m. Welche Lösungen für die Breite b des Rechtecks sind korrekt? Begründe.
   Anna: b = 18 m Paul: b = 90 dm Sven: b = 26 m Celina: b = 9 cm Maja: b = 9 m

Weiterführende Aufgaben

7. **Durchblick:** Zeichne ein Rechteck ABCD mit den Seitenlängen a = 4 cm und b = 2 cm. Erkläre, wie man den Umfang dieses Rechtecks ermitteln kann. Du kannst dich dafür an Beispiel 1 orientieren.

8. Übertrage die Tabelle in dein Heft und vervollständige sie.
   u ist der Umfang eines Rechtecks mit den Seitenlängen a und b.

	a)	b)	c)	d)	e)	f)	g)
a	7 cm	6 m		7 m		25 cm	10 cm
b	9 cm		5 cm		8 cm		
u		20 m	20 cm	20 m	20 cm	1 m	1 m

9. **Stolperstelle:** Erkläre, was die Schüler falsch gemacht haben. Gib die richtige Lösung an.
   a) Sarah hat den Umfang eines Rechtecks mit a = 4 cm und b = 5 cm berechnet:
   $u = 4\,cm + 5\,cm \cdot 2 = 18\,cm$
   b) Emil berechnet den Umfang eines Quadrats mit der Seitenlänge 6 cm:
   $u = 6\,cm + 6\,cm + 6\,cm = 18\,cm$
   c) Maike berechnet die Seitenlänge b eines Rechtecks mit a = 8 cm und Umfang 20 cm:
   $b = 20\,cm - 8\,cm = 12\,cm$

10. Beantworte die Fragen. Entnimm die erforderlichen Maße der Zeichnung.
   a) Welche der Figuren hat den größten Umfang? Begründe.
   b) Welche der Figuren haben den gleichen Umfang? Begründe.

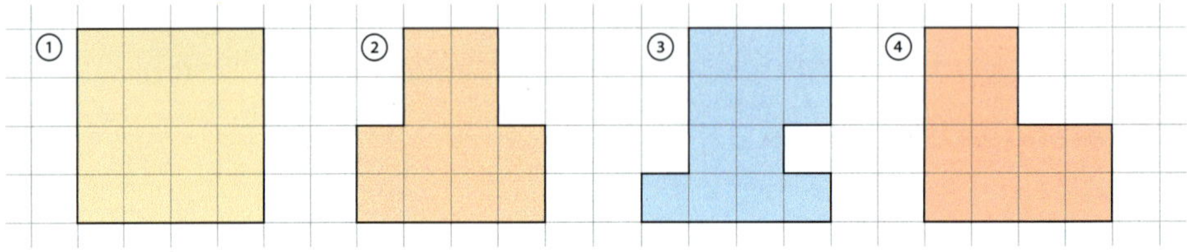

11. Ein Quadrat hat eine Seitenlänge von 5 cm. Ein Rechteck hat eine Breite von 2 cm und den gleichen Umfang wie das Quadrat. Gib die Länge dieses Rechtecks an.

12. Berechne den Umfang und den Flächeninhalt
   a) eines Rechtecks mit den Seitenlängen 16 cm und 9 cm,
   b) eines Quadrats mit der Seitenlänge 12 cm.

13. a) Ein Rechteck hat den Umfang 32 cm. Eine Seite ist 7 cm lang. Berechne den Flächeninhalt des Rechtecks.
   b) Ein Rechteck hat den Flächeninhalt $110\,cm^2$. Eine Seite ist 10 cm lang. Berechne den Umfang des Rechtecks.
   c) Ein Quadrat hat den Umfang 44 cm. Berechne den Flächeninhalt des Quadrats.

14. Familie Sommer will einen rechteckigen Auslauf für ihre Zwergkaninchen anlegen. Der Auslauf soll 3 m lang und 2 m breit sein. Wie viel Meter Zaun benötigt man, wenn eine der längeren Seiten des Auslaufs an eine Schuppenwand grenzt?

15. Herr Mähler hat 400 m Zaun, um auf einer freien Rasenfläche ein Rechteck mit größtmöglichem Flächeninhalt einzuzäunen. Er hat dazu eine Länge von 120 m und eine Breite von 80 m gewählt. Kannst du Herrn Mähler helfen, ein Rechteck mit größerem Flächeninhalt zu finden?

16. Ist die Behauptung immer wahr? Begründe deine Entscheidung.
   a) Wenn man die Seitenlängen a und b eines Rechtecks verdoppelt, so verdoppelt sich auch der Umfang u des Rechtecks.
   b) Wenn man den Umfang u eines Rechtecks verdoppelt, dann verdoppeln sich auch dessen Seitenlängen a und b.

17. **Ausblick:** Das Bild zeigt den Grundriss eines Parks im Maßstab 1 : 10 000. Entlang des äußeren Randes soll eine Hecke gepflanzt werden. Wie viel Meter Hecke müssen gepflanzt werden?

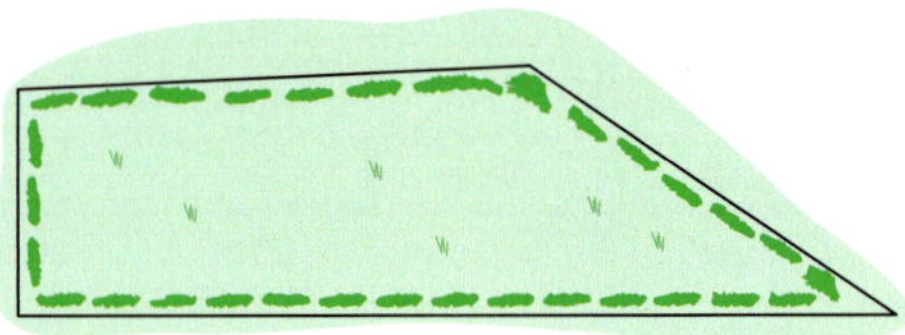

Modellieren

■ Das Satellitenbild zeigt den Bodensee. 1 cm in der Abbildung entspricht 10 km in der Wirklichkeit. Bestimme ungefähr, wie groß die Wasserfläche des Bodensees ist. ■

Problem: Den Flächeninhalt von Figuren mit krummliniger Begrenzung kann man nicht direkt bestimmen, weil dafür keine Formel bekannt ist. In der Regel hat man auch keine Kästchen, die man zählen kann.

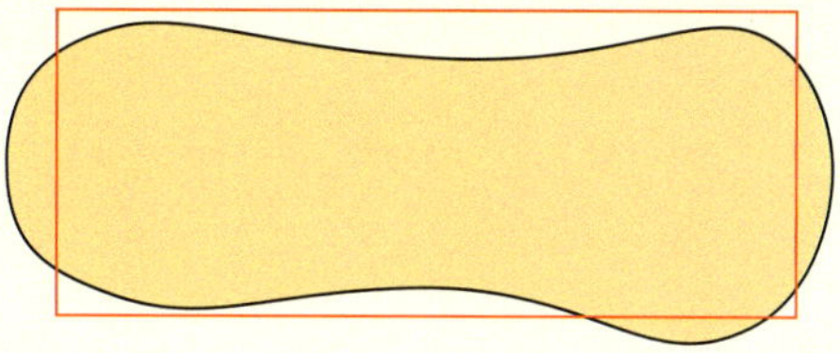

Idee: Man kann ein Rechteck über die Fläche legen, das ungefähr denselben Flächeninhalt wie die ursprüngliche Fläche hat. Das Rechteck ist ein **Modell** für die Fläche. Der Flächeninhalt des Rechtecks ist ein **Näherungswert** für den Flächeninhalt der ursprünglichen Fläche.

Beispiel 1: Bestimme einen Näherungswert für den Flächeninhalt des Rosensteinparks in Stuttgart. (Maßstab: 1 cm entspricht 300 m.)

Lösung Modell 1:
Zeichne möglichst genau ein Rechteck um den Rosensteinpark. Miss die Länge und die Breite des Rechtecks und gib sie im Maßstab an:
Länge auf der Karte 6 cm, in Wirklichkeit 1800 m.
Breite auf der Karte 2 cm, in Wirklichkeit 600 m.
Berechne den Flächeninhalt:
$A = 1800\,\text{m} \cdot 600\,\text{m} = 1\,080\,000\,\text{m}^2 \approx 100\,\text{ha}$
Der Näherungswert ist zu groß, da das Rechteck größer als die Fläche ist.

Lösung Modell 2:
Zeichne das Rechteck so, dass die überstehenden Teile ungefähr so groß sind wie die fehlenden Teile.
Miss wieder und rechne dann:
$A = 1200\,\text{m} \cdot 600\,\text{m} = 720\,000\,\text{m}^2 \approx 70\,\text{ha}$
Dieser Näherungswert ist besser als bei Modell 1.

Du kannst auch andere Rechtecke als Modelle nehmen oder die Fläche sogar in mehrere Rechtecke aufteilen, um den Näherungswert zu verbessern.

Aufgaben

1. Bestimme einen Näherungswert für den Flächeninhalt des Steinhuder Meeres (Maßstab: 1 cm entspricht 2 km). Verwende eine Klarsichtfolie, um ein Modell-Rechteck zu zeichnen. Vergleiche deinen Näherungswert mit den Näherungswerten deiner Mitschüler.

2. a) Zeichne deine Hand ins Heft. Bestimme einen Näherungswert für den Flächeninhalt deiner Hand.
   b) Bestimme Näherungswerte für den Flächeninhalt deines Fußes, deines Gesichts oder sogar für den Oberflächeninhalt deines ganzen Körpers. Arbeitet zusammen.

3. a) Wie viele Schüler können auf einem Quadratmeter stehen? Probiert es aus.
   b) Bestimme die Grundfläche deines Klassenzimmers und die Anzahl der Personen, die in ein Klassenzimmer passen.
   c) Finde heraus, wie viele Schüler auf dem Boden des Klassenzimmers liegen könnten.

4. Sucht in eurem Atlas verschiedene Seen, Länder … Bestimmt Näherungswerte für die Flächeninhalte.

5. a) Zeichne den Umriss einer 2-€-Münze ins Heft. Bestimme einen Näherungswert für den Flächeninhalt der Münze. Bestimme auch den Flächeninhalt anderer Münzen.
   b) Auch für den Umfang von krummlinigen Figuren kann man Näherungswerte bestimmen. Ermittle den Umfang einer 2-€-Münze und beschreibe, wie du vorgegangen bist.

6. **Forschungsauftrag:** Findet auf eurem Schulgelände, im Schulhaus oder in der Umgebung verschiedene Flächen, die nicht rechteckig sind. Bestimmt einen Näherungswert für diese Flächeninhalte durch Messen und Rechnen. Vergleicht eure Ergebnisse und diskutiert die Genauigkeit eurer Ergebnisse.

4.6 Vermischte Aufgaben

1. Übertrage die Vierecke in dein Heft. Unterteile das linke Viereck so, dass du die einzelnen Teile der Figur in das Rechteck legen könntest. Zeichne die einzelnen Teile in das Rechteck.

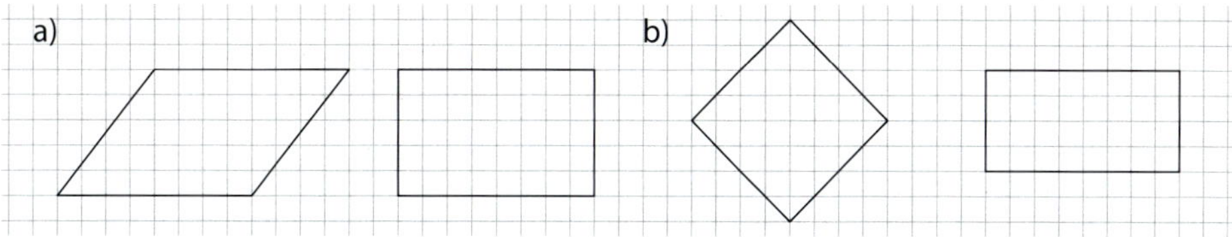

Tipp zu 1:
Wenn du mit mehreren Farben arbeitest, kannst du besonders gut erkennen, wohin die einzelnen Teile passen.

2. Zeichne die angegebenen Punkte in ein Koordinatensystem und verbinde diese jeweils in der angegebenen Reihenfolge zu einer Figur. Bestimme den Flächeninhalt und den Umfang jeder Figur, wenn die Einheit im Koordinatensystem 1 km beträgt. Sortiere die Figuren zuerst nach ihrem Flächeninhalt, dann nach ihrem Umfang. Bleibt die Reihenfolge gleich?

① A(0|0), B(4|0), C(4|4), D(0|4) ② E(2|3), F(8|3), G(8|6), H(2|6)
③ I(2|7), J(2|5), K(7|5), L(7|3), M(9|3), N(9|7)

3. Aus vier 1-cm^2-Quadraten lassen sich Figuren legen, bei denen jedes Quadrat mindestens eine Seite mit einem anderen gemeinsam hat.

a) Zeichne alle Möglichkeiten und ordne die Figuren dem Umfang nach.
b) Schneide nun die Figuren aus a), die kein Rechteck sind, je fünfmal aus.
c) Lege mit diesen Figuren möglichst kleine Quadrate und Rechtecke. Gib den Flächeninhalt und Umfang der Quadrate und Rechtecke an.
d) Lege mit diesen Figuren die folgenden zwei Flächen. Bestimme ihren Umfang und Flächeninhalt.

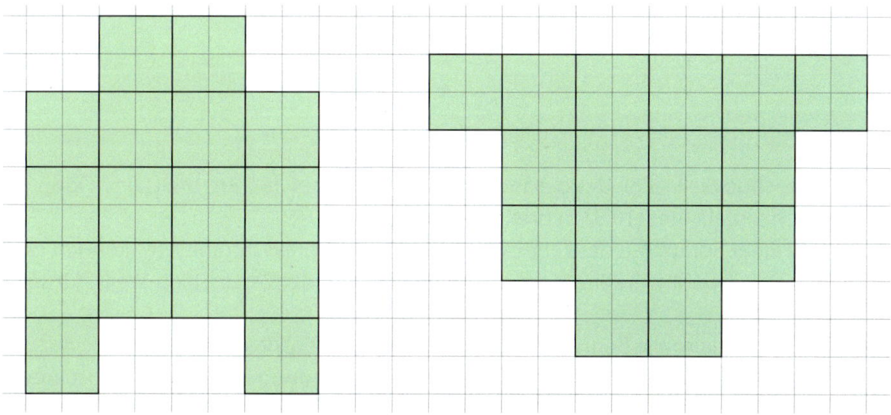

Tipp zu 3:
Arbeitet zu zweit oder in Gruppen, damit ihr keine Figur vergesst.

4. Herr Maler will eine Wand im Wohnzimmer (siehe Skizze) neu streichen. Eine Dose Farbe reicht für 5 m^2. Wie viele Dosen muss Herr Maler einkaufen?

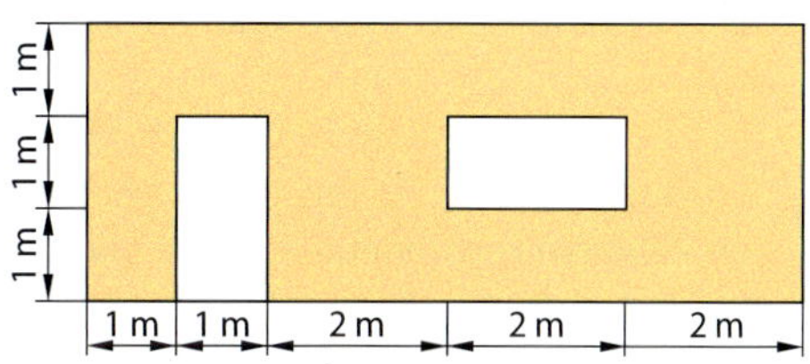

5. Familie Blum beabsichtigt, ihr quadratisches Grundstück mit einer Seitenlänge von 36 m mit Maschendraht einzuzäunen. Das Eingangstor soll 3 m breit sein. Maschendraht gibt es in Rollen zu 15 m (21 € je Rolle) und 25 m (33 € je Rolle). Wie viele Rollen Maschendraht von welcher Länge sollte Familie Blum einkaufen? Begründe.

6. Familie Hurzel aus Heilbronn hat ein rechteckiges Grundstück gekauft, das 486 m^2 groß ist. Es liegt direkt an einer Straße und erstreckt sich 27 m nach hinten.
   a) Wie lang ist die Grundstücksseite, die an der Straße liegt?
   b) Welchen Umfang hat das Grundstück?
   c) In Heilbronn kostet 1 m^2 Grundstück 280 €. Wie viel musste Familie Hurzel für das Grundstück bezahlen?
   d) Herr Hurzel möchte an der Grundstücksgrenze einen Zaun errichten und dabei alle 3 m einen Zaunpfosten setzen.
   Wie viele Zaunpfosten muss er mindestens kaufen, wenn auch in jeder Ecke des Grundstücks ein Pfosten stehen muss?

7. Ein Rasentennisplatz wie in Wimbledon hat die im Bild angegebenen Maße.

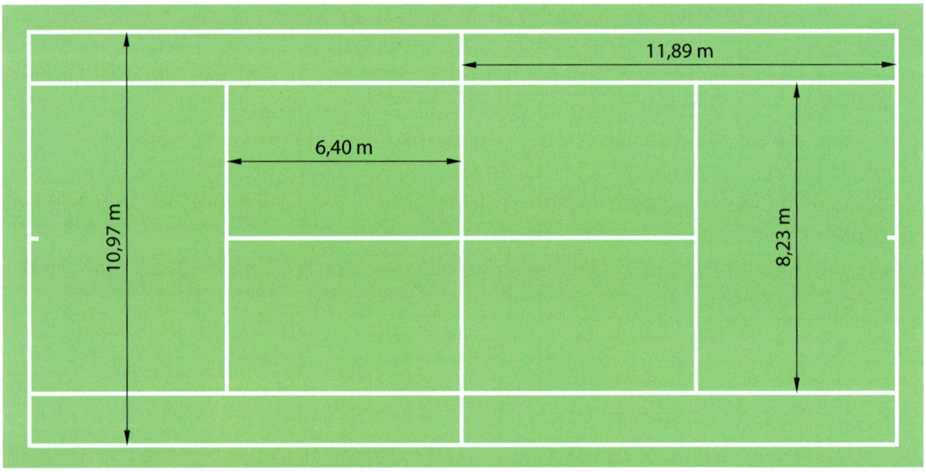

Erinnere dich:
Das Haus vom Nikolaus kannst du mit einer einzigen Linie zeichnen, wenn du an einer der unteren Ecken beginnst.

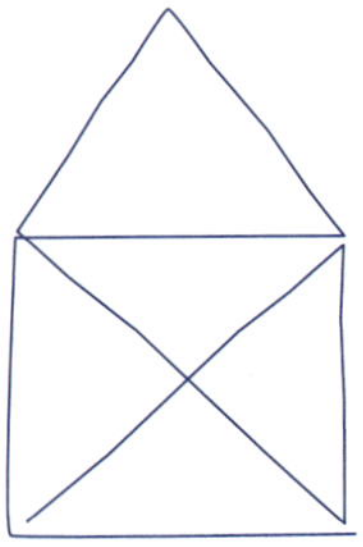

- Berechne die Fläche des gesamten Platzes für Einzel- (8,23 m breit) und Doppel-Tennisspielfelder (10,97 m breit).
- Mit einer Spraydose des Tennisplatzmarkierungssprays „Strahlweiß" können ca. 180 m Linien geweißt werden. Wie viele Dosen benötigt der Verein „Blau-Weiß" für seine 7 Plätze?
- Ist es möglich, alle Begrenzungslinien so abzulaufen, dass man jede Linie nur genau einmal entlang läuft? Kannst du auch eine Begründung für deine Antwort angeben?
- Wie viele Grashalme stehen auf einem Rasentennisplatz ungefähr?

8. Eine Reinigungsfirma wird während der Sommerferien alle Fenster der Schule putzen. Das Reinigen einer Fensterfläche von 10 m^2 kostet 18 €.
   a) Bestimme die Gesamtfläche der Fenster deines Klassenraumes.
   b) Was kostet es, die Fenster deines Klassenraumes reinigen zu lassen?
   c) Zählt die Fenster eurer Schule und schätzt ab, welche Fläche gereinigt werden muss und wie teuer dies wird.
   d) Ein guter Fensterputzer schafft pro Stunde 15–20 m^2. Wie viele Fensterputzer muss die Reinigungsfirma in deine Schule mitbringen, damit alle Fenster an einem Arbeitstag (8 h) gereinigt werden können?

9. Sind folgende Behauptungen richtig oder falsch? Gib jeweils eine Begründung an.
a) Wenn man den Umfang eines Rechtecks kennt, kennt man auch dessen Flächeninhalt.
b) Der Umfang einer Fläche wird immer in m angegeben.
c) Der Umfang einer Fläche kann in m angegeben werden.
d) Wenn du ein Rechteck in zwei Teile zerschneidest, so ist die Summe der Umfänge dieser beiden Teile immer größer als der Umfang des Rechtecks.
e) Der Flächeninhalt eines Rechtecks ändert sich nicht, wenn man die Länge verdoppelt und die Breite halbiert.
f) Der Umfang eines Rechtecks ändert sich nicht, wenn man die Länge verdoppelt und die Breite halbiert.

10. Der US-Bundesstaat Wyoming erstreckt sich auf einer Breite von 450 km und einer Länge von 580 km. Der Grenzverlauf entspricht ungefähr einem Rechteck.
a) Berechne den Flächeninhalt von Wyoming.
b) Ermittle mithilfe der Grafik näherungsweise den Flächeninhalt der USA. (Hawaii und Alaska sind nicht maßstabsgerecht dargestellt und haben einen Flächeninhalt von rund 28 000 km² und 1 700 000 km²).
c) Im Jahr 2011 hatten die USA 312 Millionen Einwohner, dies entspricht einer Bevölkerungsdichte von 32 Einwohnern pro Quadratkilometer. Vergleiche damit dein unter b) ermitteltes Ergebnis.
d) Welche Bevölkerungsdichte hat dein Bundesland Baden-Württemberg? Welche Fläche in Quadratmetern steht dir theoretisch allein zur Verfügung?

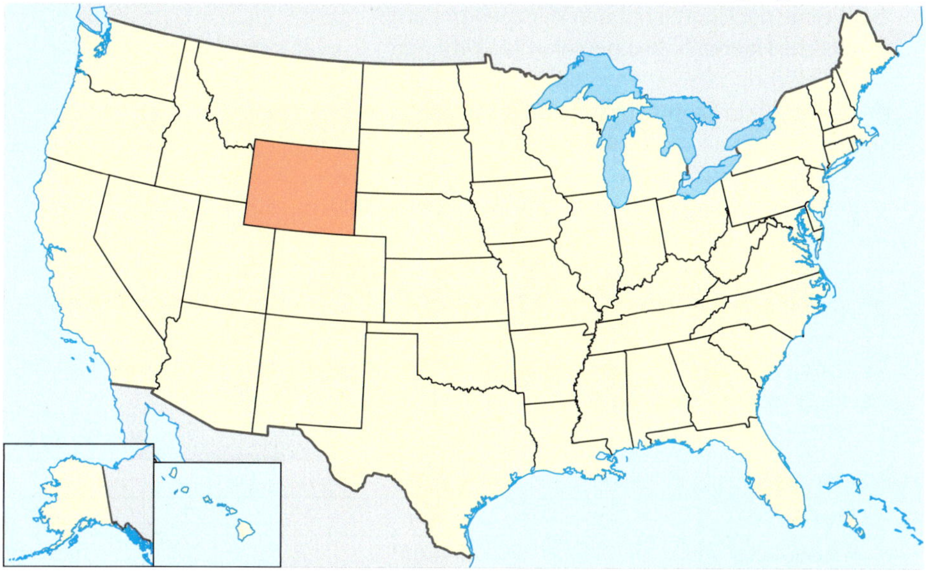

11. Bäuerin Kluge hat 120 Hühner, für die sie einen rechteckigen Auslauf bauen möchte. Der Auslauf soll 550 cm lang und 450 cm breit sein.
a) Bei der Bodentierhaltung sind nach der Richtlinie der Europäischen Union maximal 70 Hühner auf 10 m² erlaubt. Hält sich Bäuerin Kluge an diese Richtlinie?
b) Wie viel Meter Maschendraht muss Frau Kluge für die Einzäunung des Auslaufs kaufen?
c) Wie verändert sich der Flächeninhalt des Auslaufs, wenn Frau Kluge mit dem gekauften Maschendraht eine quadratische Auslauffläche einzäunt?
d) Wie viel Meter Maschendraht benötigt sie, wenn die kürzere Seite der Auslauffläche an eine Stallwand grenzt?

Lösungen
↗ S. 232

1. Betrachte die Figuren. Begründe jeweils deine Entscheidung.

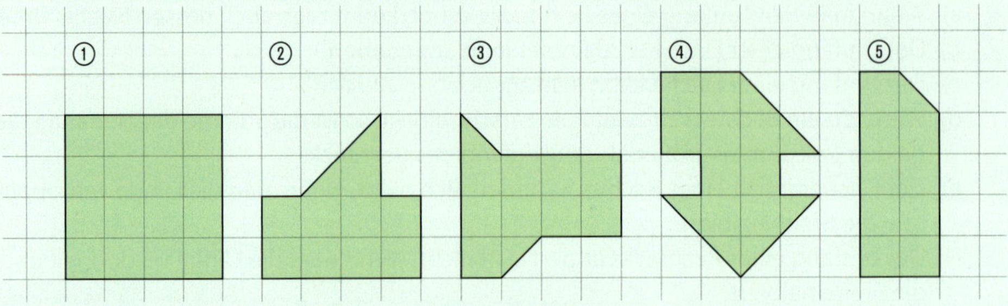

a) Welche der Figuren hat den größten Flächeninhalt?
b) Welche der Figuren hat den kleinsten Flächeninhalt?
c) Welche Figuren haben den gleichen Flächeninhalt?

2. Betrachte die Figuren. Begründe jeweils deine Entscheidung.

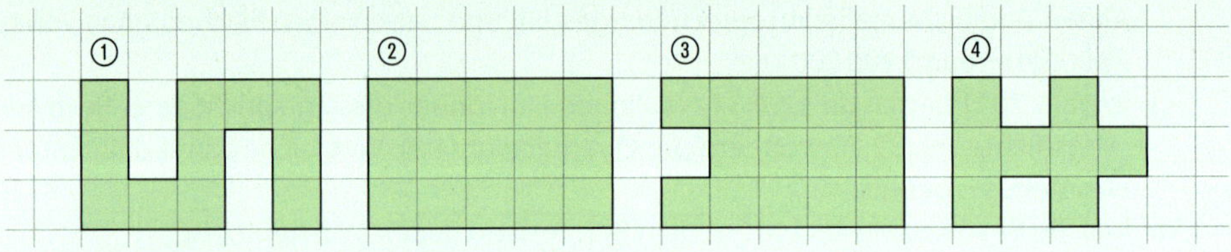

a) Welche der Figuren hat den größten Umfang?
b) Welche der Figuren hat den kleinsten Umfang?
c) Welche Figuren haben den gleichen Umfang?

3. Rechne in die in Klammern stehende Einheit um.
a) $2\,m^2$ (cm^2) b) $300\,cm^2$ (dm^2) c) 1 ha (m^2) d) $200\,m^2$ (a)

4. Ordne der Größe nach: $20\,dm^2$; $50\,000\,mm^2$; $1\,m^2$; $4000\,cm^2$; $300\,dm^2$

5. Berechne den Flächeninhalt und den Umfang des Rechtecks mit den Seitenlängen a und b.
a) a = 4 cm; b = 12 cm b) a = b = 9 mm c) a = 2 m; b = 150 cm

6. Übertrage die Tabelle in dein Heft und berechne jeweils die fehlenden Größen für ein Rechteck mit folgenden Maßen.

	a)	b)	c)	d)
Breite	3 m		2 cm	
Länge	5 m	4 cm		5 dm
Flächeninhalt A		$16\,cm^2$		$1000\,cm^2$
Umfang u			120 mm	

7. Zeichne zwei verschiedene Rechtecke mit einem Flächeninhalt von $6\,cm^2$. Gib den Umfang jedes dieser Rechtecke an.

8. Prüfe, ob die Größe der Fläche stimmen kann.
a) Niedersachsen $81\,000\,000\,m^2$ b) Tischplatte $700\,000\,mm^2$
c) Ein-Zimmer-Wohnung $40\,000\,cm^2$ d) Fußballfeld 63 a

9. Wie verändert sich
a) der Umfang eines Rechtecks, wenn alle Seitenlängen des Rechtecks um 3 cm verlängert werden? Begründe.
b) der Flächeninhalt eines Quadrats, wenn alle Seitenlängen verdoppelt werden? Begründe.

10. a) Berechne den Flächeninhalt des Gebäudegrundrisses. Die Maße sind in Meter angegeben.

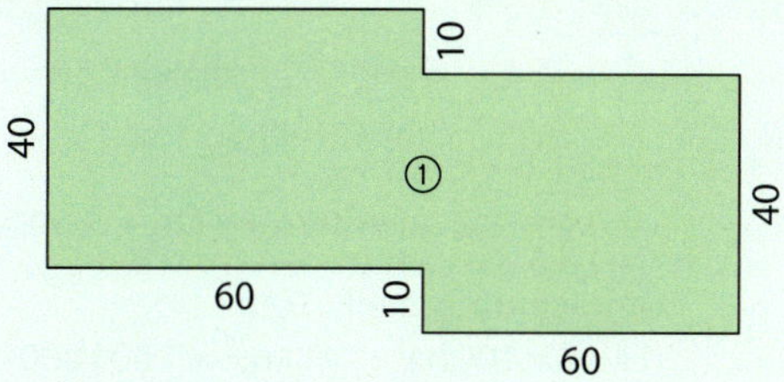

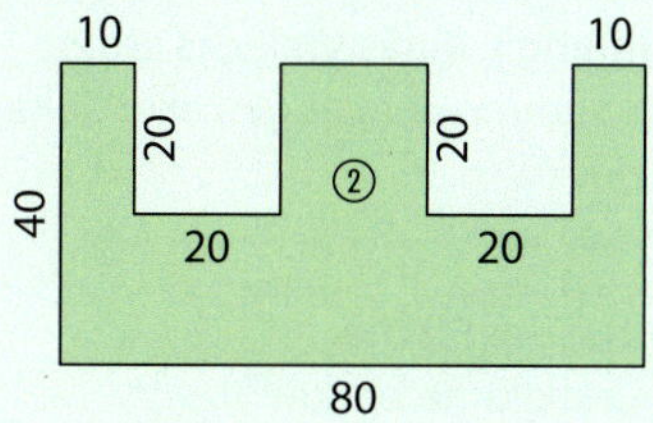

b) Welcher Grundriss hat den größeren Umfang?

11. Familie Knettel möchte im Flur einen Teppichboden auslegen.
a) Wie viel Quadratmeter Teppich werden benötigt?
b) Wie viele Meter Fußleisten müssen besorgt werden, wenn jede Tür 80 cm breit ist?
c) Es wird Teppichboden in 4 m und 5 m Breite angeboten. Welche Stücke würdest du kaufen? Begründe.

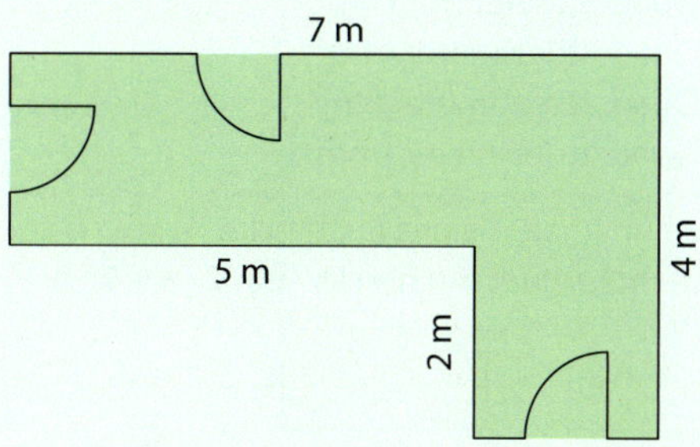

Wiederholungsaufgaben

1. Berechne im Kopf.
a) $590 - 240$ b) $395 - 85$ c) $999 : 9$ d) $20 + 55 \cdot 4$

2. a) Zeichne ein Quadrat.
b) Zeichne ein Trapez, das keine Raute ist.

3. Wie lang ist eine gerade Linie zwischen A und B?

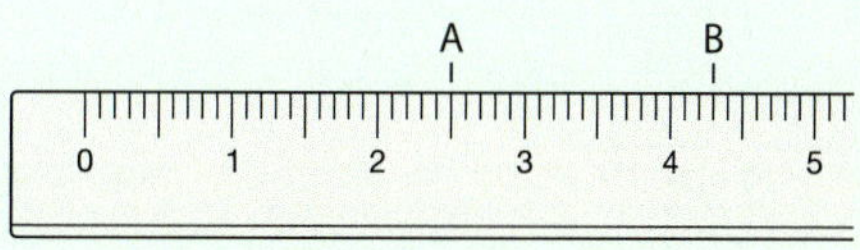

4. Korrigiere die Rechnung.

$$\begin{array}{r} 208 \\ +\ 692 \\ \hline 800 \end{array}$$

5. Schreibe als Zahl: Zweihundertfünfzigtausendsechs.

Zusammenfassung

Flächeninhalt und Umfang von Figuren

Der **Flächeninhalt A** gibt an, wie groß eine Fläche ist. Den Flächeninhalt kannst du messen, indem du die Fläche mit gleich großen Teilflächen (zum Beispiel Quadraten mit der Seitenlänge 1 cm) vollständig auslegst.

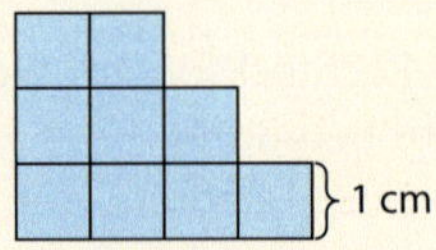

Die blaue Fläche hat den Flächeninhalt $A = 9\,cm^2$.

Der **Umfang u** einer ebenen Figur ist die Gesamtlänge seiner äußeren Umrandung. Der **Umfang u eines Vielecks** ergibt sich als Summe der Längen aller Seiten des Vielecks.

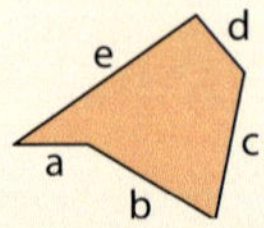

$a = d = 1\,cm$
$b = c = 2\,cm$
$e = 3\,cm$

$u = a + b + c + d + e$
$= 1\,cm + 2\,cm + 2\,cm + 1\,cm + 3\,cm = 9\,cm$

Flächeneinheiten

Einheiten der Fläche:
- Quadratkilometer (km^2)
- Hektar (ha)
- Ar (a)
- Quadratmeter (m^2)
- Quadratdezimeter (dm^2)
- Quadratzentimeter (cm^2)
- Quadratmillimeter (mm^2)

Umrechnungszahl: 100

$1\,km^2 = 100\,ha$ $\quad 1\,km^2 = 1\,000\,000\,m^2$
$1\,ha = 100\,a$
$1\,a = 100\,m^2$
$1\,m^2 = 100\,dm^2$
$1\,dm^2 = 100\,cm^2$
$1\,cm^2 = 100\,mm^2$

Flächeninhalt und Umfang von Rechtecken

Flächeninhalt A eines Rechtecks: $\mathbf{A = a \cdot b}$
Umfang u eines Rechtecks: $\mathbf{u = 2 \cdot a + 2 \cdot b}$

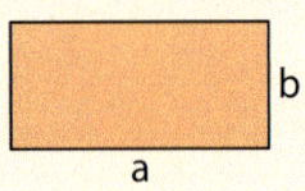

Rechteck mit $a = 5\,cm$, $b = 4\,cm$:

$A = a \cdot b$
$= 5\,cm \cdot 4\,cm$
$= 20\,cm^2$

$u = 2 \cdot a + 2 \cdot b$
$= 2 \cdot 5\,cm + 2 \cdot 4\,cm$
$= 10\,cm + 8\,cm$
$= 18\,cm$

Flächeninhalt A eines Quadrats: $\mathbf{A = a \cdot a = a^2}$
Umfang u eines Quadrats: $\mathbf{u = 4 \cdot a}$

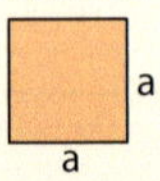

Quadrat mit $a = 6\,cm$:

$A = a \cdot a$
$= 6\,cm \cdot 6\,cm$
$= 36\,cm^2$

$u = 4 \cdot a$
$= 4 \cdot 6\,cm$
$= 24\,cm$

Flächenberechnung bei zusammengesetzten Flächen

Gegeben ist eine zusammengesetzte Figur:

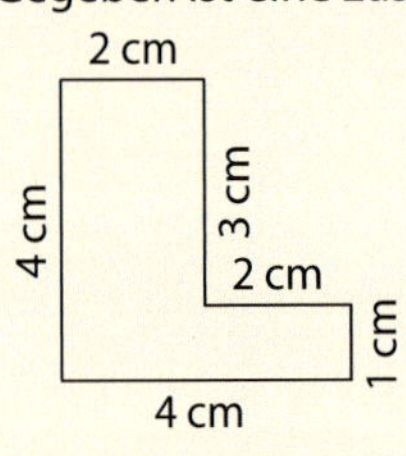

Gesucht ist der Flächeninhalt A.

Zerlegungsmethode:

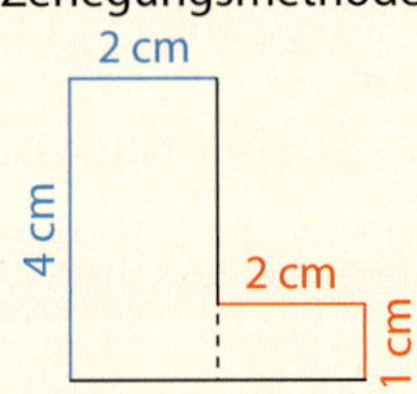

$A = 4\,cm \cdot 2\,cm + 1\,cm \cdot 2\,cm$
$= 8\,cm^2 + 2\,cm^2 = 10\,cm^2$

Ergänzungsmethode:

$A = 4\,cm \cdot 4\,cm - 3\,cm \cdot 2\,cm$
$= 16\,cm^2 - 6\,cm^2 = 10\,cm^2$

5. Volumen und Oberflächeninhalt

Dieser Würfel besteht aus vielen kleinen Quadern. Geometrische Körper kann man zerlegen oder zu größeren Körpern zusammensetzen. Auf diese Weise kann man ihre Größe ermitteln und berechnen.

Nach diesem Kapitel kannst du …

- Volumen und Oberflächeninhalt von Würfel und Quader vergleichen und berechnen,
- mit Volumeneinheiten umgehen.

Lösungen ↗ S. 233

Würfelbauten

Hinweis zu 1 und 2:
Die Rückseiten der Würfelbauten sind jeweils vollständig mit kleinen Würfeln gefüllt.

1. Alle abgebildeten Würfelbauten sind aus gleich großen Würfeln zusammengesetzt. Wie viele kleine Würfel wurden jeweils benötigt?

a)
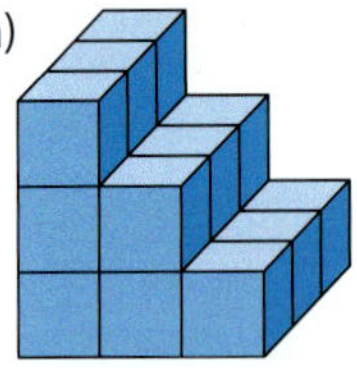

b)
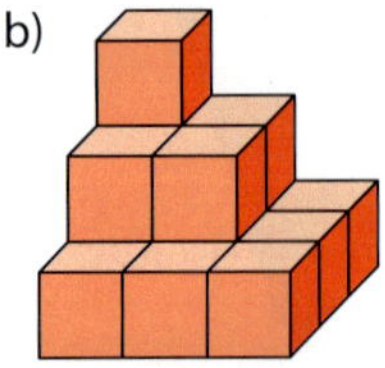

c)
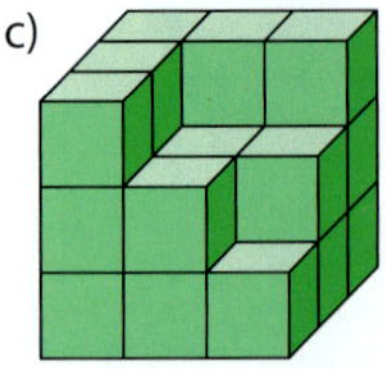

d)
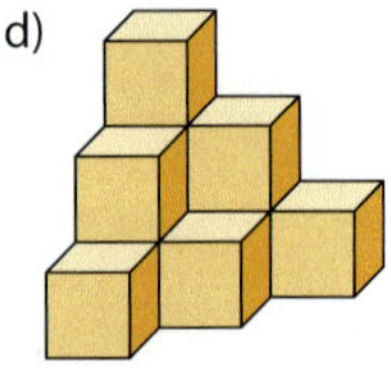

2. Wie viele kleine Würfel fehlen jeweils noch, damit ein großer Würfel entsteht? Der große Würfel soll insgesamt möglichst wenig kleine Würfel enthalten.

a)

b)

Flächeninhalte von Rechtecken und Quadraten

3. Berechne den Flächeninhalt der Figur. Entnimm die Maße der Zeichnung.

a)
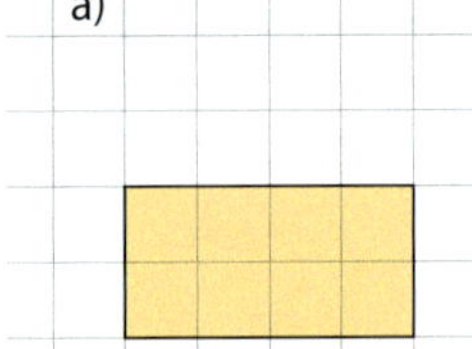

b)
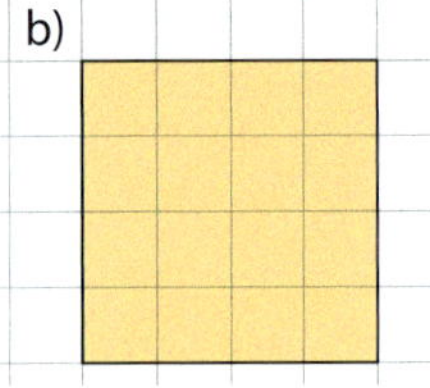

c)

d)
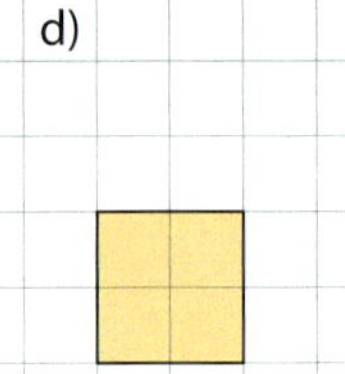

4. Berechne den Flächeninhalt
a) eines Rechtecks mit Seitenlängen von 2 cm und 3 cm,
b) eines Quadrats mit einer Seitenlänge von 4 cm.

5. a) Übertrage die Tabelle in dein Heft und vervollständige sie.

Rechteck	①	②	③	④	⑤
Länge	15 cm	10 cm		21 cm	5 dm
Breite	3 cm	1 dm	10 m	6 cm	
Flächeninhalt			100 m^2		25 dm^2

b) Welche der Rechtecke sind Quadrate?

6. Gib die Länge und die Breite zweier verschiedener Rechtecke an, deren Flächeninhalt 12 cm^2 beträgt.

7. Gib die Seitenlängen eines Quadrats an, dessen Flächeninhalt 4 m^2 beträgt.

Größenangaben umrechnen

8. Wandle in die angegebene Längeneinheit um.
a) 3 cm (mm) b) 50 dm (cm) c) 1 m (cm) d) 5 km (m)
e) 30 mm (cm) f) 35 000 m (km) g) 200 cm (m) h) 500 dm (m)

9. Rechne in cm^2 um.
a) 300 mm^2 b) 2 m^2 c) 5 dm^2 d) 500 mm^2

10. Wandle in die angegebene Flächeneinheit um.
a) 67 cm^2 (mm^2) b) 9 dm^2 (cm^2) c) 1 m^2 (cm^2) d) 11 m^2 (cm^2)
e) 500 mm^2 (cm^2) f) 37 000 dm^2 (m^2) g) 500 cm^2 (dm^2) h) 1 km^2 (m^2)

11. Suche aus den Angaben m^2, mm, dm, a, dm^2, min, ha, h, km^2, €, cm
a) alle Längeneinheiten, b) alle Flächeneinheiten heraus.

12. Übertrage in dein Heft und ersetze ■ durch die richtige Einheit.
a) 13 cm = 130 ■ b) 2 ■ = 20 dm c) 1200 cm = 12 ■ d) 17 dm = 1700 ■
e) 1 m^2 = 100 ■ f) 2 cm^2 = 200 ■ g) 2200 cm^2 = 22 ■ h) 20 000 mm^2 = 2 ■

Vermischtes

13. Gib an, wie viele
a) Flächen, b) Kanten, c) Ecken ein Quader hat.

14. Gib an, welche der Netze keine Würfelnetze sind. Begründe deine Entscheidung.

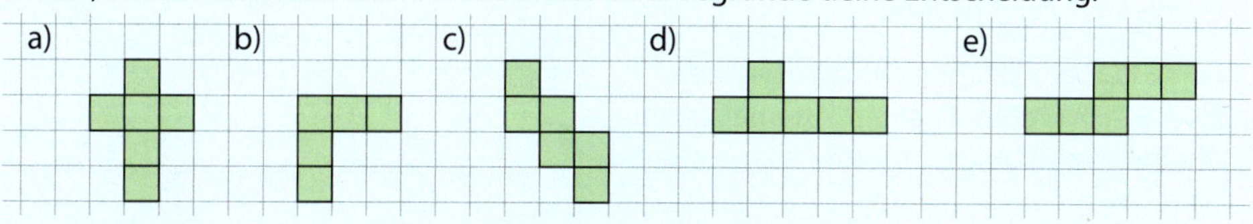

15. Welche Figuren sind Quadernetze? Korrigiere die Zeichnung, falls nötig.

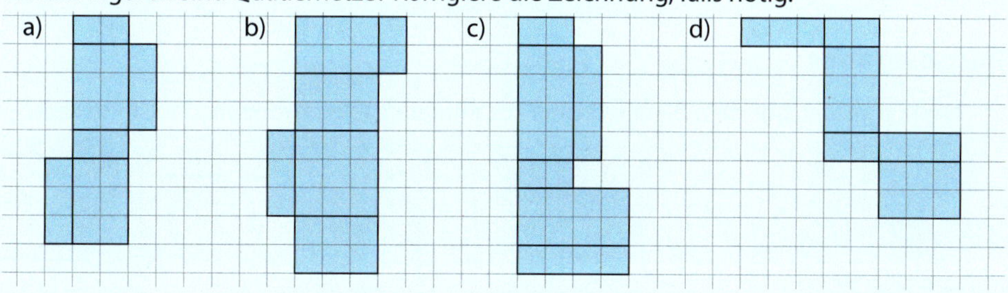

16. Gegeben ist ein Quader mit den Kantenlängen a = 3 cm, b = 4 cm und c = 2 cm.
a) Zeichne ein Netz dieses Quaders.
b) Zeichne ein Schrägbild dieses Quaders.

17. Berechne.
a) $9 \cdot 9$ b) $2 \cdot 2 \cdot 2$ c) $2 \cdot 3 \cdot 7$ d) $2 \cdot (2 \cdot 3 + 2 \cdot 4 + 3 \cdot 4)$ e) $2 \cdot (3 \cdot 5 + 3 \cdot 4 + 4 \cdot 5)$

5.1 Volumen vergleichen

■ Pappkartons gibt es in verschiedenen Größen.
Vergleiche Form, Inhalt und Materialverbrauch der verschiedenen Pappkartons. ■

Hinweis:
- **Länge, Breite und Höhe** eines Quaders kennst du aus Kap. 3.5.
- **Netze** kennst du aus Kap. 3.5. Der **Oberflächeninhalt** ist Thema von Kap. 5.4.
- Das **Volumen** ist Thema von Kap. 5.1, 5.2 und 5.3.

Grundbegriffe:
Wenn man Quader vergleicht, kann man ähnlich wie bei Flächen verschiedene Größen vergleichen:
- die **Länge, Breite und Höhe** der Quader,
- die **Oberfläche** der Quader, wenn man die Größe der Netze bestimmen will, aus denen man die Quader basteln kann,
- das **Volumen** der Quader, wenn man sie mit Wasser oder Sand oder anderen Inhalten füllt.

Wenn man von der Größe eines Quaders spricht, meint man meist das Volumen (auch Rauminhalt genannt). Das **Volumen** gibt an, welches Fassungsvermögen ein Körper hat oder welchen Raum ein Körper ausfüllt.

Volumen vergleichen

Beispiel 1: Begründe, dass die beiden Körper das gleiche Volumen haben.

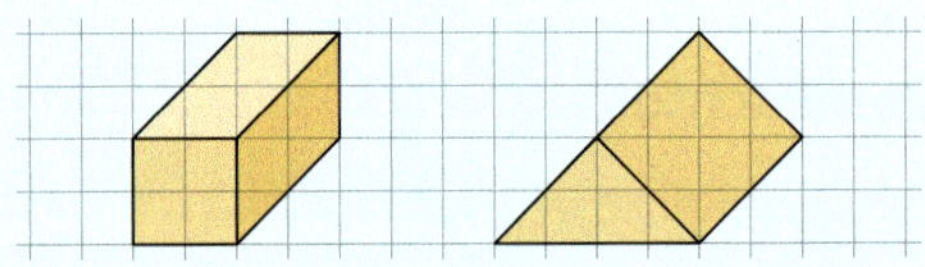

Lösung:
Du zerlegst dazu beide Körper in zwei kleinere Körper (Prismen).

Beide Körper bestehen aus den gleichen zwei gleich großen Prismen. Also haben sie das gleiche Volumen.

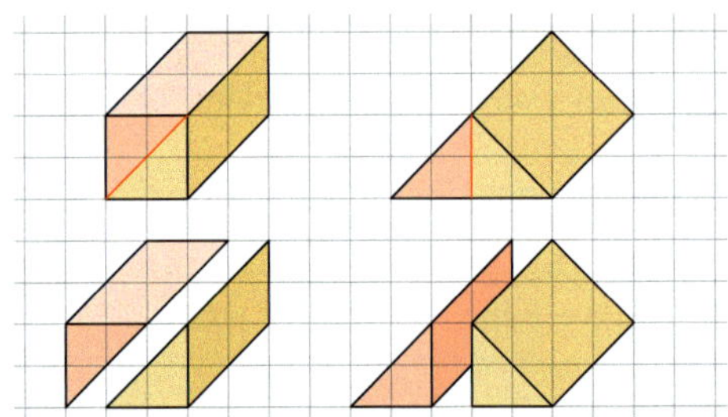

Basisaufgaben

1. Die Körper sind aus dem blauen Prisma zusammengesetzt. Ordne sie der Größe nach.

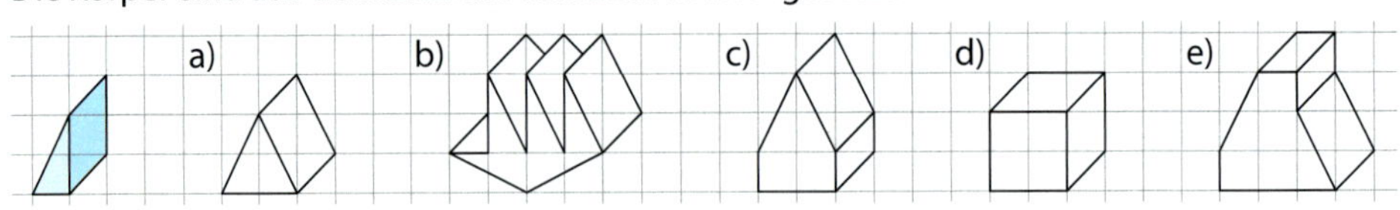

2. Welche der Körper haben das gleiche Volumen? Begründe durch Zerlegen in Prismen.

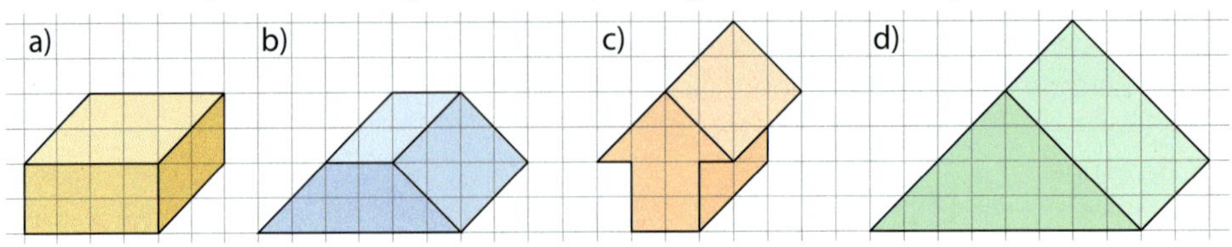

Volumen in cm³ angeben

Um das Volumen von Körpern überall auf der Welt vergleichen zu können, hat man Volumeneinheiten eingeführt. Man hat festgelegt, dass ein Würfel mit der Kantenlänge 1 cm ein Volumen von 1 cm^3 (1 **Kubikzentimeter**) hat.

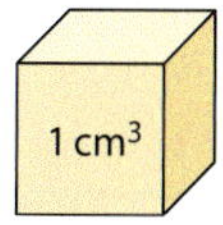

Beispiel 2: Ein Würfel ist 1 cm^3 groß. Bestimme das Volumen des Körpers in cm^3.

a)

b)
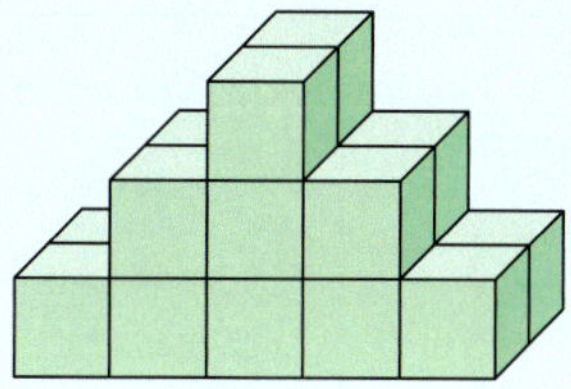

Lösung:

a) Der Körper besteht aus 9 gleich großen Würfeln. Jeder Würfel hat ein Volumen von 1 cm^3. Der ganze Körper hat daher ein Volumen von 9 cm^3.

b) Der Körper besteht aus 18 gleich großen Würfeln, 9 in der vorderen Ebene und nochmals so viele dahinter. Jeder Würfel hat ein Volumen von 1 cm^3. Der ganze Körper hat daher ein Volumen von 18 cm^3.

Basisaufgaben

3. Die folgenden Körper sind alle aus gleich großen Würfeln zusammengesetzt. Ordne die Körper nach ihrem Volumen. Beginne mit dem kleinsten.

a)

b)
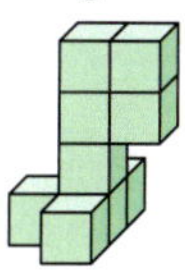

c)

d)
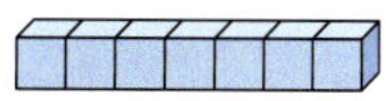

4. Ein Würfel ist 1 cm^3 groß. Bestimme das Volumen des Körpers in cm^3.

a)
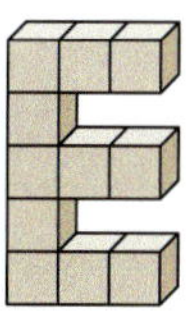

b)

c)
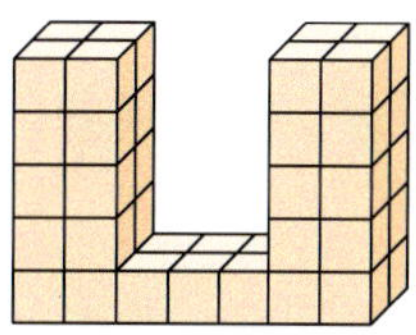

5. Bestimme das Volumen der Figur, wenn ein Würfel 1 cm^3 groß ist.

a)
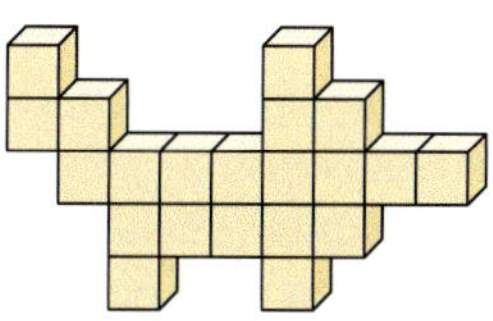

b)

c)

Hinweis zu 5:
Hier findest du die Lösungen.

6. Zeichne das Schrägbild ins Heft. Zerlege den Körper in 1-cm³-Würfel und bestimme das Volumen.

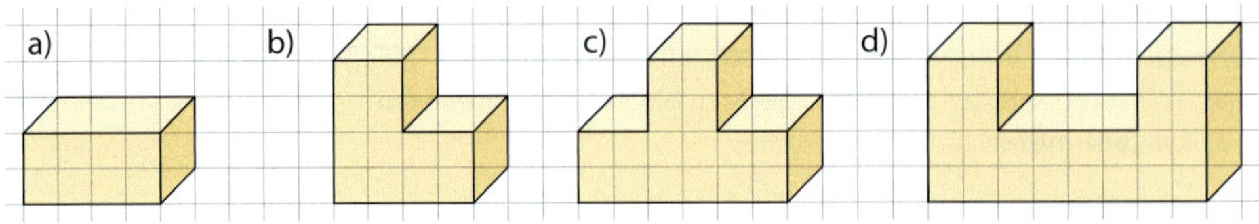

Weiterführende Aufgaben

7. **Durchblick:** Bestimme das Volumen des Körpers in cm³. Zerlege dazu, wenn nötig den Körper, wie in Beispiel 1.

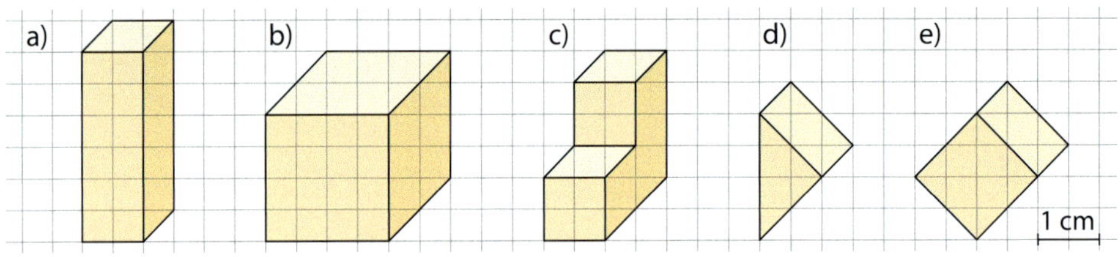

8. **Stolperstelle:** Aus wie vielen Würfeln besteht der Quader?
Kai: „Er besteht aus 12 Würfeln." Nora: „Ich sehe nur 10."
Wer liegt richtig?

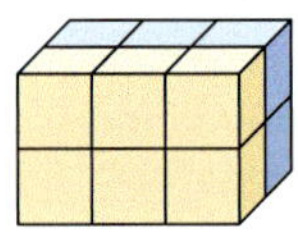

9. Wie viele Würfel passen noch in den großen Würfel?

a)

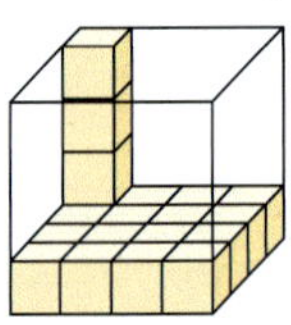

b)

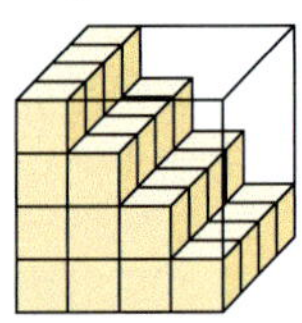

c)

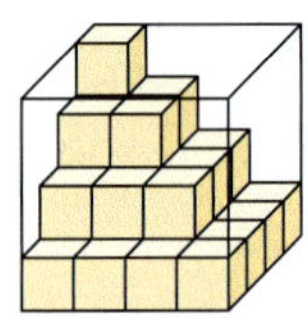

Tipp zu 10:
Überlege vorab, wie du die Lösung im Heft dokumentieren kannst.

10. **Ausblick:** Im Spiel Tetris muss man Bausteine möglichst dicht und lückenlos packen. Ist eine Reihe Steine gefüllt, verschwindet sie. Das Spiel gibt es auch in 3D – die Spielsteine siehst du hier. Marga und Elias überlegen, ob man mit den Bausteinen Würfel bauen kann.

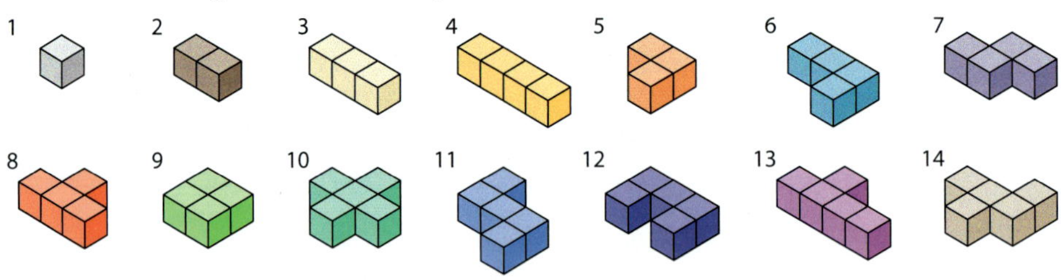

a) Marga sagt: „Man kann die Steine 3, 5, 6, 10, 11, 12 zu einem kompakten Würfel zusammenbauen." Begründe, warum Margas Lösung falsch sein muss.
b) Aus den Steinen 1, 5 und 9 kann man einen Würfel mit dem Volumen 8 bauen. Überlege, wie die beiden nächstgrößeren Würfel aussehen. Welches Volumen haben sie?
c) Tatsächlich kann man einen Würfel mit der Kantenlänge 3 so aus den Steinen bauen, dass man keinen Stein doppelt verwenden muss. Beschreibe eine mögliche Lösung.
d) Elias sagt: „Wenn man viele Steine vom Typ 6 hat, kann man daraus einen Würfel bauen." Welches Volumen muss dieser Würfel mindestens haben?

5.2 Volumeneinheiten

■ Ein Würfel der Kantenlänge 1 dm soll in kleine gleich große Würfel zerlegt werden. Wie viele Würfel mit der Kantenlänge 1 cm erhält man? Schätze zuerst und berechne dann. ■

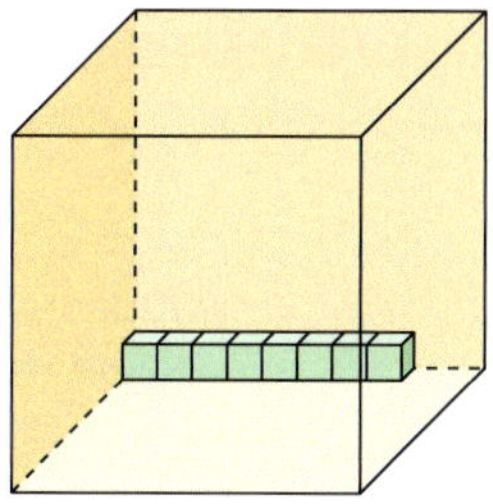

Das Volumen eines Körpers kann bestimmt werden, indem man den Körper mit Einheitswürfeln der Kantenlänge 1 m, 1 dm, 1 cm oder 1 mm ausfüllt. Zu jeder Längeneinheit gehört eine **Volumeneinheit:** m³, dm³, cm³ und mm³.
Zusätzlich gibt es die Volumeneinheiten Milliliter und Liter. Es gilt: 1 dm³ = 1 ℓ und 1 cm³ = 1 mℓ

Wissen: Volumeneinheiten

Volumeneinheit	**1 m³**	**1 dm³ oder 1 ℓ**	**1 cm³ oder 1 mℓ**	**1 mm³**
Kantenlänge des Würfels	1 m	1 dm	1 cm	1 mm
Bezeichnung	Kubikmeter	Kubikdezimeter oder Liter	Kubikzentimeter oder Milliliter	Kubikmillimeter
Beispiel	 Müllcontainer	 Milchkarton	 Spielwürfel	 Salzkorn

Basisaufgaben

1. Ordne jeweils ein passendes Volumen zu.
   Mineralwasserflasche, Kinderzimmer, Schokoladentafel, Schultasche, Wassereimer, Wohnung

   20 dm³ | 10 ℓ | 240 m³ | 750 mℓ | 45 m³ | 80 cm³

Volumeneinheiten umrechnen

Für die **Umrechnung zwischen zwei Volumeneinheiten** kann man sich vorstellen, dass ein großer Einheitswürfel in viele kleine Einheitswürfel zerlegt wird.

Auf den Boden des 1-dm³-Würfels passen $10 \cdot 10$ Würfel vom Volumen 1 cm³.
Das ist ein Volumen von 100 cm³.

Es passen 10 dieser Schichten übereinander.
Damit gilt insgesamt:
$1\,dm^3 = 10 \cdot 10 \cdot 10 \cdot 1\,cm^3 = 1000\,cm^3$

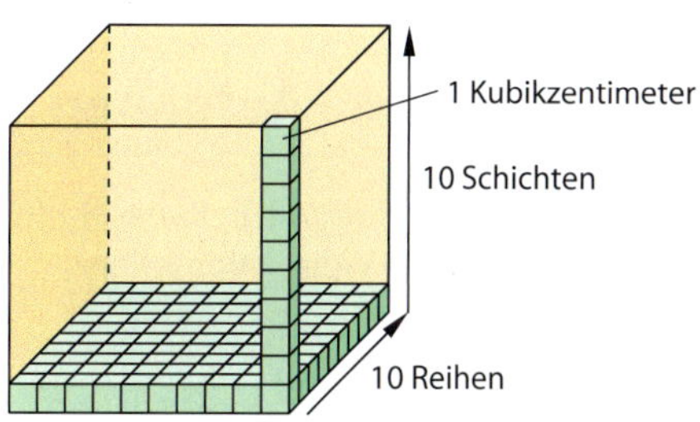

Hinweis:
Es gilt $1\,\ell = 1000\,m\ell$, da $1\,\ell = 1\,dm^3$ und $1\,m\ell = 1\,cm^3$.

Wissen: Volumeneinheiten umrechnen

Umrechnungszahl

$m^3 \xrightarrow{1000} dm^3 \xrightarrow{1000} cm^3 \xrightarrow{1000} mm^3$

Kubikmeter	$\mathbf{1\,m^3 = 1000\,dm^3}$
Kubikdezimeter	$\mathbf{1\,dm^3 = 1000\,cm^3}$
Kubikzentimeter	$\mathbf{1\,cm^3 = 1000\,mm^3}$
Kubikmillimeter	$1\,mm^3$

Beispiel 1: Rechne in die in Klammern angegebene Volumeneinheit um.

a) $10\,cm^3$ (mm^3) b) $2000\,dm^3$ (m^3) c) $3\,\ell$ (cm^3)

Lösung:

a) $1\,cm^3$ hat $1000\,mm^3$.
$10\,cm^3$ sind also 10 mal $1000\,mm^3$.

$10\,cm^3 = 10 \cdot 1000\,mm^3 = 10\,000\,mm^3$

b) $1\,m^3$ hat $1000\,dm^3$.
2 mal $1000\,dm^3$ sind also $2\,m^3$.

$2000\,dm^3 = 2 \cdot 1000\,dm^3 = 2\,m^3$

c) $1\,\ell$ ist dasselbe wie $1\,dm^3$.
$1\,dm^3$ hat $1000\,cm^3$.
$3\,dm^3$ sind also 3 mal $1000\,cm^3$.

$3\,\ell = 3\,dm^3 = 3 \cdot 1000\,cm^3 = 3000\,cm^3$

Basisaufgaben

2. Rechne in die in Klammern stehende Volumeneinheit um.

a) $3\,m^3$ (dm^3) b) $12\,dm^3$ (cm^3) c) $4000\,cm^3$ (dm^3) d) $11\,\ell$ (cm^3)

3. Wandle in die nächstkleinere Einheit um.

a) $4\,m^3$ b) $11\,dm^3$ c) $70\,cm^3$ d) $800\,m^3$ e) $650\,\ell$

4. Wandle in die nächstgrößere Einheit um.

a) $8000\,mm^3$ b) $19\,000\,dm^3$ c) $5000\,cm^3$ d) $90\,000\,cm^3$ e) $4000\,m\ell$

5. Übertrage in dein Heft und ergänze die richtigen Maßzahlen oder Maßeinheiten. Bei welchen Aufgaben gibt es mehrere Möglichkeiten?

a) $6000\,cm^3 = 6$ ■ b) $9\,\ell = 9000$ ■ c) $32\,cm^3 =$ ■ $m\ell$
d) $990\,000\,mm^3 =$ ■ cm^2 e) $70\,m^3 =$ ■ dm^3 f) $8\,\ell = 8$ ■
g) $7\,dm^3 =$ ■ $m\ell$ h) $5000\,\ell =$ ■ m^3 i) ■ $\ell = 15\,000\,cm^3$

6. Rechne schrittweise in die gegebene Einheit um. Beispiel: $7\,m^3 = 7000\,dm^3 = 7\,000\,000\,cm^3$

a) $23\,dm^3$ (in mm^3) b) $9\,000\,000\,cm^3$ (in m^3) c) $40\,m^3$ (in cm^3) d) $80\,m\ell$ (in mm^3)

Weiterführende Aufgaben

7. Durchblick: Rechne wie in Beispiel 1 in die angegebene Volumeneinheit um. Kannst du auf verschiedene Weisen vorgehen?

a) In cm^3: $4\,dm^3$; $32\,000\,mm^3$
b) In mm^3: $345\,cm^3$; $94\,dm^3$
c) In m^3: $389\,000\,dm^3$; $21\,000\,000\,cm^3$
d) In $m\ell$: $209\,\ell$; $69\,000\,mm^3$

8. Ordne der Größe nach: $8\,m^3$; $80\,000\,dm^3$; $8000\,m\ell$; $8\,000\,000\,cm^3$; $800\,\ell$

9. Schreibe 1 Liter auf möglichst viele Arten durch Umrechnen in verschiedene Maßeinheiten. Wer findet die meisten Möglichkeiten?

10. Stolperstelle: Einige von Jörgs Umrechnungen sind nicht richtig. Finde alle Fehler und beschreibe sie. Berichtige anschließend die Umrechnungen.

a) $25\,dm^3 = 25 \cdot 100\,cm^3 = 2500\,cm^3$
b) $74\,000\,cm^3 = 74\,000 : 1000\,mm^3 = 74\,mm^3$
c) $31\,m^3 = 31 \cdot 1000\,cm^3 = 31\,000\,cm^3$
d) $6\,m^3 = 6\,l = 6 \cdot 1000\,ml = 6000\,ml$

11. Rechne in die nächstkleinere Einheit um.
a) $42\,m = 42 \cdot 10\,dm =$ ___ dm
b) $23\,m^2 = 23 \cdot$ ___ $=$ ___ dm^2
c) $11\,m^3 =$ ___ $=$ ___ dm^3

12. Jetzt musst du aufpassen: Hier sind Längen-, Flächen- und Volumeneinheiten vermischt. Ordne zuerst und rechne dann in die angegebene Einheit um.

a) 5 m (in dm)	b) $5\,m^2$ (in dm^2)	c) $5\,m^3$ (in dm^3)	d) $11\,m^2$ (in dm^2)
e) $60\,m^3$ (in dm^3)	f) $2\,\ell$ (in $m\ell$)	g) $9\,km^2$ (in ha)	h) $7\,\ell$ (in cm^3)
i) 18 cm (in mm)	j) 5 ha (in a)	k) $3\,dm^3$ (in mm^3)	l) 450 cm (in m)

13. Berechne das Gesamtvolumen. Beachte dabei die Einheiten.

a) $30\,m^3 + 3\,m^3$	b) $40\,cm^3 + 10\,cm^3$	c) $39\,dm^3 + 200\,dm^3$
d) $90\,cm^3 + 80\,mm^3$	e) $24\,dm^3 + 1\,m^3$	f) $620\,000\,mm^3 - 2\,cm^3$
g) $2\,m^3 + 300\,cm^3$	h) $11\,dm^3 - 4300\,mm^3$	i) $5\,930\,000\,cm^3 - 4\,m^3$

Hinweis zu 13:
Die Maßzahlen der Lösungen findest du im Ballon.

14. Welche Volumeneinheiten müssen die Maßzahlen haben, damit die Rechnung stimmt? Achtung, es gibt nicht nur eine richtige Lösung.
a) 382 ___ + 98 ___ = 382 098 ___
b) 71 ___ − 71 ___ = 70 999 929 ___

15. Prüfe, ob Lisas Behauptungen stimmen können.
a) Ein Mensch trinkt ungefähr 200 000 $m\ell$ am Tag.
b) Ein Elefant trinkt ungefähr 140 000 cm^3 Wasser am Tag.
c) Der Kofferraum eines Autos hat etwa 350 000 000 mm^3 Inhalt.
d) In eine Badewanne passen ungefähr 20 m^3 Wasser.

16. Murad lädt zu seinem Geburtstag 10 Freunde ein. Seine Mutter meint, dass jeder Gast drei Gläser Limonade (à 200 $m\ell$) trinkt. Wie viele 1-Liter-Flaschen muss Murad für die Feier besorgen, wenn am Ende keine Limonade übrig bleiben soll?

17. Ein Kind atmet bei einem Atemzug etwa 300 $m\ell$ Luft ein.
a) Berechne, wie viele m^3 Luft du an einem Tag einatmest.
b) Ein Luftballon fasst etwa 2500 cm^3 Luft. Wie viele Ballons könntest du ungefähr mit deiner Atemluft von einem Tag (1 Woche) theoretisch, wie viel tatsächlich aufblasen?

18. Ausblick: Svenja hat alles versucht, doch der Wasserhahn im Badezimmer hört nicht auf zu tropfen. Sie liegt nun in ihrem Bett und kann wegen des Geräusches aus dem Badezimmer nicht einschlafen. Daher zählt sie die Wassertropfen. Es sind in einer Minute 100 Tropfen.
a) Svenja möchte wissen, welches Volumen ein Wassertropfen hat. Darum stellt sie einen Eimer unter den Hahn (um 22:00 Uhr). Am nächsten Morgen (8:00 Uhr) sind etwa 9 ℓ Wasser im Eimer. Welches Volumen hat ein Wassertropfen aus Svenjas Hahn?
b) Wie viel cm^3 Wasser würde der Wasserhahn an einem Tag verlieren? Wie viel Liter wären es etwa in einer Woche?

5.3 Volumen eines Quaders

■ Die Abbildung zeigt einen Quader, der aus kleinen Spielzeugwürfeln gebaut wurde. Aus wie vielen Spielzeugwürfeln besteht der Quader? Welche anderen Quader mit gleich vielen Würfeln könnte man damit bauen? ■

Will man das Volumen eines Quaders bestimmen, so kann man ihn mit gleich großen Würfeln (zum Beispiel mit der Kantenlänge 1 mm oder 1 cm) füllen:

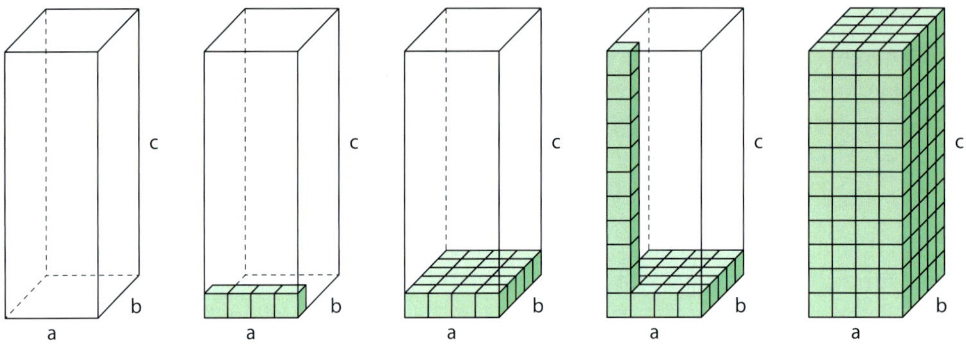

Das Volumen des Quaders erhält man, indem man die eingefüllten Würfel systematisch zählt: Man multipliziert die Anzahl der Würfel, die an die Kante a passen, mit der Anzahl der Würfel, die an die Kante b passen, und mit der Anzahl der Würfel, die an die Kante c passen.

Hinweis:
Die Mehrzahl des Wortes Volumen heißt Volumina.

Wissen: Volumen eines Quaders

Das Volumen eines Quaders ist das Produkt aus Länge, Breite und Höhe.

Volumen = Länge mal Breite mal Höhe

$V = a \cdot b \cdot c$

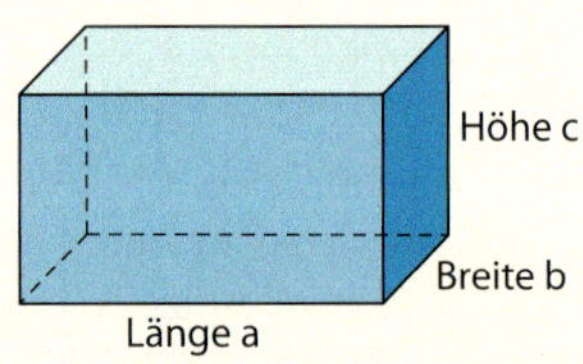

Volumen berechnen

Beispiel 1: Wie groß ist das Volumen eines Quaders mit den Kantenlängen 12 cm, 10 cm und 7 cm?

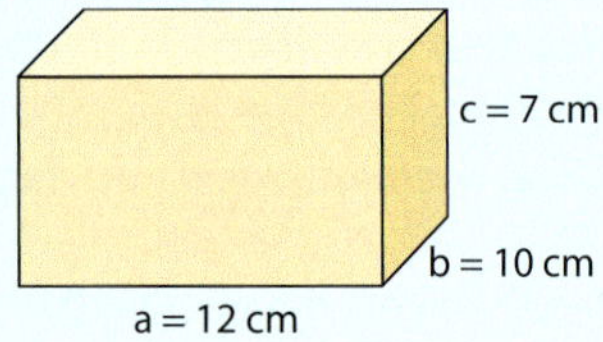

Lösung:

Das Volumen eines Quaders berechnest du, indem du die drei Kantenlängen des Quaders miteinander multiplizierst.
Das Ergebnis ist ein Volumen, deshalb brauchst du die Einheit cm^3.

$V = 12\,cm \cdot 10\,cm \cdot 7\,cm$
$= (12 \cdot 10 \cdot 7)\,cm^3 = 840\,cm^3$

Der Quader hat ein Volumen von $840\,cm^3$.

Basisaufgaben

1. Bestimme das Volumen des Quaders mit den Kantenlängen a, b und c.
   a) a = 5 cm, b = 1 cm, c = 6 cm
   b) a = 10 cm, b = 6 cm, c = 5 cm
   c) a = 8 cm, b = 7 cm, c = 3 cm
   d) a = 15 cm, b = 12 cm, c = 11 cm
   e) a = 2 m, b = 6 m, c = 20 m
   f) a = 11 mm, b = 7 mm, c = 9 mm

2. Berechne das Volumen des Quaders.
   a)

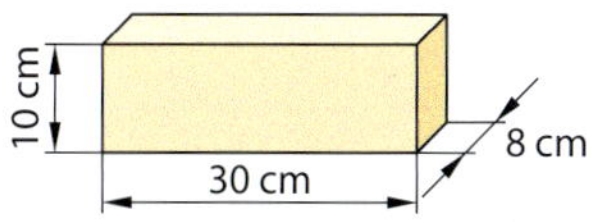

   b)

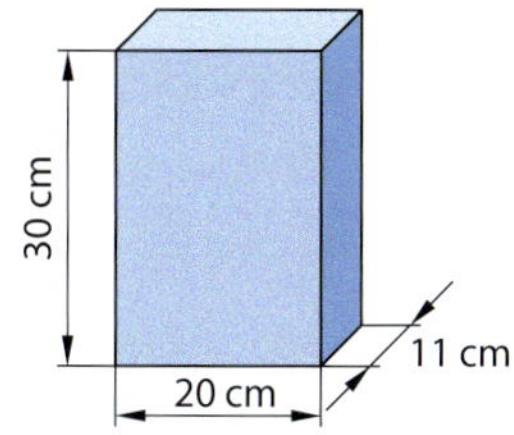

3. Berechne das Volumen des Quaders. Achte auf die Einheiten.
   a) a = 5 cm, b = 2 cm, c = 3 cm
   b) a = 10 cm, b = 20 cm, c = 9 cm
   c) a = 12 dm, b = 4 dm, c = 8 dm
   d) a = 5 cm, b = 30 cm, c = 400 mm
   e) a = 4 cm, b = 3 mm, c = 1 dm
   f) a = 1 m, b = 2,5 cm, c = 1 dm

Hinweis zu 3:
Hier findest du die Maßzahlen der Lösungen.

4. **Volumen eines Würfels berechnen:**
   a) Berechne das Volumen des Würfels mit der Kantenlänge a = 6 cm (a = 50 mm; a = 10 m).
   b) Wie kann man das Würfel-Volumen bestimmen, wenn die Kantenlänge a gegeben ist? Stelle eine Formel auf. Orientiere dich an dem Wissenskasten auf Seite 162.

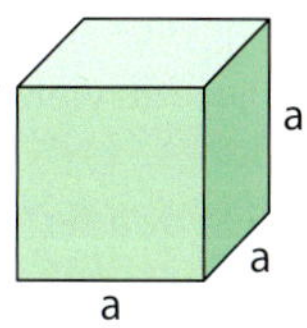

Kantenlänge berechnen

Beispiel 2: Von einem Quader sind die Kantenlängen a = 20 cm und b = 7 cm bekannt. Das Volumen des Quaders beträgt $1400\,\text{cm}^3$. Wie groß ist die Kantenlänge c?

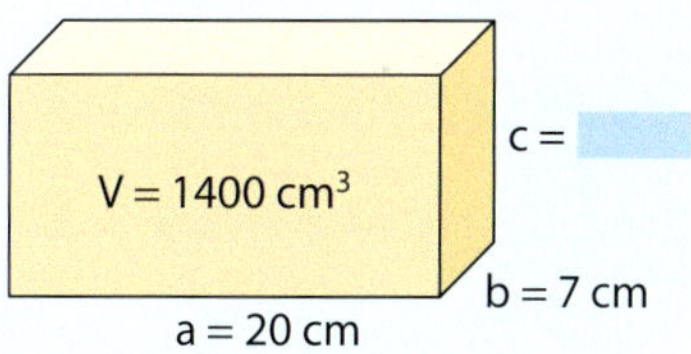

Lösung:
Gesucht ist eine Länge, die mit den anderen beiden Kantenlängen multipliziert das Volumen $1400\,\text{cm}^3$ ergibt.

$V = 20\,\text{cm} \cdot 7\,\text{cm} \cdot ■\,\text{cm}$
$= (140 \cdot ■)\,\text{cm}^3$
$= 1400\,\text{cm}^3$

Du kannst diese Länge mit der Umkehroperation berechnen.

Da 1400 : 140 = 10, hat die fehlende Kante c die Länge 10 cm.

Basisaufgaben

5. Bestimme die Kantenlänge c des Quaders.
   a) a = 2 cm, b = 5 cm, $V = 30\,\text{cm}^3$
   b) a = 10 cm, b = 17 cm, $V = 340\,\text{cm}^3$
   c) a = 4 cm, b = 3 cm, $V = 72\,\text{cm}^3$
   d) a = 5 cm, b = 1 cm, $V = 65\,\text{cm}^3$
   e) a = 6 m, b = 5 m, $V = 30\,\text{m}^3$
   f) a = 7 mm, b = 6 mm, $V = 168\,\text{mm}^3$

6. Ergänze die fehlende Größe des Quaders im Heft.

	Länge	Breite	Höhe	Volumen
a)	120 cm	40 cm	5 dm	
b)		5 cm	7 cm	105 cm^3
c)	32 cm		120 mm	3840 cm^3
d)	2 dm	500 mm		14 000 cm^3

Weiterführende Aufgaben

7. **Stolperstelle:** Mark und Christoph haben das Volumen eines Quaders mit den Kantenlängen 2 dm, 15 cm und 40 mm berechnet. Prüfe die Lösungen auf Richtigkeit und erkläre mögliche Fehler.
Marks Lösung: $V = 2\,dm \cdot 15\,cm \cdot 40\,mm = 1200\,mm^3$
Christophs Lösung: $V = 20 \cdot 15 \cdot 4\,cm = 1200\,cm^3$

8. **Durchblick:** Ein Quader hat ein Volumen von 60 cm^3.
a) Gib drei Möglichkeiten für die drei Kantenlängen eines solchen Quaders an. Du kannst dich dabei an Beispiel 1 orientieren. Erläutere deine Vorgehensweise.
b) Wie viele Möglichkeiten gibt es, so einen Quader aus 1-cm^3-Würfeln zu bauen?

9. Ein quaderförmiger Kreidekarton hat die Innenmaße a = 20 cm, b = 10 cm und c = 8 cm. Die Kreidestücke, die darin verpackt werden sollen, sind quaderförmig und haben ein Volumen von 8 cm^3. Bestimme die Anzahl der Kreidestücke, die höchstens in den Karton passen.

10. Welche Kantenlänge hat ein Würfel mit dem angegebenen Volumen?
a) 27 cm^3 b) 125 dm^3 c) 1000 m^3

11. Die neue Mensa einer Schule soll 30 m lang, 15 m breit und 6 m hoch werden. Der Architekt rechnet mit Kosten von 500 € pro Kubikmeter umbauten Raumes. Wie teuer wird die Mensa?

12. Eine Zuckerwürfelpackung ist 16 cm lang, 8 cm breit und 10 cm hoch. Der Behälter wird bis zu einer Höhe von 9 cm mit Zucker befüllt.
a) Wie viel Luft enthält der Behälter?
b) Welche Maße hat ein Stückchen Würfelzucker (in ganzen Millimetern), wenn die Grundfläche quadratisch ist und 450 Stücke in dem Behälter sind?

13. Das größte Becken im Sea Life in Speyer fasst 320 000 ℓ Wasser. Die Wassertiefe beträgt maximal 5 m. Welche Maße kann das Becken haben, wenn es quaderförmig ist?

14. **Ausblick:** Wie verändert sich das Volumen eines Quaders, wenn man alle Kantenlängen verdoppelt (verdreifacht, vervierfacht, …)?

5.4 Oberflächeninhalt eines Quaders

■ Marie möchte ihrer Freundin Schokolade zum Geburtstag schenken. Die Schokoladenschachtel beklebt sie mit einer dünnen Goldfolie. Wie viel Goldfolie benötigt sie mindestens? ■

Mit der **Oberfläche eines Körpers** bezeichnet man alle Flächen, die den Körper begrenzen. Ein Quader wird durch sechs Rechtecke begrenzt, von denen je zwei gleich sind:

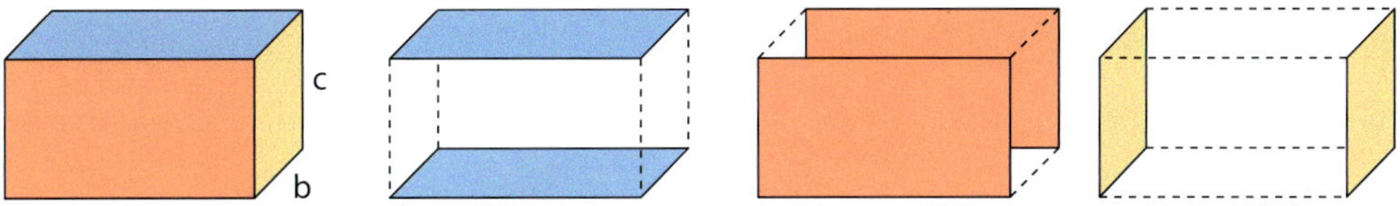

Grundfläche und Deckfläche

vordere und hintere Seitenfläche

rechte und linke Seitenfläche

Wissen: Oberflächeninhalt eines Quaders

Der Oberflächeninhalt O eines Quaders ist die Summe der Flächeninhalte aller sechs Rechteckflächen.

$O = 2 \cdot \text{Grundfläche} + 2 \cdot \text{Vorderfläche} + 2 \cdot \text{Seitenfläche}$

$O = 2 \cdot \text{Länge} \cdot \text{Breite} + 2 \cdot \text{Länge} \cdot \text{Höhe} + 2 \cdot \text{Breite} \cdot \text{Höhe}$

$O = 2 \cdot a \cdot b + 2 \cdot a \cdot c + 2 \cdot b \cdot c$

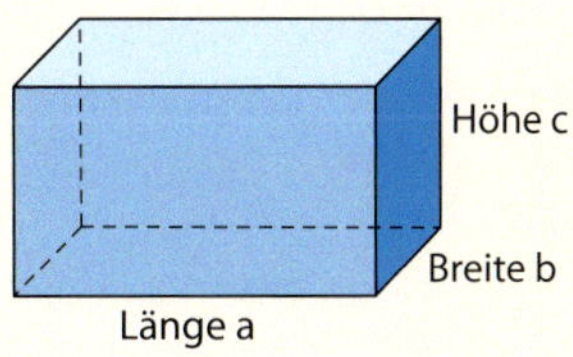

Beispiel 1: Bestimme den Oberflächeninhalt eines Quaders mit der Länge 3 cm, der Breite 2 cm und der Höhe 1 cm.

Lösung:

$O = 2 \cdot \text{Grundfläche} + 2 \cdot \text{Vorderfläche} + 2 \cdot \text{Seitenfläche}$

Die Grundfläche ist 3 cm lang und 1 cm breit, sie hat den Flächeninhalt $3\,cm^2$.

Die Vorderfläche hat den Flächeninhalt $3\,cm \cdot 2\,cm = 6\,cm^2$.

Die rechte Seitenfläche hat den Flächeninhalt $1\,cm \cdot 2\,cm = 2\,cm^2$.

Der Oberflächeninhalt beträgt somit

$O = 2 \cdot 3\,cm^2 + 2 \cdot 6\,cm^2 + 2 \cdot 2\,cm^2$
$= 6\,cm^2 + 12\,cm^2 + 4\,cm^2$
$= 22\,cm^2$.

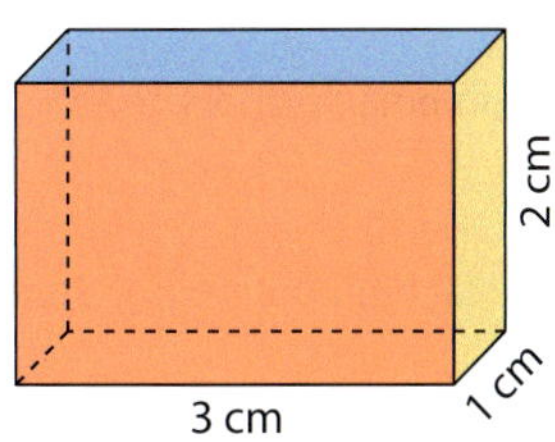

Hinweis zu 1:
Hier findest du die Maßzahlen der Lösungen.

Basisaufgaben

1. Berechne den Oberflächeninhalt des Quaders mit den angegebenen Kantenlängen.

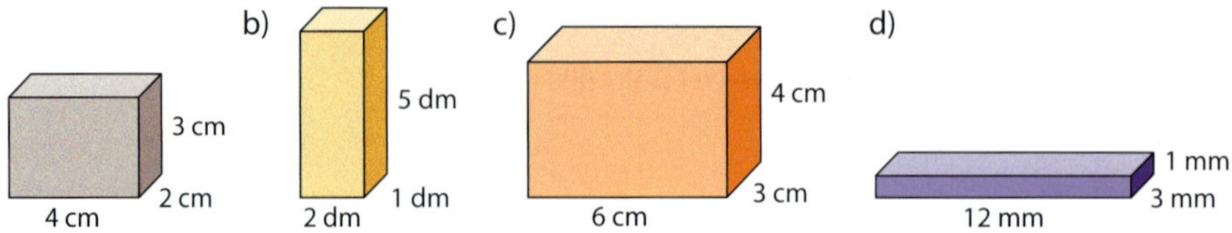

2. Berechne den Oberflächeninhalt des Quaders. Achte auf die Einheiten.

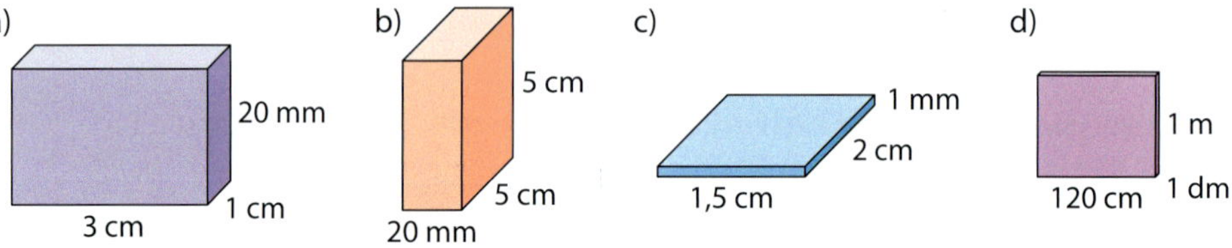

3. Berechne den Oberflächeninhalt aus den Maßen in der Tabelle.

Quader	a)	b)	c)	d)	e)
Länge	7 cm	5 cm	25 mm	25 dm	4 dm
Breite	4 cm	9 cm	10 mm	2 m	6 cm
Höhe	3 cm	8 cm	5 mm	32 dm	20 mm

4. Berechne den Oberflächeninhalt. Entnimm die benötigten Maße aus dem Quadernetz.

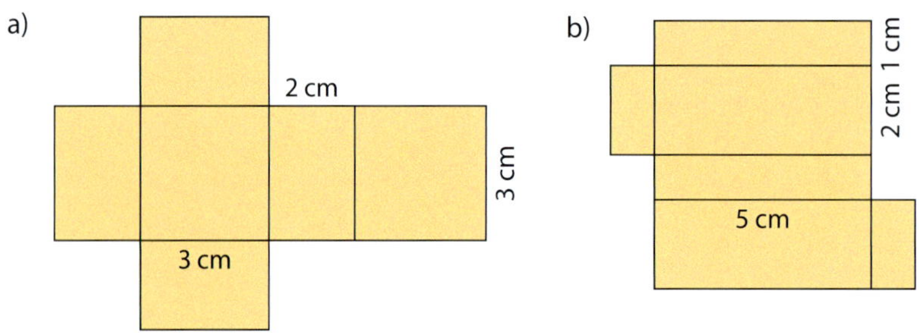

Hinweis:
Ein Würfel hat gleich lange Kantenlängen.

5. Oberflächeninhalt eines Würfels:

a) Die Kantenlänge eines Würfels beträgt 2 cm (3 cm; 15 cm; 0,5 dm). Berechne, wie groß sein Oberflächeninhalt ist.

b) Gib eine Formel für den Oberflächeninhalt O eines Würfels mit der Kantenlänge a an.

6. Der Oberflächeninhalt eines Würfels beträgt 6 dm^2 (54 cm^2; 150 mm^2, 24 dm^2). Berechne den Flächeninhalt einer Seitenfläche und die Länge einer Würfelkante.

Weiterführende Aufgaben

7. Zeichne zum Schrägbild des Quaders ein mögliches Netz und bestimme anschließend den Oberflächeninhalt.

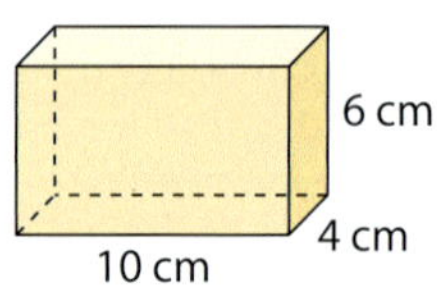

8. Durchblick: Ben und Frida berechnen den Oberflächeninhalt einer Schachtel mit der Länge 5 cm, Breite 3 cm und Höhe 2 cm auf zwei unterschiedlichen Wegen. Erkläre in eigenen Worten, wie die beiden vorgehen. Überprüfe ihre Ergebnisse, indem du wie im Beispiel 1 vorgehst und vergleiche ihre Lösungswege.

Bens Berechnung des Oberflächeninhalts:

$2 \cdot (5\,cm \cdot 3\,cm + 5\,cm \cdot 2\,cm + 3\,cm \cdot 2\,cm)$
$= 2 \cdot (15\,cm^2 + 10\,cm^2 + 6\,cm^2)$
$= 2 \cdot 31\,cm^2 = 62\,cm^2$

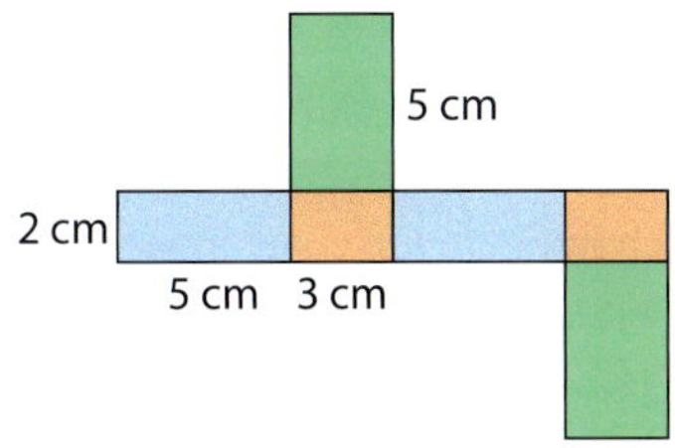

Fridas Berechnung des Oberflächeninhalts:

$2 \cdot 5\,cm \cdot 3\,cm + 2\,cm \cdot (2 \cdot 5\,cm + 2 \cdot 3\,cm)$
$= 2 \cdot 15\,cm^2 + 2\,cm \cdot 16\,cm$
$= 30\,cm^2 + 32\,cm^2 = 62\,cm^2$

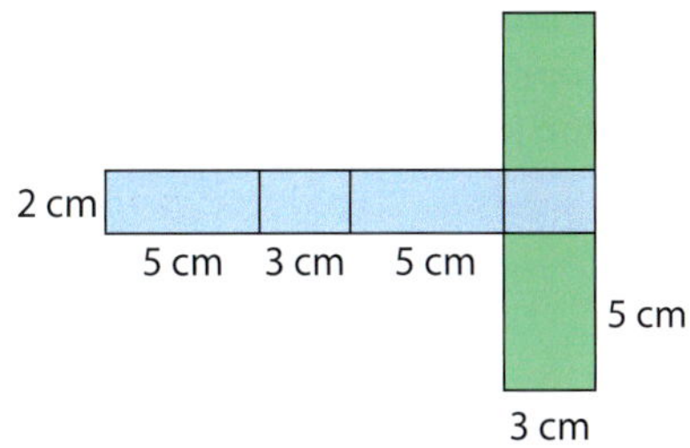

9. Stolperstelle: In der Klassenarbeit haben Kai und Lisa sich bei der Berechnung des Oberflächeninhalts eines Quaders (Länge 3 cm, Breite 40 mm, Höhe 1 cm) vertan. Beschreibe die Fehler und korrigiere die Rechnung.

a) Kais Rechnung:
$2 \cdot 3 \cdot 40 + 2 \cdot 3 \cdot 1 + 2 \cdot 40 \cdot 1$
$= 240 + 6 + 80$
$= 326\,cm^2$

b) Lisas Rechnung:
$3\,cm \cdot 4\,cm + 3 \cdot 1\,cm + 4\,cm \cdot 1\,cm$
$= 12\,cm^2 + 3\,cm^2 + 4\,cm^2$
$= 19\,cm^2$

10. Eine Kiste ohne Deckel mit den Maßen a = 20 cm, b = 10 cm und der Höhe c = 5 cm soll von außen beklebt werden. Berechne, wie viel Material dafür mindestens benötigt wird.

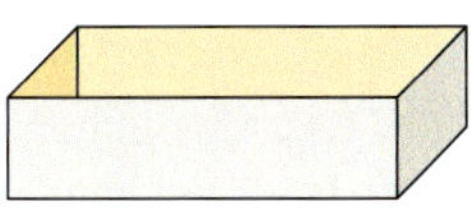

11. Für einen Schreibwarenhändler werden 100 quaderförmige Etuis aus Metall hergestellt (Länge 21 cm, Breite 6 cm, Höhe 3 cm). Wie viel Quadratmeter Metall werden für diese Etuis mindestens benötigt?

12. Ausblick: Die Kantenlänge eines Würfels beträgt 2 cm.

a) Wie groß ist sein Oberflächeninhalt?
b) Wie groß wird der Oberflächeninhalt, wenn die Länge der Würfelkanten verdoppelt wird? Gib zunächst eine Abschätzung an und führe anschließend eine Rechnung durch.
c) Vervierfache die Länge der Würfelkanten und bestimme dann den Oberflächeninhalt des neuen Würfels.
d) Vergleiche deine Ergebnisse aus a), b) und c). Was fällt dir auf?

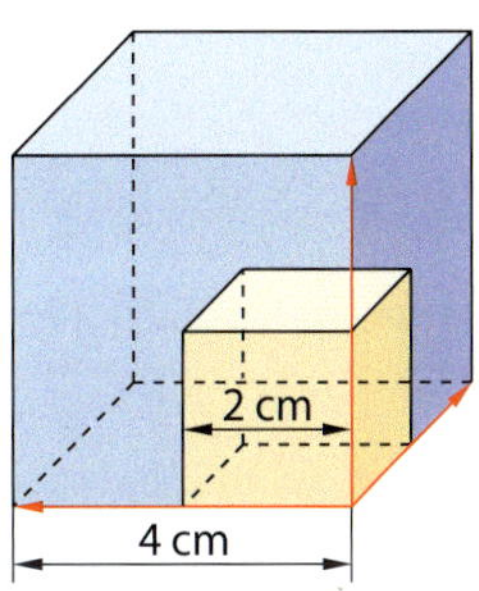

5.5 Zusammengesetzte Körper

■ Der rote Bauklotz hat ein Volumen von 20 cm³, der blaue 40 cm³ und der grüne 80 cm³. Bestimme das Volumen des aus den Bauklötzen zusammengesetzten Körpers. ■

Wie beim Flächeninhalt von zusammengesetzten Figuren kann man auch das Volumen von Körpern, die aus Quadern zusammengesetzt sind, berechnen.

Beispiel 1: In einem Park sollen Betonstühle aufgestellt werden, die Form und Maße wie in der Abbildung haben sollen.
Wie viel Beton wird für einen Stuhl benötigt?

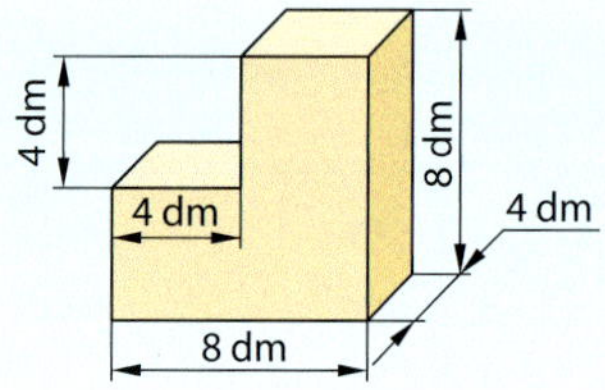

Lösung:
1. Möglichkeit: Zerlegen
Du zerlegst den Stuhl in zwei kleinere Quader.

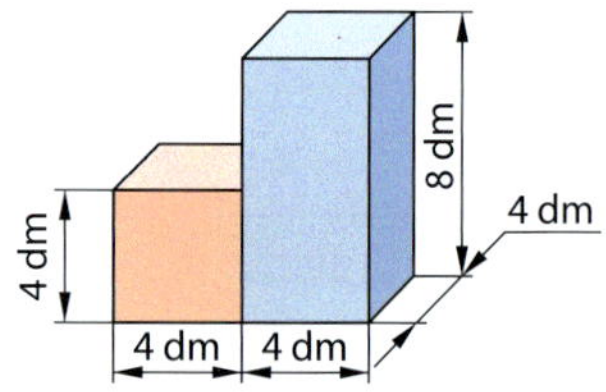

Der linke Quader ist ein Würfel mit der Kantenlänge 4 dm.

Volumen des Würfels:
$4\,dm \cdot 4\,dm \cdot 4\,dm = 64\,dm^3$

Der rechte Quader hat die Kantenlängen 4 dm, 4 dm und 8 dm.

Volumen des Quaders:
$4\,dm \cdot 4\,dm \cdot 8\,dm = 128\,dm^3$

Das Gesamtvolumen erhält man, indem man beide Volumina addiert.

Gesamtvolumen:
$V = 64\,dm^3 + 128\,dm^3 = 192\,dm^3$

2. Möglichkeit: Ergänzen
Du ergänzt den Körper durch den roten Würfel zu einem größeren Quader.

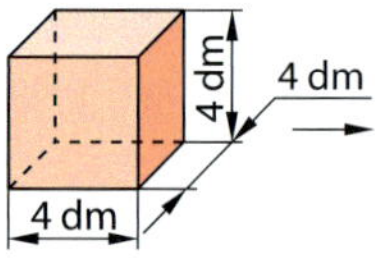

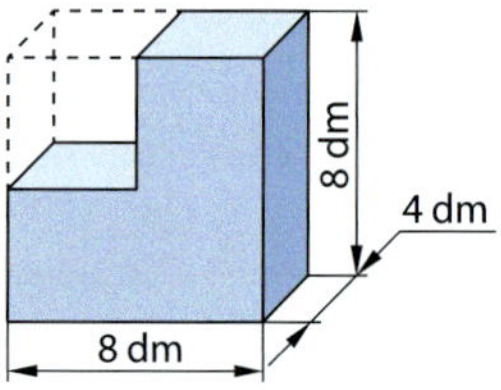

Dieser Quader hat die Kantenlängen 8 dm, 4 dm und 8 dm.
Der rote Würfel hat die Kantenlänge 4 dm.

Volumen des Quaders:
$8\,dm \cdot 4\,dm \cdot 8\,dm = 256\,dm^3$
Volumen des Würfels:
$4\,dm \cdot 4\,dm \cdot 4\,dm = 64\,dm^3$

Das Gesamtvolumen erhält man, indem man das Volumen des roten Würfels subtrahiert.

Gesamtvolumen:
$V = 256\,dm^3 - 64\,dm^3 = 192\,dm^3$

Für einen Stuhl benötigt man 192 dm³ Beton.
Das sind ungefähr 200 dm³ oder 200 ℓ Beton.

Basisaufgaben

1. Berechne das Volumen des Körpers (Maße in m). Zerlege den Körper dazu in mehrere Quader.

a)

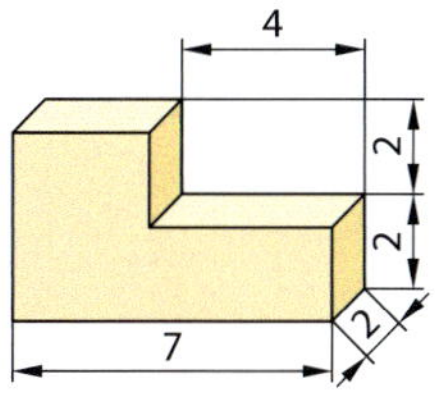

b)

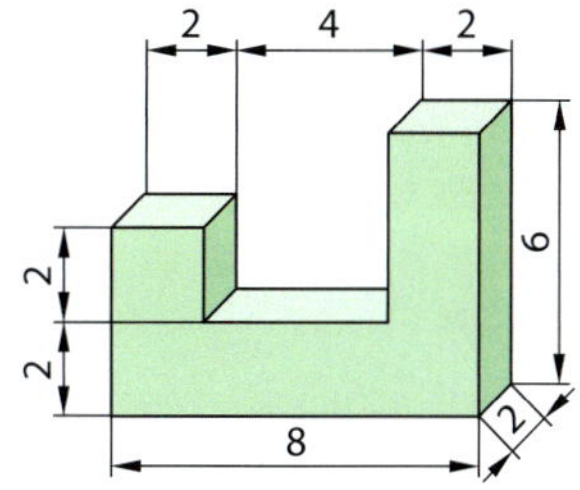

2. Berechne das Volumen des Körpers (Maße in cm), indem du zu einem Quader ergänzt.

a)

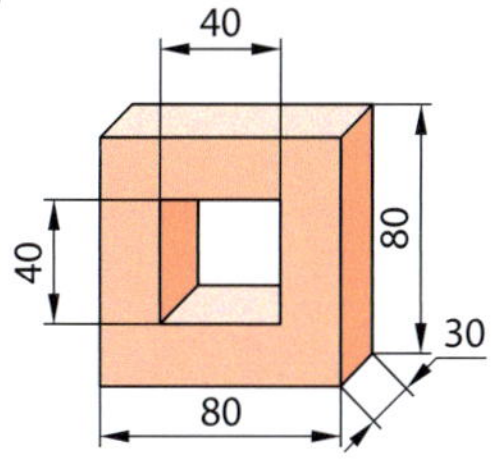

b)

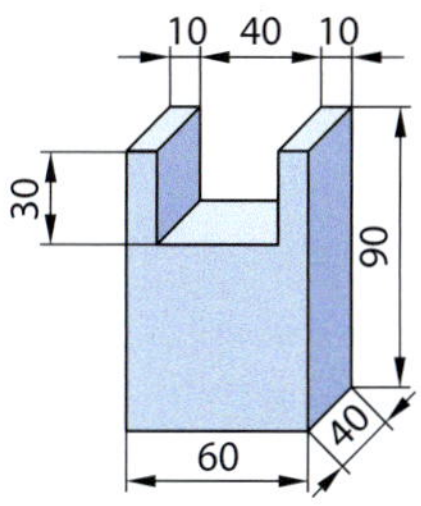

3. Zusätzlich zu den Stühlen aus Beispiel 1 sollen in dem Park Bänke aufgestellt werden, deren Maße der nebenstehenden Abbildung zu entnehmen sind. Wie viel Beton wird für eine Bank benötigt?

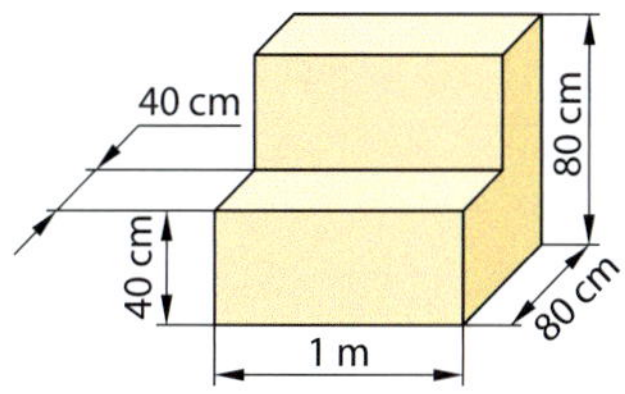

Weiterführende Aufgaben

4. **Durchblick:** Berechne das Volumen. Begründe, ob dazu Zerlegen in kleinere Körper oder Ergänzen zu einem größeren Körper besser geeignet ist. (Angaben in cm)

a)

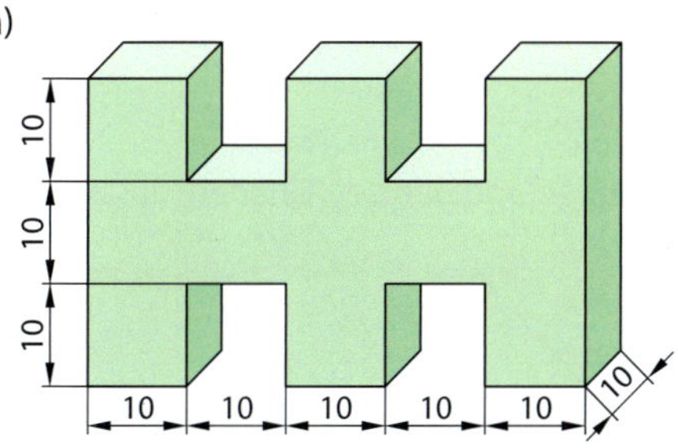

b)

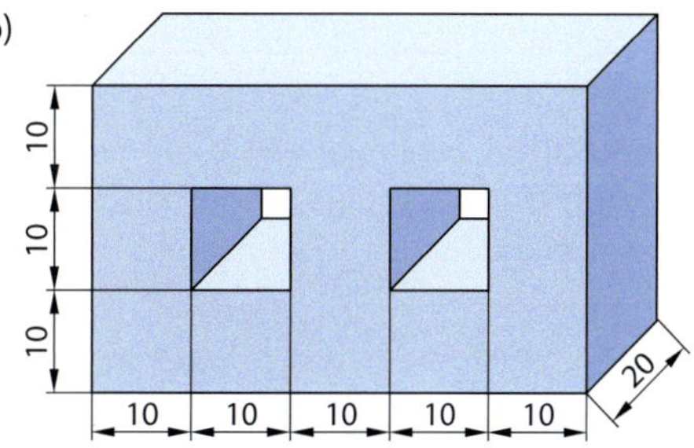

5. **Stolperstelle:** Pascal hat das Volumen des abgebildeten Körpers bestimmt (Angaben in cm). Korrigiere seine Rechnung.

Quader 1: $V = 30\,cm \cdot 10\,cm \cdot 20\,cm = 600\,cm^3$

Quader 2 hat dasselbe Volumen.

Gesamtvolumen: $V = 2 \cdot 600\,cm = 1200\,cm^3$

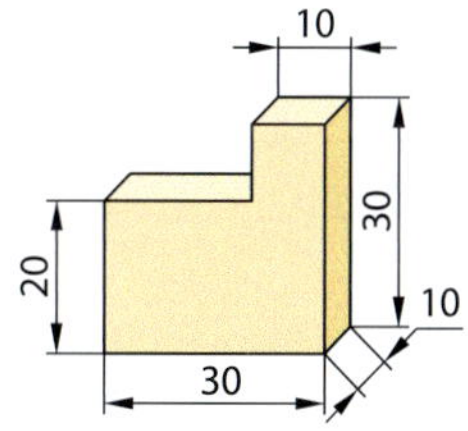

Erinnere dich:
Der Oberflächeninhalt ist die Summe aller Flächeninhalte der Begrenzungsflächen.

6. Oberflächeninhalt von zusammengesetzten Körpern:
Bestimme den Oberflächeninhalt des abgebildeten Körpers.
Du kannst dabei so vorgehen:
Überlege dir, welche Flächen den Körpern nach oben und unten und zu den Seiten begrenzen.
Überlege auch, welche Flächen gleich groß sind.

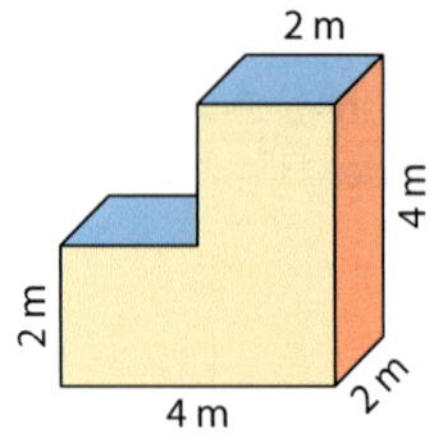

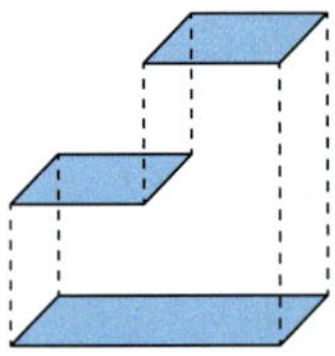

Die Flächeninhalte von Grund- und Deckfläche sind gleich groß.

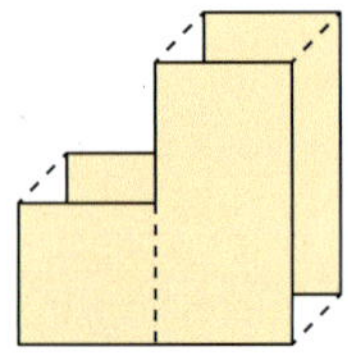

Vordere und hintere Fläche sind gleich groß.

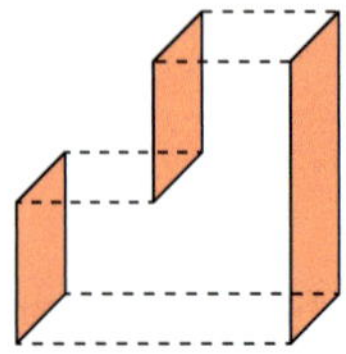

Die Flächeninhalte der Seitenflächen sind gleich groß.

7. Berechne den Oberflächeninhalt des Körpers.

a)

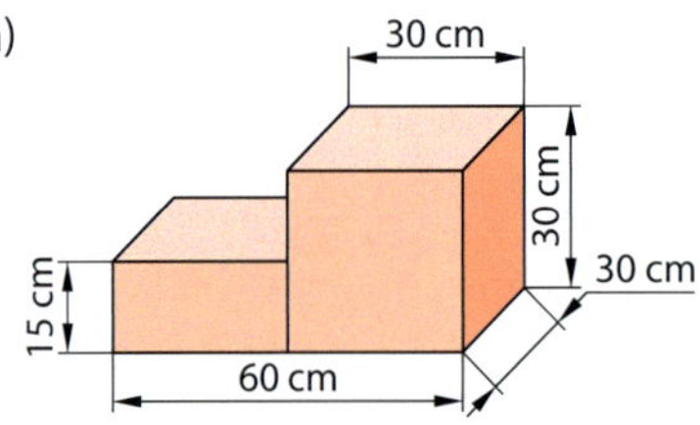

b)

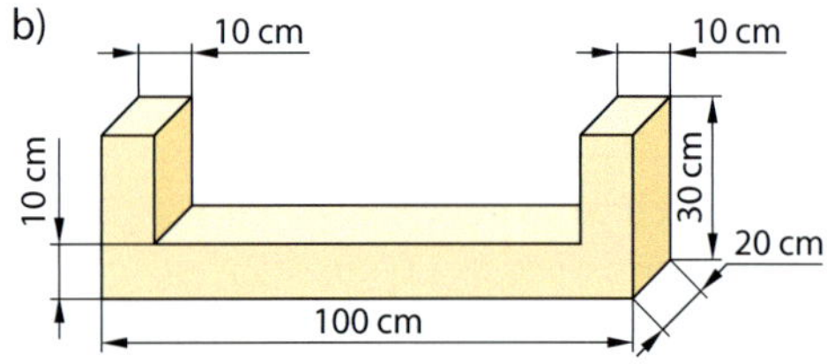

8. Alena hat sich einen Soma-Würfel gekauft. Seine Bausteine sind aus einzelnen kleinen Würfeln mit einer Kantenlänge von 2 cm zusammengesetzt. Alena möchte die einzelnen Bausteine mit verschiedenfarbiger Folie bekleben. Wie viel cm^2 Folie benötigt sie für die einzelnen Bausteine mindestens?

① rot ② blau ③ gelb ④ grün ⑤ orange ⑥ grau ⑦ rosa

9. **Ausblick:** Bestimme das Volumen der Körper.
Tipp: Du kannst die Körper dazu in Prismen zerlegen und dann zu Quadern zusammensetzen oder auch zu Quadern ergänzen.

a)

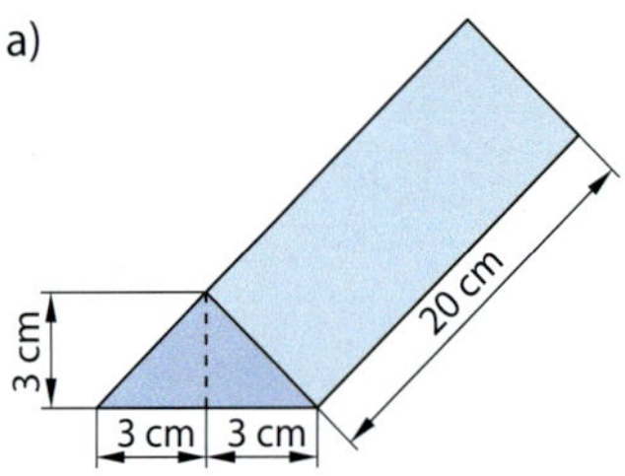

b)

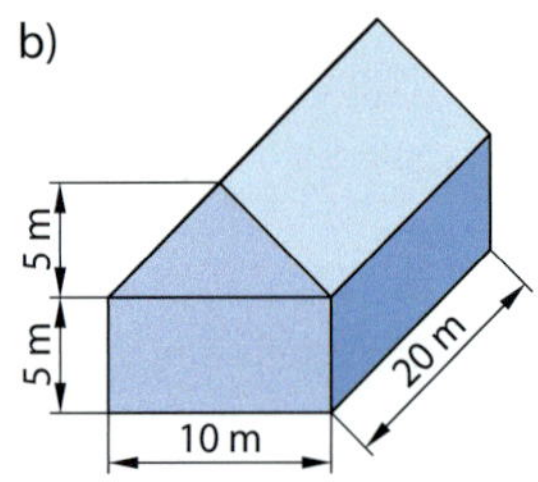

c)

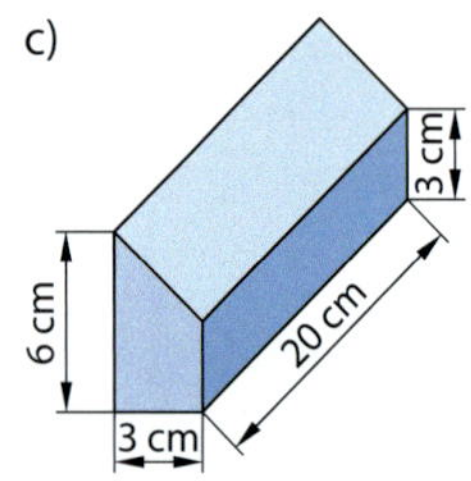

d) Entwirf selbst Körper aus Quadern, Würfeln und Prismen und berechne das Volumen.

5.6 Vermischte Aufgaben

1. Gib alle Quader mit gleichem Volumen an. Schätze zuerst und überprüfe dann durch Rechnung. Ein kleiner Einheitswürfel hat ein Volumen von $1\,\text{cm}^3$.

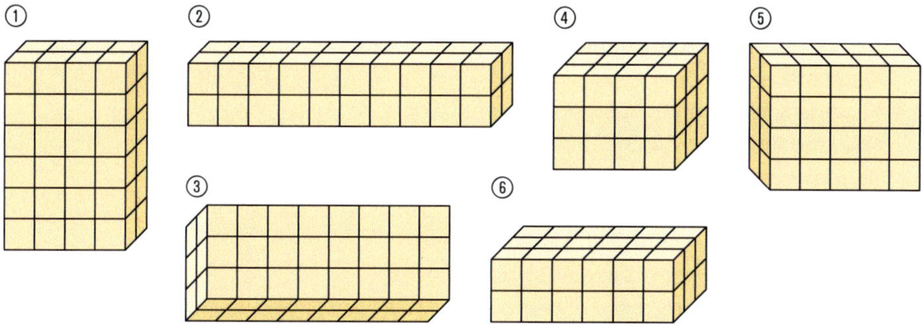

2. Berechne das Volumen und den Oberflächeninhalt der Quader und vergleiche.
   a) ① $a = 5\,\text{cm}$; $b = 4\,\text{cm}$; $c = 4\,\text{cm}$ ② $a = 10\,\text{cm}$; $b = 4\,\text{cm}$; $c = 2\,\text{cm}$
   ③ $a = 20\,\text{cm}$; $b = 5\,\text{cm}$; $c = 1\,\text{cm}$ ④ $a = 18\,\text{cm}$; $b = 2\,\text{cm}$; $c = 1\,\text{cm}$
   b) Gib die Maße eines Quaders mit einem Volumen von $8000\,\text{cm}^3$ an. Der Oberflächeninhalt soll möglichst klein sein. Vergleiche mit deinem Nachbarn.

3. Wandle in eine gemeinsame Einheit um und berechne.
   a) $1\,\text{cm}^3 + 500\,\text{mm}^3$ b) $4\,\ell - 2400\,\text{m}\ell$ c) $8\,\text{m}^3 + 75\,000\,\text{cm}^3$ d) $9\,\text{m}^3 : 300\,\ell$
   e) $320\,\text{cm}^2 + 4\,\text{dm}^2$ f) $1\,\text{m}^2 - 60\,\text{cm}^2$ g) $11\,\text{mm} \cdot 7\,\text{cm}$ h) $48\,\text{cm}^2 : 60\,\text{mm}^2$

4. Steckwürfel kann man aneinanderstecken, es entstehen sogenannte Würfelschlangen. Ein einzelner Würfel hat die Kantenlänge 1 cm.

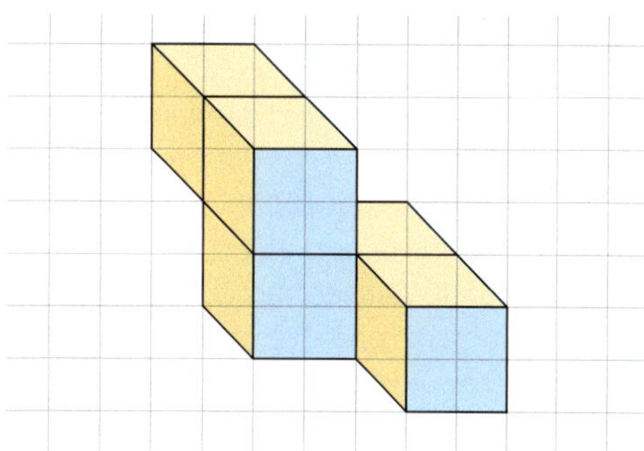

   a) Bestimme das Volumen und den Oberflächeninhalt der abgebildeten Würfelschlange.
   b) Aus acht Steckwürfeln kann man einen größeren Würfel bauen. Bestimme das Volumen und den Oberflächeninhalt dieses Würfels.
   c) Vergleiche die Ergebnisse aus b) mit dem gesamten Volumen und dem gesamten Oberflächeninhalt von acht einzelnen Würfeln.

5. In ein Aquarium passen 500 Liter Wasser. Das Aquarium ist 2 m breit und 0,5 m tief. Wie hoch ist das Aquarium?

6. Eine nach oben offene Schachtel mit der Länge 16 cm, der Breite 8 cm und der Höhe 4 cm entsteht dadurch, dass aus einem rechteckigen Stück Karton an den vier Ecken jeweils ein Quadrat von 4 cm Kantenlänge ausgeschnitten wird und die Seitenflächen nach oben gebogen werden.
   a) Zeichne ein Netz der Schachtel.
   b) Bestimme die Länge und die Breite des Kartons.

7. Eva verpackt ein Geschenk in eine würfelförmige Schachtel. Sie möchte alle Seiten mit buntem Papier bekleben.
   a) Wie viel Quadratzentimeter Papier benötigt sie?
   b) Ein Papierbogen ist 25 cm breit und 30 cm lang. Reicht ein Bogen zum Verpacken des Geschenkes?
   c) Für eine Schleife braucht Eva ungefähr 50 cm. Wie lang muss das Geschenkband insgesamt mindestens sein?

8. An ein Bürogebäude soll als Fluchtweg an das erste Stockwerk in einer Höhe von 3 m eine Treppe aus Betongusselementen gebaut werden.
   a) Wie viel Beton benötigt man für eine Treppenstufe?
   b) Wie viel Beton benötigt man für die Treppe?
   c) 1 dm^3 Beton wiegt ca. 2400 g. Wie viel Kilogramm wiegt die ganze Treppe?
   d) Für eine andere Treppe werden 800 dm^3 Beton benötigt. Wie hoch ist diese Treppe?

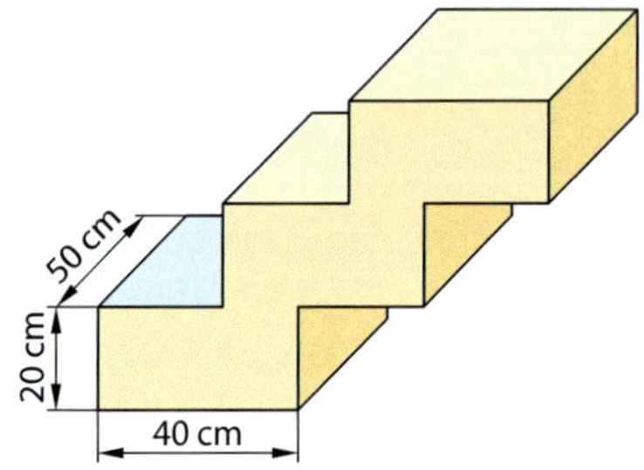

9. Rechts siehst du das Becken eines Schwimmbads von oben. Der Nichtschwimmerbereich ist 1 m tief, der Schwimmerbereich 3 m.
   a) Wie viele Liter Wasser passen in das Schwimmbecken insgesamt?
   b) Einmal im Jahr wird das komplette Wasser abgelassen, um das Becken zu reinigen. In einer Minute können 10 000 Liter abgelassen werden. Wie lange dauert es, bis das Becken leer ist?
   c) Jeder Körper verdrängt im Wasser sein eigenes Volumen. Sobald jemand in das vollgefüllte Becken steigt, läuft ein wenig Wasser über. Schätze, wie viel Liter Wasser 100 Kinder deiner Größe verdrängen. Begründe deine Schätzung.

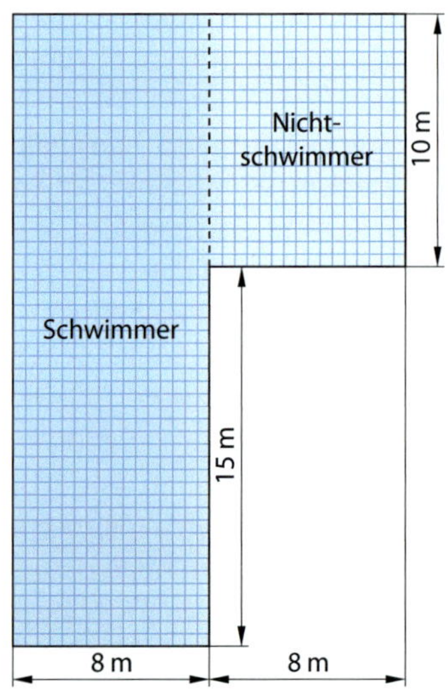

10. Niklas darf sein Zimmer renovieren. Es hat eine Höhe von 3 m und eine rechteckige Grundfläche mit den Seitenlängen 4 m und 5 m.
   a) Niklas verlegt mit seinen Eltern Laminatfußboden. Eine Packung mit 3 m^2 kostet 11,20 €. Wie viele Pakete benötigt er mindestens? Wie viel kostet das Material?
   b) Die Wände – außer der Decke – werden zuerst tapeziert. Eine Rolle Tapete reicht für ca. 8 m^2. Wie viele Rollen Tapete werden benötigt?
   c) Seine Eltern möchten auch für sein Zimmer einen Luftbefeuchter kaufen. Es gibt zwei verschiedene Modelle. Das erste Modell ist für Räume bis 30 m^3 und das zweite Modell für Räume bis 80 m^3 ausgezeichnet. Welches Gerät ist für Niklas' Zimmer geeignet?

11. Dennis und Tom spielen in der Schulband mit und möchten einen Lautsprecher verschönern, indem sie ihn mit einer roten Folie bekleben. Die Vorderseite soll für eine Stoffbespannung frei bleiben. Dennis hat ausgerechnet, dass 4250 cm² Folie benötigt werden. Tom entgegnet, dass sie 2500 cm² Folie brauchen.

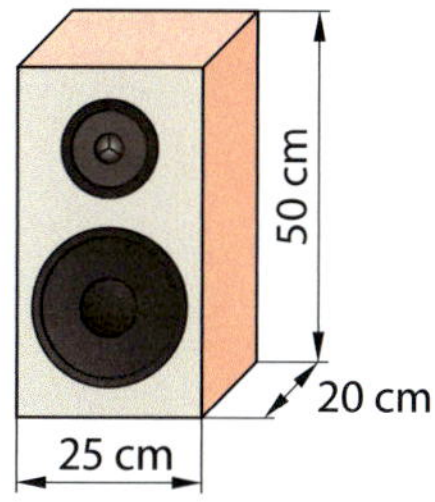

a) Wie erklärst du die unterschiedlichen Ergebnisse? Stelle mögliche Lösungswege auf, nach denen Dennis und Tom gerechnet haben könnten.
b) Welches Ergebnis hältst du für sinnvoll? Begründe deine Antwort.

12. Hier siehst du ein Trinkpäckchen mit angeklebtem Strohhalm. Das Trinkpäckchen ist 9 cm hoch und die Grundfläche ist 6 cm lang und 4 cm breit.

- Berechne das Volumen des Trinkpäckchens.
- Berechne den Oberflächeninhalt des Trinkpäckchens. Vergleiche mit der Fläche, die entsteht, wenn man die Verpackung auseinanderfaltet. Welche Fläche ist größer? Begründe.

- Zeige, dass das Trinkpäckchen höher gefüllt ist als 8 cm, wenn sich 200 mℓ darin befinden.
- Der Strohhalm ist 10 cm lang. Maren sagt: „Mir rutscht beim Trinken immer der Strohhalm ganz rein.“ Kann das sein? Begründe mithilfe einer Zeichnung.

13. Bis zum Jahr 2011 war für ein Legehuhn bei Käfighaltung eine Fläche von 21 cm × 23,8 cm vorgeschrieben. In einem Produktionsbetrieb sind die Käfige durchschnittlich 50 cm hoch.
a) Wie viel Volumen steht in dem Betrieb bei dieser Käfighöhe pro Legehenne zur Verfügung, wenn die Flächenmindestmaße eingehalten werden?
b) Die Käfige des Betriebs stehen in einer großen Halle. Sie sind 20 m lang und 60 cm tief. Darin werden jeweils 20 000 Legehennen gehalten. Ist dies erlaubt?
c) Ab dem Jahr 2012 wurde gesetzlich eine Mindestfläche pro Legehenne von 750 cm² festgelegt. Wie viele Hennen dürfen in einem Käfig gehalten werden? Wie viel Volumen steht pro Legehenne nach der Gesetzesänderung in dem Betrieb zur Verfügung?

Hinweis zu 13:
21 cm × 23,8 cm liest man 21 cm mal 23,8 cm. Man verwendet diese Schreibweise häufig bei Rechtecken und Quadern.

14. Vom berühmten Künstler Christo inspiriert, der durch verschiedene Verhüllungsaktionen an Gebäuden, wie dem Berliner Reichstag im Jahre 1995, populär wurde, wollen Abiturienten ihre Schule verhüllen. Die Schule ist circa 15 m hoch. Wie viel Quadratmeter Stoff wird für die Verhüllungsaktion mindestens gebraucht?

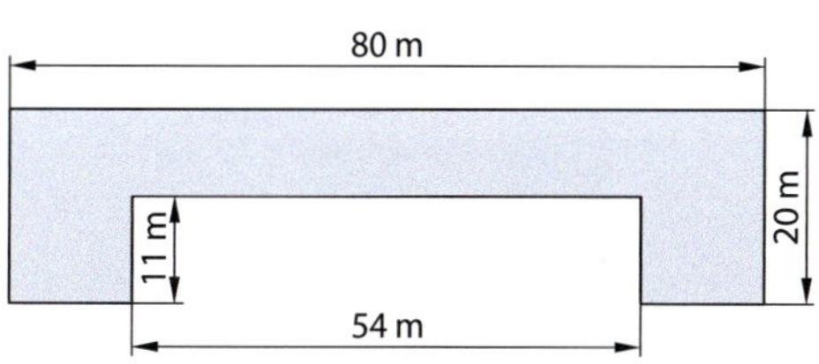

Prüfe dein neues Fundament

Lösungen
↗ S. 234

1. Vergleiche das Volumen der Körper. Begründe deine Entscheidung.

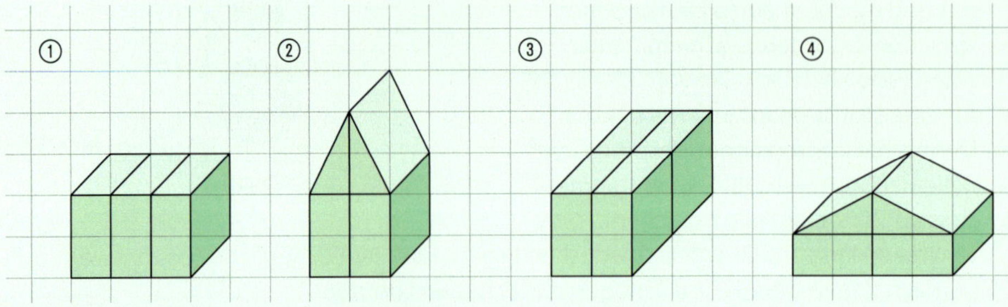

a) Welcher Körper hat das größte Volumen?
b) Welcher Körper hat das kleinste Volumen?

2. Rechne in die in Klammern stehende Volumeneinheit um.

a) $20\,cm^3$ (mm^3)	b) $6\,\ell$ (cm^3)	c) $15\,000\,dm^3$ (m^3)	d) $3000\,m\ell$ (mm^3)
e) $30\,dm^3$ (mm^3)	f) $6\,m^3$ (cm^3)	g) $15\,000\,dm^3$ (mm^3)	h) $3\,000\,000\,mm^3$ (ℓ)

3. Stell dir eine Riesen-Cola-Dose mit einem Inhalt von 1000 ℓ vor. Wie viele 200-mℓ-Gläser kann man mit ihr füllen?

4. Berechne das Volumen des Körpers.

a)

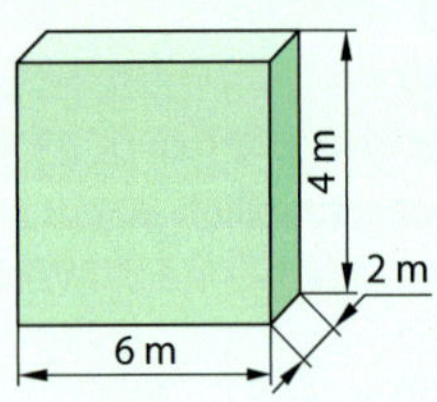

b)

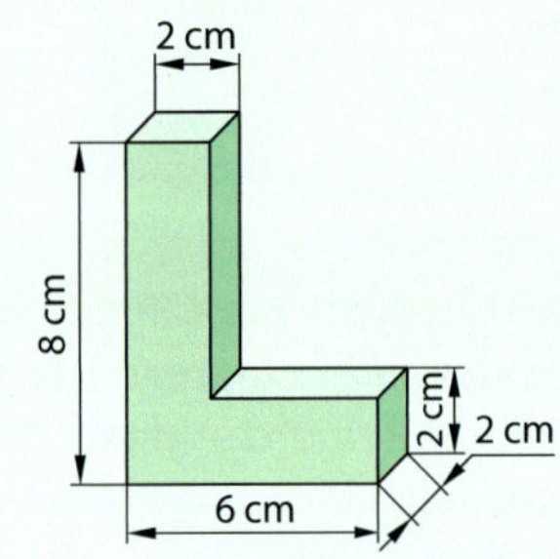

c)

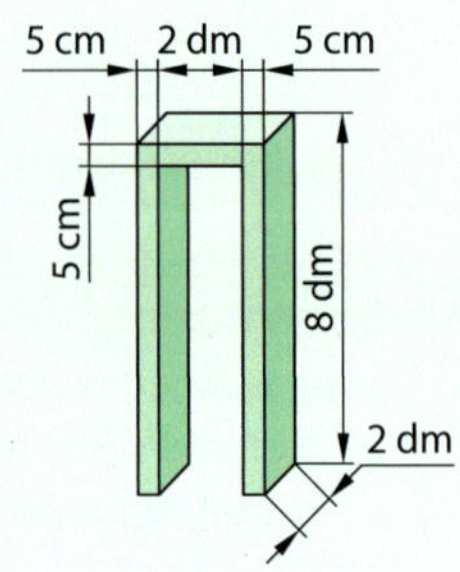

5. Berechne das Volumen und den Oberflächeninhalt des Quaders.

a) a = 8 cm; b = 4 cm; c = 1 cm
b) a = 5 cm; b = 20 mm; c = 6 cm
c) a = 3 cm; b = 3 cm; c = 15 cm
d) a = b = c = 9 cm

6. Ein Quader ist 4 cm lang, 3 cm breit und hat ein Volumen von $132\,cm^3$. Berechne seine Höhe.

7. Bei einem Schulversuch sammelten Schüler auf dem Schulhof auf einer Fläche von 1 m Länge und 1 m Breite Regenwasser. Am ersten Tag haben sich 3 mm Niederschlag gesammelt. Wie viel ℓ Regen sind auf einen m^2 gefallen?

8. Ein quaderförmiger Umzugskarton hat die Kantenlängen a = 70 cm, b = 30 cm und c = 60 cm.
Josua behauptet: „In den Karton passen mehr als 100 Schulbücher."
Stimmt das? Begründe.

9. Die beiden Körper bestehen aus Würfeln mit der Kantenlänge 2 cm.
a) Bestimme das Volumen und den Oberflächeninhalt des Körpers ①.
b) Überlege, ohne zu rechnen: Hat Körper ① ein größeres Volumen und einen größeren Oberflächeninhalt als Körper ②? Begründe deine Antwort.

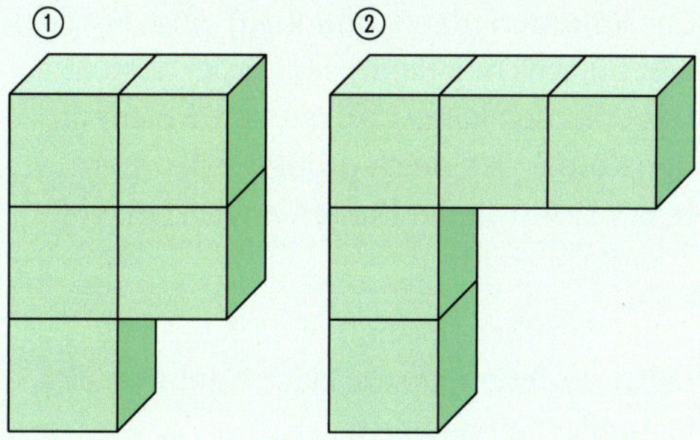

10. Betrachte den zusammengesetzten Körper.
a) Berechne das Volumen.
b) Berechne den Oberflächeninhalt.

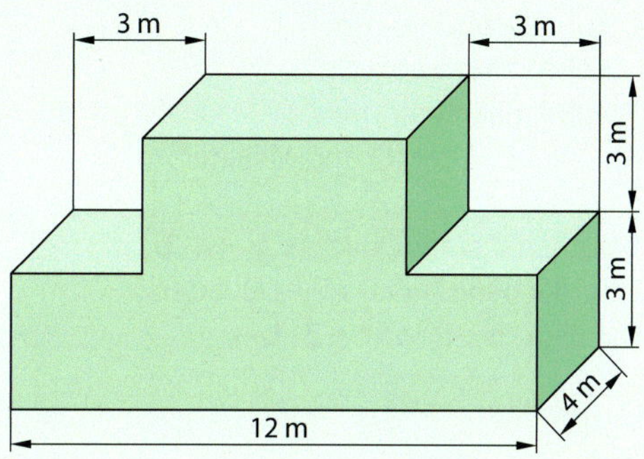

11. Ist die Aussage richtig oder falsch? Begründe.
a) Das Volumen eines Körpers gibt an, welchen Raum er ausfüllt.
b) Die Oberfläche eines Würfels ist viermal so groß wie eine seiner Seitenflächen.
c) Möchte man den Oberflächeninhalt eines Quaders bestimmen, so kann man den Flächeninhalt seines Körpernetzes bestimmen.
d) Ist ein Quader höher als ein anderer Quader, so ist auch sein Volumen größer.
e) Haben zwei Quader das gleiche Volumen, so ist auch ihr Oberflächeninhalt gleich.

Wiederholungsaufgaben

1. Berechne schriftlich.
a) 5188 + 17 069   b) 3120 – 738   c) 653 · 27   d) 1368 : 6

2. Ergänze so, dass die Rechnung stimmt.

```
  5 6 ■
– ■ ■ 3
-------
  2 4 3
```

3. Schreibe ohne Komma in der nächstkleineren Einheit.
a) 7,5 m   b) 1,4 kg   c) 9,25 km   d) 22,5 cm

4. Ein Quadrat hat eine Seitenlänge von 6 cm.
a) Berechne den Flächeninhalt des Quadrats.
b) Bestimme die Breite eines Rechtecks, welches 4 cm lang ist und den gleichen Flächeninhalt hat wie das Quadrat.

Zusammenfassung

Volumen und Oberflächeninhalt von Körpern

Das **Volumen** (der Rauminhalt) eines Körpers gibt an, welchen Raum ein Körper ausfüllt. Das Volumen kannst du messen, indem du den Körper mit gleich großen Teilkörpern (z. B. Würfel mit der Kantenlänge 1 cm) vollständig ausfüllst.

Den **Oberflächeninhalt** eines Körpers erhältst du, indem du die Flächeninhalte aller Seitenflächen addierst.

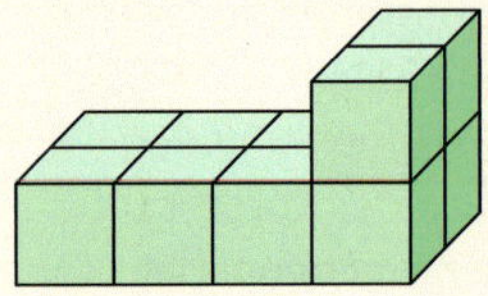

Ein grüner Würfel hat eine Kantenlänge von 1 cm, also ein Volumen von 1 cm³.

Der Körper hat ein Volumen von 10 kleinen Würfeln (also von $10\,cm^3$) und einen Oberflächeninhalt von $34\,cm^2$.

Volumeneinheiten

Volumeneinheiten
- Kubikmeter (m^3)
- Kubikdezimeter (dm^3)
- Kubikzentimeter (cm^3)
- Kubikmillimeter (mm^3)

Aber auch: Liter (ℓ) und Milliliter (mℓ)

Umrechnungszahl: 1000

$1\,m^3 = 1000\,dm^3$
$1\,dm^3 = 1000\,cm^3$
$1\,cm^3 = 1000\,mm^3$
$1\,\ell = 1000\,m\ell = 1\,dm^3$

Volumen und Oberflächeninhalt von Quadern

Volumen V eines Quaders: $\mathbf{V = a \cdot b \cdot c}$
Oberflächeninhalt O eines Quaders:
$\mathbf{O = 2 \cdot a \cdot b + 2 \cdot a \cdot c + 2 \cdot b \cdot c}$

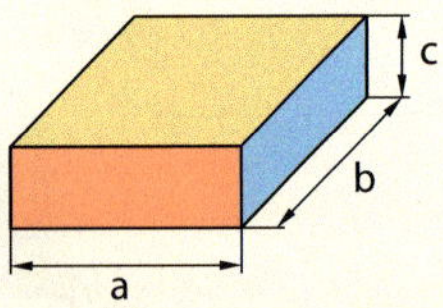

Quader mit $a = 3\,m$, $b = 2\,m$ und $c = 4\,m$:

$V = 3\,m \cdot 2\,m \cdot 4\,m = 24\,m^3$
$O = 2 \cdot a \cdot b + 2 \cdot a \cdot c + 2 \cdot b \cdot c$
$O = 2 \cdot 3\,m \cdot 2\,m + 2 \cdot 3\,m \cdot 4\,m + 2 \cdot 2\,m \cdot 4\,m$
$= 12\,m^2 + 24\,m^2 + 16\,m^2 = 52\,m^2$

Volumen V eines Würfels: $\mathbf{V = a \cdot a \cdot a = a^3}$
Oberflächeninhalt O eines Würfels:
$\mathbf{O = 6 \cdot a^2}$

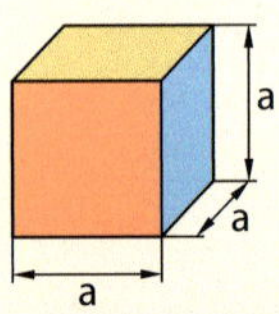

Würfel mit $a = 2\,cm$:
$V = 2\,cm \cdot 2\,cm \cdot 2\,cm = 8\,cm^3$
$O = 6 \cdot 2\,cm \cdot 2\,cm = 24\,cm^2$

Volumenberechnung bei zusammengesetzten Körpern

Gegeben ist eine zusammengesetzter Körper (alle Maße in m):

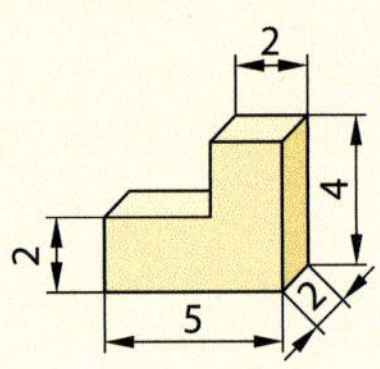

Gesucht ist das Volumen V.

Zerlegungsmethode:

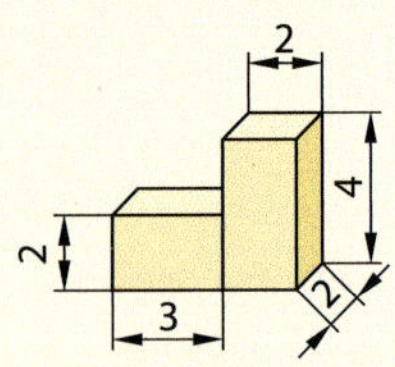

Zerlege den Körper in kleine Quader und addiere deren Volumina.

$V = 3\,m \cdot 2\,m \cdot 2\,m + 2\,m \cdot 2\,m \cdot 4\,m$
$= 12\,m^3 + 16\,m^3 = 28\,m^3$

Ergänzungsmethode:

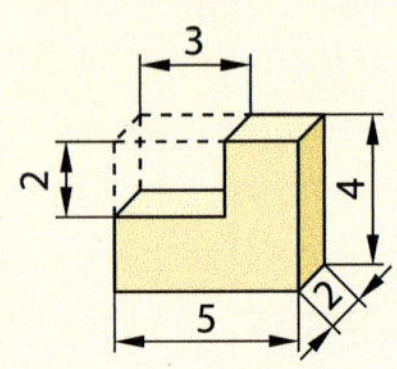

Ergänze den Körper zu einem großen Quader. Subtrahiere das Volumen des ergänzten Quaders vom großen Quader.

$V = 5\,m \cdot 2\,m \cdot 4\,m - 3\,m \cdot 2\,m \cdot 2\,m$
$= 40\,m^3 - 12\,m^3 = 28\,m^3$

6. Ganze Zahlen

Beim Tauchen wird die Position in Metern mit dem Zusatz „unter der Meeresoberfläche" angegeben.
Neue Zahlen können Vergleiche oder Berechnungen vereinfachen.

Nach diesem Kapitel kannst du …

- Sachverhalte mit positiven und negativen Zahlen beschreiben,
- mit ganzen Zahlen rechnen.

Lösungen ↗ S. 234

Zahlen auf einem Zahlenstrahl ablesen und markieren

1. a) Gib an, welche Zahlen markiert sind.

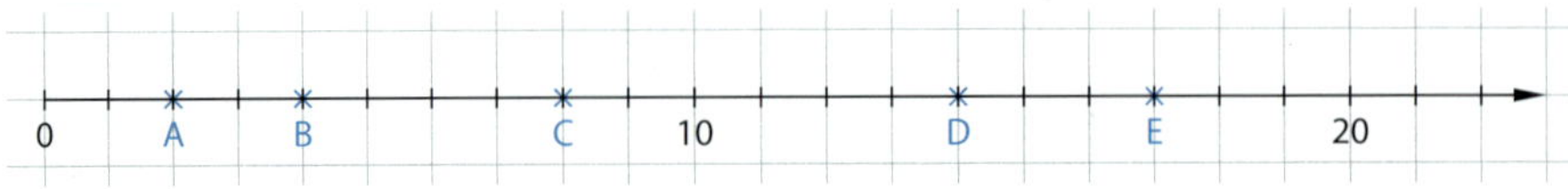

b) Markiere die Zahlen 18, 6 und 11.

Zahlen vergleichen und ordnen

2. Übertrage in dein Heft und ersetze ■ richtig durch >, < oder =.

a) 181 ■ 179 b) 1000 ■ 10^3 c) 523 458 ■ 523 485

3. Ordne die Zahlen. Beginne mit der größten Zahl.
13; 5; 75; 7; 11; 8462; 8468; 310 000; 8050; achttausendundfünf; 597

4. Gib die größte und die kleinste fünfstellige natürliche Zahl an, die man mit den Ziffern 5, 8, 3, 2 und 1 aufschreiben kann. Verwende jede der fünf Ziffern nur einmal.

5. Petra ist jünger als Tanja. Anton ist älter als Tanja. David ist jünger als Petra. Überprüfe, wer von den vier Kindern am ältesten und wer am jüngsten ist.

6. Übertrage in dein Heft und ersetze (wenn möglich) das Zeichen ■ so durch eine Ziffer, dass eine wahre Aussage entsteht.

a) 9■6 > 986 b) 4■1 < 409 c) 88■ > 898 d) 9■3 < 923

Koordinatensystem

7. Übertrage das Koordinatensystem mit den Punkten A, B und C in dein Heft.

a) Gib die Koordinaten der Punkte A, B und C an.
b) Zeichne einen Punkt D, sodass A, B, C und D Eckpunkte eines Quadrats sind.
c) Schreibe die Koordinaten von D auf.
d) Zeichne die Diagonalen des Quadrats ABCD und beschrifte ihren Schnittpunkt mit S.
e) Gib die Koordinaten des Schnittpunktes S an.

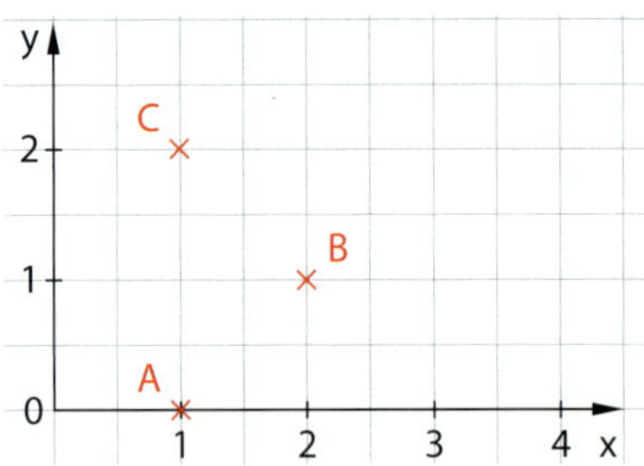

8. Markiere die Punkte A(1|1), B(5|3), C(4|1) und D(2|3) in einem geeigneten Koordinatensystem.

a) Zeichne sowohl durch A und B als auch durch C und D eine Gerade.
b) Gib die Koordinaten des Schnittpunktes P der beiden Geraden an.

9. Beschreibe die Lage aller Punkte im Koordinatensystem mit folgender Eigenschaft:

a) Sie haben als x-Koordinate eine 3. b) Sie haben als y-Koordinate eine 2.

Natürliche Zahlen addieren und subtrahieren

10. Rechne möglichst vorteilhaft im Kopf.

a) $18 + 47$ b) $35 - 18$ c) $249 + 101$ d) $219 - 20$
e) $14 + 29 + 16$ f) $39 + 12 + 28$ g) $139 + 201 - 40$ h) $3776 + 220 - 76$

11. Übertrage die Gleichung ins Heft und ergänze (wenn möglich) zu einer wahren Aussage.

a) $9 + ■ = 36$ b) $■ + 31 = 52$ c) $45 + ■ = 39$ d) $79 - ■ = 97$
e) $34 - ■ = 1$ f) $■ - 29 = 100$ g) $■ - 159 = 11$ h) $■ + 12 = 12$

12. In der Abbildung ergibt sich die Zahl außerhalb des Dreiecks als Summe der beiden Zahlen, die im Dreieck an der Dreieckseite angegeben sind. Übertrage ins Heft und ergänze die fehlenden Zahlen.

a)
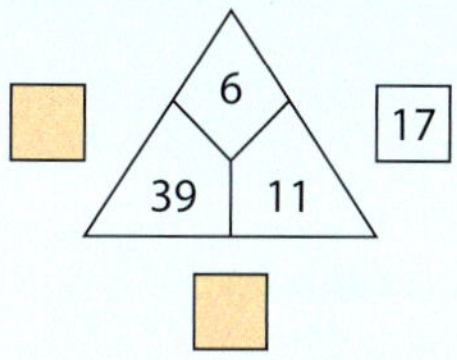

b)
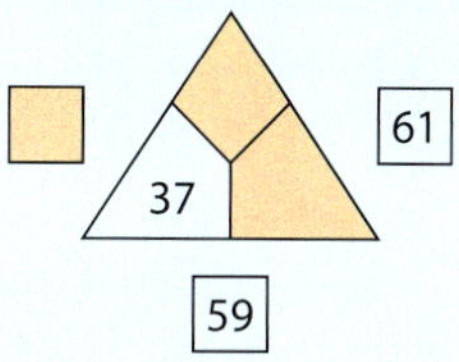

c)
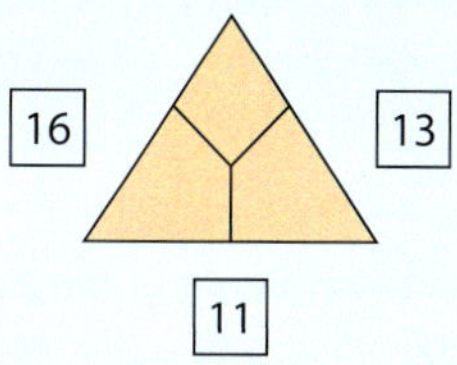

Natürliche Zahlen multiplizieren und dividieren

13. Rechne schriftlich. Führe zuerst eine Überschlagsrechnung durch.

a) $295 \cdot 21$ b) $109 \cdot 32$ c) $5832 : 9$ d) $3650 : 25$

14. Welche Ergebnisse sind falsch? Begründe mit einer Überschlagsrechnung.

a) $489 \cdot 4 = 19956$ b) $2074 : 34 = 61$ c) $321 \cdot 7 = 4077$ d) $2208 : 69 = 2$

15. Berichtige die Fehler.

a) $790 \cdot 100 = 7900$ b) $112 \cdot 6 = 662$ c) $107 \cdot 4 = 408$ d) $29 \cdot 7 = 143$

Rechnen mit allen Grundrechenarten

16. Rechne möglichst vorteilhaft im Kopf.

a) $90 \cdot 70$ b) $14 \cdot 11$ c) $4 \cdot 23 \cdot 25$ d) $5 \cdot 0 \cdot 20$
e) $2 \cdot 112 \cdot 5$ f) $4 + 7 \cdot 8$ g) $(4 + 7) \cdot 8$ h) $6 \cdot 3 + 6 \cdot 7$

17. Übertrage die Figur in dein Heft.
Je drei nebeneinanderliegende Kästchen bilden eine Rechenaufgabe und das Ergebnis steht im darüberliegenden Kästchen, zum Beispiel rechts unten:
$3 - 2 = 1$

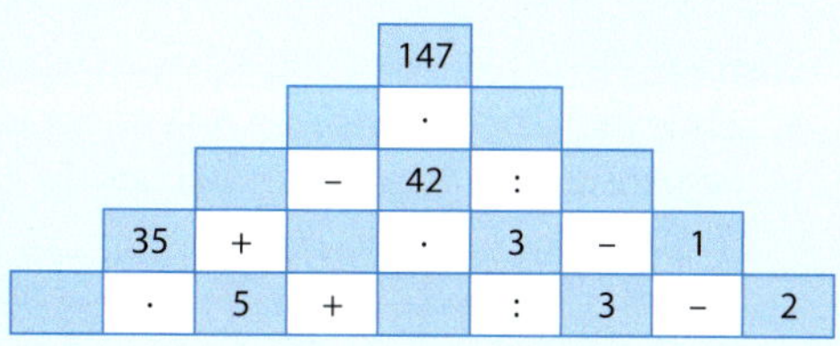

18. Berechne:

a) $23 \cdot 56 : 4 - 2$ b) $23 \cdot 56 : (4 - 2)$ c) $23 - 56 : 4 - 2$ d) $23 + 56 \cdot 4 - 2$

6.1 Negative Zahlen – Zahlengerade

■ Das Außenthermometer zeigt alle Zahlen zweimal an und dennoch bedeuten sie Unterschiedliches. Erkläre dies an der roten 20 und an der blauen 20.
Wie lauten die beiden Temperaturangaben? ■

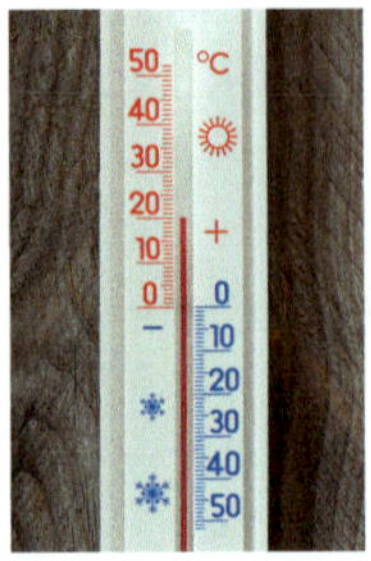

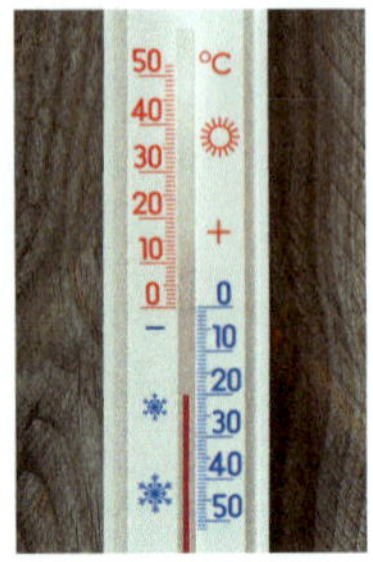

Hinweis:
Die Zahl Null hat kein Vorzeichen, sie ist weder positiv noch negativ.

Temperaturen, die kälter sind als 0 °C, werden bei uns mit negativen Zahlen angegeben. **Negative Zahlen** (−1, −2, −3, …) haben das **Vorzeichen** „−". Bei positiven Zahlen kann man das Vorzeichen „+" setzen oder auch weglassen: 3 = +3

Wissen: Ganze Zahlen
Alle **negativen ganzen Zahlen** (…, −3, −2, −1) und die **natürlichen Zahlen** (0, 1, 2, 3, …) bilden zusammen die **ganzen Zahlen** …, −3, −2, −1, 0, 1, 2, 3, … (kurz $\mathbb{Z}$).

Ganze Zahlen auf der Zahlengeraden

Auf einem Zahlenstrahl kann man nur die natürlichen Zahlen darstellen.

Will man auch die negativen Zahlen darstellen, so muss der Zahlenstrahl nach links zu einer **Zahlengeraden** erweitert werden.

Wissen: Ganze Zahlen auf der Zahlengeraden
Auf der **Zahlengeraden** liegen die positiven Zahlen rechts von der Null und die negativen Zahlen links von der Null.

Beispiel 1:
a) Gib an, welche Zahlen markiert wurden.

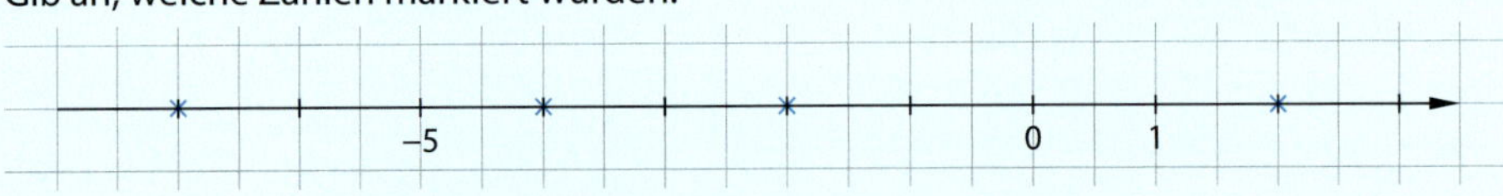

b) Trage die Zahl −6 auf derselben Zahlengeraden ein.

Lösung:
a) Zähle (bei 0 beginnend) die Anzahl der Einteilungen. Die Zahlen links von der Null sind negativ und rechts von der Null positiv.

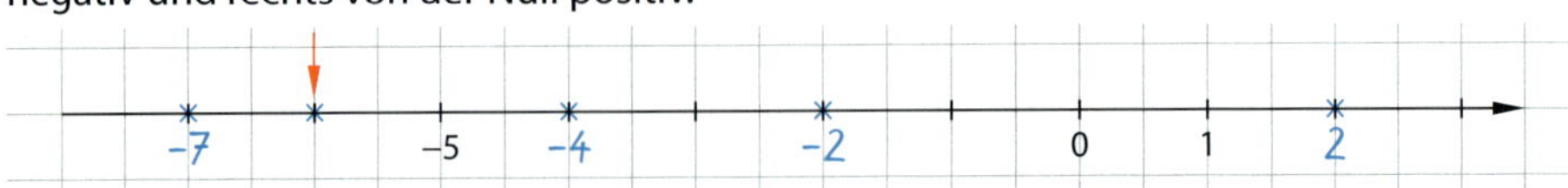

b) Gehe von der Null sechs Schritte nach links und markiere dort die Zahl −6.

Basisaufgaben

1. Gib an, welche Zahlen durch die Buchstaben markiert sind.

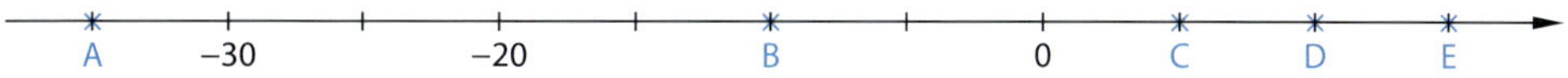

2. Markiere die Zahlen auf einer Zahlengeraden.
   a) 0; −2; 3; 5; −8; −12
   b) 0; 15; −20; −35; 50; −50

Weiterführende Aufgaben

3. Markiere auf einer Zahlengeraden negative ganze Zahlen mit folgender Eigenschaft:
   a) Ihr Abstand zur Null beträgt 5.
   b) Der Abstand zwischen ihnen beträgt 5.

4. **Durchblick:**
   a) Markiere die Zahlen auf einer Zahlengeraden. Orientiere dich an Beispiel 1.
   ① −5, −3, 7, 11, −1, −10
   ② −5, 0, −9, −7, −2, −3
   b) Beschreibe, wie du den Ausschnitt der Zahlengeraden ermittelt hast.

5. Gib an, welche Zahlen markiert sind.

a) 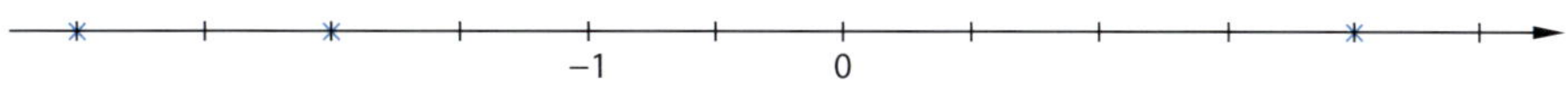

b) 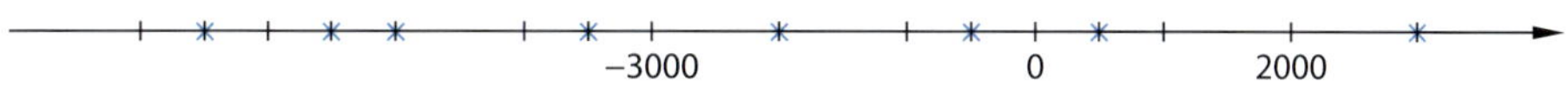

c) 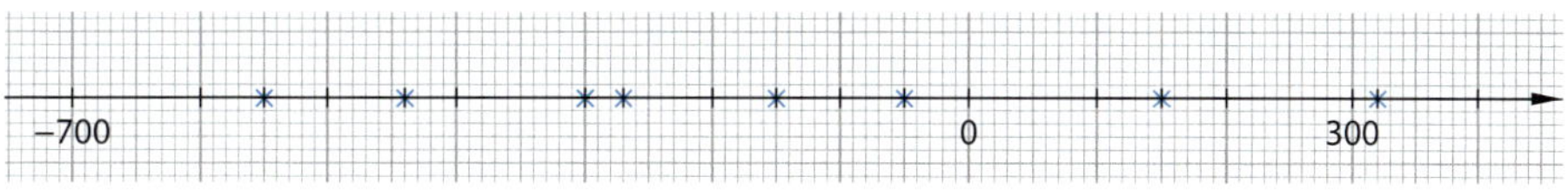

Hinweis zu 5:
Hier findest du die Lösungen.

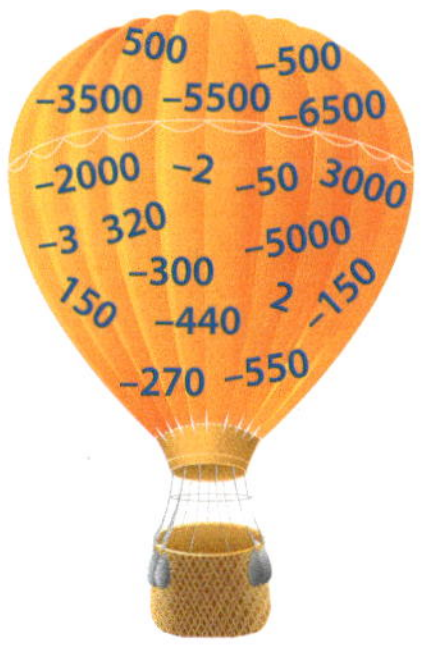

6. **Stolperstelle:** Marla: „Die Null muss immer in der Mitte liegen."
Henry: „Nein, Hauptsache ist, dass man noch die Null sehen kann."

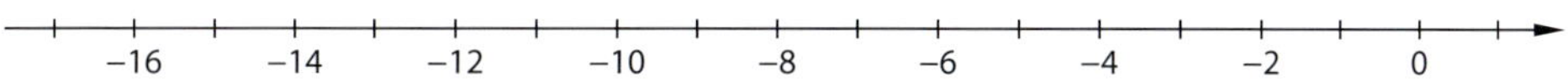

Was hältst du von den beiden Aussagen? Begründe.

7. a) Theo sagt: „In das rote Kästchen muss man die Null hineinschreiben. Was meinst du?

   b) Übertrage die Zahlengerade in dein Heft. Beschrifte die Einteilung geeignet, um folgende Zahlen zu markieren: −8, 4, 20, −24, −40, 28.

8. **Ausblick:** Lisa hat folgende Angaben zu hohen Bergen und tiefen Gräben gefunden: Mount Everest 8848 m, K2 8611 m, Lhotse 8516 m, Zugspitze 2962 m, Marianengraben 11 034 m, Philippinengraben 10 540 m, Tongagraben 10 882 m, Tagebau Hambach 239 m.
   a) Schreibe Lisas Liste mit ganzen Zahlen. Verwende auch Vorzeichen.
   b) Runde sinnvoll und markiere die Angaben auf einer Zahlengeraden.
   c) Gib die Höhendifferenz zwischen dem höchsten Berg und dem tiefsten Graben an.

Hinweis zu 8:
Die Höhe von Bergen bzw. die Tiefe von Gräben wird von Normalnull (NN) aus gemessen. NN ist die durchschnittliche Meereshöhe der Nordsee.

6.2 Erweiterung des Koordinatensystems

■ Die rote Figur soll an der y-Achse gespiegelt werden. Die Koordinaten der Bildpunkte können dabei auch negativ sein.
Gib die Koordinaten der Eckpunkte des Spiegelbildes an und erläutere, wie du diese ermittelt hast. ■

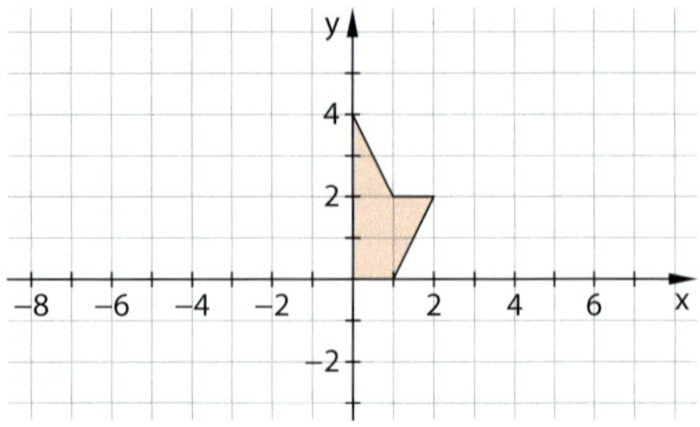

So wie man den Zahlenstrahl zur Zahlengeraden erweitert hat, kann man auch mit x-Achse und y-Achse verfahren:
Verlängert man beim Koordinatensystem die x-Achse nach links und die y-Achse nach unten, so erweitert man das bisherige Koordinatensystem.

Hinweis:
Quadranten werden entgegen dem Uhrzeigersinn nummeriert.

Wissen: Koordinatensystem
In einem rechtwinkligen Koordinatensystem teilen x-Achse und y-Achse die Ebene in vier Quadranten.

Jeder Punkt P (x|y) ist eindeutig durch seine Koordinaten festgelegt und umgekehrt.

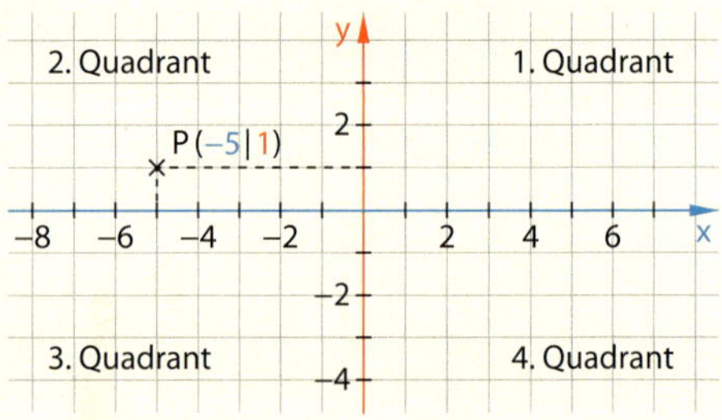

Koordinaten eines Punktes ablesen

Beispiel 1:
Lies die Koordinaten der Punkte A und B ab.

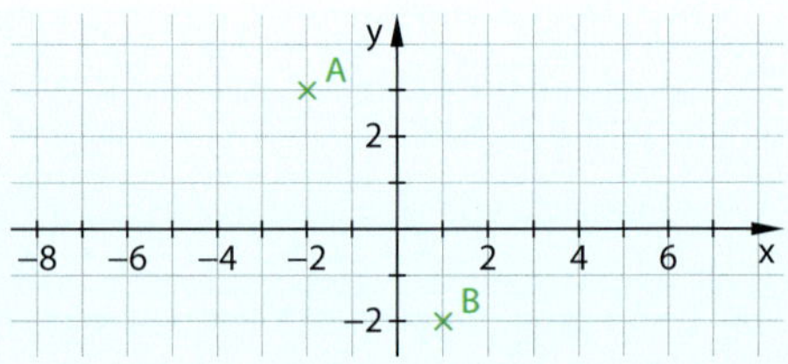

Lösung:
Gehe vom Punkt parallel zur y-Achse bis zur x-Achse und lies dort die x-Koordinate ab.
Punkt A hat die x-Koordinate −2.
Punkt B hat die x-Koordinate 1.

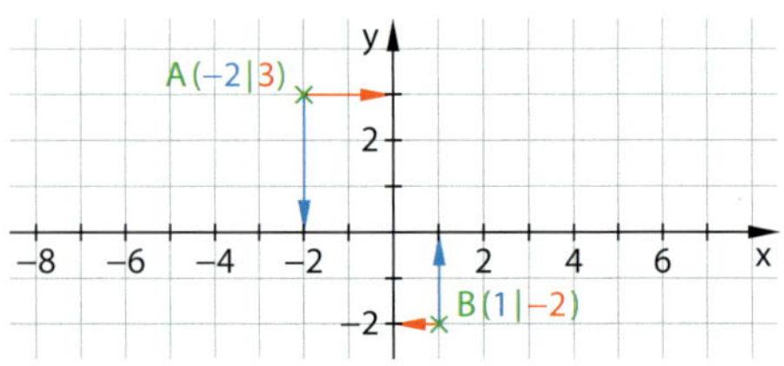

Gehe vom Punkt parallel zur x-Achse bis zur y-Achse und lies dort die y-Koordinate ab.
Punkt A hat die y-Koordinate 3.
Punkt B hat die y-Koordinate −2.

Basisaufgaben

1. Gib die Koordinaten der Punkte A bis K an.

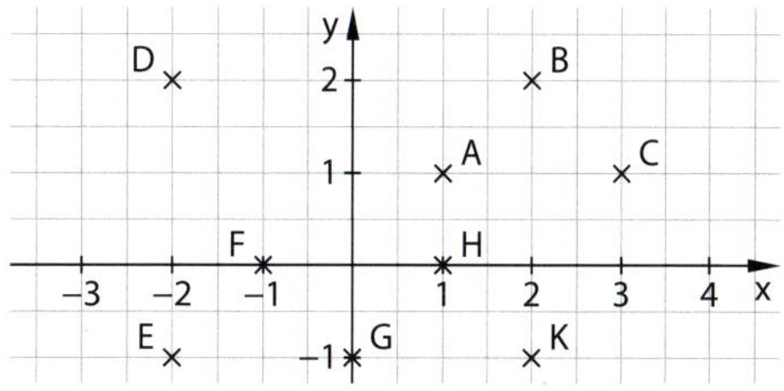

Hinweis zu 1:
Hier findest du alle Werte der x- und der y-Koordinaten.

2. Bestimme die Eckpunktkoordinaten der abgebildeten Figuren.

a)
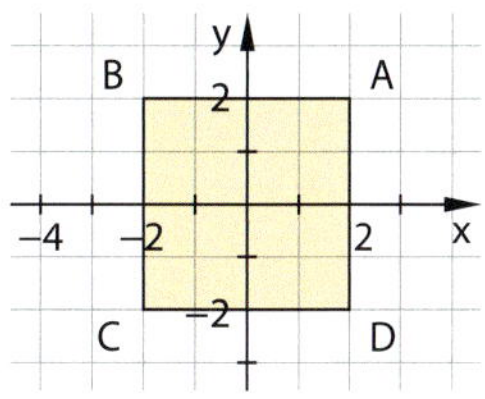

b)
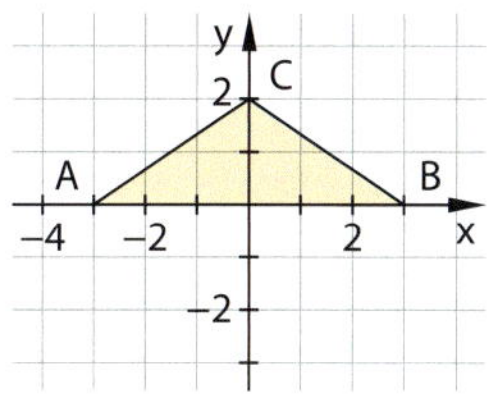

c)
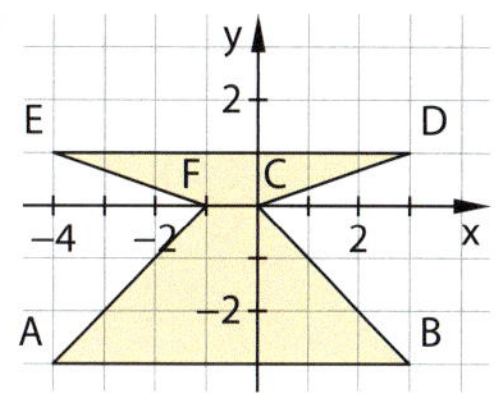

Punkte in ein Koordinatensystem eintragen

Beispiel 2: Trage die Punkte A (−2|2), B (2|−3) und C (−4|−2) in ein Koordinatensystem ein.

Lösung:
Wähle einen geeigneten Ausschnitt des Koordinatensystems:
Die x-Werte liegen zwischen −4 und 2. Die y-Werte liegen zwischen −3 und 2.

Punkt A:
Suche die x-Koordinate **−2 auf der x-Achse**. Von dort gehst du **2 Einheiten in y-Richtung** und kannst dort Punkt C eintragen.

Punkt B:
Suche die x-Koordinate **2 auf der x-Achse**. Von dort gehst du – weil die y-Koordinate negativ ist – **3 Einheiten entgegen der y-Richtung**.

Punkt C:
Suche die x-Koordinate **−4 auf der x-Achse**. Von dort gehst du **2 Einheiten entgegen der y-Richtung**.

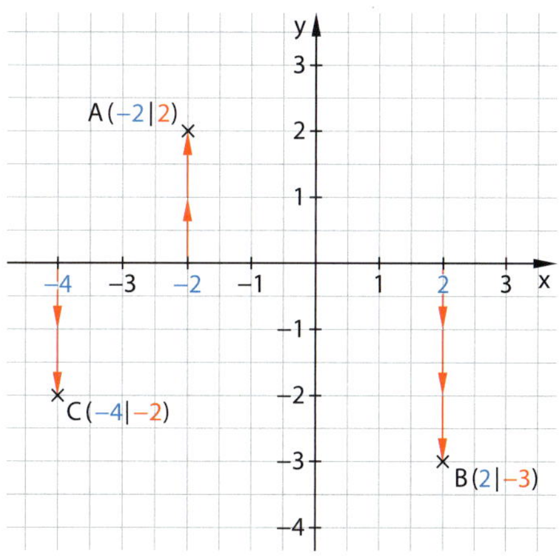

Basisaufgaben

3. Zeichne ein Koordinatensystem wie in Beispiel 2 und trage dort die folgenden Punkte ein.
a) A(2|1); B(−2|1); C(−2|−3); D(2|−3)
b) E(2|2); F(2|−1); G(−1|−3); H(−2|−1); I(0|1); J(1|−3); K(−2|2); L(−2|−2); M(2|−2)

4. Zeichne ein geeignetes Koordinatensystem und trage dort die folgenden Punkte ein.
a) A(−1|1); B(8|−4); C(−2|−3); D(−5|2)
b) A(−15|−10); B(−5|2); C(0|−7); D(5|2); E(−10|10)

Weiterführende Aufgaben

5. Zeichne die Punkte A(−3|3); B(4|3); C(1|−3); D(2|−3); E(1|−5); F(0|−5); G(−2|−9); H(−4|−9); I(−2|−5); J(−3|−5); K(−2|−3); L(−1|−3); M(1|1) und N(−4|1). Verbinde sie in alphabetischer Reihenfolge zu einer Figur.

6. **Durchblick:** Trage in ein Koordinatensystem die Punkte A (3 | 4), B (− 2 | 3), C mit den vertauschten Koordinaten von A und Punkt D mit den vertauschten Koordinaten von B ein. Orientiere dich an Beispiel 2.
Verbinde dann die vier Punkte in der Reihenfolge A–B–C–D–A miteinander. Welche Figur entsteht?

7. **Stolperstelle:** Lars hat Punkte in ein Koordinatensystem eingetragen. Bei einigen Punkten sind ihm Fehler unterlaufen. Beschreibe sie.

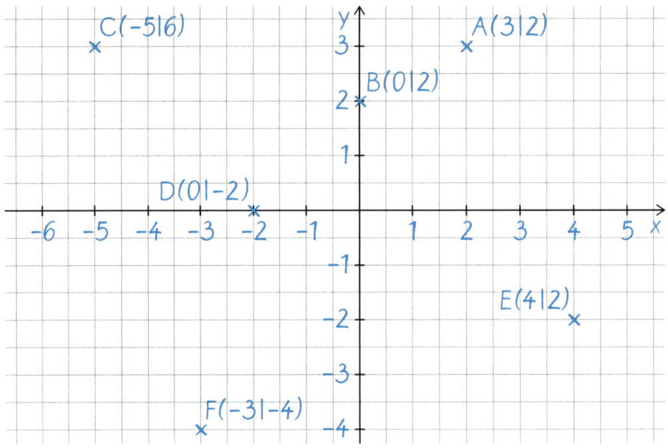

8. a) Vervollständige die nebenstehende Zeichnung in deinem Heft zu einer symmetrischen Figur und gib dann die Koordinaten aller Punkte an.
b) Denke dir selbst eine symmetrische Figur aus. Gib Teile dieser Figur in einem Koordinatensystem vor und lass den Rest von einer anderen Person vervollständigen.
Prüfe das Ergebnis.

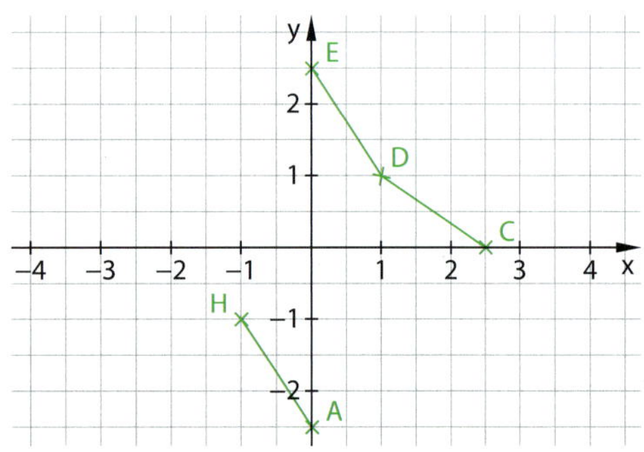

9. a) Spiegele einen beliebigen Punkt P an der y-Achse und betrachte die Koordinaten des gespiegelten Punktes P'. Welche Koordinate bleibt gleich? Wie verändert sich die andere Koordinate?
b) Spiegele einen beliebigen Punkt P an der x-Achse und betrachte die Koordinaten des gespiegelten Punktes P''. Welche Koordinate bleibt gleich? Wie verändert sich die andere Koordinate?
c) Trage das Dreieck ABC mit A(4|5), B(1|1), C(5|2) in ein Koordinatensystem mit vier Quadranten ein. Es soll sowohl an der y-Achse zu Dreieck A'B'C' als auch an der x-Achse zu Dreieck A''B''C'' gespiegelt werden. Gib die Eckpunktkoordinaten der beiden Spiegelbilder an und überprüfe dann deine Ergebnisse mithilfe der Zeichnung.

10. Übertrage die unvollständigen Vierecke in dein Heft und ergänze sie. Gib die Koordinaten aller Eckpunkte an.

a) Quadrat b) Parallelogramm c) Drachenviereck

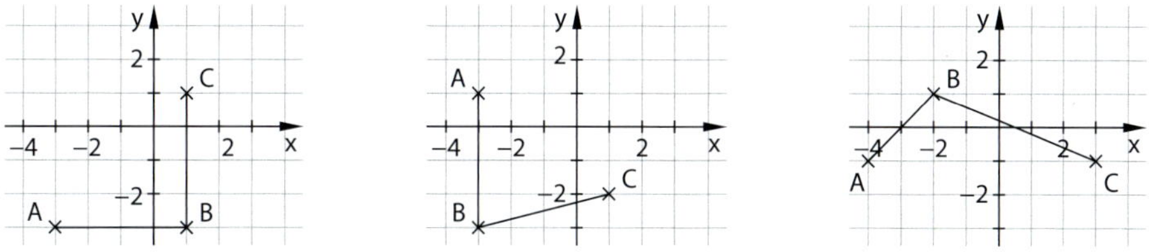

11. a) Gib an, in welchen Quadranten die folgenden Punkte liegen:
A(3|3); B(−3|5); C(3|−2); D(−3|−3); E(1|1); F(−2|3); G(−2|−1)

b) Vervollständige die folgenden Sätze:
Wenn ein Punkt nur negative Koordinaten hat, dann liegt er …
Wenn ein Punkt eine negative x-Koordinate hat, dann liegt er …
Wenn ein Punkt eine negative y-Koordinate hat, dann liegt er …

12. a) Beschreibe die besondere Lage der folgenden Punkte:
K(−3|0); L(0|2); M(3|0); N(−1|0); O(0|0); P(0|−1)

b) Vervollständige die folgenden Sätze:
Wenn beide Koordinaten eines Punkts 0 sind, dann liegt er …
Wenn die x-Koordinate eines Punkts 0 ist, dann liegt er …
Wenn die y-Koordinate eines Punkts 0 ist, dann liegt er …

13. a) Zeichne die Figur in dein Heft und lege ein Koordinatensystem so darüber, dass die Achsen die Figur in vier Flächen mit gleich großem Flächeninhalt teilen.

b) Beschrifte die Achsen so, dass ein Kästchen eine Einheit ist und gib die Koordinaten aller Punkte an.

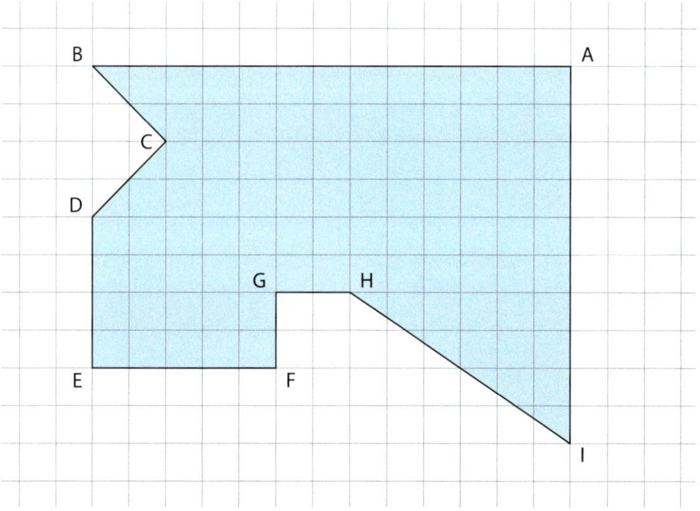

Hinweis zu 13:
Natürliche Koordinaten findest du in den Blättern und die negativen in der Blüte.

14. **Ausblick:** Wähle einen Punkt A mit ungleichen Koordinaten.
Punkt B erhält die vertauschten Koordinaten von A.
Punkt C erhält die Koordinaten von A, nachdem die Vorzeichen vertauscht wurden.
Punkt D erhält die vertauschten Koordinaten von C.

a) Was für ein Viereck entsteht, wenn du die vier Punkte verbindest?

b) In welchem Fall entsteht ein Quadrat?

6.3 Ganze Zahlen vergleichen und ordnen

■ Höhen geografischer Orte werden immer bezogen auf „Normalnull“ (NN) angegeben. Manche Orte können auch unter NN liegen:
- Assalsee in Dschibuti, 160 m unter NN
- Mount Everest in Nepal, 8848 m über NN
- Turfanbecken in China, 154 m unter NN
- Kahler Asten in der BRD, 841 m über NN
- Neuendorf in der BRD, 3 m unter NN
- Totes Meer bei Israel, 420 m unter NN

Ordne die Orte nach ihrer Höhe – bezogen auf Normalnull. Beginne mit dem kleinsten Wert. ■

Ganze Zahlen auf der Zahlengeraden vergleichen

Wissen: Ganze Zahlen vergleichen

Ganze Zahlen werden auf einer Zahlengeraden in Pfeilrichtung immer größer.

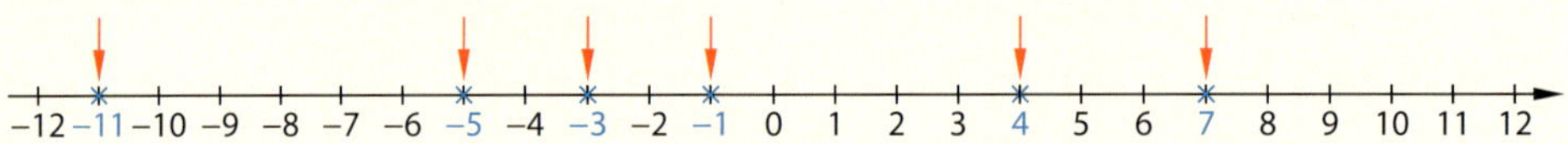

Beispiel 1:

Markiere die Zahlen auf einer Zahlengeraden und ordne sie dann in einer „Kleiner-als-Kette“.
9; –4; 0; 6; –6; –12; –2; 7; –8

Lösung:

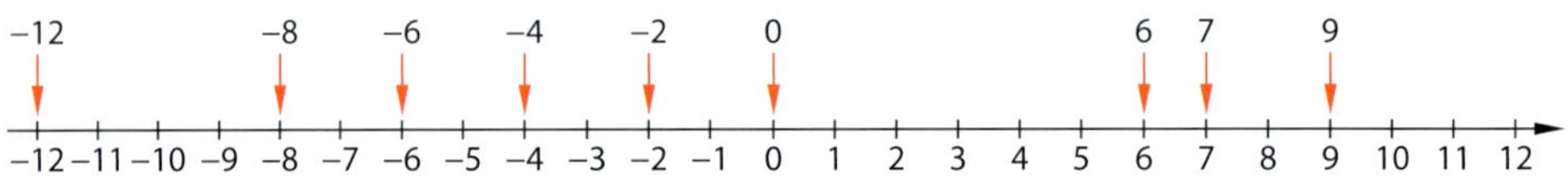

$-12 < -8 < -6 < -4 < -2 < 0 < 6 < 7 < 9$

Basisaufgaben

1. Übertrage in dein Heft und ersetze ■ richtig durch > oder <.

a) –6 ■ –8 b) –14 ■ –12 c) –9 ■ 9 d) 5 ■ –7 e) 0 ■ –4
f) –1 ■ –5 g) 23 ■ 33 h) –606 ■ –660 i) 33 ■ –32 j) 33 ■ –7

2. Markiere die Zahlen auf einer Zahlengeraden und ordne sie dann in einer „Kleiner-als-Kette“, so wie im Beispiel: $-3 < -2 < 3 < 10$

a) –5; –8; 0; 4; –6; –2; –10; –8; 8 b) 25; –80; –12; 22; –22; 18; –18; 0; –52

3. Zeichne eine Zahlengerade von –15 bis 15 mit den Einteilung 1 Einheit = 1 Kästchen. Markiere dann alle ganzen Zahlen auf der Zahlengeraden, die

a) kleiner sind als –8, b) größer sind als –2, c) kleiner als –3, aber größer als –9 sind.

Betrag und Gegenzahl

Wissen: Betrag und Gegenzahl
Zwei Zahlen, die sich nur durch ihre Vorzeichen unterscheiden, heißen **Gegenzahlen.** Sie befinden sich auf entgegengesetzten Seiten der Null.

Der Abstand einer Zahl zur Null heißt **Betrag** dieser Zahl.

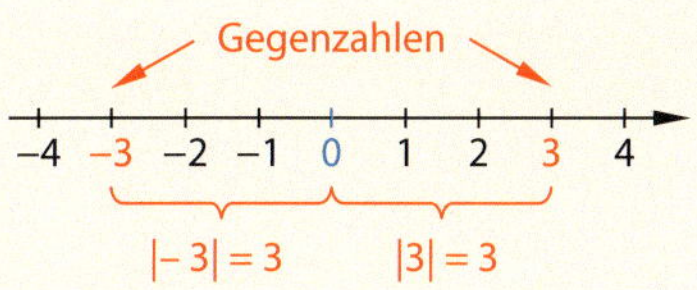

Hinweis:
Man spricht: Der Betrag von –3 ist gleich 3.
Der Betrag von +3 ist gleich 3.
Es gilt: $|0| = 0$

Ganze Zahlen können auch ohne Darstellung auf der Zahlengeraden miteinander verglichen werden:
- **Von zwei negativen ganzen Zahlen ist die mit dem größeren Betrag kleiner:** $-10 < -8$
- Negative ganze Zahlen sind kleiner als positive Zahlen: $-2 < 2$
- Zwei positive ganze Zahlen vergleicht man wie gewohnt stellenweise: $11 < 12$

Beispiel 2: Vergleiche die Zahlen und begründe.
a) 2 und –3 b) –8 und –11 c) 17 und 23
d) Ordne alle sechs Zahlen, beginne mit der kleinsten.

Lösung:
a) –3 ist eine negative Zahl. 2 ist eine positive Zahl. Also ist –3 kleiner als 2. $-3 < 2$

b) –11 und –8 sind negative Zahlen. Da –11 den größeren Betrag hat, ist –11 kleiner als –8. $-11 < -8$

c) 17 hat eine kleinere Zehnerstelle als 23. $17 < 23$

d) Ordne alle Zahlen in einer Kette. $-11 < -8 < -3 < 2 < 17 < 23$

Basisaufgaben

4. Gib die Gegenzahl an.
a) +6 b –8 c) –99 d) 101 e) 43

5. Gib den Betrag an.
a) +78 b) –58 c) 22 d) –14 e) 0

6. Übertrage in dein Heft und ersetze ■ richtig durch > oder <.
a) –6 ■ –8 b) –14 ■ –12 c) –9 ■ 9 d) 5 ■ –7 e) 0 ■ –4
f) –22 ■ 35 g) 19 ■ –20 h) 0 ■ –101 i) –99 ■ –101 j) –1 ■ 11

7. Ordne die Zahlen der Größe nach.
a) 7; –10; –29; –4; 1; 2; –7; 13; –20; 6
b) –29; 2; 0; –22; –19; 14; –5; –25; –4; 3

8. Ein Ort, der 420 m unter NN liegt, ist höher als ein Ort, der 340 m unter NN liegt. Stimmt diese Behauptung? Begründe.

Weiterführende Aufgaben

9. Ordne die Zahlen −3; −1; −6; −10; 7; −15; 3; −123 der Größe nach als „Größer-als-Kette“.

10. Durchblick: Vergleiche die Zahlen, ohne eine Zahlengerade zu benutzen. Begründe deine Entscheidung wie in Beispiel 2.
a) 23 und −32 b) −32 und −23 c) 32 und 23 d) −23 und 32

11. Ordne die Durchschnittstemperaturen der Himmelskörper.
Sonne: 5527 °C Erde: 8 °C Saturn: −185 °C Merkur: 179 °C Mars: −43 °C
Uranus: −214 °C Venus: 453 °C Jupiter: −153 °C Neptun: −225 °C

12. Stolperstelle: Paul hat jeweils zwei Zahlen miteinander verglichen. Überprüfe seine Lösungen und beschreibe, welche Fehler er gemacht hat. Berichtige Pauls Fehler.
a) $-11 < -111$ b) $-5 > 4$ c) $1 < -1$ d) $-5 = 5$ e) $-3 > 3$ f) $-1000000 > 1$

Hinweis zu 13:
Hier findest du alle vorkommenden Koordinaten.

13. a) Welcher Punkt liegt ganz links und welcher ganz rechts?
b) Sortiere die Punkte A bis M von links nach rechts.
c) Gib die x-Koordinaten aller Eckpunkte der Figur in einer „Kleiner-als-Kette“ an.
d) Sortiere alle Punkte auch von oben nach unten.
e) Gib die y-Koordinaten aller Eckpunkte der Figur in einer „Größer-als-Kette“ an.

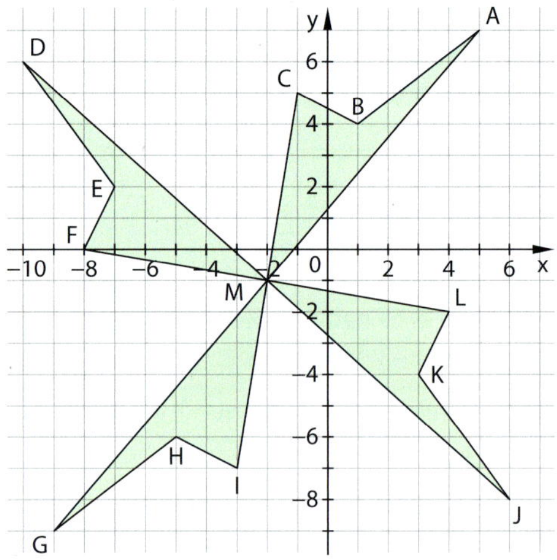

14. a) Man sagt „−6 °C ist kälter als +10 °C“. Schreibe jeweils mit analogen Formulierungen auf:
+12 °C und −3 °C; 5 kg und 3 kg; 10 m unter NN und 20 m unter NN
b) Finde selbst drei weitere Beispiele und dazu passende Formulierungen.

15. Ordne in einer „Kleiner-als-Kette“:
a) −55; 11; −155; 151; −511; −51; −15; 515
b) Die Beträge der Zahlen aus a).
c) Die Gegenzahlen der Zahlen aus a).

Hinweis zu 16:
Recherchiere im Internet nach dem Jahr Null..

16. Ausblick: Marco hat die Geburtsjahre berühmter Mathematiker und Mathematikerinnen an einem Zeitstrahl geordnet. Beurteile Marcos Darstellung.

6.4 Zustandsänderungen beschreiben

■ Aus der Wettervorhersage für morgen: „Heute sind es noch drei Grad über null. Aber morgen wird es richtig kalt. Durch den kräftigen Ostwind wird die Temperatur um zehn Grad sinken.“
Wie kalt wird es morgen werden?
Schreibe eine Rechnung dazu auf. ■

Mit ganzen Zahlen kann man einen **Zustand** oder eine **Zustandsänderung** beschreiben.

Beispiele für einen Zustand:
Etagenangabe im Fahrstuhl, Pegelstand

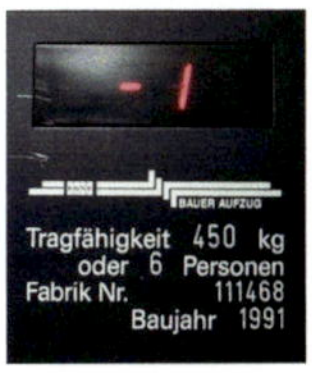

Beispiele für Zustandsänderungen:
Kursschwankungen, Kontobewegungen

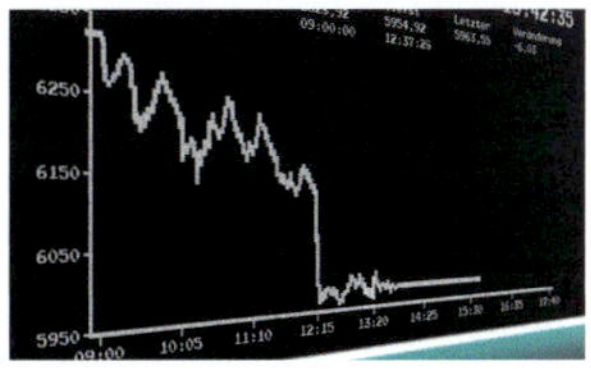

Wissen: Zustand und Zustandsänderung

Das Minuszeichen (–) vor einer Zahl kann einen **Zustand** oder eine **Zustandsänderung** anzeigen.

–4 °C als Zustand zeigt eine Temperatur an.
– 4 °C als Zustandsänderung zeigt an, dass die Temperatur um 4 °C abnimmt.

Auf der Zahlengeraden kann man Zustände durch Punkte und Zustandsänderungen durch Pfeile darstellen.

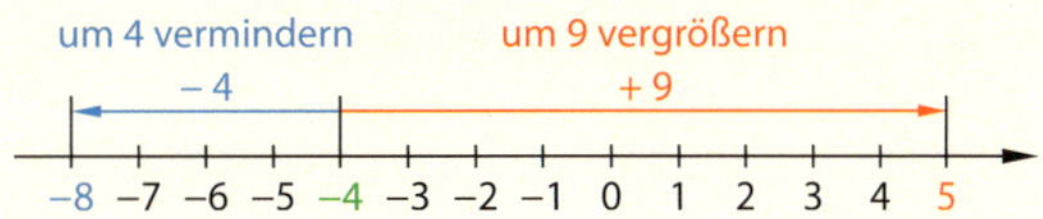

Beispiel 1: Mo: 5 °C Di: 6 °C Mi: 8 °C Do: 3 °C Fr: 1 °C Sa: –1 °C So: –2 °C

a) Gib die Temperaturänderung mit Pfeilen auf einer Zahlengeraden an.
b) Zwischen welchen beiden Tagen war der Temperaturunterschied am größten?
c) Wie groß wäre die Temperatur am kommenden Montag, wenn sie von Sonntag um 3 °C fällt?

Lösung:

a) Eine Temperaturerhöhung wird mit einem Pfeil nach rechts gekennzeichnet, eine Temperaturabnahme mit einem Pfeil nach links.

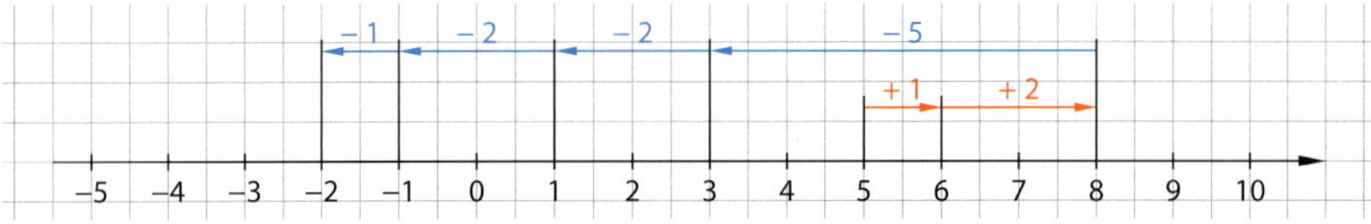

b) Von Mittwoch zu Donnerstag war der Temperaturunterschied mit –5 °C am größten.
c) Am Sonntag sind es –2 °C.
Wenn die Temperatur um 3 °C fällt, dann sind es am Montag –5 °C.

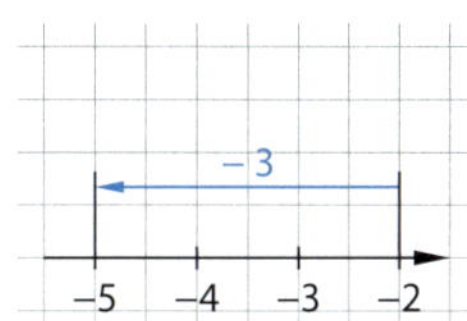

Basisaufgaben

1.

Zeitpunkt	10 Uhr	12 Uhr	14 Uhr	16 Uhr	18 Uhr	20 Uhr	22 Uhr	24 Uhr	2 Uhr
Temperatur	12 °C	14 °C	17 °C	15 °C	12 °C	7 °C	2 °C	0 °C	–5 °C

a) Zeichne eine Zahlengerade von –5 bis 20. Markiere alle Temperaturen auf dieser Zahlengeraden.
b) Zeichne alle Zustandsänderungen mit einem Pfeil ein und gib die Temperaturänderung jeweils an.

2. Übertrage ins Heft und ersetze $\blacksquare$ durch die zugehörigen Änderungen bzw. Zahlen.

a) $9 \xrightarrow{\blacksquare} 13$ b) $7 \xrightarrow{\blacksquare} 1$ c) $4 \xrightarrow{\blacksquare} -2$ d) $5 \xrightarrow{\blacksquare} -1$ e) $-3 \xrightarrow{\blacksquare} -6$
f) $7 \xrightarrow{+3} \blacksquare$ g) $2 \xrightarrow{-3} \blacksquare$ h) $-1 \xrightarrow{+3} \blacksquare$ i) $\blacksquare \xrightarrow{-1} -2$ j) $\blacksquare \xrightarrow{-2} -2$

3. Ein Fahrstuhl fährt immer vom Erdgeschoss (0. Etage) zur Dachterrasse (12. Etage) und in die Tiefgarage (–5. Etage). Gib jeweils an, welche Positionsänderung erfolgt.
a) von der 1. Etage in die 8. Etage
b) von der 12. Etage in die 2. Etage
c) von der 3. Etage in die –5. Etage
d) von der –2. Etage in die 10. Etage
e) von Erdgeschoss in die –3. Etage
f) von der 12. Etage in die –5. Etage

Weiterführende Aufgaben

Hinweis zu 4:
Hier findest du die gesuchten Temperaturunterschiede.

4. Durchblick: Die Thermometer zeigen Temperaturen in verschiedenen Städten in Grad Celsius. Bestimme die Temperaturänderung bei einer Reise
a) von Berlin nach Oslo,
b) von London nach Moskau,
c) von Stockholm nach Madrid,
d) von Madrid nach Moskau?
Du kannst dich an Beispiel 1 orientieren.

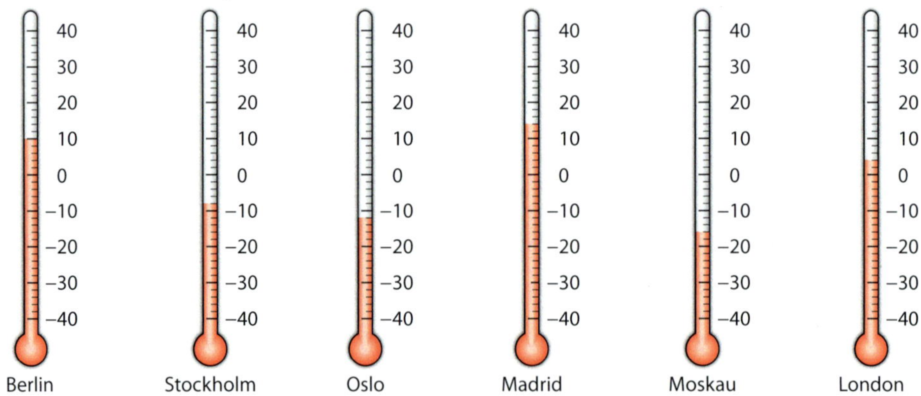

5. An welcher Stelle der Zahlengeraden befindet sich das Bild des Punktes?
a) Der Punkt A wird von 2 um 6 Längeneinheiten nach rechts verschoben.
b) Der Punkt B wird von –2 um 7 Längeneinheiten nach links verschoben.
c) Der Punkt C wird von –2 um 7 Längeneinheiten nach rechts verschoben.
d) Der Punkt D wird von 0 zuerst um 5 Längeneinheiten nach rechts und der Bildpunkt dann noch einmal um 12 Längeneinheiten nach links verschoben.
e) Der Punkt E wird von –2 zuerst um 5 Längeneinheiten nach rechts und der Bildpunkt dann noch einmal um 12 Längeneinheiten nach links verschoben.

6. a) Welche der Aussagen beschreiben einen Zustand und welche eine Zustandsänderung?
b) Welche der Aussagen ist nicht eindeutig?
c) Welche Aussagen bedeuten das Gleiche?

① Die Temperatur sinkt um 3 °C.

② Die Temperatur beträgt –3 °C.

③ Die Temperatur verändert sich um 3 °C.

④ Die Temperatur verändert sich um +3 °C.

⑤ Die Temperatur erhöht sich um 3 °C.

⑥ Die Temperatur verändert sich um –3 °C.

7. **Stolperstelle:** Lucas berechnet den Kontostand vom Konto seiner Eltern am Ende des Monats folgendermaßen:
80 – 43 – 74 + 50 + 149 = 162 €
Prüfe die Rechnung und korrigiere alle Fehler.

Kontoauszug 2

Datum	Erläuterungen	Wert	Betrag 150,00+
19.10.	Bareinzahlung	22.10.	80,00+
23.10.	Getränkehandel Peters	24.10.	43,00–
24.10.	Tankstelle Voss	25.10.	74,00–
26.10.	Bareinzahlung	29.10.	50,00+
30.10.	Elektromarkt24	31.10.	149,00–

8. Der tiefste See der Erde ist der Baikalsee in Sibirien. Seine Wasseroberfläche befindet sich 455 m über dem Meeresspiegel, der Seeboden liegt an seiner tiefsten Stelle 1187 m unter dem Meeresspiegel. Berechne die größte Tiefe des Baikalsees.

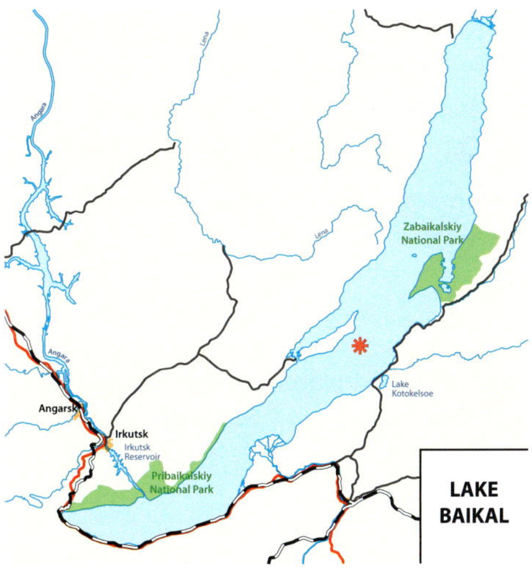

9. Auf einem Konto befindet sich ein Guthaben von 133 €. Es werden an einem Tag 125 € abgehoben, am nächsten Tag 200 € eingezahlt und am übernächsten Tag 244 € abgehoben. Ermittle den Kontostand nach diesen drei Transaktionen.

10. Kleopatra die Große wurde 69 v. Chr. als Tochter des ägyptisch-griechischen Herrschers Ptolemaios XII. in Ägypten geboren. Sie verliebte sich mit 21 Jahren in Cäsar. Dieser war zu dem Zeitpunkt bereits 52 Jahre alt. Kleopatra nahm sich 30 v. Chr. das Leben.
a) In welchem Jahr verliebte sich Kleopatra in Cäsar?
b) Gib das Geburtsjahr von Cäsar an.
c) Mit wie vielen Jahren nahm sich Kleopatra das Leben?
d) Wie alt wäre Cäsar zum Zeitpunkt ihres Todes gewesen?

11. **Ausblick:** Marc hat nach in der ersten halben Stunde beim Spielen 140 Punkte erreicht. In der nächsten halben Stunde gewinnt und verliert er immer wieder Punkte:
+ 40; – 88; – 14; – 16; + 4; – 12; + 16
a) Gib den Punktestand von Marc am Ende dieser Stunde an.
b) Erläutere, wie du das Ergebnis in möglichst kurzer Zeit ermitteln würdest.

6.5 Ganze Zahlen addieren

■ Manuels Konto gerät immer wieder „ins Minus“ und der Geldautomat verweigert die Auszahlung. „Die müssen sich verrechnet haben“, schimpft er. Also rechnet er seinen Kontoauszug nach:
Der Kontostand am 1.11. beträgt: +16 €
Am 2.11. soll ausgezahlt werden: −20 €
Ermittle den Geldbetrag auf dem Konto. ■

Positive Zahlen kann man mit Guthaben und negative Zahlen mit Schulden veranschaulichen.

(1) ... bedeutet 1 € Guthaben.

(−1) ... bedeutet 1 € Schulden.

Hat man Schulden von 1 €, so kann man diese mit 1 € Guthaben tilgen:

(−1) + (1) = 0

$(-1) + (+1) = 0$

Hat man ein Guthaben von 6 € und erhält noch weitere 2 €, dann hat man ein Guthaben von 8 €:

(1) (1) (1) (1) (1) (1) + (1) (1) = (1) (1) (1) (1) (1) (1) (1) (1)

$(+6) + (+2) = +8$

Hat man ein Schulden von 6 € und macht noch weitere 2 € Schulden, dann hat man Schulden in Höhe von 8 €:

(−1) (−1) (−1) (−1) (−1) (−1) + (−1) (−1) = (−1) (−1) (−1) (−1) (−1) (−1) (−1) (−1)

$(-6) + (-2) = -8$

Guthaben addiert man. Kommen zu Schulden weitere Schulden hinzu, dann addiert man die Schulden.

Hat man ein Schulden von 6 € und erhält 2 € geschenkt, dann hat man noch 4 € Schulden:

(−1) (−1) (−1) (−1) (−1) (−1) + (1) (1) = (−1) (−1) (−1) (−1) (−1) (−1) (1) (1)

$(-6) + (+2) = -4$

Hat man ein Schulden von 2 € und erhält 6 € geschenkt, dann hat man 4 € Guthaben:

(−1) (−1) + (1) (1) (1) (1) (1) (1) = (−1) (−1) (1) (1) (1) (1) (1) (1)

$(-2) + (+6) = +4$

Kommt zu Schulden ein Guthaben dazu, dann subtrahiert man den kleineren vom größeren Betrag.

Waren die Schulden größer als das Guthaben, bleiben es Schulden.

War das Guthaben größer als die Schulden, wird es Guthaben.

Wissen: Addieren ganzer Zahlen

Addieren von Zahlen mit gleichen Vorzeichen:
Man setzt im Ergebnis das **gemeinsame Vorzeichen** und addiert die Beträge.

Addieren von Zahlen mit unterschiedlichen Vorzeichen:
Man setzt im Ergebnis das **Vorzeichen der Zahl mit dem größeren Betrag**.
Dann subtrahiert man den kleineren vom größeren Betrag.

Beispiel 1: Addiere die Zahlen.

a) $(-7) + (-8)$ b) $(+9) + (-11)$ c) $(-5) + (+6)$

Lösung:

a) Beide Summanden sind negativ. Also ist auch das Ergebnis negativ.

gemeinsames Vorzeichen | Summe der Beträge

$(-7) + (-8) = -(7 + 8) = -15$

b) und c)

Die Summanden haben unterschiedliche Vorzeichen.

Wegen $11 > 9$ erhält das Ergebnis das negative Vorzeichen von (-11).

Wegen $6 > 5$ erhält das Ergebnis das positive Vorzeichen von $(+6)$.

Vorzeichen der Zahl mit dem größeren Betrag | Differenz der Beträge

$(+9) + (-11) = -(11 - 9) = -2$

$(-5) + (+6) = +(6 - 5) = +1$

Basisaufgaben

1. Addiere Zahlen mit gleichen Vorzeichen.
   a) $(+5) + (+2)$ b) $(+3) + (+7)$ c) $(-2) + (-3)$ d) $(+4) + (+14)$
   e) $(-5) + (-3)$ f) $(-8) + (-6)$ g) $(+25) + (+15)$ h) $(-15) + (-5)$

2. Addiere Zahlen mit unterschiedlichen Vorzeichen.
   a) $(+5) + (-2)$ b) $(+3) + (-7)$ c) $(-2) + (+3)$ d) $(-4) + (+14)$
   e) $(-5) + (+3)$ f) $(-8) + (+6)$ g) $(-5) + (+15)$ h) $(-15) + (+5)$

3. Übertrage die Tabellen a), b) und c) ins Heft und fülle sie aus.

a)

Aufgabe	Betrag des 1. Summanden	Betrag des 2. Summanden	Vorzeichen des Ergebnisses	Summe der Beträge	Ergebnis
(+2) + (+5)	2	5	+	2 + 5 = 7	+7
(−7) + (−2)					
(+9) + (+4)					
(−3) + (−9)					

b)

Aufgabe	Betrag des 1. Summanden	Betrag des 2. Summanden	Vorzeichen des Ergebnisses	größerer minus kleinerer Betrag	Ergebnis
(+3) + (−5)	3	5	−	5 − 3 = 2	−2
(−7) + (+2)					
(+9) + (−4)					
(−3) + (+9)					

c)

Aufgabe	Betrag des 1. Summanden	Betrag des 2. Summanden	Vorzeichen des Ergebnisses	Betrag des Ergebnisses	Ergebnis
(+13) + (−4)					
(−4) + (−15)					
(−12) + (+21)					
(+21) + (−33)					
(+95) + (+15)					

Weiterführende Aufgaben

4. Durchblick: Löse die Aufgabe und erkläre dein Vorgehen. Orientiere dich an Beispiel 1.
a) (+8) + (−5) b) (−10) + (+8) c) (+6) + (−7) d) (−35) + (+40)

Hinweis zu 7:
Die Lösungen findest du hier.

5. Rechne im Kopf.
a) (+1) + (−4) b) (−2) + (+3) c) (+6) + (−12) d) (−5) + (+9)
e) (+11) + (−16) f) (−10) + (+20) g) (+66) + (−77) h) (−99) + (+101)

6. Addiere die Zahlen:
a) (+11) + (+4) b) (−22) + (−3) c) (+17) + (−25) d) (−54) + (−7)
e) (−91) + (−9) f) (−80) + (+11) g) (−23) + (−77) h) (+9) + (−999)

7. Übertrage die Tabelle in dein Heft und fülle sie aus.

	+	(−5)	(+10)	(−15)	(+20)	(+15)	(−20)	(+35)	(+5)	(+45)	(−32)
a)	(+5)										
b)	(−5)										
c)	(−10)										
d)	(−17)										

Hinweis zu 10:
Die Null hat kein Vorzeichen.

8. Rechnen mit der Null:
a) (+5) + (−5) b) (−22) + (+22) c) (−8) + 0 d) 0 + (−7)

9. Stolperstelle: Überprüfe die Rechnung. Korrigiere, falls erforderlich.
a) (−35) + (+75) = +110 b) (−17) + (−27) = −10 c) (−9) + (−32) = +41
d) (−15) + (+15) = −30 e) (−122) + (+15) = −107 f) (−15) + (−15) = 0

10. Rechne und vergleiche die Ergebnisse. Was stellst du fest?
a) (−3) + (+2) (+2) + (−3) b) (−5) + (−7) (−7) + (−5)

11. Löse das Zahlenrätsel in deinem Heft.

a)

(+12)	+	(−11)	=	
+		+		+
(+7)	+	(−19)	=	
=		=		=
	+		=	

b)

(−23)	+	(+88)	=	
+		+		+
(−6)	+		=	
=		=		=
	+	(+66)	=	

12. Die Redensart „ein Schritt vor und zwei Schritte zurück" lässt sich so ausdrücken: + (+1) + (−2)
Beginne bei (+3). Nach wie vielen Schritten bist du bei 0 angelangt? Schreibe die zugehörigen Rechnungen auf.

13. Eva behauptet: „Das Vorzeichen der Summe zweier ganzer Zahlen stimmt immer mit dem Vorzeichen des Summanden mit dem größeren Betrag überein." Was meinst du dazu?

14. Ausblick: Ersetze ■ durch eine ganze Zahl, sodass die Aussage wahr ist.
a) (−73) + ■ = +10 b) (−73) + ■ = −10 c) (−25) + ■ = +5
d) ■ + (−14) = +12 e) (−12) + ■ = 0 f) +58 = (+8) + ■ + (−75)

Spiel: Rund um die Null

■ Dieses Bild findest du auch auf der Rückseite deines Buches.
Du kannst das Spiel mit deinem Nachbarn spielen.
Ihr benötigt zwei Spielfiguren, einen Würfel sowie Papier und Stift zum Aufschreiben. ■

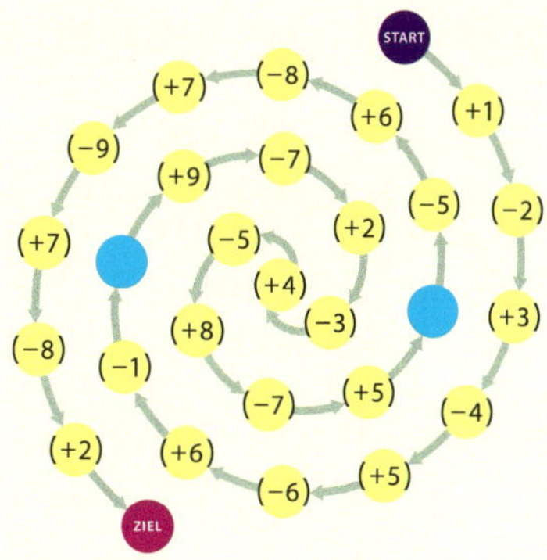

Wissen: Spielregeln
Jeder stellt seine Spielfigur auf **„Start"**. Jeder hat am Anfang den **Punktestand „0"**.

Nun würfelt der erste Spieler und geht die gewürfelte Augenzahl vorwärts.
Das neue Feld bestimmt, wie sich sein Punktestand ändert. Dann würfelt der andere.

Berechnet nach jeder Runde den neuen Punktestand und schreibt ihn auf.
Schreibt auch die zugehörige Rechnung auf (Punktestand plus Zahl auf dem Feld).

Wer auf ein **blaues Feld** kommt, muss zurück auf „Start" und sein Punktestand ist wieder „0".

Wer am Ende nicht die richtige Augenzahl würfelt, um ins Ziel zu kommen, muss eine Runde warten. Wer als Erster im **Ziel** ist, erhält zusätzlich **10 Punkte** und das Spiel ist zu Ende.
Sieger ist, wer die höchste Gesamtpunktzahl hat.

Spielvariante 1:
Kontrolliert euch gegenseitig:
Wer falsch gerechnet hat, bekommt vom neuen Punktestand zusätzlich ein Strafpunkt abgezogen.

Spielvariante 2:
Ihr könnt das Spiel schwieriger gestalten, wenn mit zwei Würfeln gleichzeitig gewürfelt wird. Bevor man die Additionsaufgabe aufschreibt, muss man sich für eine der beiden Augenzahlen entscheiden.

Beispiel 1: In der 1. Runde würfelt Theo ⚅, in der 2. Runde ⚃ und in der 3. Runde ⚀.
Berechne seinen Punktestand nach jeder Runde.

Lösung:
Du kannst die Rechnungen und die Punktestände gut in einer Tabelle aufschreiben.

	alter Punktestand	Rechnung	neuer Punktestand
1. Runde	0	0 + (−6)	−6
2. Runde	−6	(−6) + (+9)	+3
3. Runde	+3	(+3) + (−7)	−4

Aufgaben

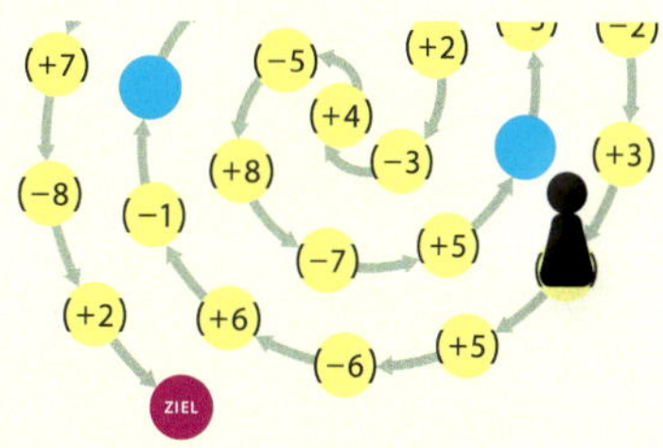

1. Der „schwarze Spieler" hat einen Punktestand von (−3). Bestimme die Rechnung und den neuen Punktestand für das folgende Würfelergebnis.
   a) ⚃ b) ⚀ c) ⚂ d) ⚄

2. Ole würfelt zu Beginn ⚁ und in der nächsten Runde ⚂.
   Er schreibt auf: (−2) + (+5) = −3
   Kontrolliere seine Rechnung. Wie hoch ist sein neuer Punktestand bei Spielvariante 1?

3. Lene erreicht als Erste das Ziel mit einem Punktestand von −11. Nora ist eine Runde vorher auf ein blaues Feld gelangt. Wer hat gewonnen?

6.6 Ganze Zahlen subtrahieren

■ Die Höhe des Eisbergs ist die Differenz zwischen seinem höchsten und seinem tiefsten Punkt.
Schreibe eine Subtraktionsaufgabe auf, mit der du die Höhe des Eisbergs berechnen kannst.
Wie hoch ist der Eisberg? ■

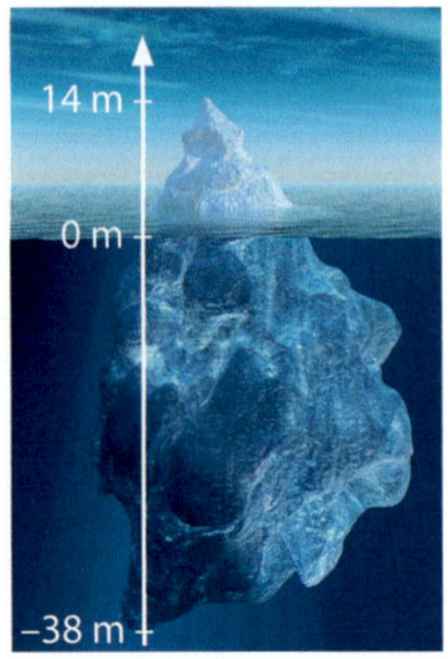

In der rechten Aufgabenreihe wird das Ergebnis in jeder Zeile um 1 größer.
Man erkennt:
Statt eine ganze Zahl zu subtrahieren, kann man auch ihre Gegenzahl addieren und dann die Rechenregeln für das Addieren ganzer Zahlen anwenden.

(+6) – (+3) = +3
(+6) – (+2) = +4
(+6) – (+1) = +5
(+6) – 0 = +6
(+6) – (–1) = +7
(+6) – (–2) = +6

(jeweils + 1)

Wissen: Subtraktionsregel für ganze Zahlen
Man **subtrahiert** eine ganze Zahl, indem man ihre **Gegenzahl addiert**.

Beispiel 1: Löse die Subtraktionsaufgabe.
a) (+4) – (–3) b) (+3) – (+7) c) (–5) – (–7) d) (–6) – (+8)

Lösung:

a) Addiere die Gegenzahl von (–3). Du erhältst den Fall „Addition mit gleichen Vorzeichen".
(+4) – (–3)
= (+4) + (+3) = +7

b) Addiere die Gegenzahl von 7. Du erhältst den Fall „Addition mit unterschiedlichen Vorzeichen".
(+3) – (+7)
= (+3) + (–7) = –4

c) Addiere die Gegenzahl von –7. Du erhältst den Fall „Addition mit unterschiedlichen Vorzeichen".
(–5) – (–7)
= (–5) + (+7) = +2

d) Addiere die Gegenzahl von 8. Du erhältst den Fall „Addition mit gleichen Vorzeichen".
(–6) – (+8)
= (–6) + (–8) = –14

Hinweis zu 1:
Hier findest du die Lösungen.

Basisaufgaben

1. Löse die Subtraktionsaufgabe.
a) (+8) – (–5) b) (+2) – (+8) c) (–7) – (–5) d) (–3) – (+17)
e) (–15) – (–6) f) (–11) – (+23) g) (+15) – (+25) h) (–17) – (–34)
i) 0 – (–25) j) (+15) – (+15) k) (–15) – (–15) l) (–25) – (+25)

2. Rechne im Kopf.
a) (–5) – (–2) b) (+15) – (–2) c) (–25) – (+5) d) (–10) – (–3)
e) (+99) – (–3) f) (–30) – (+10) g) (–78) – (+32) h) (–54) – (–47)

3. Übertrage die Tabelle ins Heft und fülle sie aus.

–	(–3)	(+5)	(–10)	(+15)	(–6)
(+2)	(+2) – (–3) = +5				
(–7)					
(–3)					

Weiterführende Aufgaben

4. **Durchblick:** Berechne. Erkläre dein Vorgehen. Orientiere dich an Beispiel 1.
a) (+7) –(+11)   b) (+5) – (–4)   c) (–7) – (+11)   d) (–74) – (–102)

5. Berechne. Nebenrechnungen kannst du schriftlich durchführen.
a) (–69) – (+24)   b) (+243) – (+453)   c) (–981) – (+545)   d) (–475) – (+604)

6. **Stolperstelle:** Justus meint: „Bei einer Subtraktionsaufgabe ist das Ergebnis immer kleiner ist als die Zahl, von der man etwas abzieht." Er hat dafür auch drei Beispiele angegeben:

(+100) - (+50) = +50   (+20) - (+5) = +15   (+40) - (-20) = +20

Was meinst du dazu? Hat er richtig gerechnet?

7. Übertrage die Pyramide in dein Heft. Subtrahiere die rechte Zahl von der linken Zahl und schreibe das Ergebnis in das Kästchen darüber.

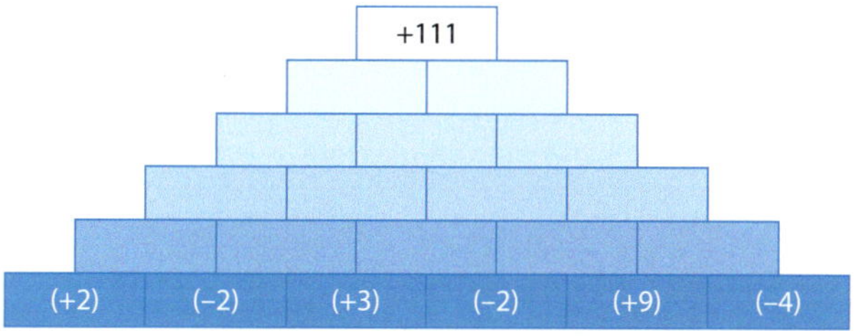

8. Rechne von links nach rechts wie im Beispiel.
Beispiel: (+8) – (–7) – (+5) = (+15) – (+5) = +10
a) (+9) – (+11) – (–6)
b) (–8) – (+9) – (+11)
c) (+15) – (–21) – (+36) – (–45)
d) (–25) – (+12) – (+23) – (–13)

9. Übertrage ins Heft und ersetze ■ durch passende Vorzeichen.
a) (■6) – (■19) = +13
b) (+27) + (■30) – (■42) = ■39
c) (–13) + (■23) – (■23) = +33
d) (+19) – (■15) – (■45) = ■41

10. **Ausblick:** Gegeben sind als erste Zahl 1, als zweite Zahl 2 und als dritte Zahl –4.
a) Berechne die Summe der drei Zahlen.
b) Addiere die ersten beiden Zahlen und subtrahiere die dritte.
c) Subtrahiere von der ersten Zahl die zweite und vom Ergebnis die dritte Zahl.
d) Addiere die erste und die dritte Zahl sowie die Gegenzahl der zweiten Zahl.
e) Subtrahiere von der ersten Zahl die Differenz von Gegenzahl der zweiten Zahl und dritter Zahl.

Welche Ergebnisse sind gleich?

6.7 Vereinfachte Schreibweise

■ Felix meint: „Muss ich wirklich so viele Klammern setzen? Wenn ich eine negative Zahl addiere, dann rechne ich doch genau das Gleiche, als wenn ich subtrahiere.“ Versuche, die Aufgaben ohne Klammern zu schreiben, sodass du das gleiche Ergebnis erhältst.
Berechne dann das Ergebnis. ■

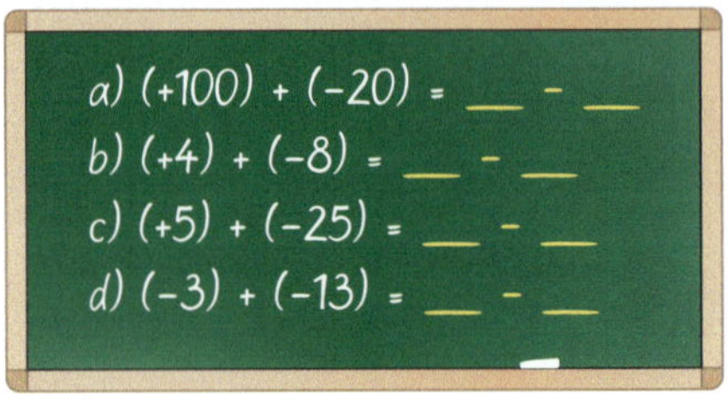

Ganze Zahlen wurden bisher mit Vorzeichen geschrieben und in Klammern gesetzt. Diese Schreibweise kann man vereinfachen.
Man legt fest: Positive Zahlen benötigen weder Vorzeichen noch Klammern. $(+2) - (+8) = 2 - 8$
Rechenzeichen und Vorzeichen, die aufeinander folgen, kann man zusammenfassen.

Gleiche Zeichen: $3 + (+5) = 3 + 5$ (Vorzeichen und Klammern von (+5) weglassen.) $3 - (-5) = 3 + (+5) = 3 + 5$ (Addiere die Gegenzahl von (−5).)

Verschiedene Zeichen: $4 - (+2) = 4 - 2$ (Vorzeichen und Klammern von (+2) weglassen.) $4 + (-2) = 4 - (+2) = 4 - 2$ (Subtraktionsregel in umgekehrter Richtung.)

Hinweis:
„+“ und „+“ → „+“
„−“ und „−“ → „+“
„+“ und „−“ → „−“
„−“ und „+“ → „−“

Wissen: Vereinfachte Schreibweise

Gleiche Zeichen ergeben „+“.
$3 + (+5) = 3 + 5$ $\qquad$ $3 - (-5) = 3 + 5$

Verschiedene Zeichen ergeben „−“.
$4 + (-2) = 4 - 2$ $\qquad$ $4 - (+2) = 4 - 2$

Klammern um die erste Zahl in einer Rechnung kann man weglassen.

Beispiel 1: Gib in vereinfachter Schreibweise an und berechne dann.

a) $(-5) + (+2)$ b) $(+9) - (-2)$ c) $(+3) + (-4)$ d) $(-6) - (+8)$

Lösung:
Lass Klammern um die erste Zahl weg. Gleiche Zeichen ergeben „+“, verschiedene Zeichen „−“.

a) $(-5) + (+2) = -5 + 2 = -3$
b) $(+9) - (-2) = 9 + 2 = 11$
c) $(+3) + (-4) = 3 - 4 = -1$
d) $(-6) - (+8) = -6 - 8 = -14$

Basisaufgaben

1. Schreibe in vereinfachter Schreibweise und berechne die Aufgaben. Orientiere dich an Beispiel 1.

a) $(-6) + (+11)$ b) $(+13) - (-4)$ c) $(+6) - (+7)$ d) $(+17) - (+17)$
e) $(-7) + (-15)$ f) $(+10) + (-25)$ g) $(-5) - (-7)$ h) $(-6) + (-7)$

Hinweis zu 2:
Die Lösungen findest du hier.

2. Schreibe die Aufgaben um, indem du ganze Zahlen mit Vorzeichen versiehst und in Klammern setzt. Schreibe sowohl als Additionsaufgabe als auch als Subtraktionsaufgabe.

a) $6 - 17$ b) $7 + 23$ c) $-5 + 31$ d) $-13 - 3$
e) $6 - 75$ f) $-85 - 45$ g) $8 + 12$ h) $-8 + 17$
i) Berechne die Aufgaben auf die für dich einfachste Weise.

Weiterführende Aufgaben

3. Durchblick: Welche Aufgaben haben das gleiche Ergebnis?

	A	B	C	D
1	(+16) + (−4)	16 − (−4)	−16 − 4	16 + 4
2	(−16) − (−4)	−16 + (−4)	16 − (+4)	(−16) + (+4)
3	(−16) − (+4)	16 − 4	−16 + 4	(+16) − (−4)

4. Berechne.

a) 36 − 57 b) 67 + 123 c) −35 + 61 d) −133 − 13

e) 67 − 155 f) −855 −455 g) −48 − 112 h) −38 + 177

5. Stolperstelle:

a) Peter behauptet, dass man bei diesen Aufgaben alle Klammern und Vorzeichen einfach weglassen kann, ohne dass sich das Ergebnis ändert.
Prüfe nach, indem du mit und ohne Klammern rechnest.

(−8) − (+5) (−4) + (+7) (+11) − (−4) (−3) + (−4)

b) Schreibe auf, wann man Klammern und Vorzeichen einfach weglassen kann und wann nicht.

6. Übertrage die Rechenschlange in dein Heft und ergänze die richtigen Zahlen, indem von links nach rechts gerechnet wird.

7. Übertrage die Tabelle ins Heft und fülle sie in vereinfachter Schreibweise aus.

a)

+	2	−1	11	−5	−3
7	7 + 2 = 9				
−5					
−4					
12					

b)

−	2	−1	11	−5	−3
7	7 − 2 = 5				
−5					
−4					
12					

8. Mehr als zwei Zahlen addieren oder subtrahieren: Rechne von links nach rechts.

Beispiel: 2 + 3 − 7 − 8 + 1 = 5 − 7 − 8 + 1
= −2 − 8 + 1
= −10 + 1
= −9

a) 33 − 10 − 23 b) 15 − 18 + 6 c) 90 − 105 + 25 − 13 d) −278 + 302 −145

9. Ausblick: Setze im Term −30 − 50 − 70 − 90 Klammern, sodass du als Ergebnis 40 erhältst.

6.8 Ganze Zahlen multiplizieren und dividieren

■ Vergleiche die ersten drei Aufgaben.
Was stellst du fest?
Welche Ergebnisse sind nach deiner Meinung für die beiden letzten Aufgaben sinnvoll?
$(-1) \cdot (+2) = ?$
$(-2) \cdot (+2) = ?$ ■

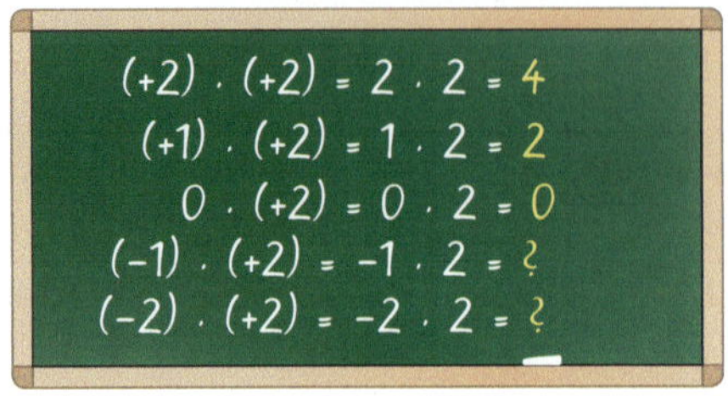

Ganze Zahlen multiplizieren

Die Aufgabe $(-2) \cdot 3$ kann auch $(-2) + (-2) + (-2)$ geschrieben werden und hat -6 als Ergebnis.

$(-2) \cdot 3 = (-2) \cdot (+3) = -6$

Für die anderen Fällen kann man Aufgabenreihen entwickeln, in denen der zweite Faktor schrittweise verringert wird.

$(+3) \cdot (+3) = +9$	$(-3) \cdot (+3) = -9$
$(+3) \cdot (+2) = +6$	$(-3) \cdot (+2) = -6$
$(+3) \cdot (+1) = +3$	$(-3) \cdot (+1) = -3$
$(+3) \cdot 0 = 0$	$(-3) \cdot 0 = 0$
$(+3) \cdot (-1) = -3$	$(-3) \cdot (-1) = +3$
$(+3) \cdot (-2) = -6$	$(-3) \cdot (-2) = +6$
(jeweils -3)	(jeweils $+3$)

Man erkennt, dass sich der Betrag des Ergebnisses als Produkt der Beträge der Faktoren ergibt. Das Vorzeichen des Ergebnisses hängt davon ab, ob die Vorzeichen der Faktoren gleich oder unterschiedlich sind.

Hinweis:
„+“ mal „+“ → „+“
„−“ mal „−“ → „+“
„+“ mal „−“ → „−“
„−“ mal „+“ → „−“

Wissen: Multiplizieren ganzer Zahlen
Beim Multiplizieren zweier ganzer Zahlen werden zunächst ihre Beträge multipliziert.

Bei Zahlen mit **gleichen Vorzeichen**:
Das Ergebnis der Multiplikation ist **positiv**. $(+2) \cdot (+3) = +6$ $(-2) \cdot (-3) = +6$

Bei Zahlen mit **unterschiedlichen Vorzeichen**:
Das Ergebnis der Multiplikation ist **negativ**. $(-4) \cdot (+5) = -20$ $(+4) \cdot (-5) = -20$

Beispiel 1: Multipliziere.
a) $(+5) \cdot (-7)$ b) $(-6) \cdot (+3)$ c) $(-4) \cdot (-9)$

Lösung:
Multipliziere bei jeder Aufgabe die Beträge. Bestimme dann das Vorzeichen vom Ergebnis.
a) „+“ mal „−“ ergibt „−“ im Ergebnis. $(+5) \cdot (-7) = -(5 \cdot 7) = -35$
b) „−“ mal „+“ ergibt „−“ im Ergebnis. $(-6) \cdot (+3) = -(6 \cdot 3) = -18$
c) „−“ mal „−“ ergibt „+“ im Ergebnis. $(-4) \cdot (-9) = +(4 \cdot 9) = +36$

Basisaufgaben

1. Multipliziere.

a) (+10) · (−15) b) (+47) · (−2) c) (−21) · (+2) d) (−3) · (+12)
e) (−7) · (−11) f) (−52) · (−2) g) (+20) · (−20) h) (−72) · (+2)

Hinweis zu 1:
Hier findest du die Lösungen.

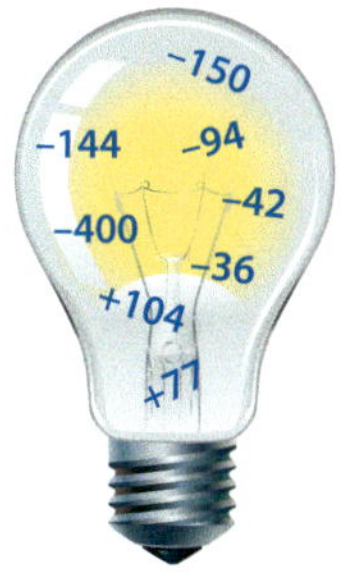

2. Schreibe die Zahl auf drei unterschiedliche Weisen als Produkt.

a) +28 b) −48 c) −12 d) −100

3. Rechne im Kopf.

a) (+2) · (−10) b) (−5) · (+4) c) (−9) · (−9) d) (+4) · (−3)

Ganze Zahlen dividieren

Multiplizieren und Dividieren sind Umkehrrechnungen. Deshalb lassen sich die Rechenregeln für das Multiplizieren ganzer Zahlen auf das Dividieren ganzer Zahlen übertragen.

Multiplizieren: (−4) · (−12) = +48

Dividieren: (+48) : (−12) = −4

Pfeilmodell: −4 → · (−12) → +48; +48 → : (−12) → −4

Wissen: Regeln für das Dividieren ganzer Zahlen

Beim Dividieren zweier ganzer Zahlen werden zunächst ihre Beträge dividiert.

- Das Ergebnis der Division ist **positiv**, wenn beide Zahlen **gleiche Vorzeichen** haben.
- Das Ergebnis der Division ist **negativ**, wenn beide Zahlen **unterschiedliche Vorzeichen** haben.

Hinweis:
„+" geteilt durch „+" → „+"
„−" geteilt durch „−" → „+"
„+" geteilt durch „−" → „−"
„−" geteilt durch „+" → „−"

Beispiel 2: Dividiere die beiden ganzen Zahlen.

a) (+35) : (−7) b) (−18) : (+3) c) (−36) : (−9)

Lösung:

Dividiere bei jeder Aufgabe die Beträge. Bestimme dann das Vorzeichen vom Ergebnis.

a) „+" geteilt durch „−" ergibt „−" im Ergebnis. (+35) : (−7) = −(35 : 7) = −5

b) „−" geteilt durch „+" ergibt „−" im Ergebnis. (−18) : (+3) = −(18 : 3) = −6

c) „−" geteilt durch „−" ergibt „+" im Ergebnis. (−36) : (−9) = +(36 : 9) = +4

Basisaufgaben

4. Dividiere.

a) (+10) : (−5) b) (+48) : (−2) c) (−21) : (+3) d) (−36) : (+12)
e) (−77) : (−11) f) (−52) : (−4) g) (+420) : (−21) h) (−72) : (+3)

5. Schreibe die Zahl auf drei unterschiedliche Weisen als Quotient.

a) +12 b) −15 c) −100 d) −38

Erinnere dich:
Dividend : Divisor = Quotient

6. Rechne im Kopf.

a) (+10) : (−2) b) (−20) : (+4) c) (−99) : (−9) d) (+24) : (−3)

Weiterführende Aufgaben

7. Übertrage die Tabelle ins Heft und fülle sie aus.

	Aufgabe	Betrag der ersten Zahl	Betrag der zweiten Zahl	Vorzeichen des Ergebnisses	Rechnung mit Beträgen	Ergebnis
a)	$(+3)\cdot(-5)$	3	5	–	$5\cdot 3 = 15$	–15
b)	$(-7)\cdot(+2)$					
c)	$(+19)\cdot(-4)$					
d)	$(-36):(+9)$					
e)	$(+68):(-4)$					
f)	$(+4)\cdot(-15)$					
g)	$(-105):(+21)$					

8. Durchblick: Löse die Aufgabe wie in den Beispielen 1 und 2. Beschreibe dein Vorgehen.

a) $(-25)\cdot(-40)$ b) $(+560):(-70)$ c) $(-132):(-12)$ d) $(-13)\cdot(+60)$

9. Stolperstelle: Lotte hat in der vorherigen Aufgabe Klammern und Vorzeichen weggelassen. Hat sie Fehler gemacht?

a) $-25\cdot(-40)$ b) $560:(-70)$ c) $-132:(-12)$ d) $(-13)\cdot 60$

10. Rechne schriftlich.

a) $25\cdot(-45)$ b) $-78\cdot(-34)$ c) $-354\cdot 56$ d) $-89\cdot(-89)$
e) $-529:(-23)$ f) $856:(-107)$ g) $3198:(-123)$ h) $-328:82$

11. Besondere Zahlen beim Multiplizieren und Dividieren: Berechne, falls möglich.

$6\cdot(-1)$ $-5\cdot 1$ $-3\cdot 0$ $-7:7$ $2:0$ $0:4$ $-8:(-8)$
$-6\cdot(-1)$ $5\cdot 1$ $3\cdot 0$ $7:(-7)$ $0:0$ $0:(-4)$ $8:8$

Vervollständige die Sätze, sodass wahre Aussagen entstehen:

- Wird eine positive oder negative ganze Zahl mit –1 multipliziert, so …
- Wird eine ganze Zahl mit 0 multipliziert, so …
- Wird 0 durch eine positive oder negative ganze Zahl geteilt, so …
- Durch … darf nicht dividiert werden.
- Wird eine ganze Zahl mit 1 multipliziert, so …
- Wird eine positive oder negative ganze Zahl durch ihre Gegenzahl dividiert, so …
- Wird eine positive oder negative ganze Zahl durch sich selbst dividiert, so …

12. Entscheide, ob die Aussage wahr oder falsch ist, und begründe dies.

a) Der Quotient zweier Zahlen ist keine natürliche Zahl, wenn der Divisor negativ ist.
b) Wenn ein Produkt zweier Zahlen negativ ist, so müssen beide Faktoren negativ sein.
c) Das Produkt zweier ganzer Zahlen kann auch eine natürliche Zahl sein.

13. Ausblick: Entscheide, ob die Aussage wahr oder falsch ist, und begründe das.

a) Wenn man in einem Produkt aus einer positiven und einer negativen ganzen Zahl beide Faktoren um –1 verkleinert, dann ändert sich das Ergebnis der Rechnung nicht.
b) Wenn man in einem Quotienten aus einer negativen und einer positiven ganzen Zahl den Dividenden und den Divisor gleichzeitig mit –1 multipliziert, dann ändert sich das Ergebnis der Rechnung nicht.

6.9 Rechnen mit allen Grundrechenarten

■ Die Aufgabe $5 \cdot 48 \cdot (-4)$ lässt sich von links nach rechts lösen oder auf einfachere Weise, wenn die Rechengesetze genutzt werden.
Wie würdest du rechnen? ■

Wiederholung der Vorrangregeln

Auch beim Rechnen mit ganzen Zahlen gelten die Vorrangregeln und die Rechengesetze für Addition und Multiplikation.

1. Ausdrücke in Klammern werden zuerst berechnet.
2. Wo keine Klammern sind, geht Punktrechnung vor Strichrechnung.
3. In allen anderen Fällen rechnet man von links nach rechts.

$8 + (-2) \cdot (13 - 4) - 14$

$= 8 + (-2) \cdot 9 - 14$

$= 8 + (-18) - 14 = (-10) - 14 = 24$

Erinnere dich:
„KLAPS“:
Klammer
Punktrechnung
Strichrechnung

Hinweis:
Falls Potenzen auftreten, werden sie vor Punkt- oder Strichrechnung berechnet.

Basisaufgaben

1. Rechne von links nach rechts.

a) $6 - 8 + 3$ b) $-7 + 9 - 5$ c) $-3 - 5 - 4$
d) $2 \cdot (-4) \cdot 2$ e) $4 \cdot 15 \cdot (-1)$ f) $(-2) \cdot (-2) \cdot 3 \cdot 3$

2. Beachte die Regel „ Punktrechnung geht vor Strichrechnung“.

a) $-5 + 6 \cdot 2$ b) $9 - 3 \cdot 4$ c) $2 \cdot (-3) - 4$
d) $8 - (-2) \cdot 3$ e) $-4 - 6 \cdot 3$ f) $3 \cdot 7 - 4 \cdot (-5)$

3. Berechne. Beachte die Vorrangregeln.

a) $-9 \cdot (2 - 7)$ b) $7 - (4 - 9)$ c) $-4 \cdot 2 - (-6)$
d) $(2 - 7) \cdot (-5 + 6)$ e) $7 - (-4) \cdot 9$ f) $-4 \cdot (2 - (-6))$

4. Übertrage die Rechenbäume in dein Heft und fülle sie aus. Gib auch die zugehörige Rechenaufgabe an.

a)
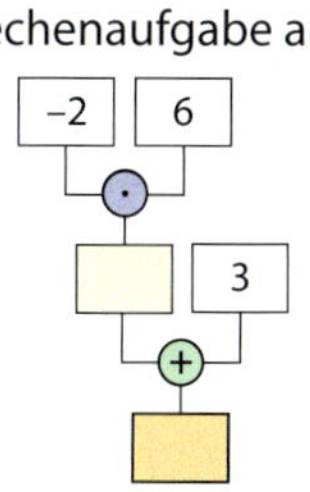

b)
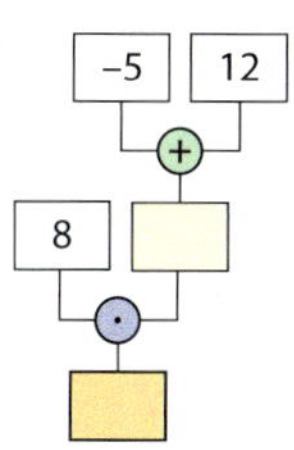

c)
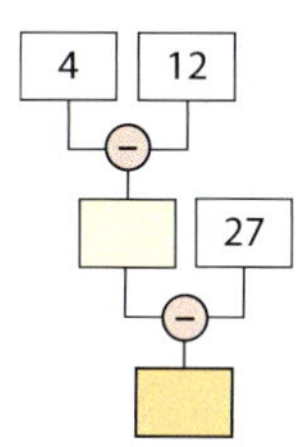

d)
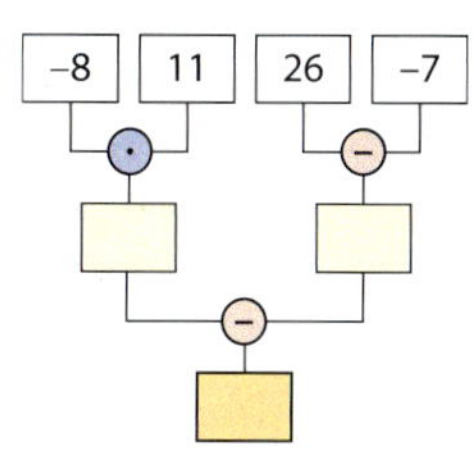

5. Stelle die Aufgabe in einem Rechenbaum dar und berechne.

a) $(-9) \cdot 3 + 6$
$(-9) \cdot (3 + 6)$

b) $(-2) - 38 - 38$
$(-2) - (38 - 38)$

c) $(-6) \cdot 9 - 12 \cdot 2$
$(-6) \cdot (9 - 12) \cdot 2$

d) $-46 - 34 + 7 \cdot (-4)$
$-46 - (24 + 7 \cdot (-4))$

Rechengesetze nutzen

Erinnere dich:
Kommutativgesetz der Addition

Verwendet man ganze Zahlen, so lässt sich jede Differenz als Summe schreiben. $16 - 36 = 16 + (-36)$

Nach dem Kommutativgesetz darf man in jeder Summe die Summanden beliebig vertauschen. $(+16) + (-36) = -20$; $(-36) + (+16) = -20$

In vereinfachter Schreibweise ergibt sich: $16 - 36 = -36 + 16$

Wissen: Vereinfachen beim Addieren und Subtrahieren
Beim Addieren und Subtrahieren dürfen Zahlen in vereinfachter Schreibweise beliebig vertauscht werden, wenn man Plus- und Minuszeichen vor der Zahl dabei mitnimmt.

Beispiel 1: Berechne geschickt, indem du vertauschst.
a) $13 - 19 + 7$ b) $-12 + 3 - 38$ c) $3 - 26 + 50 - 24$

Lösung:
a) und b): Vertausche geschickt. Nimm beim Tauschen das Plus- und Minuszeichen vor jeder Zahl mit.

a) $13 - 19 + 7 = 13 + 7 - 19 = 20 - 19 = 1$

b) $-12 + 3 - 38 = -12 - 38 + 3 = -50 + 3 = -47$

c) Schreibe beim Umstellen die 3 als +3. Du kannst geschickt rechnen, wenn du $-26 - 24 = -50$ mit +50 verrechnest.

c) $3 - 26 + 50 - 24 = -26 - 24 + 50 + 3 = -50 + 50 + 3 = 0 + 3 = 3$

Basisaufgaben

Hinweis zu 8:
Die Lösungen findest du hier.

Erinnere dich:
Kommutativgesetz der Multiplikation

6. Vertausche, sodass du geschickt rechnen kannst.
a) $7 - 15 + 7$ b) $10 - 8 - 10$ c) $-2 + 10 - 8$
d) $-6 + 5 - 2 - 5$ e) $4 - 9 + 6 - 1$ f) $-3 + 9 - 7 + 2$

7. Berechne vorteilhaft im Kopf.
a) $4 - 60 + 6$ b) $2 - 73 + 1$ c) $45 + 9 - 15$
d) $-3 + 18 - 7 + 22$ e) $25 + 17 - 35 + 3$ f) $45 + 37 - 4 - 41$

8. Vertauschen beim Multiplizieren: Auch beim Multiplizieren darf man tauschen. Berechne wie im angegebenen Beispiel.

Beispiel: $25 \cdot 33 \cdot (-4) = 25 \cdot (-4) \cdot 33 = (-100) \cdot 33 = -3300$

a) $5 \cdot 13 \cdot (-2)$ b) $2 \cdot (-45) \cdot 5$ c) $8 \cdot (-7) \cdot 25$
d) $-2 \cdot 7 \cdot 5 \cdot (-3)$ e) $-4 \cdot (-5) \cdot 25 \cdot 3$ f) $2 \cdot 25 \cdot 17 \cdot (-4)$

9. Bestimme, ohne zu rechnen, ob das Ergebnis positiv oder negativ ist.
a) $(-2) \cdot 5 \cdot 3$ $(-2) \cdot 5 \cdot (-3)$ $(-2) \cdot (-5) \cdot (-3)$ $(-2) \cdot (-5) \cdot 3$
b) $(-3) \cdot (-2) \cdot (-3) \cdot 2$ $3 \cdot (-2) \cdot 3 \cdot (-2)$ $(-3) \cdot (-2) \cdot (-3) \cdot (-2)$

Weiterführende Aufgaben

10. Berechne. Beachte die Vorrangregeln.
a) $-5 + (-4) - (9 + 6)$ b) $(-9 + 6) \cdot (2 - 8 \cdot 9)$ c) $3 + (5 - 7) \cdot (6 - 4)$
d) $-36 \cdot (-3 - 2 \cdot 3)$ e) $2 \cdot (-4) - 5 \cdot (6 - 7)$ f) $-7 + (-8 + 11) \cdot (-3 + 17)$
g) $3 + (-2 \cdot (6 - 8))$ h) $(11 - 18) - (1 + 2 \cdot 3)$ i) $-5 + 15 - (-6 + 2 \cdot 3 - 9)$

11. Durchblick: Die Differenz $9 - 6 - 1$ lässt sich als Summe $9 + (-6) + (-1)$ schreiben.
Welche der Vertauschungen sind nicht richtig? Begründe.

$9 - 1 - 6$ $-1 + 9 - 6$ $6 - 9 - 1$ $-6 - 1 + 9$ $1 - 6 + 9$

12. Überlege, ob du Rechenvorteile nutzen kannst. Berechne.
a) $-7 + 24 + 10 - 3$ b) $(-1 - 1) + 83 - 18$ c) $2 - 103 + (-98 + 99)$
d) $35 - (4 \cdot 5 - 2 \cdot 10)$ e) $35 \cdot (4 \cdot 5 - 2 \cdot 10)$ f) $35 \cdot (-4 \cdot 5 - 2 \cdot 10)$
g) $-6 + 39 + (-3) \cdot (-2)$ h) $(-9) \cdot (-2) - 47 - 18$ i) $12 - (-9) \cdot (-2) + (8 - 20)$

13. Stolperstelle: Korrigiere in jeder Rechnung den Fehler. Berechne dann das Ergebnis.
a) $-37 + 48 - 13 = -37 + 13 - 48$ b) $-25 - 17 + 5 = -25 - 22$

14. Clivia hat eine Woche lang die Mittagstemperatur abgelesen und aufgeschrieben. Sie betrug am ersten Tag 1 Grad Celsius, fiel am nächsten Tag um 3 Grad, stieg am folgenden Tag um 2 Grad, fiel am nächsten Tag um 3 Grad, fiel am nächsten Tag ebenfalls um 3 Grad, stieg am folgenden Tag um 2 Grad und am folgenden Tag wieder um 2 Grad.
Schreibe als eine möglichst kurze Rechenaufgabe und berechne sie.

15. Übertrage die Tabelle in dein Heft und berechne. Gib auch die Zwischenergebnisse an.

■ (blau)	■ (orange)	■ (grün)	■ + (■ + ■)	(■ + ■) + ■	■ · (■ · ■)	(■ · ■) · ■
2	−5	6	$2 + (-5 + 6) = 2 + 1 = 3$			
3	5	−2				
−6	2	1				
−3	−4	2				
−2	−3	−8				
−8	0	21				

Vergleiche die Ergebnisse und stelle Vermutungen an.

16. a) Übertrage das Quadrat ins Heft und fülle es so aus, dass in jeder Zeile, in jeder Spalte und in jeder der Diagonalen die Summe der Zahlen den gleichen Wert hat.

−7		
	−2	
−3		3

b) Zeichne ein weiteres Quadrat und subtrahiere 3 von jeder der neun Zahlen des ersten Quadrats. Prüfe die Zeilen-, Spalten- und Diagonalensummen.
c) Welcher Zusammenhang besteht zwischen den Summen aus a) und b)? Schreibe dazu eine möglichst kurze Rechnung auf.

17. Ausblick: Die Kurzregel für das Multiplizieren zweier ganzer Zahlen lautet für die Vorzeichen „minus mal plus ergibt minus“ und „minus mal minus ergibt plus“.
a) Welches Vorzeichen ergibt sich, wenn man 3, 4, 5, … Zahlen multipliziert?
b) Stelle eine allgemeine Regel auf, mit der du das Vorzeichen eines Produkts mit beliebig vielen Faktoren bestimmen kannst.

Tipp zu 17a):
Die Zahlen können negativ oder positiv sein. Finde Beispiele für unterschiedliche Kombinationen. Wähle einfache Zahlen wie 1, −1, 2, −2, 4, −4.

6.10 Klammern auflösen bei ganzen Zahlen

■ Vervollständige die Rechnungen in a) bis d). Multipliziere bei jeder Aufgabe die Klammer aus. Vergleiche dann die Ergebnisse miteinander.
Was fällt dir auf? ■

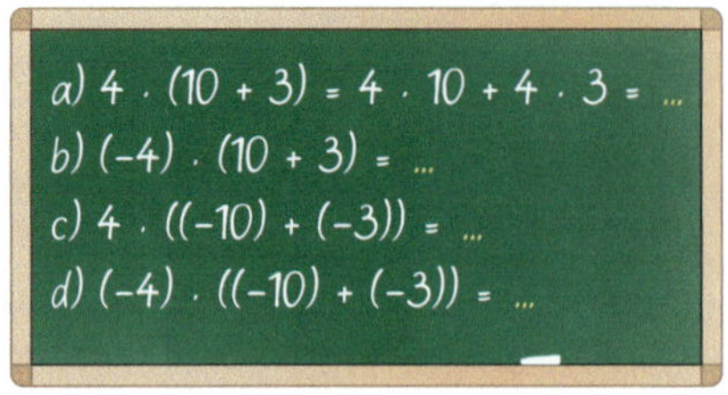

Wiederholung: Ausmultiplizieren und Ausklammern

Auch beim Rechnen mit ganzen Zahlen gilt das Distributivgesetz.

(−4) ausmultiplizieren:

$$(-4)\cdot(10+3) = (-4)\cdot 10 + (-4)\cdot 3$$
$$= (-40) + (-12)$$
$$= -52$$

(−7) ausklammern:

$$(-7)\cdot 12 - (-7)\cdot 2 = (-7)\cdot(12-2)$$
$$= (-7)\cdot 10$$
$$= -70$$

Basisaufgaben

1. Multipliziere aus ohne zu berechnen und vereinfache die Schreibweise.
   a) $5\cdot(3-4)$ b) $-7\cdot(6+15)$ c) $4\cdot(-8-10)$
   d) $-1\cdot(33-7)$ e) $(6-8)\cdot 17$ f) $(14-20)\cdot(-7)$

2. Klammere einen Faktor aus ohne zu berechnen und vereinfache die Schreibweise.
   a) $4\cdot 24-4\cdot 27$ b) $(-8)\cdot 13+(-8)\cdot 2$ c) $2\cdot(-9)+7\cdot(-9)$
   d) $17\cdot 5-13\cdot 5$ e) $3\cdot(-4)+(-12)\cdot(-4)$ f) $15\cdot 6-9\cdot 15$

3. Klammere einen Faktor aus und berechne anschließend.
   a) $119\cdot 9-19\cdot 9$ b) $27\cdot 3-3\cdot 17$ c) $-25\cdot 33+15\cdot 33$
   d) $51\cdot(-17)-49\cdot(-17)$ e) $-12\cdot 188+12\cdot(-12)$ f) $(-1)\cdot 90-(-1)\cdot 45$

4. Welche Rechenausdrücke haben das gleiche Ergebnis wie $-18\cdot(80+8)$. Entscheide ohne zu rechnen.

$-18\cdot 80+8$	$-18\cdot 80+(-18)\cdot 8$	$-18\cdot(8+80)$	$-18\cdot 80-18\cdot 8$
$-18\cdot(8-80)$	$-18+(80\cdot 8)$	$-18\cdot 8-18\cdot 80$	$18\cdot(8-80)$

5. Vergleiche jeweils die beiden Rechenwege. Welcher Rechenweg ist vorteilhafter? Begründe deine Wahl und berechne.
   a) $-3\cdot(100-6) = -3\cdot 100-(-3)\cdot 6 = \ldots$ $-3\cdot(100-6) = -3\cdot 94 = \ldots$
   b) $-4\cdot(34+36) = -4\cdot 34+(-4)\cdot 36 = \ldots$ $-4\cdot(34+36) = -4\cdot 70 = \ldots$
   c) $18\cdot(-6)-16\cdot(-6) = (18-16)\cdot(-6) = \ldots$ $18\cdot(-6)-16\cdot(-6) = -108+96 = \ldots$
   d) $13\cdot(-10)+(-4)\cdot 13 = 13\cdot(-10-4) = \ldots$ $13\cdot(-10)+(-4)\cdot 13 = -130-52 = \ldots$

6. Ist es sinnvoll das Distributivgesetz anzuwenden? Berechne geschickt.
   a) $9\cdot 8-9\cdot 11$ b) $-4\cdot(62-22)$ c) $-28\cdot 5-12\cdot 5$
   d) $(62+38)\cdot(-7)$ e) $99\cdot(-18)$ f) $-15\cdot(50-1)$

Klammern auflösen

Steht ein Pluszeichen vor einer Klammer, darf die Klammer bekanntlich weggelassen werden:
$6 + (5 - 8) = 6 + 5 - 8$
$6 + (-5 - 8) = 6 - 5 - 8$
Steht ein Minuszeichen vor einer Klammer, spricht man auch von einer **Minusklammer**.
So wie man -2 auch als $(-1) \cdot 2$ schreiben kann, kann man auch eine Klammer mit davor stehendem Minuszeichen umschreiben und dann die Klammer ausmultiplizieren:

$$\begin{aligned} -(-5 + 2) &= (-1) \cdot (-5 + 2) \\ &= (-1) \cdot (-5) + (-1) \cdot 2 \\ &= +5 - 2 \end{aligned}$$

Beim Auflösen einer Minusklammer kehren sich alle Plus- und Minuszeichen in der Klammer um.

−	(	−	5	+	2	)
		↓		↓		
~~−~~	~~(~~	+	5	−	2	~~)~~

3	−	(	−	4	+	7	)
			↓		↓		
3	~~−~~	~~(~~	+	4	−	7	~~)~~

3	−	(		4	+	7	)
			↓		↓		
3	~~−~~	~~(~~	−	4	−	7	~~)~~

Erinnere dich:
Klammern in einer Summe darf man beliebig setzen oder weglassen.
$(1 + 7) + 8 = 1 + (7 + 8)$
$= 1 + 7 + 8$

Wissen: Minusklammer auflösen
Beim Auflösen einer Minusklammer lässt man das Minus und die Klammern weg und kehrt alle Plus- und Minuszeichen in der Klammer um.
$3 - (-4 + 5 - 6) = 3 + 4 - 5 + 6$

Beispiel 1: Löse die Klammer auf. a) $3 - (-6 + 2)$ b) $1 - (7 - 8)$ c) $-(-3 - 9)$

Lösung:
a) -6 wird zu $+6$ und $+2$ wird zu -2. $3 - (-6 + 2) = 3 + 6 - 2$
Lass das Minus vor der Klammer und die Klammer weg.

b) 7 bedeutet $+7$ und wird zu -7. -8 wird zu $+8$. $1 - (7 - 8) = 1 - 7 + 8$
Lass das Minus vor der Klammer und die Klammer weg.

c) -3 wird zu 3 und -9 wird zu $+9$. $-(-3 - 9) = 3 + 9$
Lass das Minus vor der Klammer und die Klammer weg.

Basisaufgaben

7. Löse die Minusklammer auf und vereinfache falls nötig die Schreibweise.
a) $-(5 + 7)$ b) $-(4 - 3)$ c) $-(-3 - 1)$
d) $-(-3 + 2)$ e) $-(-2 + 7)$ f) $-(4 + 5)$

8. Löse die Minusklammer auf und vereinfache falls nötig die Schreibweise.
a) $-14 - (-33 + 42)$ b) $30 - (-72 + 67)$ c) $-6 - (34 - 73)$
d) $35 - (-33 - 41)$ e) $-1 - (51 + 17)$ f) $-4 - (74 + 35)$

9. Löse die Klammer auf und berechne.
a) $12 - (12 - 35)$ b) $30 - (-10 + 56)$ c) $-4 - (-12 - 18)$
d) $23 - (13 + 77)$ e) $30 + (-10 + 56)$ f) $-4 + (-12 - 18)$
g) Kontrolliere deine Lösungen, indem du die Aufgaben erneut berechnest, aber diesmal unter Berücksichtigung der Vorrangregeln.

Weiterführende Aufgaben

10. Durchblick: Sortiere die Aufgaben nach Regeln, wie die Klammer aufgelöst wird. Berechne dann die Ergebnisse.

$(-2) \cdot (10 + 9)$ $62 - (105 - 42)$ $3 \cdot (40 - 4)$ $33 + (67 - 482)$

$-(45 - 23)$ $+(23 - 68 - 19)$ $(-20 + 1) \cdot (-50)$

11. Löse die Klammer auf und berechne danach.

a) $+(-6 - 4 - 8)$ b) $-(-6 - 4 - 8)$ c) $-(-6 + 4 - 8)$
d) $10 + (-2 - 3 - 4 - 1)$ e) $0 - (-3 - 7 - 2 - 3)$ f) $10 - (3 - 7 - 2 - 3)$

12. Berechne.

a) $18 \cdot (-23) + 2 \cdot (-23)$ b) $-64 \cdot 21 - 36 \cdot 21$ c) $12 \cdot (-37) + 12 \cdot 37$
d) $-7 \cdot 9 + (-6) \cdot 9$ e) $5 - 7 - (-2 - 7 - 1)$ f) $-(22 - 43) + 22 - 43$
g) $12 \cdot 11 + (-12)$ h) $-3 \cdot 4 + 2 \cdot (-3) - 3 \cdot 6$ i) $6 \cdot (-194) - 6^2$

13. Stolperstelle: Korrigiere in jeder Rechnung den Fehler beim Auflösen der Klammer. Berechne dann das Ergebnis.

a) $-3 \cdot (20 - 3) = -3 \cdot 20 - 3 \cdot 3$ b) $71 - (-29 - 53) = 71 - 29 + 53$

14. Übertrage die Rechenbäume in dein Heft.

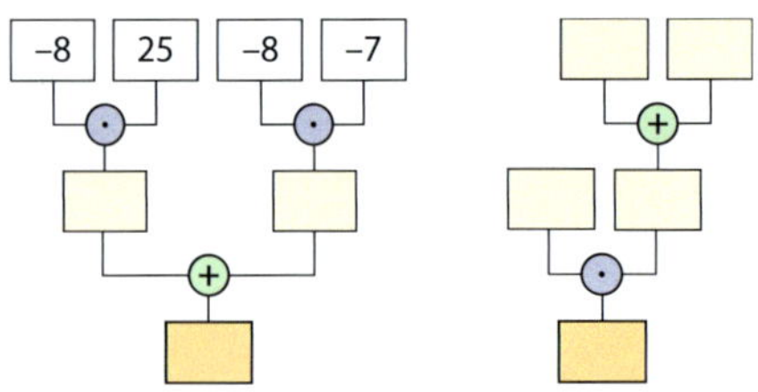

a) Trage die fehlenden Zahlen im linken Rechenbaum ein.
b) Schreibe die zugehörige Aufgabe des linken Rechenbaums auf.
c) Forme sie nach dem Distributivgesetz um.
d) Trage die fehlenden Zahlen in den rechten Zahlenbaum ein.

15. a) Übertrage das Quadrat ins Heft und fülle es so aus, dass in jeder Zeile, in jeder Spalte und in jeder der Diagonalen die Summe der Zahlen den gleichen Wert hat.

−4		
	1	
0		6

b) Zeichne ein weiteres Quadrat und multipliziere jede der neun Zahlen mit −2. Prüfe die Zeilen-, Spalten- und Diagonalensummen.
c) Welcher Zusammenhang besteht zwischen den Summen aus a) und b)? Schreibe dazu eine möglichst kurze Rechnung auf.

16. Ausblick: Bilde aus den Zahlen, Rechenzeichen, Vorzeichen und Klammern eine Rechenaufgabe. Jedes Zeichen soll genau einmal vorkommen.

$-$ $-$ $\cdot$ $+$ ( ) 10 5 2

a) Das Ergebnis soll möglichst groß sein.
b) Das Ergebnis soll möglichst klein sein.
c) Der Betrag des Ergebnisses soll möglichst klein sein.
d) Vergleicht eure Ergebnisse innerhalb der Klasse.

6.11 Vermischte Aufgaben

1. Übertrage ins Heft und ergänze die fehlenden Zahlen und Rechenanweisungen.

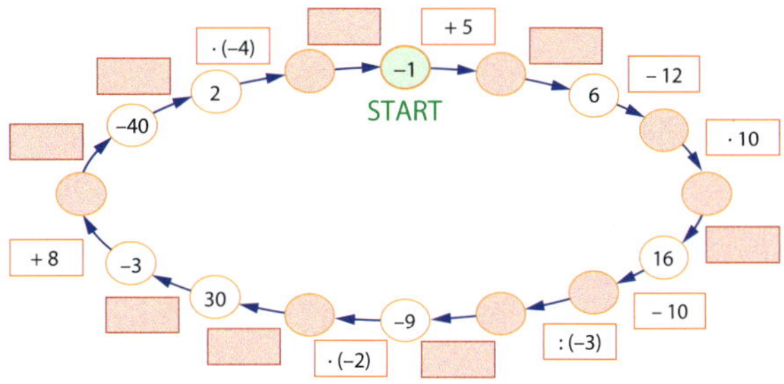

2. Welche Zahl liegt genau in der Mitte zwischen
   a) –5 und 5,
   b) –7 und –3,
   c) –7 und 11,
   d) –24 und 16?
   Erkläre das Ergebnis sowohl mithilfe einer Rechnung als auch an der Zahlengeraden.

3. Stell dir vor, dass acht ganze Zahlen miteinander multipliziert werden. Welches Vorzeichen hat das Ergebnis? Begründe.
   a) Alle Faktoren sind negative Zahlen.
   b) Drei Faktoren sind negativ, einer null.
   c) Kein Faktor ist negativ und keiner null.
   d) Fünf Faktoren sind negativ, drei positiv.

4. Bilde aus den Zahlen –2, 4, 0 –3 und 1 Paare mit der folgenden Eigenschaft:
   a) Der Wert ihrer Summe ist kleiner als –2.
   b) Der Wert ihres Produkts ist negativ.
   c) Die Differenz ihrer Beträge ist kleiner als –1.

5. Schreibe die Zeichen auf Kärtchen, lege einige von ihnen nebeneinander und bilde daraus eine richtige Rechenaufgabe. Finde möglichst viele Aufgaben.

=	+	·	–	–	1	2	3	4	0	(	)

6. Zeichne in ein Koordinatensystem mit vier Quadranten die Punkte mit einstelligen Koordinaten ein, gib die Koordinaten der Punkte an und beschreibe die Lage der Punkte.
   - Die y-Koordinate ist das Doppelte der x-Koordinate.
   - Die Summe von x-Koordinate und y-Koordinate ist 5.
   - Die y-Koordinate ist der Betrag der x-Koordinate.
   - Die y-Koordinate ist 1 bei geraden x-Koordinaten und –1 bei ungeraden x-Koordinaten.

7. Finde zu jeder Aufgabe möglichst viele aufeinanderfolgende ganze Zahlen.
   a) Der Quotient aus der ersten und der dritten Zahl ist positiv.
   b) Die Summe der ersten und der dritten Zahl ist negativ.
   c) Die Differenz aus der dritten und der ersten Zahl ergibt die zweite Zahl.
   d) Der Quotient aus der zweiten Zahl und der dritten Zahl ergibt die Summe der drei Zahlen.

8. Übertrage die Tabelle ins Heft und fülle die freien Felder aus.

	alter Kassenstand	Ein- und Auszahlungen	neuer Kassenstand
a)	+452 €	–168 €	
b)		–44 €	+82 €
c)	–51 €		+461 €
d)	+92 €		–13 €

Prüfe dein neues Fundament

Lösungen
↗ S. 235

1. Zeichne eine geeignete Zahlengerade und markiere die Zahlen.
a) 7; 3; –1; –6; –5; 0; 5; –9; 4; 9
b) 5; 10; –45; 35; –40; 0; –15; –30; 40

2. Übertrage die Zeichnung in dein Heft.
a) Gib die Koordinaten der drei Punkte an.
b) Zeichne einen vierten Punkt D so, dass die Punkte A, B, C und D ein Rechteck bilden. Gib die Koordinaten von D an.
c) In welchem Quadranten liegt Punkt D?

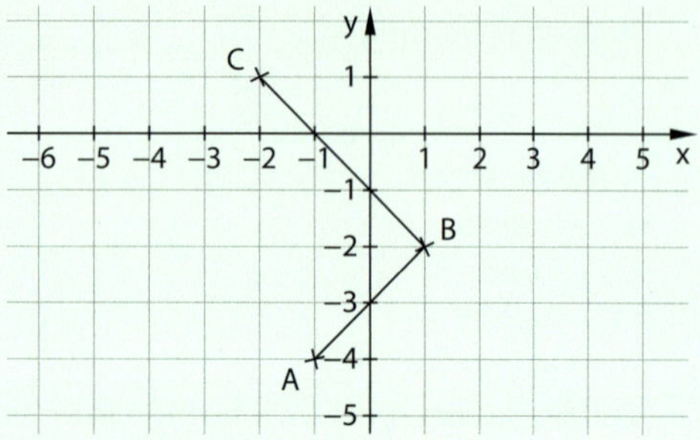

3. Ordne die Zahlen –66; 77; –766; 767; –677 ; –67; –76; 676 in einer „Kleiner-als-Kette".

4. Rechne im Kopf.

a) 7 + (–11)	b) –7 + (–11)	c) –7 – 11	d) –7 + 11
e) 60 · (–4)	f) –60 : (–4)	g) –60 · (–4)	h) –60 : 4

5. Rechne schriftlich.

a) –5781 – 4572	b) –7705 – 772 – 98	c) 457 – 87 – 574	d) –7421 + 79

6. Auf Janinas Sparkonto sind zu Beginn des Jahres 100 €. In den darauffolgenden Monaten wurden Geldbeträge sowohl ein- als auch ausgezahlt. Berechne im Heft die Höhe der jeweils vorhandenen Sparguthaben.

Datum	**08.02.**	**15.04.**	**16.04.**	**30.06.**
Ein-/Auszahlung	200 €	–350 €	60 €	90 €
Sparguthaben				

7. Vereinfache die Schreibweise.

a) (+22) + (+4)	b) (–22) + (–3)	c) (+26) + (–27)	d) (–74) + (–6)
e) (–82) – (–8)	f) (–80) – (+22)	g) (–23) – (–66)	h) (+8) – (–808)

8. Löse die Klammer auf und berechne.

a) 45 – (45 – 78)	b) 20 – (–20 + 56)	c) –20 – (–34 – 17)	d) 47 – (32 + 45)
e) 61 + (–32 + 75)	f) –5 + (–41 – 13)	g) –61 – (62 + 13)	h) 34 – (–14 + 13)

9. Übertrage die Tabelle in dein Heft und berechne.

a)

+	–7	10	–6	12	21	–20	50
2							
–7							
–11							

b)

·	–2	10	–5	4	–3	–20	11
2							
–7							
–11							

10. Berechne.

a) $28 \cdot (-24) + 2 \cdot (-24)$ b) $-74 \cdot 22 - 47 \cdot 22$ c) $23 \cdot (-47) + 23 \cdot 47$
d) $-7 \cdot 8 + (-7) \cdot 8$ e) $5 - 7 - (-2 - 7 - 2)$ f) $-(52 - 44) + 52 - 44$
g) $25 \cdot 22 + (-25)$ h) $-4 \cdot 4 + 2 \cdot (-4) - 4 \cdot 7$ i) $7 \cdot (-284) - 7^2$

11. Übertrage die Rechenbäume in dein Heft. Fülle sie aus und gib die zugehörige Rechenaufgabe an.

a)
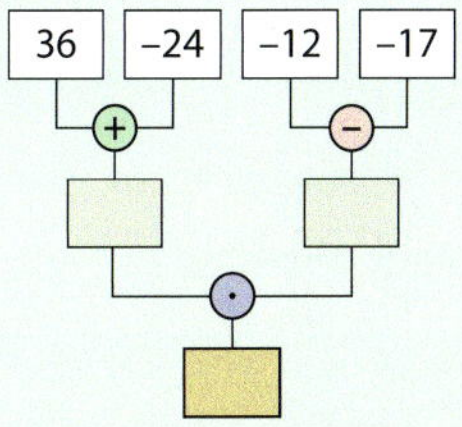

b)
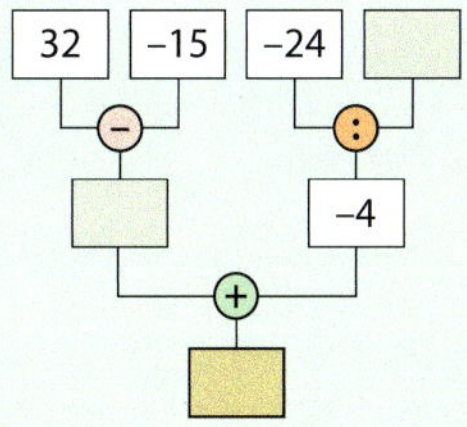

c)
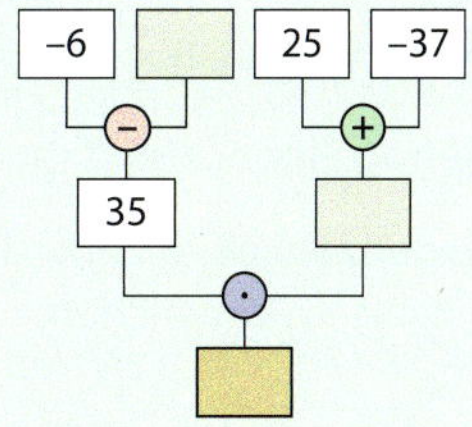

12. Die Stockwerke eines Hochhauses sind von −4 bis 19 durchnummeriert. Sören steigt in der 5. Etage ein und drückt die Taste mit der 17, nach dem Halt die −2, danach die 7, danach die −4 und zuletzt die 0. Wie viele Etagen hat er während seiner Fahrt passiert?

Wiederholungsaufgaben

1. Zeichne ein Diagramm, das die Werte in der Tabelle gut veranschaulichen kann.
Zensuren in der Klassenarbeit:

Note	1	2	3	4	5	6
Anzahl der Schüler	2	3	7	8	2	1

2. Runde

a) 43 auf Zehner, b) 4545 auf Zehner, c) 9 auf Zehner, d) 999 auf Zehner,
e) 145 auf Hunderter, f) 455 auf Hunderter, g) 999 auf Hunderter, h) 11 auf Tausender.

3. Übertrage die Stellenwerttafel in dein Heft.

a) Trage die Zahlen 203; 4057; 3 007 812; 901 510 758 ein.
b) Schreibe die Zahlen in Worten.

Millionen			**Tausender**			**Einer**		
H	**Z**	**E**	**H**	**Z**	**E**	**H**	**Z**	**E**

4. Gib in der nächstgrößeren Einheit an.

a) 560 000 cm b) 560 000 cm^2 c) 56 000 g d) 5300 ct
e) 7200 ha f) 6000 min g) 72 h h) 2 851 000 m

5. a) Außer den sieben nummerierten Dreiecken gibt es auch zusammengesetzte Dreiecke in der rechten Zeichnung. Zähle sie und gib die zugehörigen Nummern an.
b) Zähle die zusammengesetzten Vierecke und gib die zugehörigen Nummern an.
c) Erkennst du besondere Vierecke?

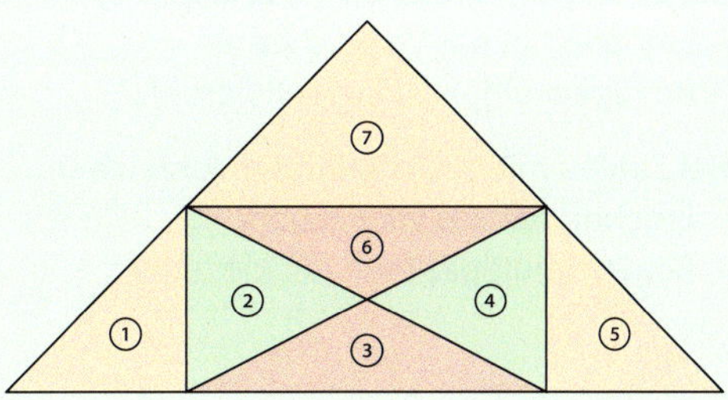

Zusammenfassung

Ganze Zahlen

Alle **negativen ganzen Zahlen** und die **natürlichen Zahlen** bilden zusammen die **ganzen Zahlen** (kurz $\mathbb{Z}$).

Negative ganze Zahlen: …, −3, −2, −1
Natürliche Zahlen: 0, 1, 2, 3, …
Ganze Zahlen: …, −3, −2, −1, 0, 1, 2, 3, …

Negative Zahlen liegen auf der Zahlengeraden links von der Null.
Positive Zahlen liegen rechts von der Null.
Die kleinere von zwei Zahlen liegt auf einer Zahlengeraden weiter links.

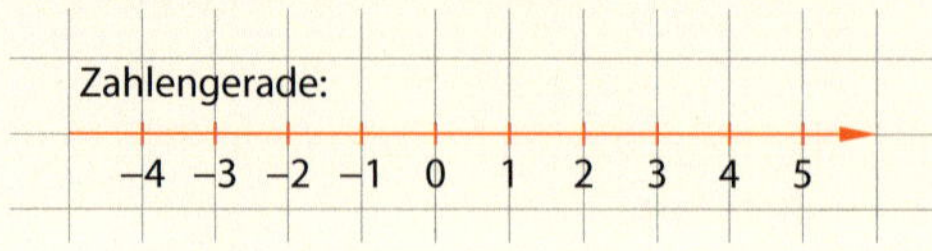

$-3 < -1 < 0 < 2$

Der **Betrag** einer Zahl ist ihr Abstand zur Null.

$|+3| = 3 \qquad |-3| = 3$

Die **Gegenzahl** einer Zahl ist die Zahl mit umgekehrtem Vorzeichen.

−3 ist die Gegenzahl von 3.

Ganze Zahlen addieren

Bei Zahlen mit gleichen Vorzeichen:
- Gemeinsames Vorzeichen beibehalten.
- Beträge addieren.

$7 + 3 = 10$
$-7 + (-3) = -10$

Bei Zahlen mit verschiedenen Vorzeichen:
- Vorzeichen der Zahl mit dem größeren Betrag nehmen.
- Kleineren vom größeren Betrag subtrahieren.

$7 + (-3) = 4$
$(-7) + 3 = -4$

Ganze Zahlen subtrahieren

Man **subtrahiert** eine ganze Zahl, indem man ihre **Gegenzahl addiert**.

$4 - 9 = 4 + (-9) = -5$

$-6 - (-7) = -6 + (+7) = 1$

Vereinfachte Schreibweise

Beim Addieren und Subtrahieren kann man die Schreibweise vereinfachen.
- Gleiche Zeichen ergeben „+“.
- Ungleiche Zeichen ergeben „−“.
- Bei Vorzeichen am Anfang einer Rechnung kann man die Klammer weglassen.

$(-2) + (+4) = -2 + 4 = 2$
$(+2) - (-4) = 2 + 4 = 6$
$(+2) - (+4) = 2 - 4 = -2$
$(+2) + (-4) = 2 - 4 = -2$

Minusklammer: Minus und die Klammern weglassen und alle Plus- und Minuszeichen in der Klammer umkehren.

$-(5 - 8) = -5 + 8$
$7 - (-6 + 5 - 3) = 7 + 6 - 5 + 3$

Ganze Zahlen multiplizieren (dividieren)

Bei Zahlen mit gleichen Vorzeichen:
- Ergebnis hat das Vorzeichen „+“.
- Beträge multiplizieren (dividieren).

$(+7) \cdot (+3) = (+21) \qquad (+24) : (+2) = (+12)$
$(-7) \cdot (-3) = (+21) \qquad (-24) : (-2) = (+12)$

Bei Zahlen mit verschiedenen Vorzeichen:
- Ergebnis hat das Vorzeichen „−“.
- Beträge multiplizieren (dividieren).

$(-7) \cdot (+3) = (-21) \qquad (-24) : (+2) = (-12)$
$(+7) \cdot (-3) = (-21) \qquad (+24) : (-2) = (-12)$

7. Komplexe Aufgaben

Die folgenden Aufgaben verbinden Kapitel dieses Buches und methodische Kompetenzen.

Zahlen bitte

1. Kira spielt mit ihrer kleinen Schwester Sina im Kaufladen.
   a) „Das macht 1,39 €. Haben Sie es klein?", fragt Sina. Kira überlegt, wie viele Euro- und Centmünzen (also 1 ct, 2 ct, 5 ct, 10 ct, 20 ct, 50 ct, 1 €, 2 €) sie mindestens benötigt, um den Betrag zu zahlen. Wie würdest du bezahlen?
   b) Schreibe auf, wie viele und welche Münzen du mindestens benötigst, um alle Beträge zwischen 1,80 € und 2,00 € genau bezahlen zu können.

2. Beide stellen fest, dass nicht mehr genug Scheine in der Kasse sind. Sie erfinden ihre eigene Währung, den SIRA. In dieser Währung gibt es nur folgende Scheine: 1 SIRA, 5 SIRA, 25 SIRA und 125 SIRA. Sie schneiden jeweils 4 Scheine von jeder Sorte aus.
   a) Welche SIRA-Beträge können sie mit ihrem Spielgeld zahlen, welche nicht?
   b) Wie viele SIRA-Scheine benötigt man mindestens, um alle Beträge zwischen 190 SIRA und 200 SIRA bezahlen zu können?

3. Kira macht noch einen anderen Vorschlag und erfindet die Währung KINA. Hier gibt es folgende Scheine: 1 KINA, 2 KINA, 4 KINA, 8 KINA, 16 KINA, 32 KINA, 64 KINA und 128 KINA Jeden Schein gibt es nur einmal.
   a) Kann man 12 KINA, 31 KINA, 120 KINA oder 140 KINA mit diesen Scheinen bezahlen?
   b) Wie viele Scheine benötigt man mindestens, um alle Beträge zwischen 100 KINA und 120 KINA zu begleichen?
   c) Stell dir vor, dass es statt der zur Zeit existierenden EURO-Scheine und Cent-Münzen künftig nur noch folgende Zahlungsmittel gibt: 1 ct, 10 ct, 100 ct, 1000 ct und 10 000 ct Was hältst du von der Währungsumstellung? Begründe deine Antwort.

Puzzle mit Streichhölzern

4. a) Lege in Bild ① vier Streichhölzer so um, dass vier gleich große Quadrate entstehen.
   b) Lege in Bild ② drei Hölzer so um, dass vier Rauten entstehen.
   c) Füge in Bild ③ fünf Streichhölzer so hinzu, dass vier gleich große Trapeze entstehen.

①

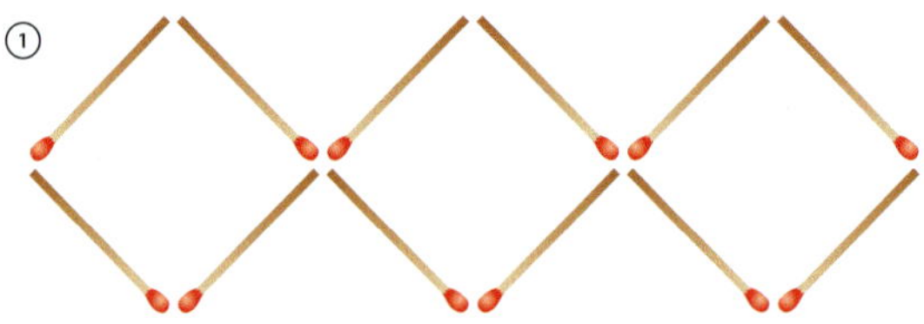

②

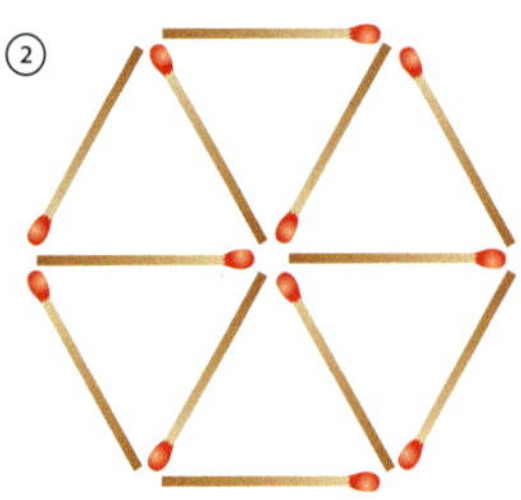

③

Auf zu fernen Welten

Jans ältere Schwester ist schon in Klasse 9. Manchmal redet sie „ganz komisch". Sie sagt zum Beispiel: „Ein Containerschiff hat eine Masse von 350 000 Tonnen". statt „Es wiegt 350 000 Tonnen". Im Internet findet Jan eine Erklärung: „Solange man auf der Erde bleibt und sich etwas nicht bewegt, ist der Unterschied zwischen Masse und Gewicht praktisch egal. Ein Astronaut in einer Raumkapsel kann jedoch, wie man in vielen Filmen sieht, schwerelos sein, seine Masse bleibt, nur sein Gewicht hat sich verändert."
Weiter liest er: „Dass Masse und Gewicht nicht gleich sind, kann jeder erfahren. Dazu benötigt man eine Personenwaage und einen Aufzug. Wenn der Aufzug hochfährt, verändert sich dein Gewicht: Die Waage zeigt mehr an, obwohl du natürlich nicht zugenommen hast."

Planet	Merkur	Venus	Erde	Mars	Jupiter	Saturn	Uranus	Neptun
Entfernung von der Sonne (in Mio. km)	59	108	150	228	778	1 427	2 870	4 497
1 kg Masse wiegt hier rund:	380 g	910 g	1000 g	380 g	2400 g	1 100 g	900 g	1100 g

5. Stell dir vor, du könntest die Planeten unseres Sonnensystems besuchen und dich dort auf eine Waage stellen. Welches Gewicht würde die Waage jeweils anzeigen?

Hinweis zu 5:
Wenn man von Gewicht spricht, meint man umgangssprachlich immer das Gewicht auf der Erde.

6. Ein Experte hat ausgerechnet, dass alle 180 Billionen Jahre alle Planeten unseres Sonnensystems genau in einer Reihe stehen – also Merkur, Venus, Erde, Mars, Jupiter, Saturn, Uranus und Neptun. Stellt 9 Schüler auf dem Schulhof so auf, dass die Abstände der Planeten von der Sonne maßstabsgetreu dargestellt werden.

7. Wie viele Kilometer muss man mindestens zurücklegen, um von der Erde zum Neptun zu gelangen. Wie lange dauert die Reise ungefähr, wenn man so schnell wie das Licht reisen könnte? Das Licht legt in einer Stunde rund 1 000 000 000 km zurück.

8. In spätestens 8 000 000 000 Jahren wird unsere Erde nicht mehr bewohnbar sein, da unsere Sonne stirbt. Deswegen sucht man nach Alternativen. 2011 stand in der Zeitung, dass eine neue Erde entdeckt wurde. Sie gehört zu einer anderen Sonne, dem Stern Kepler 20. Er ist von unserer Erde unglaubliche 10 000 Billionen Kilometer entfernt. Natürlich möchte man gerne zu dieser Erde reisen. Einige Wissenschaftler sagen, dass man in den nächsten 20 Jahren durchaus Raumschiffe bauen könnte, die mehr als 100 000 km in der Stunde zurücklegen. Im Jahr könnte man dann rund eine Milliarde km zurücklegen. Wie viele Jahre würde die Reise zu der neuen Erde in so einem Raumschiff ungefähr dauern?

Das Haus der Vierecke

9. Theresa hat von ihrer Lehrerin eine besondere Aufgabe bekommen: Sie soll die Vierecke in einem Netz strukturieren, sodass man Zusammenhänge gut erkennt. Sie soll besonders berücksichtigen, welche Seiten bei den einzelnen Vierecksarten gleich lang sind, und ob es zueinander parallele Seiten gibt. Theresa hat wie folgt begonnen:

a) Ihre Freundin Nele meint, dass das Rechteck zwischen das allgemeine Viereck und das Trapez gesetzt werden muss, weil im Trapez nur zwei Seiten parallel sind. Was meinst du dazu? Begründe deine Antwort.

b) Die Lehrerin hat ihr gesagt, dass man beim Quadrat aufpassen muss, da hier die Pfeile wieder zusammenlaufen. Beschreibe, was die Lehrerin damit wohl meint.

c) Vervollständige das Netz. Arbeitet in verschiedenen Teams und vergleicht eure Lösungen im Anschluss.

Renovierung

10. Familie Moritz plant die Renovierung ihrer 3 m hohen Altbauwohnung. Sie möchte alle Wände und alle Decken im Schlafzimmer (4 m lang und 5 m breit), im Kinderzimmer (4 m lang und 3,5 m breit) sowie im Wohnzimmer (5 m lang und 6 m breit) neu streichen.

a) Berechne die Renovierungskosten, wenn ein 10-ℓ-Eimer, der für 90 m^2 ausreicht, 27,99 € kostet.

b) Der Baumarkt bietet auch Eimer mit 5 Liter Wandfarbe ausreichend für 45 m^2 an. Familie Moritz möchte noch zusätzlich die Wände und die Decke der Küche (5 m lang und 5 m breit) streichen. Im Baumarkt rät man, drei 10-ℓ-Eimer und einen 5-ℓ-Eimer zu kaufen. Stimmst du diesem Vorschlag zu? Begründe deine Antwort.

Fußballstadion

11. Ein Fußballstadion bietet 61 673 Zuschauern Platz. Das Spielfeld ist gerade mal 6 m vom Rand der Tribüne entfernt und misst 105 m × 68 m.

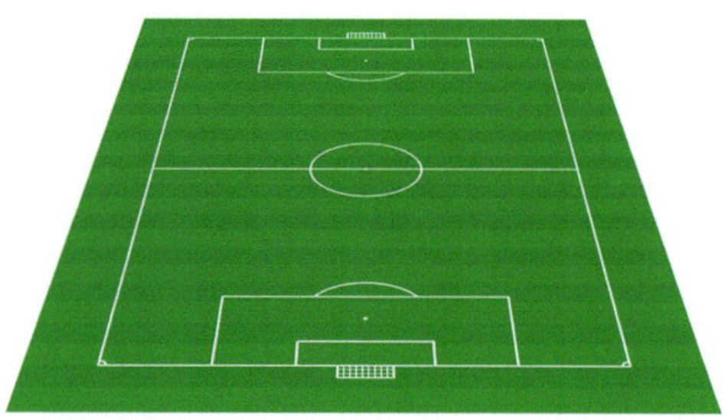

a) Fertige eine maßstabsgetreue Skizze des Spielfeldes im Maßstab: 1 : 1000 an.

b) Berechne den Flächeninhalt des Spielfeldes.

c) Berechne, welches Gewicht die Tribünen aushalten müssen, wenn alle Plätze ausverkauft sind. Rechne mit etwa 90 kg pro Zuschauer.

Holzklötze

Marvins kleiner Bruder spielt immer noch mit Holzklötzen. Er legt mit gleich großen Klötzen immer unterschiedliche Figuren.

12. Ermittle die Länge der beiden anderen Kanten von einem der Klötze in nebenstehender Figur, wenn seine kürzeste Kantenlänge 1 cm beträgt. Erläutere dein Vorgehen.

13. Gib das Gesamtvolumen der Figur an. Erläutere dein Vorgehen.

14. Prüfe, ob sich durch Hinzufügen weiterer Klötze ein Würfel bauen lässt. Begründe deine Entscheidung. Wie lang wäre die Kantenlänge solch eines Würfels?

15. Marvin möchte die Holzklötze mit einer Sprühdose lackieren. Eine Sprühdose mit 400 mℓ reicht für etwa 3 m^2. Wie viele Holzklötze könnte er damit mindestens besprühen?

Getränketransport

Viele Waren werden auf sogenannten Europaletten transportiert. Solche Paletten sind 80 cm breit, 120 cm lang und haben eine Masse von ca. 20 kg. Der Transport für eine Getränkefirma soll mit einem Sattelzug erfolgen, dessen Ladefläche 2,4 m breit und 13,6 m lang ist. Er darf mit höchstens 28 450 kg beladen werden. Mit dem Sattelzug sollen in Kartons verpackte Flaschen aus Glas mit jeweils 75 cℓ Mineralwasser transportiert werden. In jedem Karton sind 12 Flaschen. Auf einer Palette befinden sich 56 Kartons. Die vollgepackte Palette ist 935 kg schwer. Die Paletten dürfen nicht gestapelt werden.

16. Ermittle die Anzahl der Europaletten, die auf der Ladefläche des Sattelzuges Platz haben. Fertige dazu auch eine Skizze an.

17. Wie viele vollgepackte Paletten darf der Sattelschlepper transportieren, ohne dass er überladen wird? Wie viele Wasserflaschen hat er dann geladen? Runde das Ergebnis auf Tausender.

18. Wie viele Sattelzüge mit Wasser müssten ungefähr pro Monat in einen Ort mit 1 000 000 Einwohnern fahren, wenn man von 30 Tagen im Monat und 3 Flaschen pro Person und Tag ausgeht?

19. Schätze, wie viele Flaschen ein Sattelzug transportieren könnte, wenn das Wasser in PET-Flaschen anstatt in Glasflaschen abgefüllt wäre. Eine typische PET-Flasche ist etwa 100 g leichter als eine Glasflasche.

Null gewinnt

20. Arbeitet zu zweit oder zu dritt.
Jeder Spieler erhält zunächst 99 Punkte.
Es wird mit zwei Würfeln gewürfelt.

Bei jedem Wurf könnt ihr entscheiden, ob ihr die Augenzahlen addieren, subtrahieren oder multiplizieren wollt:

→ $6 + 3 = 9$

→ $6 - 3 = 3$

→ $3 - 6 = -3$

→ $3 \cdot 6 = 18$

Ziel des Spiels ist es, genau 0 Punkte zu erzielen.
Dies geschieht, indem man die errechnete Zahl aus beiden Augenzahlen entweder zu den aktuellen Punkten addiert oder davon subtrahiert.
Dabei können auch negative Zahlen auftreten. Gewonnen hat derjenige, der zuerst 0 Punkte erzielt oder nach 12 Runden der Null am nächsten ist.

Tipp:
Schreibt euren Punktestand nach jeder Runde auf.

Kreuzzahlrätsel

21. Übertrage das Kreuzzahlrätsel in dein Heft und fülle es aus. Beachte, dass das Minuszeichen eine eigenes Kästchen erhält.

Waagerecht:	Senkrecht:
2 $-7 - 35$	1 $-5 \cdot 10^3 - 123$
4 $-222 \cdot (-25)$	2 $(-75) : 15$
7 $-88 + 98$	3 $500 - 3 \cdot 33$
8 $1111 - 15 \cdot 64 - 10$	5 $-5 \cdot (-101)$
10 $-50 + 34 \cdot 9$	6 $-999 - 555 - 444$
12 $-95 : (-5)$	9 $-19 \cdot (-22)$
13 $2 \cdot 10^3 + 789$	11 $(-25)^2$
15 $95 - 152$	14 $-154 : (-2)$

22. Entwickele ein eigenes Kreuzzahlrätsel.

8. Methoden

Kopiere die Seiten in diesem Abschnitt und schneide die Methodenkarten aus. Dann kannst du die Karten länger verwenden und mit eigenen Notizen ergänzen.

Methodenkarte 5 A: Tipps zur Heftführung

Wenn du dein Heft ordentlich führst, hast du immer eine gute Übersicht. Du kannst schneller etwas nachschlagen und leichter für Klassenarbeiten üben.

Nutze ein Heft mit Rand oder lass am Rand immer etwas Platz für Notizen. Durch einen Umschlag kannst du dein Heft schonen. Schreibe groß und deutlich deinen Namen, deine Klasse und das Fach auf das Heft.

Beginne neue Eintragungen mit einer Überschrift.

Schreibe das Datum neben die Überschrift.

Führe dein Heft ordentlich: Kennzeichne zum Beispiel Hausaufgaben mit HA und schreibe daneben die Seitenzahl und Nummer der Aufgabe aus dem Buch.

Hebe Regeln und Formeln hervor, zum Beispiel durch einen Kasten als Umrandung oder durch das Schreiben mit einer anderen Farbe.

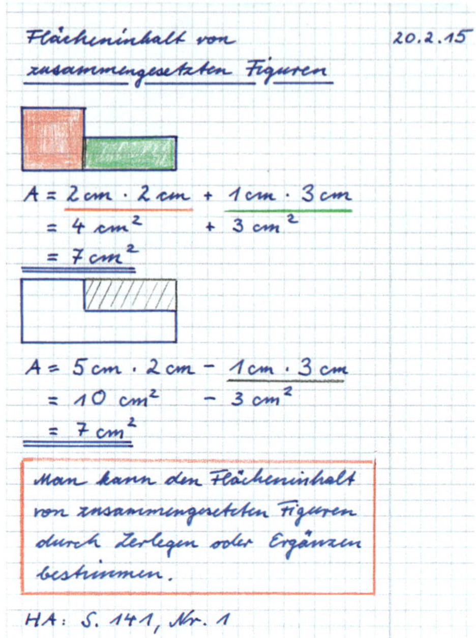

Methodenkarte 5 B: Sachaufgaben bearbeiten

Beim Lösen einer Sach- oder Textaufgabe können dir folgende Schritte helfen.

1. Lies die Aufgabe mehrmals durch.
   Worum geht es?
2. Verstehst du alle Informationen im Text?
   Schreibe auf, was gegeben und was gesucht ist.
3. Hilft dir eine Skizze, Tabelle, Formel …?
   Was kannst du zuerst berechnen?
   Welche Rechenoperation (Addition, …) brauchst du?
4. Führe eine Überschlagsrechnung durch oder schätze, in welcher Größenordnung das Ergebnis liegen müsste.
5. Löse die Aufgabe.
   Achte besonders darauf, dass du auch später gut nachvollziehen kannst, was du gerechnet hast.
6. Vergleiche das Ergebnis mit der Überschlagsrechnung oder Schätzung.
   Führe – wenn möglich – eine Probe durch.
   Lies noch einmal die Aufgabenstellung durch und überlege, ob dein durch Berechnung gewonnenes Ergebnis wirklich die Lösung der Sachaufgabe sein kann.
7. Formuliere einen Antwortsatz.

Methodenkarte 5 C: Ein Lerntagebuch führen

In einem Lerntagebuch schreibst du auf, was du im Mathematikunterricht neu gelernt hast, was du gut oder nicht so gut verstanden hast und was du dir unbedingt merken möchtest. Beachte auch bei einem Lerntagebuch die Tipps zum Führen eines Heftes.

Schreibe oben das Datum des Eintrages hin und überlege dir eine Überschrift für den Eintrag (zum Beispiel das Thema der Stunde). Beantworte dann die Fragen.

- Was hast du dazugelernt? Was kannst du schon besonders gut?
- Was hast du nicht verstanden? Schreibe dir eine Frage auf, die du in der nächsten Stunde deiner Lehrerin oder deinem Lehrer stellen kannst.
- Welche Fehler hast du gemacht? Was hast du aus deinen Fehlern gelernt?
- Was solltest du noch üben?
- Was hat dich besonders interessiert?
- Bist du mit deiner Mitarbeit im Unterricht zufrieden? Könntest du dich noch verbessern?

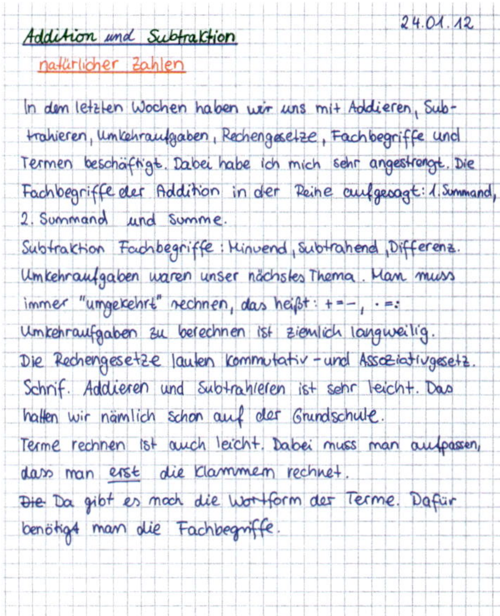
24.01.12

Addition und Subtraktion
natürlicher Zahlen

In den letzten Wochen haben wir uns mit Addieren, Subtrahieren, Umkehraufgaben, Rechengesetze, Fachbegriffe und Termen beschäftigt. Dabei habe ich mich sehr angestrengt. Die Fachbegriffe der Addition in der Reihe aufgesagt: 1. Summand, 2. Summand und Summe.
Subtraktion Fachbegriffe: Minuend, Subtrahend, Differenz.
Umkehraufgaben waren unser nächstes Thema. Man muss immer "umgekehrt" rechnen, das heißt: + = −, · = :
Umkehraufgaben zu berechnen ist ziemlich langweilig.
Die Rechengesetze lauten Kommutativ- und Assoziativgesetz.
Schrif. Addieren und Subtrahieren ist sehr leicht. Das hatten wir nämlich schon auf der Grundschule.
Terme rechnen ist auch leicht. Dabei muss man aufpassen, dass man erst die Klammern rechnet.
~~Die~~ Da gibt es noch die Wortform der Terme. Dafür benötigt man die Fachbegriffe.

Methodenkarte 5 D: Tipps für die Arbeit in der Gruppe

Bei der Arbeit in einer Gruppe arbeitest du mit anderen Mitschülern zusammen. Natürlich gelten auch dabei die Klassenregeln, die ihr vereinbart habt. Damit Gruppenarbeit gelingt, solltet ihr einige Dinge beachten.

1. Stellt die Tische so auf, dass ihr bei euren Gesprächen andere Gruppen nicht stört.
2. Legt euch die Materialien zurecht, die ihr für die Aufgabe benötigt.
3. Klärt zu Beginn, ob jeder verstanden hat, was genau zu tun ist.
4. Legt eine Uhr auf den Tisch und notiert, wann ihr die Bearbeitung der Aufgabe abgeschlossen haben müsst. Bearbeitet dann die Aufgabenstellung.
5. Alle Gruppenmitglieder beteiligen sich an der Lösung der Aufgabe. Jeder darf ausreden und seine Ideen sagen, während die anderen zuhören.
   Manchmal ist es hilfreich, dem Redner einen Gegenstand zu geben – nur wer diesen Gegenstand hat, darf etwas sagen.
6. Achtet auf die Zeit, damit ihr pünktlich fertig seid.
7. Wenn Schwierigkeiten auftreten oder ihr nicht weiterkommt, fragt eure Lehrerin oder euren Lehrer.
8. Alle machen sich Notizen und schreiben die Rechenwege und Ergebnisse auf.
9. Helft euch in der Gruppe gegenseitig. Jeder ist für das Ergebnis der Gruppe verantwortlich. Jeder muss das Ergebnis verstehen und vorstellen können.

Methodenkarte 5 E: Ergebnisse an der Tafel vorstellen

1. Stell die Aufgabenstellung nochmals mündlich vor, damit jeder weiß, was du präsentierst.
2. Nutze den Platz auf der Tafel gut aus. Beginne oben links – nicht in der Mitte. Schreibe deutlich und groß, sodass es alle Mitschüler lesen können.
3. Erkläre deine Überlegungen. Drehe dich dabei zur Klasse und erkläre alles, was du an der Tafel aufgeschrieben hast.
4. Beantworte die Fragen der Klasse.

Methodenkarte 5 F: Ergebnisse auf Plakaten präsentieren

1. Skizziere den geplanten Aufbau des Plakates in dein Heft. Entscheide dich für die Größe (zum Beispiel DIN A2) und das Format (Hoch- oder Querformat) sowie die Anordnung der Informationen.
2. Nutze den gesamten Platz auf dem Plakat aus. Zeichne die Position wichtiger Elemente (zum Beispiel Bilder) auf dem Plakat mit Bleistift vor.
3. Dein Plakat sollte nicht nur aus Text und Rechnung bestehen. Pfeile, Bilder oder Skizzen helfen, dein Ergebnis besser zu verstehen. Hebe Wichtiges durch einen Kasten oder mit einer anderen Farbe besonders hervor.
4. Schreibe groß und deutlich. Das Plakat sollte aus fünf Metern Entfernung noch gut lesbar sein. Überprüfe die Texte vor dem Übertragen, damit du keine inhaltlichen oder grammatikalischen Fehler abschreibst. Achte auch auf die Rechtschreibung.

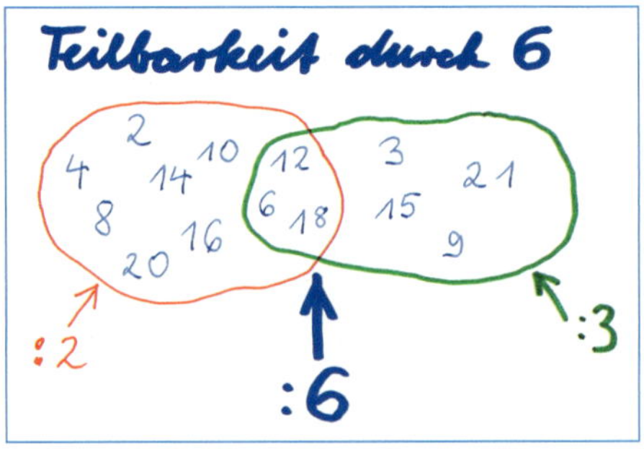

9. Anhang

Lösungen zu
- Dein Fundament
- Prüfe dein neues Fundament

Stichwortverzeichnis
Bildnachweis

Lösungen zu Kapitel 1: Natürliche Zahlen und Größen

Dein Fundament (S. 8/9)

S. 8, 1.
a) 9 b) 21 c) 8

S. 8, 2.
a)

Anzahl der richtigen Antworten	8	7	6	5	4	3	2	1	0
Anzahl der Kinder	0	1	5	4	3	4	2	2	2

b) 4 Kinder hatten drei richtige Antworten.
c) 10 Kinder hatten weniger als 4 richtige Antworten.
d) 12 Kinder hatten mehr als drei richtige und weniger als sieben richtige Antworten.
e) 5 Kinder hatten nur zwei falsche Antworten.

S. 8, 3.
a)

Alter der Kinder der Klasse 5a in Jahren	10	11	12
Anzahl der Kinder	9	13	2

b) 13 c) 15 d) 24

S. 8, 4.
a) achttausendachthundertachtundachtzig
b) 7808: siebentausendachthundertacht

S. 8, 5.

	T	H	Z	E
a) 719		7	1	9
b) 4010	4	0	1	0
c) 2401	2	4	0	1
d) 517		5	1	7
e) 9987	9	9	8	7
f) 1005	1	0	0	5
g) 5780	5	7	8	0
h) 2500	2	5	0	0

S. 9, 6.
a) 4502
b) 3502; 4402; 4501
c) 5502; 4602; 4512; 4503

S. 9, 7.
a) Einer b) Zehner c) Hunderter d) Einer

S. 9, 8.
a) $12 > 17$ b) $23 > 13$ c) $89 < 98$ d) $31 > 13$

S. 9, 9.
a) $1 < 4 < 9 < 11$ b) $9 < 17 < 19 < 23$
c) $10 < 40 < 50 < 90$ d) $0 < 5 < 18 < 27 < 31$

S. 9, 10.
a) $19 > 11 > 7 > 5$
b) $150 > 100 > 50 > 25$
c) 79 > 66 > sechzig (60) > 59
d) 550 > 301 > dreihundert (300) > 99

S. 9, 11.
a) $0 < 1$ b) $18 < 19$ c) $79 > 78$ d) 62 > 61 oder 60

S. 9, 12.
a) A: 2; B: 5; C: 7; D: 10 b) A: 2; B: 6; C: 12; D: 17
c) A: 1; B: 6; C: 12; D: 16

S. 9, 13.
a) z. B. 13, 22, 38 b) z. B. 2, 3, 4 c) 20, 21, 22

S. 9, 14.
a) 2 b) 7 c) 16

Prüfe dein neues Fundament (S. 42/43)

S. 42, 1.
a)

	Strichliste	Häufigkeit
Hannover 96	卌 |||	8
Bayern München	卌	5
Eintracht Braunschweig	卌	5
Hamburger SV	||||	4
VfL Wolfsburg	|	1
Borussia Dortmund	||	2
Schalke 04	|	1

b)

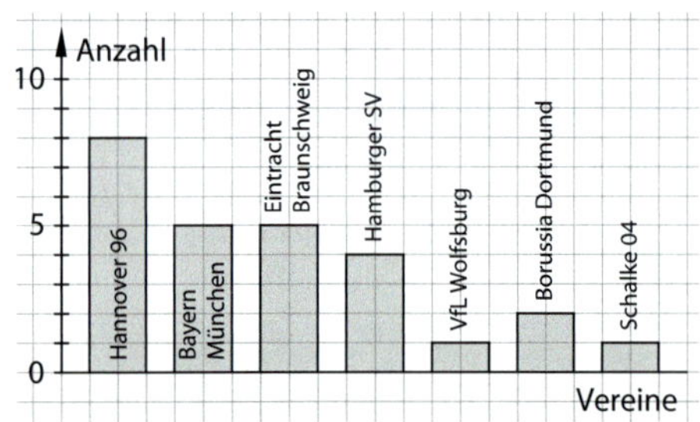

c)

	Häufigkeit
Hannover 96	11
Bayern München	6
Eintracht Braunschweig	4
Vfl Wolfsburg	1
Borussia Dortmund	3
Werder Bremen	4

S. 42, 2.
a) einhundertdreiundzwanzigtausendvierhundert-fünfzig
b) 11 500 001

S. 42, 3.
8349 < 83 315 < 83 402 < 85 000 < 91 022 < 787 345

S. 42, 4.
a) 310; 2040; 1850
b) 100; 6700; 73 900
c) 15 000; 58 000; 100 000

S. 42, 5.
a) Auf Tausender gerundet: 39 000 Zuschauer
b) Runden nicht sinnvoll, da der Schuh genau passen muss.
c) Die Zahl ist vermutlich schon gerundet. Man könnte noch weiter runden: 200 000 kg = 200 t
d) Telefonnummern können nicht gerundet werden.
e) Die Zahl ist vermutlich schon gerundet. Man könnte noch weiter runden: 2 000 000 Menschen

S. 42, 6.
a) 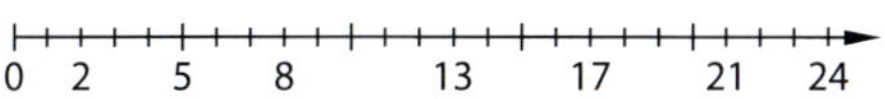

b) 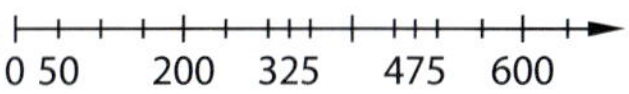

S. 42, 7.
a) 70 cm = 700 mm
b) 23 t = 23 000 kg
c) 7 min = 420 s
d) 470 cm = 47 dm
e) 800 dm = 80 000 mm
f) 420 min = 7 h
g) 10 kg = 10 000 000 mg
h) 550 000 mm = 550 m

S. 43, 8
a) 5,6 dm = 56 cm
b) 14,5 t = 14 500 kg
c) 2,875 m = 2875 mm
d) 10,90 € = 1090 Cent
e) 0,04 kg = 40 g
f) 30,15 km = 30 150 m

S. 43, 9.
Länge: 0,43 m; 0,00043 km Gewicht: 263 g

S. 43, 10.
a) 22:10 Uhr b) 4 Stunden 14 Minuten

S. 43, 11.
80 cm lang und 50 cm breit.

S. 43, 12.
180 km

S. 43, 13.
a) 3000 Umdrehungen
b) 3000 s, also 50 min
c) individuelle Lösungen

Wiederholungsaufgaben (S. 43)

S. 43, 1.
a) 4 + 14 = 18 b) 5 · 4 = 20 c) 48 – 19 = 29

S. 43, 2.
a) 104 b) 110 c) 60

S. 43, 3.
Größte Zahl: 983; kleinste Zahl 389

S. 43, 4.
5,5 cm

Lösungen zu Kapitel 2: Grundbegriffe der Geometrie

Dein Fundament (S. 46/47)

S. 46, 1.
a) 2 cm b) 7,2 cm c) 7,9 cm d) 2,7 cm

S. 46, 2.
a) 2 cm b) 3,5 cm c) 2,7 cm

S. 46, 3.
a) 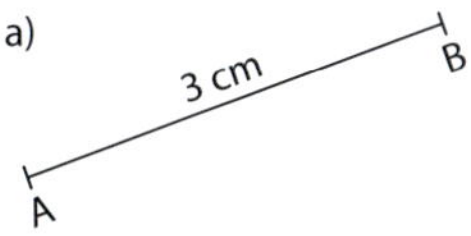

b) 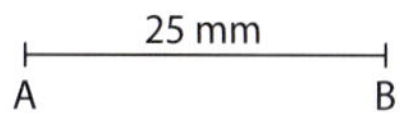

c) 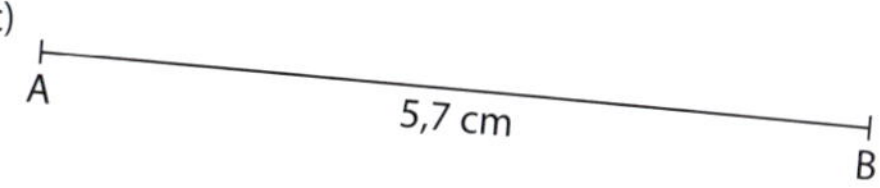

S. 46, 4.
a) 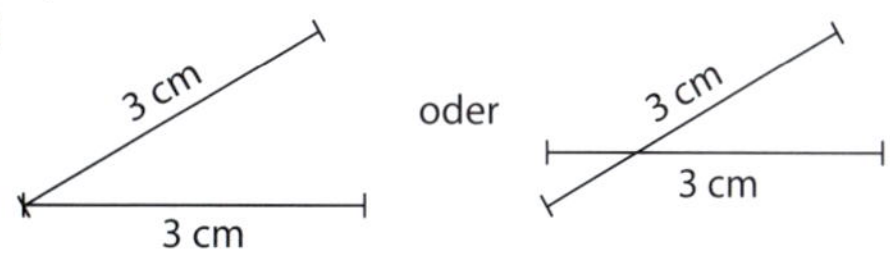

b) 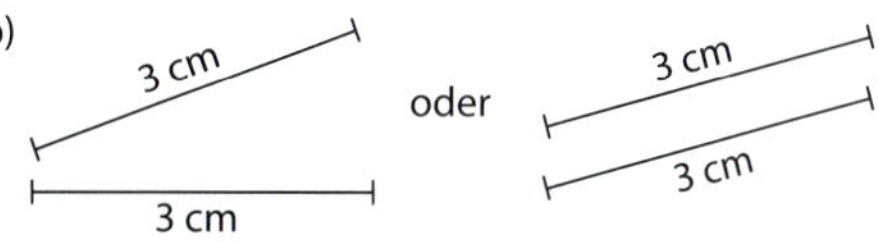

S. 46, 5.
Beide Linien sind gleich lang. Durch die Pfeilspitzen entsteht der Eindruck, die untere sei länger.

S. 46, 6.
a) 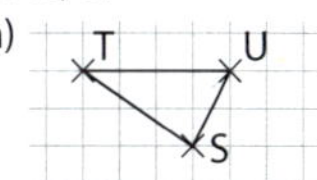

b) 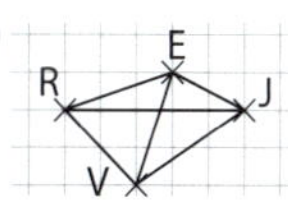

c) 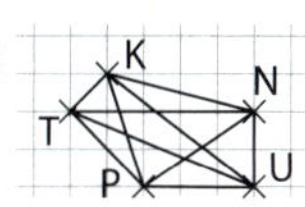

S. 46, 7.
Dreiecke: b); c); j)
Vierecke: a); d); f); g); i)
Quadrate: f)
Rechtecke: a); f); g)

S. 46, 8.
Zeichenübung

S. 46, 9.
Quader: b); g); i)
Kegel: d); f)
Kugeln: e)
Pyramiden: c); j)
Würfel: g)
Zylinder: a); h)

S. 47, 10.
a) 4 Dreiecke; 4 Vierecke
b) 2 Dreiecke; 4 Vierecke
c) 3 Dreiecke; 3 Vierecke

S. 47, 11.
a) A: 3; B: 5; C: 8; D: 10
b) A: 15; B: 25; C: 40; D: 50

S. 47, 12.
a)
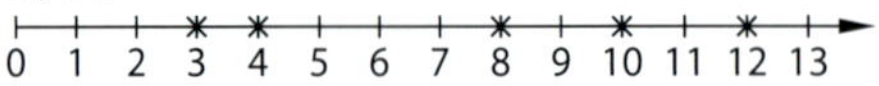

b)
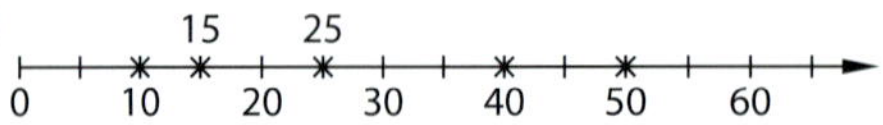

S. 47, 13.
a)

b)
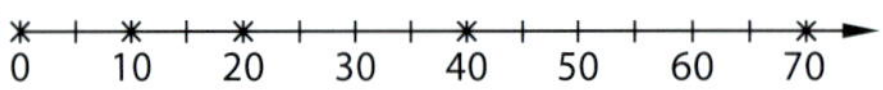

c)
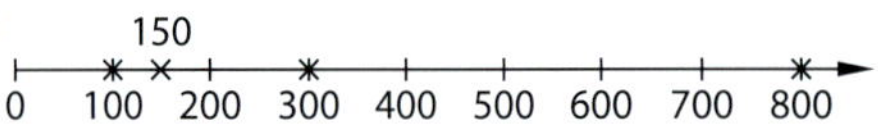

S. 47, 14.
a) A: 25; B: 150; C: 200; D: 250
b) A: 52; B: 55; C: 58; D: 60

Prüfe dein neues Fundament (S. 80/81)

S. 80, 1.
a) e und f sind zueinander senkrecht.
b) g und h sind zueinander parallel.

S. 80, 2.
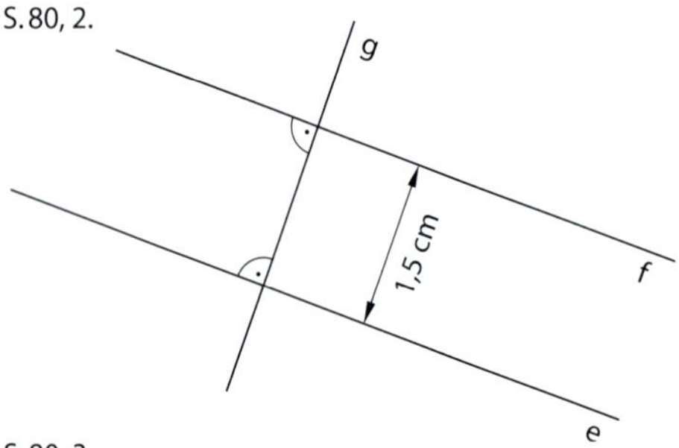

S. 80, 3.
a)
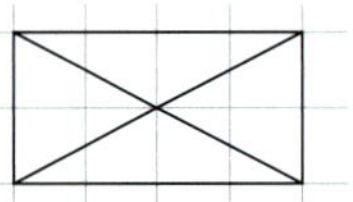
b)
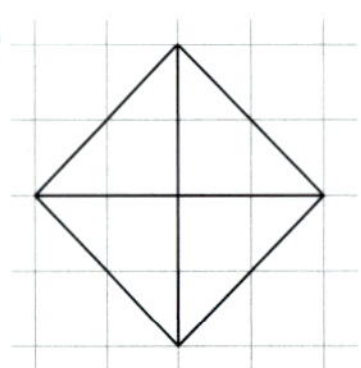
c)
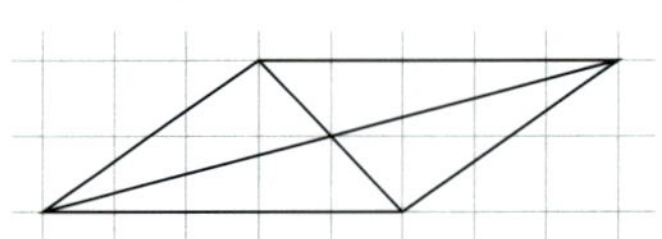
d)
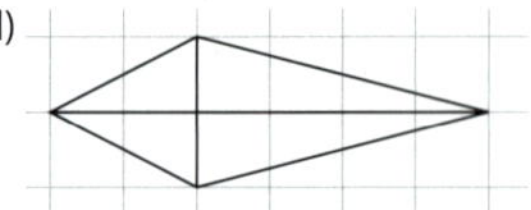
e)
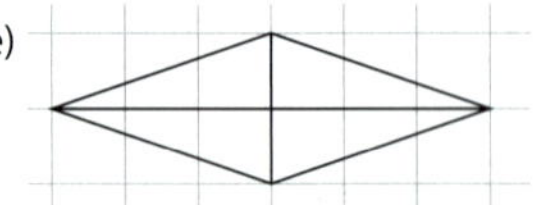

S. 80, 4.
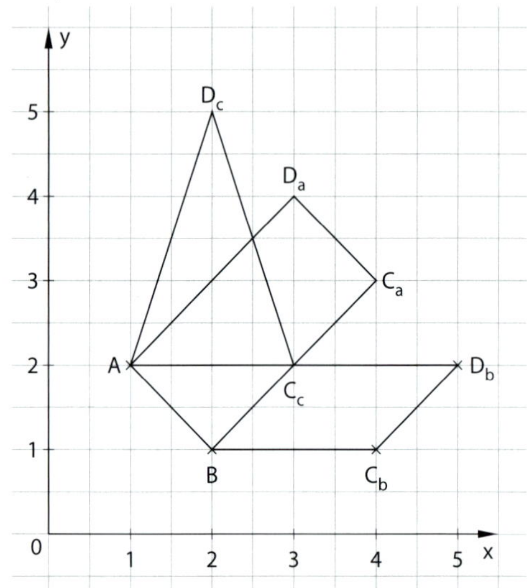

Mögliche Lösungen:
a) $C_a(4|3)$ und $D_a(3|4)$
b) $C_b(4|1)$ und $D_b(5|2)$
c) $C_c(3|2)$ und $D_c(2|5)$

S. 80, 5.
a) Rechteck und Quadrat
b) Quadrat und Raute
c) Quadrat
d) Trapez
e) Rechteck, Quadrat, Parallelogramm, Raute

S. 80, 6.

	a) Ecken	Kanten	b) Flächen
①	8	12	6 Quadrate
②	8	12	2 Quadrate und 4 Rechtecke
③	5	8	1 Quadrat und 4 Dreiecke
④	12	18	2 Sechsecke und 6 Rechtecke

S. 81, 7.
Zusammenstoßende Kanten haben die gleiche Ziffer.
a)
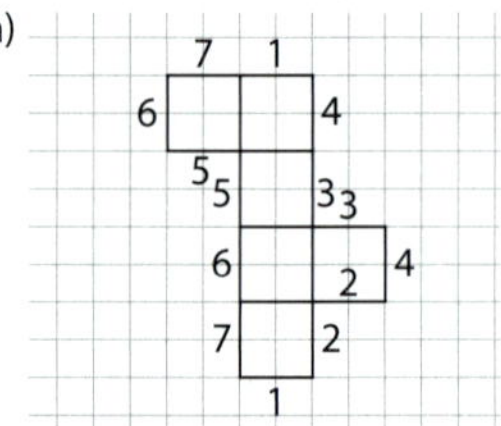

b) kein Würfelnetz

c)

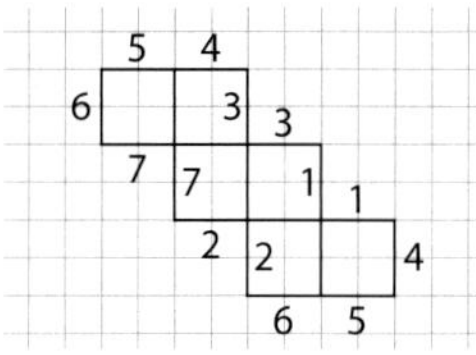

d)

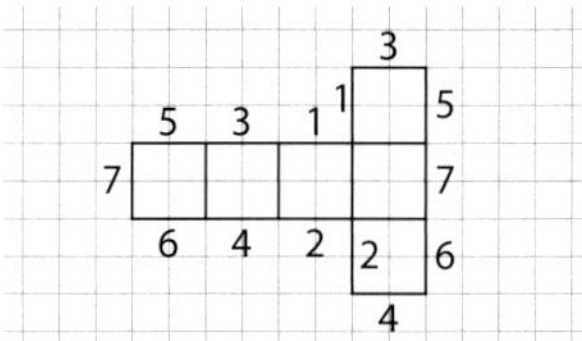

S. 81, 8.

a)

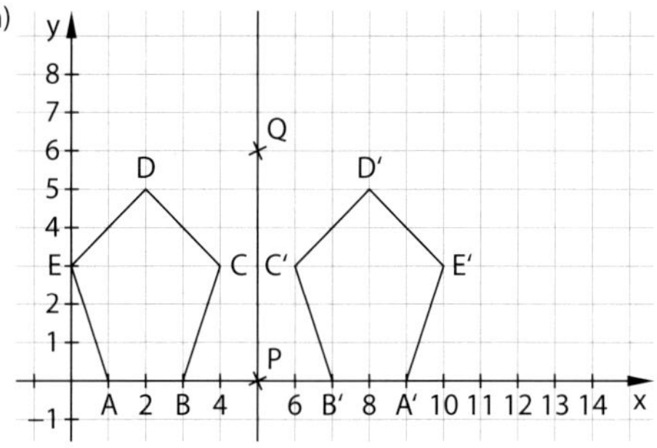

b) A' (9 | 0); B' (7 | 0); C' (6 | 3); D' (8 | 5); E' (10 | 3)

S. 81, 9.

a)

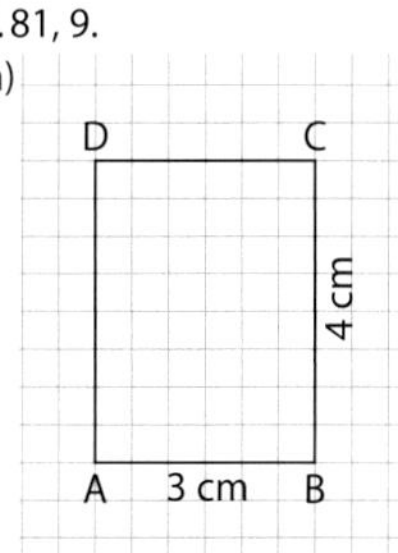

b)

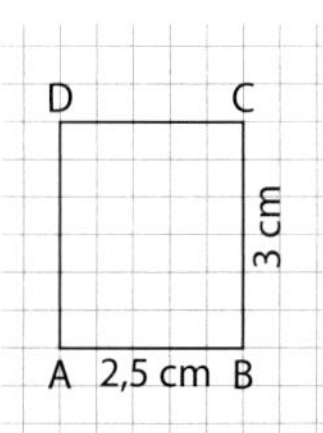

c)

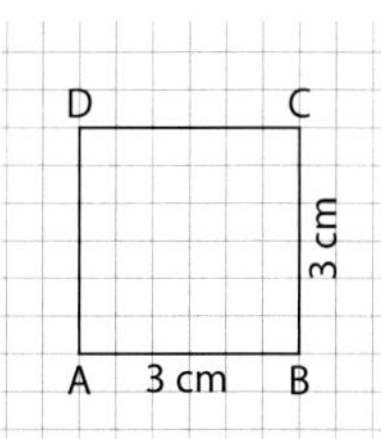

S. 81, 10.

a)

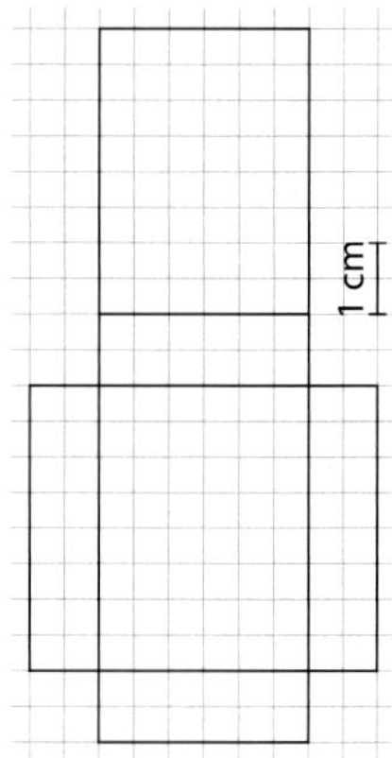

b)

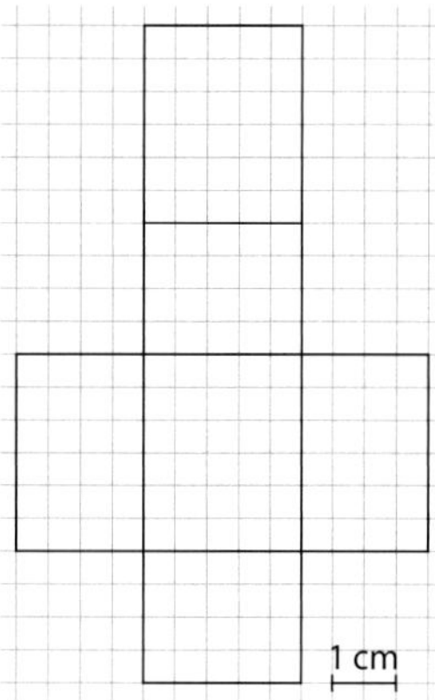

c)

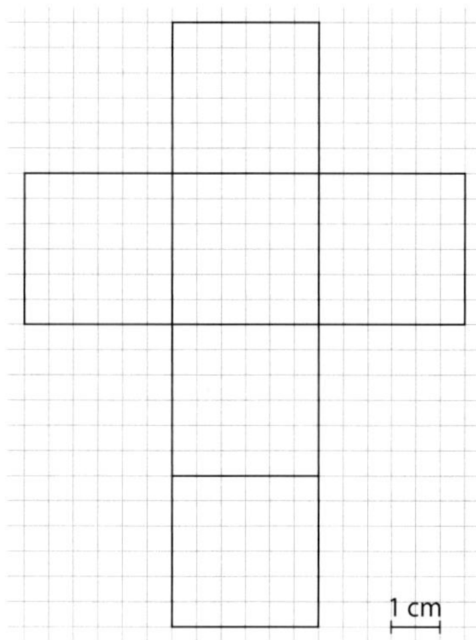

S. 81, 11.

a)

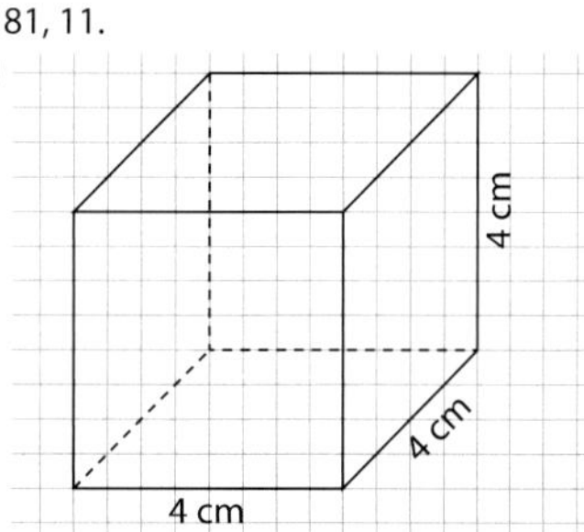

b)

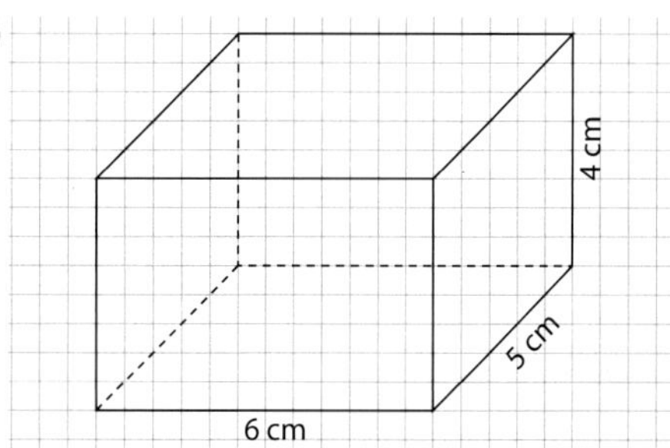

S. 81, 12.

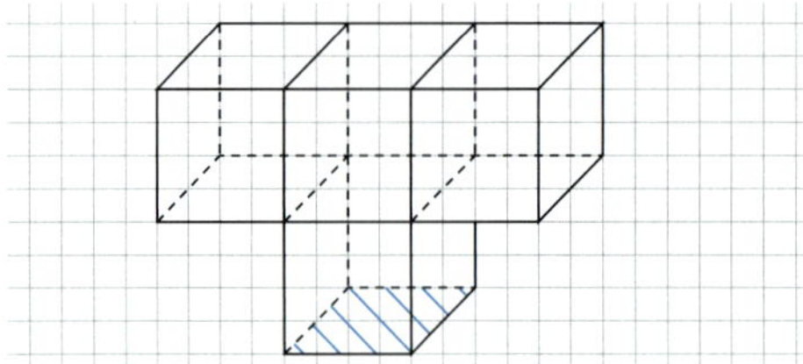

Wiederholungsaufgaben (S. 81)

S. 81, 1.
a) 31 > 13 b) 6 + 6 = 11 c) 735 > 99

S. 81, 2.
a) 5 < 29 < 30 < 32 < 35
b) 18 < 19 < 205 < 250 < 502

S. 81, 3.
4 h 40 min, also 280 Minuten.

S. 81, 4.
a) 1000 mm b) 3000 g c) 42 cm

Lösungen zu Kapitel 3: Rechnen mit natürlichen Zahlen

Dein Fundament (S. 84/85)

S. 84, 1.
a) 47 b) 13 c) 69 d) 25
e) 20 f) 67 g) 115 h) 112

S. 84, 2.
a) 45 b) 18 c) 59 d) 96
e) 100 f) 12 g) 150 h) 40

S. 84, 3.
a) 5 + 15 = 20 b) 56 + 21 = 77
c) 27 – 20 = 7 d) 44 – 6 = 38

S. 84, 4.
a) richtig b) 36 + 24 = 60
c) 100 – 33 = 67 d) 76 – 41 = 35

S. 84, 5.
Zum Beispiel 19 + 8 = 27; 10 + 17 = 27

S. 84, 6.
24 – 17 = 7: Es können 7 Kinder nicht schwimmen.

S. 84, 7.
55 kg + 47 kg = 102 kg. Ja, zusammen sind sie schwerer als 100 kg.

S. 84, 8.
a) 72 b) 54 c) 64 d) 56
e) 420 f) 480 g) 55 h) 400

S. 84, 9.
a) 4 b) 9 c) 8 d) 8
e) 80 f) 84 g) 30 h) 25

S. 84, 10.
a) 7 · 9 = 63 b) 42 : 6 = 7
c) 9 · 6 = 54 d) 4 : 4 = 1

S. 84, 11.
a) 12 : 4 = 3 b) 6 · 3 = 18
c) 210 : 30 = 7 d) richtig

S. 84, 12.
Zum Beispiel 6 · 10 = 60; 2 · 30 = 60; 5 · 12 = 60

S. 84, 13.
30 Cent

S. 84, 14.
400 cm = 4 m

S. 85, 15.

a)

T	H	Z	E
1	8	9	7

eintausendachthundertsiebenund-neunzig

b)

ZT	T	H	Z	E
2	5	4	0	7

fünfundzwanzigtausendvier-hundertsieben

c)

T	H	Z	E
9	0	8	8

neuntausendachtundachtzig

d)

HT	ZT	T	H	Z	E
2	2	8	6	1	5

zweihundertachtundzwan-zigtausendsechshundertfünf-zehn

e)

ZT	T	H	Z	E
2	5	0	0	

fünfundzwanzigtausend

f)

HT	ZT	T	H	Z	E
2	0	1	5	0	0

zweihunderteinstausend-fünfhundert

g)

M	HT	ZT	T	H	Z	E
2	0	0	0	0	0	0

zwei Millionen

h)

ZM	M	HT	ZT	T	H	Z	E
1	0	8	0	0	0	0	0

zehn Millionen acht-hunderttausend

S. 85, 16.
a) 5000, 6000, 7000, 8000, 9000, 10 000
b) 600, 800, 1000, 1200, 1400, 1600, 1800
c) 100, 125, 150, 175, 200, 225, 250, 275, 300
d) 100 000, 400 000, 700 000, 1 000 000

S. 85, 17.
a) 200, 400, 800, 1600
b) 6000, 12 000, 24 000, 48 000
c) 50, 100, 200, 400
d) 80 000, 160 000, 320 000, 640 000

S. 85, 18.
a) 800, 400, 200, 100
b) 40 000, 20 000, 10 000, 5000
c) 200, 100, 50, 25
d) 240 000, 120 000, 60 000, 30 000

S. 85, 19.
a) 5000 b) 1270 c) 19 000 d) 1000

S. 85, 20.
a) 7 · 8 = 56 b) 49 : 7 = 7
c) 2 · 2 = 4 d) 140 – 70 = 70
e) 12 + 0 = 12 f) 132 – 5 = 127
g) 0 · 39 = 0 h) 100 : 50 = 2

S. 85, 21.
Insgesamt 25 + 17 = 42 Personen.
In 6 Boote passen 6 · 8 = 48 Personen, in 5 Boote nur 5 · 8 = 40. Es müssen also 6 Boote ausgeliehen werden. In jedem sitzen dann nur 7 Personen.

S. 85, 22.
a) 6 $\xrightarrow{+3}$ 9 $\xrightarrow{\cdot 2}$ 18 $\xrightarrow{-7}$ **11**
b) 9 $\xrightarrow{\cdot 5}$ 45 $\xrightarrow{-3}$ 42 $\xrightarrow{:7}$ 6 $\xrightarrow{:2}$ **3**

S. 85, 23.
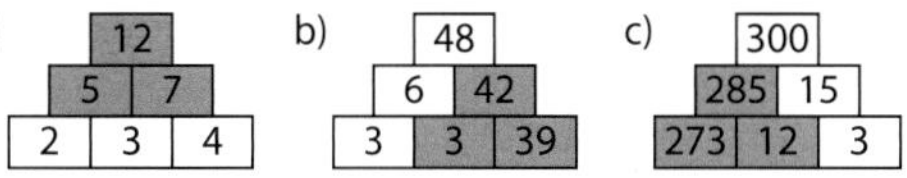

b) Sie vergrößert sich um 2 auf 14.

Prüfe dein neues Fundament (S. 124/125)

S. 124, 1.
a) 103 b) 179 c) 84 d) 382
e) 144 f) 435 g) 61 h) 13

S. 124, 2.
a) 51 b) 55 c) 84 d) 360
e) 12 f) 21 g) 108 h) 17

S. 124, 3.
a) 13 b) nicht möglich c) 0 d) 0

S. 124, 4.
a) 64 b) 6 c) 164
d) 13 e) 4 f) 534

S. 124, 5.
a) (3 + 6) · 5 = 45
b) 5 − 18 : (6 + 3) = 3
c) (19 − 3) : (3 + 5) = 2

S. 124, 6.
a) 14 + 12 · 6 = 96
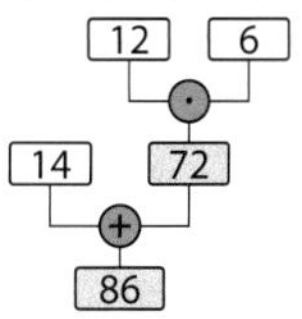

b) (67 − 11) : (3 + 5) = 7
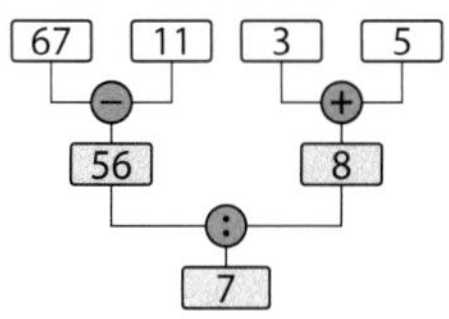

S. 124, 7.
a) 57 b) 1445 c) 309
d) 480 e) 7900 f) 7000

S. 124, 8.
a) 190 b) 0 c) 345
d) 260 e) 995 f) 0

S. 124, 9.
a) 13 000 b) 23 700 c) 14 200 d) 32 000
e) 140 000 f) 30 000 g) 45 h) 40

S. 124, 10.
a) 3000 + 11 000 = 14 000

```
  3456
+11347
 14803
```

b) 8000 − 4000 = 4000

```
  7863
− 3673
  4190
```

c) 30 · 6000 = 180 000

```
32 · 5609
 160
   192
     000
      288
  179488
```

d) 9000 : 6 = 1500

```
9708 : 6 = 1618
6
37
36
 10
  6
  48
  48
   0
```

S. 124, 11.
a) 1230 b) 284 970

S. 124, 12.
a) Ines hat bei der Addition der Hunderttausender den Übertrag vergessen. Richtig:
234 609 + 376 011 = 610 620
b) Richtig.
c) Ines hat bei den Zehntausendern addiert statt zu subtrahieren. Richtig:
10 962 − 7753 = 3209
d) Ines hat vergessen, die Zwischenergebnisse an die richtigen Stellen anzuordnen. Richtig:
746 · 42 = 31 332

S. 124, 13.
a) 7 Rest 4 b) 703 Rest 1
c) 1237 Rest 7 d) 93 Rest 4

S. 125, 14.
a) 81 b) 216 c) 500 d) 12 000
e) 26 f) 34 g) 81 h) 72

S. 125, 15.
9 · (23 + 25 + 24 + 3) = 675
Frau Specht muss insgesamt 675 € bezahlen.

S. 125, 16.
90 · 24 · 60 = 129 600
Das Herz eines Zwölfjährigen schlägt etwa 129 600-mal am Tag.

S. 125, 17.
Ab der 26. Fahrt lohnt sich die Monatskarte.

S. 125, 18.
(1592 − (60 · 14)) : 8 = 94
Es kamen 154 Besucher.

Wiederholungsaufgaben (S. 125)

S. 125, 1.
Zeichenübung

S. 125, 2.
a) ca. 2 bis 5 g b) ca. 100 bis 240 g c) ca. 1 t

S. 125, 3.
Der Film endet um 21:10 Uhr.

S. 125, 4.
68 : 8 = 8 Rest 4
Die Gruppe braucht 9 Kleinbusse, da 8 Busse nicht reichen.

S. 125, 5.
3 m; 9 s; 2 h; 8 g; 5 cm; 20 min; 3 s; 99 g; 12 €; 5 h

Lösungen zu Kapitel 4: Flächeninhalt und Umfang

Dein Fundament (S. 128/129)

S. 128, 1.
64 Felder

S. 128, 2.
Es werden 42 Platten benötigt.

S. 128, 3.
a) In Figur ① passen 16 Quadrate, in Figur ② 28.
b) Bei Figur ① fehlen noch 12 Quadrate, bei Figur ② 21.

S. 128, 4.
a) 4 cm b) 300 cm c) 1500 m d) 80 dm

S. 128, 5.
a) mm b) m c) cm d) m

S. 128, 6.
a) richtig b) 5 cm = 50 mm
c) richtig d) 2,5 km = 2500 m

S. 128, 7.
60 cm = 6 dm = 600 mm
60 dm = 6 m = 600 cm
0,6 km = 600 m = 6000 dm

S. 129, 8.
a) 100 b) 140 c) 67 d) 240

S. 129, 9.
a) 72 b) 152 c) 60 d) 392

S. 129, 10.
a) 28 cm b) 15 m c) 8 m d) 50 cm

S. 129, 11.
a) 32 cm b) 8 cm c) 26 m d) 8 m

S. 129, 12.
a) $130 \cdot 10 = 1300$ b) $300 \cdot 20 = 6000$
$134 \cdot 12 = 1608$ $346 \cdot 18 = 6228$
c) $100 \cdot 100 = 10\,000$ d) $10 \cdot 3400 = 34\,000$
$140 \cdot 120 = 16\,800$ $11 \cdot 3453 = 37\,983$

S. 129, 13.
a) $2100 = 700 \cdot 3 = 70 \cdot 30 = 7 \cdot 300$
b) $12\,000 = 2 \cdot 6000 = 30 \cdot 400 = 400 \cdot 3 = 6000 \cdot 2$
c) $2400 = 200 \cdot 12 = 400 \cdot 6 = 800 \cdot 3$
d) $72\,000 = 8 \cdot 9000 = 80 \cdot 900 = 800 \cdot 90 = 8000 \cdot 9$

S. 129, 14.
Zeichenübung

S. 129, 15.
a) a = 3 cm, b = 2 cm b) a = 2 cm, b = 2 cm

S. 129, 16.
Die benachbarte Seite ist ebenfalls 3,7 cm lang.

S. 129, 17.
a) a = 12 cm – 3 cm = 9 cm
b) a = 4 cm und b = 8 cm,
denn $2 \cdot 4 = 8$ und $4 + 8 = 12$

S. 129, 18.
a) Quadrat b) Rechteck
c) Parallelogramm d) Trapez

S. 129, 19.
D (3 | 3)

Prüfe dein neues Fundament (S. 152/153)

S. 152, 1.
①: 16 ②: 10 ③: 10 ④: 12 ⑤: 9,5
a) Figur ①
b) Figur ⑤
c) Figuren ② und ③

S. 152, 2.
Umfang in Kästchenlängen:
①: 24 ②: 16 ③: 18 ④: 16
a) Figur ①
b) Figur ②
c) Figuren ② und ④

S. 152, 3.
a) $20\,000\ cm^2$ b) $3\ dm^2$ c) $10\,000\ m^2$
d) 2 a

S. 152, 4.
$50\,000\ mm^2 < 20\ dm^2 < 4000\ cm^2 < 1\ m^2 < 300\ dm^2$

S. 152, 5.

	a)	b)	c)
Flächeninhalt A	$48\ cm^2$	$81\ mm^2$	$3\ m^2$
Umfang u	32 cm	36 mm	7 m

S. 152, 6.

	a)	b)	c)	d)
Breite	3 m	4 cm	2 cm	2 dm
Länge	5 m	4 cm	4 cm	5 dm
Flächen-inhalt A	$15\ m^2$	$16\ cm^2$	$8\ cm^2$	$1000\ cm^2$
Umfang u	16 m	16 cm	120 mm	14 dm

S. 152, 7.
Individuelle Lösungen

S. 152, 8.
a) Nein, Niedersachsen ist etwa 500-mal so groß.
b) Kann stimmen.
c) Nein, eine Ein-Zimmer-Wohnung ist etwa 10-mal so groß.
d) Kann stimmen.

S. 153, 9.
a) Der Umfang vergrößert sich um 12 cm.
$u = a + 3 + b + 3 + a + 3 + b + 3$
$= a + b + a + b + 12$
b) Der Flächeninhalt vervierfacht sich.
$A = (a \cdot 2) \cdot (a \cdot 2) = a^2 \cdot 4$

S. 153, 10.
a) Flächeninhalt: ①: 4800 m^2 ②: 2400 m^2
b) Umfang: ①: größer als 320 m
②: 320 m
Grundriss ① hat den größeren Umfang.

S. 153, 11.
a) 18 m^2 Teppich werden benötigt.
b) u = 22 m
Es müssen für 19 m und 60 cm Fußbodenleisten besorgt werden.
c) Familie Knettel kann einmal 5 m x 2 m und einmal 4 m x 2 m kaufen. Dann bleibt kein Rest übrig und die Familie kauft nicht mehr Teppich, als nötig.

Wiederholungsaufgaben (S. 153)

S. 153, 1.
a) 250 b) 310 c) 111 d) 240

S. 153, 2.
Individuelle Lösungen

S. 153, 3.
1,8 cm

S. 153, 4.
1 Hunderter im Übertrag fehlt: 208 + 692 = 900

S. 153, 5.
250 006

Lösungen zu Kapitel 5: Volumen und Oberflächeninhalt

Dein Fundament (S. 156/157)

S. 156, 1.
a) 18 b) 14 c) 22 d) 10

S. 156, 2.
a) Es fehlen 3 kleine Würfel, dann besteht der große aus 27 kleinen.
b) Es fehlen 5 kleine Würfel, dann besteht der große aus 27 kleinen.

S. 156, 3.
a) 2 cm^2 b) 4 cm^2 c) 6 cm^2 d) 1 cm^2

S. 156, 4.
a) $2\,cm \cdot 3\,cm = 6\,cm^2$ b) $4\,cm \cdot 4\,cm = 16\,cm^2$

S. 156, 5.
a)

Rechteck	①	②	③	④	⑤
Länge	15 cm	10 cm	10 cm	21 cm	5 dm
Breite	3 cm	1 dm	10 m	6 cm	5 dm
Flächeninhalt	45 cm^2	1 dm^2	100 m^2	126 cm^2	25 dm^2

b) Die Rechtecke ② und ⑤ sind Quadrate.

S. 156, 6.
Zum Beispiel 4 cm und 3 cm ($4\,cm \cdot 3\,cm = 12\,cm^2$) oder 6 cm und 2 cm ($6\,cm \cdot 2\,cm = 12\,cm^2$).

S. 156, 7.
Die Seitenlängen sind 2 m.

S. 157, 8.
a) 30 mm b) 500 cm c) 100 cm d) 5000 m
e) 3 cm f) 35 km g) 2 m h) 50 m

S. 157, 9.
a) 3 cm^2 b) 20 000 cm^2
c) 500 cm^2 d) 5 cm^2

S. 157, 10.
a) 6700 mm^2 b) 900 cm^2
c) 10 000 cm^2 d) 110 000 cm^2
e) 5 cm^2 f) 370 m^2
g) 5 dm^2 h) 1 000 000 m^2

S. 157, 11.
a) Längeneinheiten: mm, dm, cm
b) Flächeneinheiten: m^2, a, dm^2, ha, km^2

S. 157, 12.
a) 13 cm = 130 mm b) 2 m = 20 dm
c) 1200 cm = 12 m d) 17 dm = 1700 mm
e) 1 m^2 = 100 dm^2 f) 2 cm^2 = 200 mm^2
g) 2200 cm^2 = 22 dm^2 h) 20 000 mm^2 = 2 dm^2

S. 157, 13.
Ein Quader hat a) 6 Flächen, b) 12 Kanten und c) 8 Ecken.

S. 157, 14.
b) und d) sind keine Würfelnetze.

S. 157, 15.
a) und d) sind Quadernetze, b) und c) muss man wie folgt verändern, um ein Quadernetz zu erhalten:

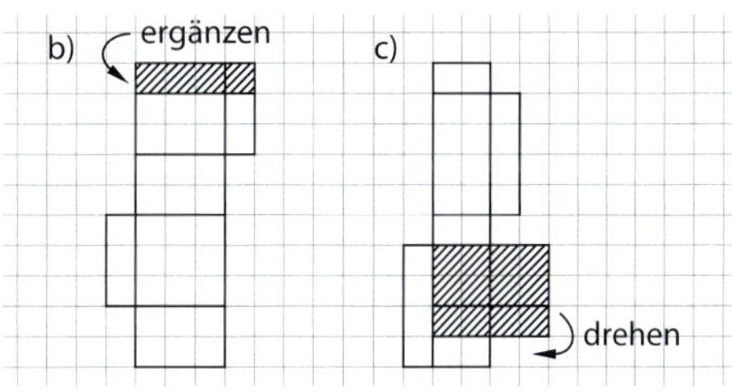

S. 157, 16.
a)

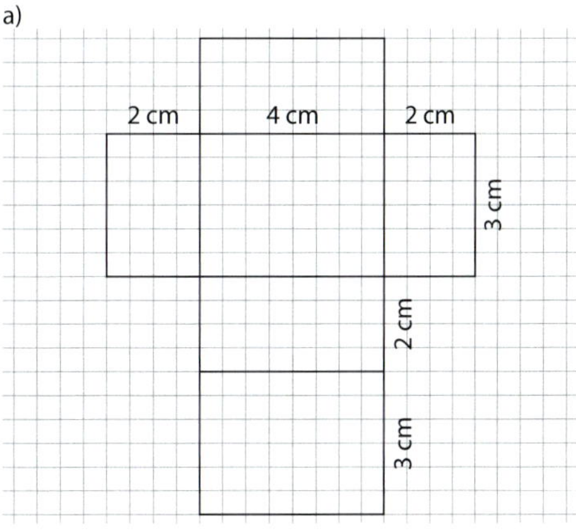

b)

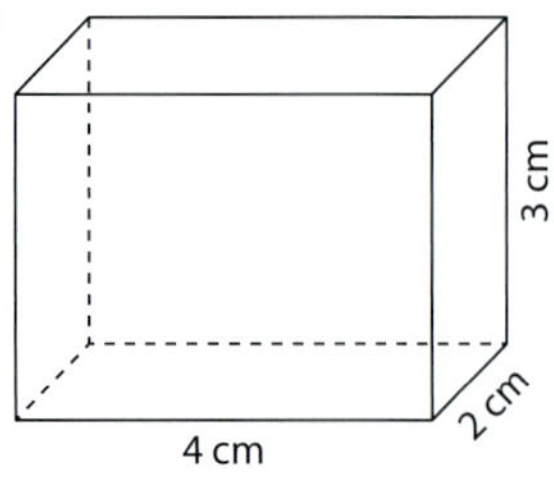

S. 157, 17.
a) 81 b) 8 c) 42 d) 52 e) 94

Prüfe dein neues Fundament (S. 176/177)

S. 176, 1.
a) Das größte Volumen hat Körper ③.
b) Die Körper ①, ② und ④ sind alle gleich groß.

S. 176, 2.
a) $20\,000\,mm^3$ b) $6000\,cm^3$
c) $15\,m^3$ d) $3\,000\,000\,mm^3$
e) $30\,000\,000\,mm^3$ f) $6\,000\,000\,cm^3$
g) $15\,000\,000\,000\,mm^3$ h) 3 ℓ

S. 176, 3.
1000 ℓ = 1 000 000 ml, 1 000 000 : 200 = 5000
Die Riesen-Dose reicht für 5000 Gläser.

S. 176, 4.
a) $48\,m^3$ b) $48\,cm^3$ c) $18\,dm^3$

S. 176, 5.
a) $V = 32\,cm^3$; $O = 88\,cm^2$ b) $V = 60\,cm^3$; $O = 104\,cm^2$
c) $V = 135\,cm^3$; $O = 198\,cm^2$
d) $V = 729\,cm^3$; $O = 486\,cm^2$

S. 176, 6.
Grundfläche: $4\,cm \cdot 3\,cm = 12\,cm^2$;
Höhe: $132\,cm^3 : 12\,cm^2 = 11\,cm$

S. 176, 7.
$V = 1\,m \cdot 1\,m \cdot 3\,mm = 1000\,mm \cdot 1000\,mm \cdot 3\,mm$
$= 3\,000\,000\,mm^3 = 3\,dm^3 = 3$ ℓ

S. 176, 8.
Ein Buch im DIN-A4-Format ist 21 cm breit und knapp 30 cm lang. Auf den Boden des Kartons passen also 3 solcher Bücher. Ein Schulbuch ist etwa 1,5 cm bis 2 cm hoch, es passen also 30 bis 40 Lagen Bücher übereinander. Das ergibt insgesamt 90 bis 120 Bücher – je nach Dicke der Bücher können durchaus über 100 Bücher in den Karton passen.

S. 177, 9.
a) $V = 5 \cdot 2\,cm \cdot 2\,cm \cdot 2\,cm = 40\,cm^3$;
$O = 20 \cdot 2\,cm \cdot 2\,cm = 80\,cm^2$
b) Der Körper ② besteht ebenfalls aus 5 Würfeln, sein Volumen ist also gleich. Die Oberfläche ist größer, da 22 Würfelflächen zu sehen sind.
($V = 40\,cm^3$; $O = 22 \cdot 2\,cm \cdot 2\,cm = 88\,cm^2$)

S. 177, 10.
a) $V = (12\,m \cdot 3\,m + 6\,m \cdot 3\,m) \cdot 4\,m = 216\,m^3$
b) $O = 2 \cdot (12\,m \cdot 3\,m + 6\,m \cdot 3\,m) + 6 \cdot (3\,m \cdot 4\,m) + 6\,m \cdot 4\,m + 12\,m \cdot 4\,m = 252\,m^2$

S. 177, 11.
a) Richtig, das ist die Definition des Volumens.
b) Falsch, sie ist sechsmal so groß.
c) Richtig, die beiden Größen sind identisch.
d) So allgemein falsch, das Volumen hängt auch von der Grundfläche ab.
e) Falsch, bei unterschiedlichen Seitenlängen ergeben sich unterschiedliche Oberflächen.

Wiederholungsaufgaben (S. 177)

S. 177, 1.
a) 22 257 b) 2382 c) 17 631 d) 228

S. 177, 2.

```
   566
-  323
   243
```

S. 177, 3.
a) 75 dm b) 1400 g c) 9250 m d) 225 mm

S. 177, 4.
a) $36\,cm^2$ b) 9 cm.

Lösungen zu Kapitel 6: Ganze Zahlen

Dein Fundament (S. 180/181)

S. 180, 1.
a) A: 2; B: 4; C: 8; D: 14; E: 17
b)

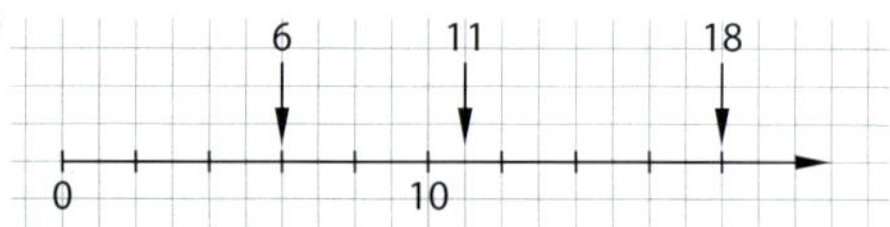

S. 180, 2.
a) 181 > 179 b) $1000 = 10^3$
c) 523 458 < 523 485

S. 180, 3.
310 000 > 8468 > 8462 > 8050 > achttausendundfünf > 597 > 75 > 13 > 11 > 7 > 5

S. 180, 4.
Größtmögliche Zahl: 85 321;
kleinstmögliche Zahl: 12 358

S. 180, 5.
David < Petra < Tanja < Anton: David ist also am jüngsten, Anton am ältesten.

S. 180, 6.
a) 996 > 986 b) 401 < 409
c) nicht möglich d) 903 < 923 oder 913 < 923

S. 180, 7.

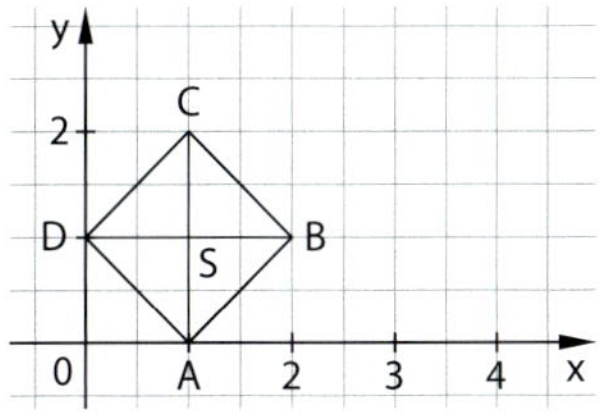

a) A(1|0); B(2|1); C(1|2)
b) siehe Zeichnung
c) D(0|1)
d) siehe Zeichnung
e) S(1|1)

S. 180, 8.
a)

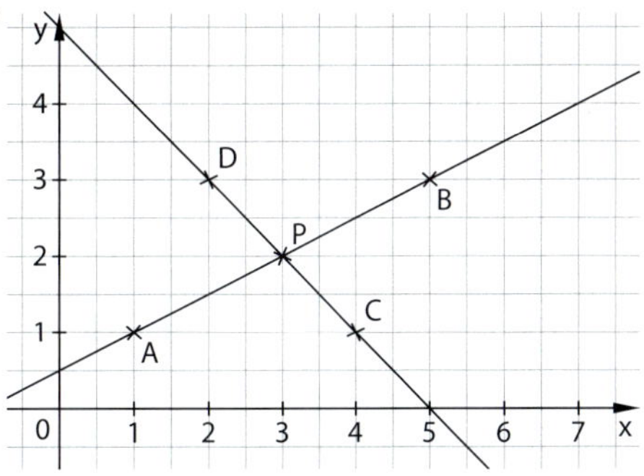

b) P(3|2)

S. 180, 9.
a) Gerade durch (3|0), die parallel zur y-Achse verläuft.
b) Gerade durch (0|2), die parallel zur x-Achse verläuft.

S. 181, 10.
a) 18 + 47 = 65
b) 35 – 18 = 17
c) 249 + 101 = 350
d) 219 – 20 = 199
e) 14 + 29 + 16 = 59
f) 39 + 12 + 28 = 79
g) 139 + 201 – 40 = 300
h) 3776 + 220 – 76 = 3920

S. 181, 11.
a) 9 + 27 = 36
b) 21 + 31 = 52
c) nicht möglich
d) nicht möglich
e) 34 – 33 = 1
f) 129 – 29 = 100
g) 170 – 159 = 11
h) 0 + 12 = 12

S. 181, 12.

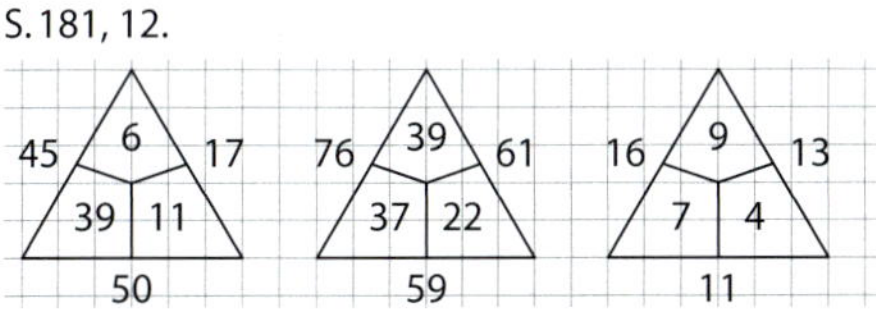

S. 181, 13.
a) Überschlag: 300 · 20 = 6000; exakt: 295 · 21 = 6195
b) Überschlag: 100 · 30 = 3000; exakt: 109 · 32 = 3488
c) Überschlag: 6000 : 10 = 600; exakt: 5832 : 9 = 648
d) Überschlag: 4000 : 25 = 160; exakt: 3650 : 25 = 146

S. 181, 14.
a) Überschlag: 500 · 4 = 2000, das Ergebnis muss also falsch sein.
b) Überschlag: 2100 : 30 = 70, das Ergebnis kann also stimmen.
c) Überschlag: : 300 · 7 = 2100, das Ergebnis stimmt nicht.
d) Überschlag: 2100 : 70 = 30, das Ergebnis muss also falsch sein.

S. 181, 15.
a) 790 · 100 = 79 000
b) 112 · 6 = 672
c) 107 · 4 = 428
d) 29 · 7 = 203

S. 181, 16.
a) 90 · 70 = 6300
b) 14 · 11 = 154
c) 4 · 23 · 25 = 2300
d) 5 · 0 · 20 = 0
e) 2 · 112 · 5 = 1120
f) 4 + 7 · 8 = 60
g) (4 + 7) · 8 = 88
h) 6 · 3 + 6 · 7 = 60

S. 181, 17.

				147				
			7	·	21			
		49	–	42	:	2		
	35	+	14	·	3	–	1	
7	·	5	+	9	:	3	–	2

S. 181, 18.
a) 23 · 56 : 4 – 2 = 320
b) 23 · 56 : (4 – 2) = 644
c) 23 – 56 : 4 – 2 = 7
d) 23 + 56 · 4 – 2 = 245

Prüfe dein neues Fundament (S. 212/213)

S. 212, 1.
a)

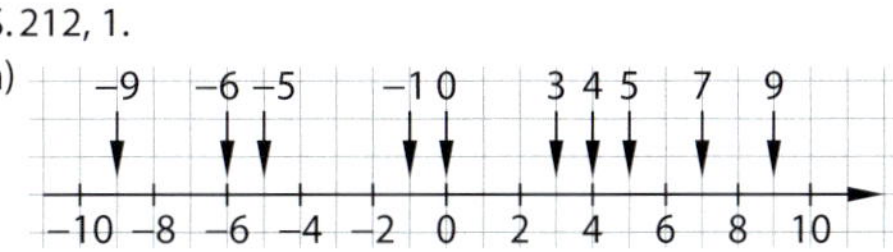

b)

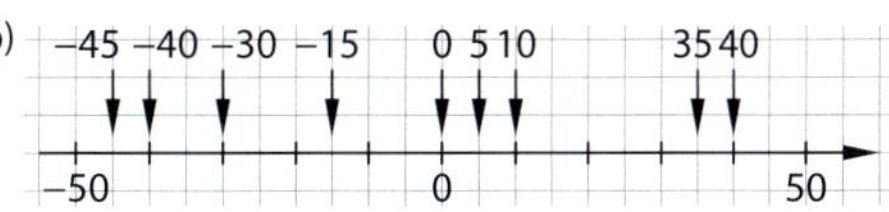

S. 212, 2.

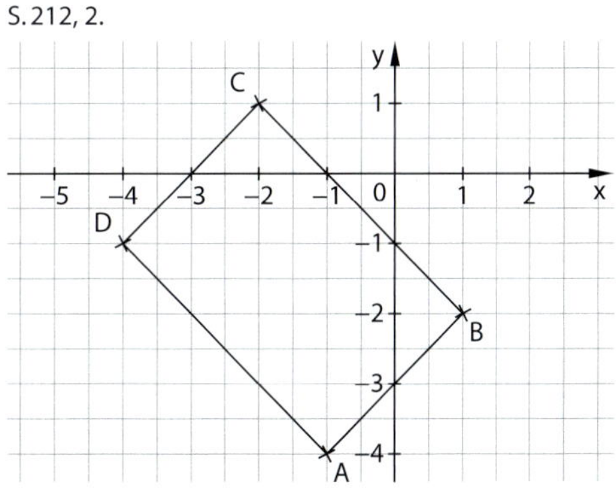

a) A(–1|–4); B(1|–2); C(–2|1)
b) D(–4|–1)
c) D liegt im 3. Quadraten.

Lösungen

S. 212, 3.
−766 < −677 < −76 < −67< −66 < 77 < 676 < 767

S. 212, 4.
a) 7 + (−11) = −4
b) −7 + (−11) = −18
c) −7 − 11 = −18
d) −7 + 11 = 4
e) 60 · (−4) = −240
f) −60 : (−4) = 15
g) −60 · (−4) = 240
h) −60 : 4 = −15

S. 212, 5.
a) −5781 − 4572 = −10 353
b) −7705 − 772 − 98 = −8575
c) 457 − 87 − 574 = −204
d) −7421 + 79 = −7342

S. 212, 6.

	08.02.	**15.04.**	**16.04.**	**30.06.**
Ein-/Aus-zahlung	200 €	−350 €	60 €	90 €
Spargut-haben	300 €	−50 €	10 €	100 €

S. 212, 7.
a) (+22) + (+4) = 22 + 4
b) (−22) + (−3) = −22 − 3
c) (+26) + (−27) = 26 − 27
d) (−74) + (−6) = −74 − 6
e) (−82) −(−8) = −82 + 8
f) (−80) − (+22) = −80 − 22
g) (−23) − (−66) = −23 + 66
h) (+8) − (−808) = 8 + 808

S. 212, 8.
a) 45 − (45 − 78) = 45 − 45 + 78 = 78
b) 20 − (−20 + 56) = 20 + 20 − 56 = −16
c) −20 − (−34 − 17) = −20 + 34 + 17 = 31
d) 47 − (32 + 45) = 47 − 32 − 45 = −30
e) 61 + (−32 + 75) = 61 − 32 + 75 = 104
f) −5 + (−41 − 13) = −5 − 41 − 13 = −59
g) −61 − (62 + 13) = −61 − 62 − 13 = −136
h) 34 − (−14 + 13) = 34 + 14 − 13 = 35

S. 212, 9.

a)

+	−7	10	−6	12	21	−20	50
2	−5	12	−4	14	23	−18	52
−7	−14	3	−13	5	14	−27	43
−11	−18	−1	−17	1	10	−31	39

b)

·	−2	10	−5	4	−3	−20	11
2	−4	20	−10	8	−6	−40	22
−7	14	−70	35	−28	21	140	−77
−11	22	−110	55	−44	33	220	−121

S. 213, 10.
a) 28 · (−24) + 2 · (−24) = −720
b) −74 · 22 − 47 · 22 = −2662
c) 23 · (−47) + 23 · 47 = 0
d) −7 · 8 + (−7) · 8 = −112
e) 5 − 7 − (−2 − 7 − 2) = 9
f) −(52 − 44) + 52 − 44 = 0
g) 25 · 22 + (−25) = 525
h) −4 · 4 +2 · (−4) − 4 · 7 = −52
i) 7 · (−284) − 72 = −2037

S. 213, 11.

a)

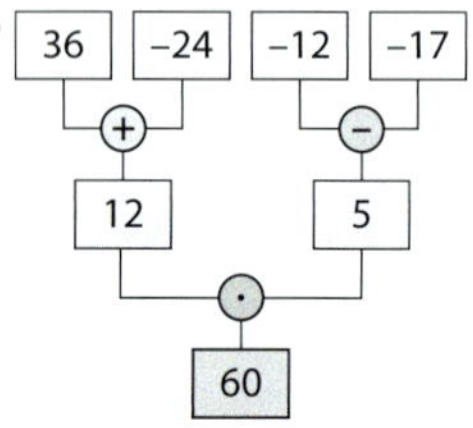

(36 + (−24) · (−12 − (−17)) = 60

b)

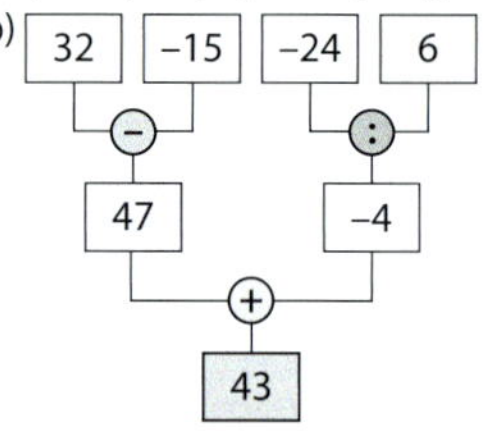

32 − (−15) + (−24) : 6 = 43

c)

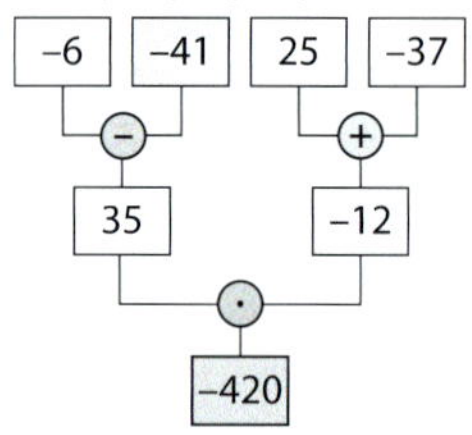

−6 − (−41) · (25 + (−37)) = −420

S. 213, 12.
Sören passiert zuerst 12 Etagen, dann 19, danach 9, dann 11 und schließlich 4. Insgesamt passiert er also 55 Etagen.

Wiederholungsaufgaben (S. 213)

S. 213, 1.

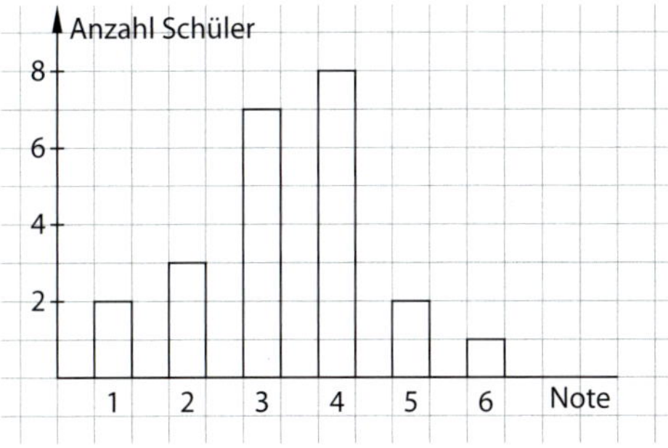

S. 213, 2.

a) 40 b) 4550 c) 10 d) 1000
e) 100 f) 500 g) 1000 h) 0

S. 213, 3.

a)

Millionen			Tausender			Einer		
H	Z	E	H	Z	E	H	Z	E
						2	0	3
					4	0	5	7
		3	0	0	7	8	1	2
9	0	1	5	1	0	7	5	8

b) zweihundertdrei; viertausendsiebenundfünfzig; drei Millionen siebentausendachthundertzwölf; neunhunderteins Millionen fünfhundertzehntausend siebenhundertachtundfünfzig

S. 213, 4.

a) 56 000 dm b) 5600 dm^2 c) 56 kg d) 53 Euro
e) 72 km^2 f) 100 h g) 3 d h) 2851 km

S. 213, 5.

a) Dreiecke bilden die folgenden Zusammensetzungen:
①+②+③; ②+③; ②+⑥; ③+④; ④+⑥; ③+④+⑤;
① + ② + ③ + ④ + ⑤ + ⑥ + ⑦
Insgesamt gibt es also 7 zusammengesetzte Dreiecke.

b) und c) Vierecke bilden die folgenden Zusammensetzungen:
① + ②; ① + ② + ⑥ (Trapez); ① + ② + ⑥ + ⑦;
①+②+③+④+⑥+⑦; ①+②+③+④+⑤+⑥ (Trapez);
② + ③ + ④ + ⑤ + ⑥ + ⑦; ⑥ + ⑦ (Drachenviereck);
②+③+④+⑥ (Rechteck); ④+⑤; ④+⑤+⑥ (Trapez);
④ + ⑤ + ⑥ + ⑦; ② + ⑥ + ⑦; ④ + ⑥ + ⑦;
① + ② + ③ + ④ + ⑥ (Trapez);
② + ③ + ④ + ⑤ + ⑥ (Trapez);
insgesamt gibt es also 15 zusammengesetzte Vierecke.

Stichwortverzeichnis

Bildquellenverzeichnis

Einband: action press, Frankwalker | **7** Shutterstock/Olga Danylenko | **14** Fotolia/shootingankauf | **15** Fotolia/tai111 | **17** Mauritius Images/BSIP SA/Alamy | **18** picture-alliance/dpa | **20** Shutterstock/FooTToo, l. | **20** Fotolia/Gudellaphoto, r. | **22** Mauritius Images/Michael Weber | **23** Shutterstock, N. Minton | **24** Reuters (mecom) | **29** Shutterstock/seb2583, 1 | **29** Shutterstock/Anukool Manoton, 2 | **29** Shutterstock/Danny Alvarez, 3 | **29** Shutterstock/meunierd, 4 | **29** Shutterstock/Maros Bauer, 5 | **29** Shutterstock/Elsa Hoffmann, 6 | **30** BILDART/Volker Döring, Hohen-Neuendorf | **31** Fotolia/Eric Isselée, 1 | **31** Fotolia/meldes, 2 | **31** Fotolia/masterloi, 3 | **31** Shutterstock/Eric Isselee, 4 | **32** Fotolia/soupstock | **33** Fotolia/otahei | **34** Fotolia/Jagodka | **38** Fotolia/Kenishirotie, 1 | **38** Fotolia/tournee, 2 | **38** Shutterstock/nakov, 3 | **38** Fotolia/Mirscho, 4 | **39** Fotolia/doomu | **39** Fotolia/Bettmann | **41** F1 online/RM, o. | **41** Shutterstock/Joe Gough, u. | **43** Fotolia/womue, o. | **43** Fotolia/Robert Neumann, u. | **45** Shutterstock/stable | **52** Mauritius images/Alamy, l. | **52** Mauritius images/Alamy, r. | **56** Shutterstock/Roman Sigaev | **58** Maya Brandl, Berlin | **59** Fotolia | **61** Shutterstock/Paul Stringer, 1 | **61** Shutterstock/Julinzy, 2 | **61** Shutterstock/Globe Turner, 3 | **61** Shutterstock/Paul Stringer, 4 | **61** Shutterstock/Mertsaloff, 5 | **61** Shutterstock/Paul Stringer, 6 | **61** Fotolia, 7 | **61** Shutterstock/SP-Photo, 8 | **61** Shutterstock/olga_gl, 9 | **68** Fotolia | **77** Cornelsen Schulverlage GmbH/Peter Hartmann | **78** GlowImages/StatpixB, o. | **78** Cornelsen Schulverlage GmbH/Peter Hartmann, u. | **83** Fotolia/matimix | **86** Fotolia/Digitalpress | **89** Fotolia/Halfpoint, 1 | **89** Fotolia/Pakhnyushchyy, 2 | **89** Shutterstock/REDSTARSTUDIO, 3 | **89** Fotolia/contrastwerkstatt, 4 | **90** Fotolia/charnsitr | **92** Fotolia/WavebreakmediaMicro | **101** Fotolia/pressmaster | **105** Fotolia/stockphoto-graf | **109** Shutterstock/FCG | **112** Shutterstock/Erik Lam, M. | **112** Fotolia/MasterLu, u. | **115** Imago/Imago | **121** Fotolia/Schlierner | **122** Imago/Imago | **123** Shutterstock/kerstiny | **125** Fotolia/by-studio | **125** ClipDealer/pdesign, l. | **125** Fotolia/Norman Nick, M. | **125** Fotolia/Alexander, r. | **127** Corbis/Jim Zuckerman | **128** Fotolia | **137** Fotolia/franznikon | **141** Fotolia/K.-U. Häßler, o. | **141** Fotolia/contrastwerkstatt, u. | **142** Fotolia/montego6 | **148** Deutsche Bundesbank, o. | **148** Fotolia/bugphai, u.1 | **148** Fotolia/photoman120, u.2 | **148** Fotolia/Marelle Agence DER, u. 3 | **155** Fotolia/darknightsky | **158** Fotolia/Ramona Heim | **161** Fotolia/Sergey Yarochkin, 1 | **161** Fotolia/rdnzl, 2 | **161** Fotolia/ekostsov, 3 | **161** Fotolia/pixelrobot, 4 | **164** Stephanie Charlotte Benner, Berlin | **166** Fotolia/babimu | **166** Fotolia/koosen | **167** BILDART/Volker Döring, Hohen-Neuendorf | **172** Cornelsen Schulverlage GmbH/Peter Hartmann | **175** Fotolia, o. | **175** Laif/Piero Oliosi/Polaris Images, u. | **176** Fotolia/Janina Dierks | **179** Fotolia/Kovalenko Inna | **182** Fotolia/TADDEUS | **188** Shutterstock/Daniel Prudek | **190** Gerlinde Keller, München, 1 | **190** Gerlinde Keller, München, 2 | **190** Gerlinde Keller, München, 3 | **190** Gerlinde Keller, München, 4 | **190** mauritius images/Science Source, 5 | **191** Interfoto, Wilfried Wirth, 1 | **191** Interfoto/Gabriel Hakel, 2 | **191** Fotolia, mirpic, 3 | **191** Fotolia/Dan Race, 4 | **191** Fotolia, Adam Gregor, 5 | **198** picture alliance/Ikon Images | **215** Clipdealer/Elena Elisseeva | **216** Fotolia/Taffi | **219** Fotolia/eermedia.de, o. | **219** Fotolia/topae, u. | **221** Fotolia/Christian Schwier | **225** Fotolia/Dziurek